普通高等学校“十四五”规划管理科学与工程类专业新形态精品教材

SCIENCE MANAGEMENT

普通高等学校“十四五”规划管理科学与工程类专业新形态精品教材

华南师范大学质量工程精品教材项目资助成果

Systems Engineering Theory and Methodology

系统工程理论与方法

刘明广　李高扬　编著

華中科技大學出版社
http://www.hustp.com
中国·武汉

内 容 简 介

本书较为系统地介绍了系统工程的基本理论与方法，重点介绍了系统与系统工程的基本概念、系统工程理论基础、系统工程方法论、系统建模、系统预测方法以及系统综合评价理论与方法，并结合具体的例题阐述系统工程理论与方法的应用。通过本书的学习，可以使读者全面掌握系统工程的基本理论与方法，并能运用系统工程相关思想、理论、方法与技术解决实际问题。

本书可以作为管理类和部分理工类专业的本科生、研究生教材，以及企业管理人员和系统工程师等的参考书，重点面向管理科学与工程、工程管理、工商管理、公共管理、信息资源管理、工业工程以及物流与供应链管理等专业的本科生和研究生读者。

图书在版编目(CIP)数据

系统工程理论与方法/刘明广，李高扬编著. —武汉：华中科技大学出版社，2022.5
ISBN 978-7-5680-6358-6

Ⅰ. ①系… Ⅱ. ①刘… ②李… Ⅲ. ①系统工程-教材 Ⅳ. ①N945

中国版本图书馆 CIP 数据核字(2022)第 078087 号

系统工程理论与方法 刘明广 李高扬 编著
Xitong Gongcheng Lilun yu Fangfa

策划编辑：周晓方 宋 焱
责任编辑：肖唐华
封面设计：原色设计
责任校对：张汇娟
责任监印：周治超
出版发行：华中科技大学出版社(中国·武汉) 电话：(027)81321913
武汉市东湖新技术开发区华工科技园 邮编：430223
录 排：华中科技大学惠友文印中心
印 刷：武汉科源印刷设计有限公司
开 本：787mm×1092mm 1/16
印 张：18.75 插页：2
字 数：448 千字
版 次：2022 年 5 月第 1 版第 1 次印刷
定 价：59.90 元

根据教育部高等学校教学指导委员会制定的《管理科学与工程类教学质量国家标准》中的定义，管理科学专业能够了解组织经营与管理决策的一般流程，能够通过系统和优化思想进行运营管理和资源配置建模，能够掌握通过定量分析和信息技术进行管理决策支持的基本理论与方法。全国工程管理专业学位研究生教育指导委员会制定的《工程管理硕士专业学位基本要求》指出，工程管理硕士(MEM)的培养目标在于为我国培养一大批既具有扎实的工程技术基础，又具有现代管理素质与能力，能够有效推动我国工程领域技术创新与技术发展，能够有效计划、组织、指挥和控制工程实践及技术开发等活动的高层次复合型工程管理专业人才。

早在2004年，华南师范大学就开设了管理科学本科专业。管理科学专业重在以量化分析技术与系统科学方法的应用为特色，旨在培养具备扎实宽厚的管理学、经济学、计算机技术等多学科知识，同时掌握管理科学的基本理论和专业知识，并能对各类实际管理问题提供分析技术与解决方案的复合型管理技术人才。2014年，华南师范大学获批工程管理硕士专业学位点。经过多年的探索与创新，华南师范大学管理科学本科专业与工程管理硕士专业逐渐形成了独有的特色和优势。

加强教学资源建设是华南师范大学管理科学与工程管理专业建设的重要抓手之一，而教材作为培养人才的重要载体，是进行教学的基本和重要工具。经过认真研讨，为了进一步推进管理科学与工程管理相关专业教学内容与方式的变革，我们提出将教材作为推动教学资源建设的突破口，以教材的建设带动其他教学资源的建设，全面提升整个教学团队的教学能力。为此，我们组建了一支专业技术过硬且具有丰富的课堂讲授和编写经验的团队，在紧跟国内外相关研究领域的最新前沿理论与实践的基础上编写本套丛书，被华中科技大学出版社确定为普通高等学校“十四五”规划管理科学与工程类专业新形态精品教材。

本套丛书在内容上具有以下几个鲜明特色：(1)理论与方法的全面性和新颖性。随着新兴技术的不断崛起，如今的知识更新速度比过去任何时候都更加迅速。丛书的每本教材紧跟国内外前沿，与时俱进，尽量保证理论与方法的全面性和新颖性，所采用的数据、案例也力争最新。(2)理论与方法讲解浅显易懂，逐层深入。丛书对理论与方法的讲解注重知识的层次结构，浅显易懂，满足不同层次、不同专业背景读者的学习要求。(3)注重实操性。丛书编者具有丰富的实战经验，尽量结合具体的例题或案例讲解每一种理论或方法，同时尽量提供相应的软件操作指导。(4)提供配套的演练数据与课后习题。丛书针对例题尽量提供配套数据供读者进行演练，同时提供课后习题供读者练习与思考。

本套丛书的编写和出版得到了编者所在院校的各位领导和同事的大力支持，也得到了华中科技大学出版社的鼎力支持，在此表示衷心感谢。

由于编写教材是一项非常辛苦的工作，其不仅需要编写者对所编写内容非常熟悉，而且还要能将所涉及的学科内容向读者阐述清楚，这具有很大的挑战性。与此同时，编写的时间和资源受限，书中难免存在错误和疏漏之处，敬请相关领域的各位同仁提出宝贵的意见和建议，以便我们及时修订和完善。

丛书编委会

2022 年 3 月

前言

Preface

科学决策与管理在现代社会中的重要性日益凸显。伴随着高度现代化、智能化、数据化以及科学化的时代到来，不会运用量化的方法解决复杂的实际问题，会日益失去竞争力。本书旨在全面介绍系统工程的相关理论与方法，使读者通过本书的学习，能够运用系统工程的相关思想、理论、方法与技术解决各类实际问题。

自从 20 世纪 40 年代以来，系统工程相关理论与方法得到了迅速发展，目前，系统工程在各行各业都得到了广泛的运用。与此同时，随着新时代的发展，系统工程也出现了一些新的理论与方法，但市场上的部分书籍知识更新较缓慢。鉴于此，为了对系统工程的理论与方法知识体系进行一定的更新，我们决定编写《系统工程理论与方法》一书。

全书共分为 6 章。第一章为绪论，重点讲述系统思想的形成与发展、系统的定义、系统的特征与分类、系统工程的发展历史、系统工程的定义与特点以及系统工程的应用领域；第二章为系统工程理论基础，重点讲述“老三论”（一般系统论、控制论、信息论）、“新三论”（耗散结构理论、协同学理论、突变理论）、运筹学、非线性科学以及复杂性科学理论；第三章为系统工程方法论，重点讲述霍尔三维结构方法论、切克兰德软系统方法论、兰德系统分析方法论、钱学森综合集成研究方法论、顾基发和朱志昌等人物理—事理—人理方法论以及王浣尘螺旋式推进系统方法论；第四章为系统建模，重点讲述系统模型的概念、分类与系统建模的总体方法、解释结构模型、DEMATEL 模型、社会网络分析模型、结构方程模型、微分方程模型以及演化博弈模型；第五章为系统预测，重点讲述系统预测的概念、分类与预测步骤、时间序列平滑预测法、趋势外推预测法、灰色预测法以及回归分析预测法；第六章为系统综合评价，重点讲述系统综合评价的概念、评价指标体系的构建、评价指标的标准化、评价指标的权重确定、评价指标综合的基本方法、层次分析法、网络层次分析法、模糊综合评价法、灰色关联度综合评价法、多元统计综合评价法（主成分分析综合评价法和因子分析综合评价法）以及数据包络分析法。

本书的各章节内容由刘明广和李高扬共同编写。唐玥、丁雅婷、梁怡珊、廖子萱和李齐峰等同学进行了部分文献资料整理以及校对工作。

本书的编写和出版得到了华南师范大学质量工程精品教材项目资助，同时也得到了华中科技大学出版社的鼎力支持，在此表示衷心感谢。

本书在编写过程中参考了大量的文献资料和网络资源，书中和书后已经尽可能地罗列各参考文献来源，但难免会有遗漏，特向被遗漏罗列的文献和网络资源作者致歉，并向所有作者表示最诚恳的感谢！

本书可以作为经济管理类和部分理工科类专业的本科生、研究生教材，以及企业管理人员和系统工程师等的参考书。

由于系统工程是一门交叉学科，涉及内容众多，编写本书要求的技术难度高，再加上我们的技术水平和能力有限，书中难免会有不妥和错误之处，敬请广大读者批评指正！

编者

2022 年 3 月

目录

Contents

第一章 绪论

学习目标

1. 掌握系统的定义、特征、分类及其相关概念，如系统要素、结构、功能、行为和环境等。
2. 掌握系统工程的定义、特点。
3. 了解系统思想的形成与发展以及系统工程的发展历史。

学习重难点

1. 充分理解系统以及系统工程的定义。
2. 厘清系统的结构与功能之间的关系。
3. 运用系统概念和系统思想解决实际问题。

第一节 系统

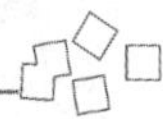

一、系统思想的形成与发展

(一)古希腊哲学中的系统思想

泰勒斯(Thales)认为，无论事物之间有多大差异，它们之中仍然有一种元素是这些东西的基础。同时，在事物的变化之中也一定包含了某种不变的元素。这个元素便是构成宇宙万事万物与各种变化的本原，这个本原便是水。阿那克西曼德(Anaximander)认为，世界万物的本原不是具有固定性质的东西，而是"阿派朗"(无限定，即无固定限界、形式和性质的物质)。"阿派朗"在运动中分裂出冷和热、干和湿等对立面。总之，火、气、水、土之中的任何一种，都不能生成万物，世界万物及其性质是多样性的，不能被简单地归结为某一特定的物质形态和属性。赫拉克利特(Herakleitus)认为,世界万物的本原是火,宇宙是永恒的活火,宇宙本身是它自己的创造者,宇宙的秩序都是由它自身的逻各斯所规定的。逻各斯的本意是"话语",赫拉克利特将其引申为"说出来的道理",意指世间万物变化的一种微妙的尺度和准则。赫拉克利特还提出"一切皆流,一切皆变""人不能两次走进同一条河流"。这使他成为当时具有朴素辩证法思想的"流动派"的卓越代表。毕达哥拉斯(Pythagoras)把非物质的、抽象的数夸大为宇宙的本原,认为"万物皆数",数是万物的本质,数为宇宙提供了一个概念的模型,数量和形状决定一切自然物体的形式,而整个宇宙是数及其关系的和谐的体系,天体运动必须是均匀的圆周运动。德谟克里特(Demokritos)认为,万物的本原是原子与虚空。原子是最小的不可分割的物质颗粒。宇宙的一切事物都是由在虚空中运动着的原子构成。原子处在永恒的运动之中,即运动为原子本身所固有。亚里士多德(Aristotle)认为组成天体的元素与地球不同,是纯粹的"以太",是第五元素。柏拉图(Plato)认为,宇宙开头有两种直角三角形,一种是正方形的一半,另一种是等边三角形的一半。从这些三角形就合理地产生出四种正多面体,这就组成了四种元素的微粒。火微粒是正四面体,气微粒是正八面体,水微粒是正二十面体,土微粒是立方体。第五种正多面体是由正五边形形成的十二面体,这是组成天上物质的第五种元素,叫作"以太"。古希腊哲学中关于系统思想提出了各种对宇宙的组成的假设,发现了一系列自然、社会和人类的规律,在系统的要素、要素之间的关系、系统的结构、系统的功能、系统的演化等方面具有丰富而深刻的研究成果。

(二)中国古代文化的系统思想

我国古代天文学家为发展原始农牧业,很早就关心天象的变化,把宇宙作为一个整体系统,探讨了它的结构、变化和发展,揭示了天体运行与季节变化的联系,编制出历法和指导农事活动的二十四节气。北魏时期的著名学者贾思勰在《齐民要术》一书中叙述了气候因素与农业发展的关系,对农业与种子、地形、耕种、土壤、水分、肥料、季节以及气候等因素相互关系进行了研究。我国春秋末期的思想家老子强调自然的统一性,提出"道生一,一生二,二生三,三生万物","人法地,地法天,天法道,道法自然"。春秋时代,出现了世界构成"五行说"。东汉时期,张衡提出了世界构成的"浑天说"。我国古代的《周易》和《洪范》所提及的八卦、阴阳五行包含着丰富的系统整体观思想。同样是我国自然科学和社会科学融为一体的哲理性著作《易经》从整体的角度去认识和把握世界,把人与自然看作是一个互相感应的有机整体,即"天人合一"。我国最早的医学典籍《黄帝内经》建立了中医学上的"阴阳五行学说""藏象学说""经络学说"以及"论治""运气学""养生学"等学说,从整体观上论述了医学。我国古代的系统思想还反映在军事理论方面,春秋战国时期孙武的《孙子兵法》,从"道、天、地、将、法"五个方面分析战争的全局,也是从系统思想出发,把环境、系统整体与系统中诸要素紧密结合。中国古代虽然没有确定提出系统的概念,但对世界的构成、要素之间的联系以及整体性概念有了一定程度的认识,并且能将系统的思想运用到改造客观世界为自身服务,像《齐民要术》、《黄帝内经》以及《孙子兵法》等均是典型的代表。

(三)近现代系统思想

由于近代科学技术的迅速发展,力学、天文学、物理学、化学、数学以及生物学等学科日益成为独立学科而得到快速发展，产生了许多研究自然界的独特方法。在培根所著的《新工具》一书第二卷中提出了方法论理论，阐述了归纳法的步骤，通过分析、比较、拒绝、排斥进行真正的归纳，从而提出了定性—归纳推理的研究方法。1637年，笛卡尔在其著作《方法论》的三篇附录之一“几何学”中提出了解析几何的基本方法，将几何学代数化，创立了解析几何。19世纪上半叶，自然科学已取得了重大进展，尤其是能量转换、细胞和进化论学说使得人类认识自然世界能力有了很大提升。这个时期的自然科学为唯物主义自然观奠定了坚实的基础。马克思、恩格斯的辩证唯物主义把唯物主义和辩证法有机地统一起来。辩证唯物主义认为物质世界是按照它本身所固有的规律运动、变化和发展的，事物发展的根本原因在于事物内部的矛盾性。事物矛盾双方既统一又斗争，促使事物不断地由低级向高级发展。因此，事物的矛盾规律，即对立统一的规律，它是物质世界运动、变化和发展的最根本的规律。辩证唯物主义体现了系统思想。现代科学技术迅速发展进一步丰富了系统思想并形成了一系列定量系统方法。20世纪40年代，贝塔朗菲(Bertalanffy)针对还原论的局限性提出了一般系统论，该理论提出了整体性原则、动态结构原则、能动性原则以及有序性原则。第二次世界大战时期，定量方法为研究系统问题提供了强有力的帮助，此时期的控制论、信息论和运筹学三大学科相继诞生，使得系统思想从哲学层面的学科发展成为系统工程专门的学科。20世纪60年代与80年代，包含协同学、耗散结构理论、突变理论、超循环理论等自组织理论学科群相继诞生，对系统思想有了更加深层次的认识和升华。20世纪90年代以后，以综合集成工程方法、复杂适应系统(CAS)理论以及复杂网络理论为代表的复杂性科学将系统科学理论推向了崭新领域。如今，大数据、数据挖掘、人工智能等新兴学科的崛起，使得系统思想的广度、深度和时代性都在不断地发展。

二、系统的定义

系统一词的概念和内涵是逐渐发展而来的，系统一词最早出现在古希腊语中，意思是任意一些对象集合体。随着社会的发展，其内涵还在不断发展和完善之中，目前至少有几十种系统的定义，以下是几种比较有代表性的系统定义。

(1)奥地利生物学家、一般系统论创始人贝塔朗菲认为，系统是相互作用的多要素的复合体。

(2)Webster大辞典定义：有组织的或被组织化的整体、相联系的整体所形成的各种概念和原理的综合，由有规则的相互作用、相互依存的形式组成的诸要素的集合。

(3)日本JIS标准中对系统的定义：系统是由许多组成要素保持有机的秩序，向同一目的行动的体系。

(4)奥斯卡·兰格(Oskar Lange)将系统定义为：系统是由依靠因果关系链连接在一起的因素集合。

(5)凯尔什涅尔(Kelshnier)将系统定义为：系统是本质或实物、有生命或无生命物体的集合体，它接受某种输入而产生某些输出。

(6)苏联学者乌约莫夫(Uyomov)将系统定义为客体的集合，在这个集合上实现着带有固体性质的关系。

(7)美国著名学者阿柯夫(Ackoff)认为，系统是由有两个或两个以上的相互联系的任何种类的要素组成的集合。

(8)钱学森将极其复杂的研制对象称为“系统”，即由相互作用和相互依赖的若干组成部分结合成的具有特定功能的有机整体，而且这个系统本身又是它所从属的一个更大系统的组成部分。

(9)汪应洛认为，系统是由两个及以上有机联系、相互作用的要素所组成，具有特定功能、结构和环境的整体。

(10)《中国大百科全书·自动控制与系统工程》将系统定义为相互制约、相互作用的一些部分组成的具有某些功能的有机整体。

以上各种系统定义中还涉及要素、结构、功能、行为、环境几个概念，其中，要素是构成系统组成成分的最小单元。这个最小单元是相对而言，对于同一个研究对象，研究的目的不同，界定系统的最小元素即组成成分也不同。结构是系统的要素及其联系即系统内部各要素在时间或空间上排列和组合的具体形式。如果说一个大学的教师中，男的占 52%，女的占 48%，那么，这两个百分数就是这个大学教师系统的性别结构；将大学教师划分为 35 岁(含 35 岁)以下、36 岁～45 岁(含 45 岁)以及 45 岁以上三部分，35 岁(含 35 岁)以下、36 岁～45 岁(含 45 岁)以及 45 岁以上分别占比为 40%、30%、30%的话，这三个百分数就是这个大学教师系统的年龄结构。功能是系统与环境相互作用过程的秩序和能力。功能是系统对外部的影响，是系统对环境的作用和输出。功能也是系统结构的结果，即有了系统结构才有了系统的结果。在系统要素给定的情况下，调整这些要素的关系，就可以提高系统的功能。系统的结构是系统由内部各要素相互作用的秩序，而功能则是系统对外界作用过程的秩序。归根到底，结构与功能所说明的是系统的内部作用与外部作用。系统功能揭示了系统外部作用的能力，是系统内部固有能力的外部体现。换句话说，系统的功能是由系统的内部结构所决定的，即系统的结构决定系统的功能。例如，金刚石和石墨的主要构成元素都是碳元素，但碳元素的排列不同导致了其性质功能的截然不同。系统行为是指系统受到外界刺激产生响应或反作用于环境，这种作用与反作用现象就是系统的行为。系统行为变化有三种：对环境的某一刺激的反作用；对环境某一刺激的响应，但这种响应并不反作用于环境；不由外界环境引起的自发活动。环境是与系统或系统要素相关联的其他外部要素的集合。系统通常存在于一定的环境之中，因此，环境是系统外界事物及诸多要素的集合。

尽管以上各种定义表述上存在差异，但存在一些共性，具体表现在以下几个方面。

第一，系统是由两个及以上的要素组成的整体，构成这个整体的各个要素可以是单个事物也可以是一群事物组成的小系统。

第二，系统的各个要素之间、要素与整体之间以及整体与环境之间存在着一定的有机联系和制约。

第三，这些要素之间存在着一定的结构形式，系统内部子系统与子系统之间又通过一定方式相互联系，组成高一级系统。

第四，系统要素之间的联系与作用必定产生一定的功能。

综上所述，系统是由若干个(至少两个)相互联系、相互依赖、相互制约、相互作用的元素组成的具有某种特定结构、功能，与环境具有密切联系的有机整体。

三、系统的特征

在界定了系统的定义之后，需要明确系统的特征，这是进行系统研究的基础。通常，系统至少具有以下几个特征。

(1)集合性：由系统的定义可知，系统是若干个(至少两个)可以相互区别的要素组成的集合体。

(2)相关性：系统内部的要素与要素之间、要素与系统之间、系统与其环境之间存在着一定的联系。如果系统内部的要素与要素之间、要素与系统之间、系统与其环境之间均不存在任何联系，那么就不能称之为系统。

(3)层次性：系统可以按照某种标准分解为若干个子系统，子系统又可以分解为更小的子子系统，而每一个系统又往往隶属于更大系统的一部分。例如，国家按照行政区划分为省、市、县、镇、村等。

(4)整体性：系统的整体性是指系统具有独立的整体功能，系统的整体功能不是各组成要素功能的简单叠加，这个整体功能具有不同于各组成要素的新功能。系统是作为一个整体出现的，是作为一个整体存在于具体环境之中，与环境发生相互作用的，系统的任何组成要素或者局部都不能离开整体去研究。系统的整体观念或总体观念是系统概念的精髓。

(5)涌现性：系统的各个部分组成一个整体后，就会产生出整体具有而各个部分原来没有的某些性质、功能或要素。当低层次上的几个部分组成上一层次时，一些新的性质、功能、要素就会涌现出来。

(6)目的性：系统尤其是有人参与的系统都有它的目的，否则，也就失去了这个系统存在的价值和意义。研究一个系统首先要明确系统的目的性，目的性决定了系统功能和行为的方向，即便是同一个系统，由于其研究的目的不同，系统要素的构成、结构、行为与环境的关系等都存在着差别。

(7)环境相关性：任何一个系统都存在于一定的环境中，环境与系统之间存在着物质、能量和信息的交换，环境的变化对系统的变化有很大的影响，同时，系统的作用也会引起环境的变化。

四、系统的分类

(一)按自然属性分为自然系统与社会系统

自然系统是由天体、矿藏、生物、海洋各类自然物为要素形成的系统。如森林系统、海洋系统、大气系统等。他们不具有人为的目的性与组织性，所以不是系统工程直接研究的对象。社会系统是指由人介入自然系统并发挥主导作用而形成的系统，它们具有人为的目的性与组织性。如物流系统、区域创新系统、教育系统、生态创新系统、运输系统、经济系统、工程技术系统以及经营管理系统等。

(二)按物质属性分为实体系统与概念系统

实体系统是由各类物质实体组成的系统，如计算机系统、生产系统、通信系统、军事系统以及海洋系统等。概念系统是由概念、原理、原则、制度、规定、习俗、传统等非物质实体组成。实体系统可以是自然系统，也可以是人造系统，但概念系统一定是人造系统。实体系统是概念系统的基础，而概念系统为实体系统提供服务和保障。

(三)按运动属性分为静态系统与动态系统

静态系统是指系统状态参数不随时间显著改变的系统，没有输入与输出。如没有启动的手机、洗衣机、汽车，停工待料的工厂。动态系统是其状态参数随着时间显著改变的系统。如已经启动的手机、洗衣机、汽车，正在生产的工厂。静态系统和动态系统的区分是相对的，很难找到绝对的静态系统，如没有开机的手机，虽然可以看成是静态系统，但手机内部嵌入的时钟还是在不停地运转。

(四)按系统与环境间的关系属性分为开放系统、封闭系统与孤立系统

开放系统与外界环境之间存在着物质的、能量的、信息的流动与交换的系统；封闭系统与外界没有物质交换，但存在能量和信息交换；孤立系统与外界没有任何交换。现实世界中基本不存在完全孤立系统，完全孤立系统的结局注定是消亡。

(五)按反馈属性分为开环系统与闭环系统

如果系统的输出能够反过来影响系统的输入，则称为闭环系统，能够加强原输入作用的反馈称为“正反馈”；正反馈会造成系统振荡，因此大多数的系统会加入阻尼或是负反馈，避免系统因振荡造成不稳定甚至损坏。马太效应就是社会上常见的正反馈现象，例如收入分配不合理可能导致“富者愈富，贫者愈贫”。而削弱原输入作用的反馈称为“负反馈”。恒温箱就是典型的负反馈系统，当设定恒定温度 37℃时，通电后恒温箱温度迅速提升，只要温度没有达到 37℃，电阻丝就一直加热，当温度超过 37℃时，系统就会自动断电停止加热，当温度低于 37℃时系统又通电加热，如此反反复复，从而使得恒温箱温度稳定在 37℃。没有反馈的系统称为开环系统，人们常说的“开弓没有回头箭”就是典型开环系统写照。

(六)按系统综合复杂程度分为物理系统、生物系统和人类社会系统及宇宙系统

薛华成教授主编的《管理信息系统》一书从系统的综合复杂程度将系统分成三类九小类，具体见图 1-1。

(1)框架：这是最简单的系统，如一栋楼房、桌子、椅子以及板凳等，这些系统的构成要素之间联系简单，通常而言都是静态系统。

(2)时钟：该类系统按照预定的规律进行变化，什么时候到达什么位置是事先按照一定的规则设计好的。

(3)控制机械：控制机械系统能够自动调节，如恒温箱能在控制的温度范围内进行自动调整，或者控制物体按照某种轨道运行，当系统受到外部干扰后能够自动调整回到原位。

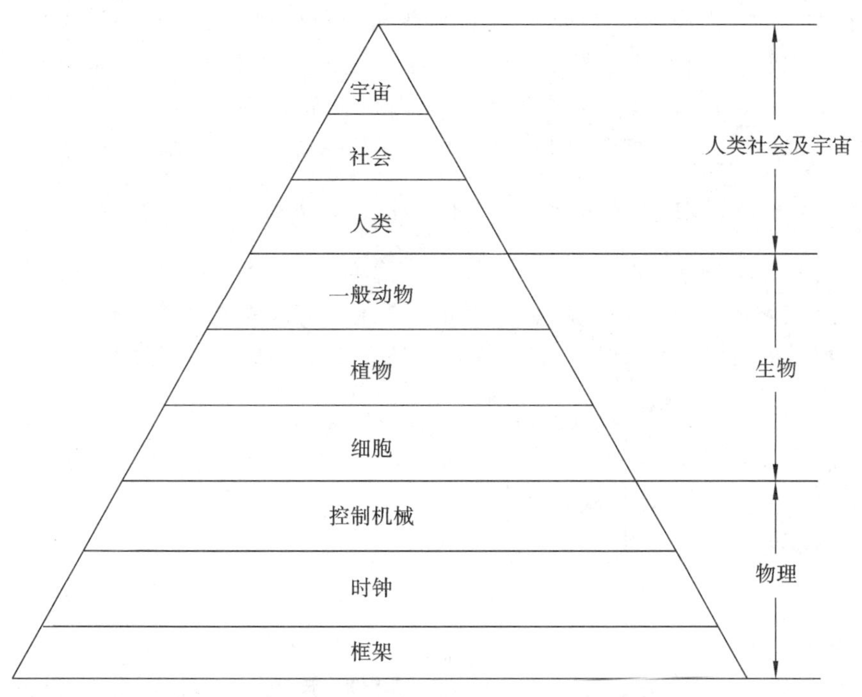

图 1-1 从系统的综合复杂程度划分的系统类别

(4)细胞:细胞系统是一类能够新陈代谢和自我繁殖、具有生命的系统,是比物理系统更高级的系统。

(5)植物:植物系统是由细胞群体组成的系统,显示了单个细胞所没有的功能,是比细胞系统更加复杂的系统。

(6)一般动物:一般动物的最大特征具有可动性,它具有根据自己目的去寻找食物、寻找目标的能力,它对外界是敏感的,同时具有学习的能力。

(7)人类:人具有较大的存储、处理信息的能力,思维能力、说明目标和使用语言工具均超过一般动物,人还能获得知识和学习的能力。

(8)社会:社会是人类政治、经济活动等上层建筑的系统。

(9)宇宙:宇宙不仅包括地球以外的天体,还包括目前人类未知的天体。

以上九小类系统中,(7)、(8)和(9)三个底层系统是物理系统,中间的(4)、(5)和(6)是生物系统,最高层的(1)、(2)和(3)是人类社会系统及宇宙系统。

(七)按照对系统的认识程度分为黑色系统、白色系统和灰色系统

黑色系统是指明确了系统与环境的关系,但对其内部各要素之间的错综复杂的关系机理不明的系统,即研究者只知道该系统的输入和输出,但不知道实现输入、输出关系的结构与过程。若用箱子类比系统,则该系统可称为“黑箱”。白色系统是指研究者不仅知道该系统的输入和输出,而且知道实现输入、输出关系的结构与过程。若用箱子来类比系统,则这种系统可称为“白箱”系统,它相当于一只能打开来看清楚内部到底装有何物的箱子。研究者对该系统有较充分的认识,能从理论上描述和精确预测这一系统的运动规律。我国学者

邓聚龙把控制论的观点和方法延伸到复杂的大系统中，将自动控制与运筹学的数学方法相结合，研究了广泛存在于客观世界中具有灰色性的问题，把信息不完全的系统称为灰色系统。信息不完全一般指：系统因素不完全明确；因素关系不完全清楚；系统结构不完全知道；系统的作用原理不完全明了。同样，若用箱子类比系统，则这种系统可称为"灰箱"。

(八)按照系统结构复杂程度分为简单系统和复杂系统

我国著名科学家钱学森按照系统结构复杂程度将系统分为简单系统和复杂系统，进一步按照系统规模将系统分为小系统、大系统和巨系统。把这两个分类标准统一起来，可以形成图1-2所示的系统分类。另外，钱学森院士还非常重视系统的开放性，一直倡导研究开放的复杂巨系统。

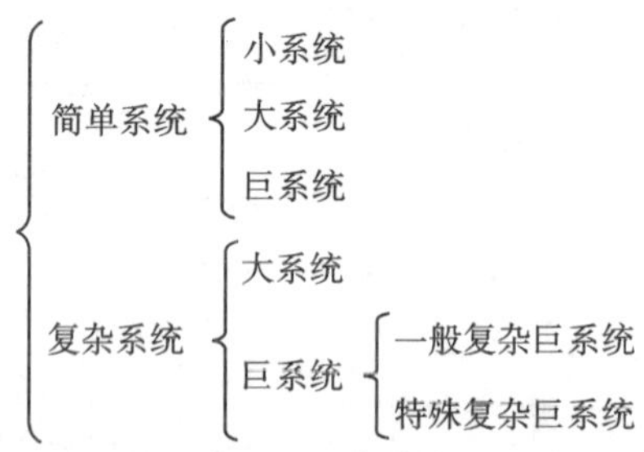

图1-2 钱学森的系统分类

另外，按数学性质属性，可分为线性系统和非线性系统；按照系统的变化是否连续可分为离散系统和连续系统；按照系统是否含有不确定因素，可分为确定系统和不确定系统；按照系统运动过程和运行特征，可分为控制系统和行为系统。

第二节 系统工程

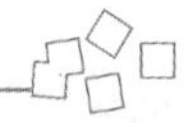

一、系统工程的发展历史

尽管系统思想源远流长，但系统工程真正成为一门正式学科起源于20世纪初期的泰勒(Taylor)的科学管理，泰勒在1911年出版的《科学管理原理》一书中提出了工业管理系统概念。他认为要达到最高的工作效率的重要手段是用科学化的、标准化的管理方法代替经验管理，从而致力于探索管理科学的基本规律，发明一系列科学管理方法。20世纪20年代逐渐形成了工业工程，主要研究生产在时间和空间上的管理技术。20世纪30年代，美国发展与研究广播电视正式提出系统方法(system approach)的概念。20世纪40年代，美国贝尔电话公司首次使用"系统工程"一词，并提出硬件系统开发的规划、研究、开发、工程应用研究和通用工程阶段的一套工作方法，后来又提出了排队论原理。在该时期，美国研制原子弹的"曼哈顿"计划由于采用了系统工程方法进行协调，使得原子弹的研制时间大大缩短。1945 年,美国兰德公司创建了许多实用方法分析系统问题,如系统分析、德尔菲法、头脑风暴等方法,曾成功预测苏联发射第一颗人造卫星、中美建交、美国经济大萧条以及德国统一等重大事件的发展趋势,逐渐发展成为一个研究政治、军事、经济、科技、社会等各方面的综合性思想库,被誉为现代智囊的"大脑集中营""智囊团"。20 世纪 40 年代后期到 20 世纪 50 年,运筹学、控制论和信息论的创立与运用,为系统工程学科奠定了坚实的发展基础。1957 年,美国密歇根大学的两位学者古德(Goode)和马克尔(Machol)出版了第一本学科专著《系统工程》,标志着系统工程学科正式诞生。1958 年,美国研制北极星导弹计划中首次使用了计划评审技术(PERT),将系统工程学科应用到了工程项目管理领域。20 世纪 50 年代后期到 20 世纪 60 年中期,美国先后制定和执行了"北极星"导弹核潜艇计划和"阿波罗"登月计划,这些都是系统工程理论方法的成功应用范例。20 世纪 70 年代,系统工程理论与方法得到了广泛应用,应用领域已经不局限于传统硬件工程领域,逐渐向社会学、管理学以及涉及环境、资源、人口、粮食、交通等交叉领域的应用研究,并取得了很多应用成果。20 世纪 80 年代,复杂性科学开始兴起,这为系统工程理论研究提供了新的研究内容。20 世纪 90 年代以后,非线性科学迅猛发展,以复杂适应系统理论为代表的一批新兴学科无论在理论还是实践上进一步推动了系统工程学科的纵深发展。进入 21 世纪,系统工程学科与时代同步,系统工程知识体系也更加完善,大数据分析、数据挖掘技术也逐渐渗透到系统工程的理论方法体系中,系统工程的应用领域更加宽广。

系统工程正式作为一门学科在国内的发展始于 20 世纪 50 年代。1956 年,中国科学院在科学家钱学森和徐国志的提议下组建运筹小组。20 世纪 60 年代,我国著名数学家华罗庚极力推广统筹方法、优选方法。与此同时,在老一辈科学家钱学森的倡导下开始将系统工程理论与方法应用于国防军事领域,并取得了显著效果。1978 年,钱学森、徐国志、王寿云三位科学家联合发表了《组织管理的技术——系统工程》。1979 年 10 月多个部门的 150 名代表在北京举行了系统工程学术讨论会。1980 年,中国系统工程学会在北京正式成立。自此,系统工程在我国经济、社会、军事、文化、生态、交通、物流等领域发挥着重要的促进作用。随着计算机、互联网技术的发展以及国际交往的不断密切,20 世纪 90 年代以后,我国的系统工程学科发展与国外的系统工程学科发展同步推进,尤其在复杂性科学研究领域,国内学者做了大量的研究,涌现了一批具有影响力的学术成果。

二、系统工程的定义

系统的观念就是整体最优的观念,它是在人类认识社会、认识自然的过程中形成的整体观念,或者称之为全局观念;工程的观念是在人们处理自然、改造自然的社会生产过程中所形成的工程方法论,传统的工程观念是指生产技术的实践而言,而且以硬件为目标与对象,如机械工程、电气工程、化学工程、铁路工程、水利工程以及建筑工程等。将"系统"与"工程"两个词合起来具有特定的学科内涵,但不同学者也有不同的理解,以下罗列几个典型的系统工程定义。

(1)美国著名学者 H. 切斯纳(H. Chestnut)指出:虽然每个系统都是由许多不同的特殊功能部分所组成,而这些功能部分之间又存在着相互关系,但是每一个系统都是完整的整体,每一个系统都要求有一个或若干个目标。系统工程则是按照各个目标进行权衡,全面求得最优解(满意解)的方法,并使各组成部分能够最大限度地相互适应。

(2)美国防务系统的定义:系统工程是为了达到所有系统要素的优化平衡,控制整个系统研制工作的管理功能,把目标需求转变为一组系统参数的描述,并综合这些参数以优化整个系统效能的过程。

(3)美国科学技术词典对系统工程的定义:系统工程是研究复杂系统设计的科学,该系统由许多密切联系的元素组成。

(4)美国质量管理学会对系统工程学的定义:系统工程是应用科学知识设计和制造系统的一门特殊工程学。

(5)日本JIS标准规定:系统工程是为了更好地达到系统目标,而对系统的构成要素、组织结构、信息流动和控制机制等进行分析与设计的技术。

(6)日本学者三浦武雄指出:系统工程就是研究系统所需的思想、技术、方法和理论等体系化的总称。

(7)钱学森认为:系统工程是组织管理系统的规划、研究、设计、制造、试验和使用的科学方法,是一种对所有系统都具有普遍意义的科学方法。

(8)《苏联大百科全书》的定义:系统工程是一门研究复杂系统的设计、建立、试验和运行的科学技术。

(9)《中国大百科全书·自动控制与系统工程卷》指出:系统工程是从整体出发合理开发、设计、实施和运用系统的工程技术。

(10)汪应洛院士指出:系统工程是把自然科学和社会科学的某些思想理论方法、策略和手段等根据整体协调需要有机地联系起来,把人们的生产、科研和军事活动有效组织起来,应用定量分析和定性分析相结合的方法和计算机等技术工具,对系统的构成要素、组织结构、信息交换和反馈控制等功能进行分析、设计、制造和服务,从而达到最优设计、最优控制和最优管理的目的,以便最充分地发挥人力、物力的潜力,通过各种组织管理技术,使局部和整体之间的关系协调配合,以实现系统的综合最优化。

总之,系统工程以系统为对象,从系统的整体出发,研究各个组成部分及其联系,通过最优途径的选择,使系统总体效果达到最优的科学方法。

三、系统工程的特点

(一)以系统为研究对象,实现两个最优

系统工程以系统为研究对象,要求系统地、综合地、全面地考虑问题。既要使得系统总体目标或效果达到最优,同时对实现这一目标或效果的方法或途径也是最优的。据传,在四千多年前,神州大地被洪水淹没了。舜先派鲧来治理洪水。鲧采取了“土淹”的办法,并对其执行了9年,没有任何效果,因此他受到了处分并被驱逐到羽山。舜又派大禹治理洪水。大禹经过调查研究,意识到父亲鲧的“土淹”方法是错误的,于是毅然决定采用“疏导”办法。他带领广大民众挖了九条大川,将水引入川中,再将水引入大海。同时,他还将全国分为12个州和5个地区,由5位官员负责。在治理洪水过程中,他还注重物资的分配,减轻饥荒,使每个人都有饭吃,不断改善生活,调动广大群众的积极性。经过数十年的艰苦努

力，洪水终于得到了控制。由于在防洪方面的功勋，大禹深受人民的信赖和喜爱，所以舜把“国家元首”的宝座赋予了他。此故事说明，治理洪水问题是一个典型的系统工程问题，不仅包括治理洪水的工程问题，还包括治理人的社会问题，大禹采用了最优的方法即“疏导”办法，实现了治理洪水的最优效果，不仅治理了洪水，还解决了经济问题。

（二）跨学科多，综合性强

系统工程作为一门横断学科，需要用到多个学科知识，如系统科学、数学科学、信息科学、社会科学、计算机科学以及统计学等；各种学科知识需要交叉融合，涉及的系统工程工作人员也需要相互配合，协同作战。阿波罗登月计划是美国国家航空航天局在20世纪60年代和70年代完成的登月计划。阿波罗登月计划使用月球轨道交会的方法，使用强大的土星五号运载火箭将一个50吨重的航天器送入月球轨道。航天器本身配备了一个更小的火箭发动机，可以在接近月球时将航天器减速进入绕月轨道。此外，宇宙飞船的一部分，即装有火箭发动机的登月舱，可以与宇宙飞船分离，将宇航员送入月球，并返回绕月轨道与阿波罗飞船结合。阿波罗登月计划的总指挥韦伯说：“阿波罗登月计划没有新的自然科学理论和技术。”所有的工作都是现成技术的应用，关键在于综合。

（三）定性方法和定量方法相结合

定量研究主要是收集以数量表示的数据或信息，对数据进行定量处理、检验和分析，从而得出有意义的结论。定性研究方法是根据社会现象或事物的性质、运动中的矛盾变化和事物的内在规定性来研究事物的一种方法。定性研究方法和定量研究方法各具特色和适用的条件，系统工程通常需要将定性研究方法和定量研究方法进行有机结合。

（四）以软为主，软硬结合

传统的工程技术是以硬件工程为研究对象，而系统工程是一大类新兴的工程技术的总称，以对事进行合理筹划为主，可归为广义的事理学范畴，是以软技术为主的工程技术，其学科综合性较强。

（五）以宏观为主，兼顾微观研究

系统工程认为，系统不论大小，皆有其宏观与微观：凡属系统的全局、总体和长远的发展问题，均为宏观；凡属系统内部低层次上的问题，则是微观。

（六）应用性为导向

系统工程虽然是一系列科学研究方法的集成，但系统工程最终是服务于具体实践的，脱离了现实问题，系统工程就失去了存在的价值。因此，系统工程是以应用性为导向的，是为了解决实际问题而应运而生的。

第三节　系统工程的应用领域

随着系统工程学科的发展，其应用领域也越来越丰富，目前，比较有代表性的应用领域见表 1-1。

表 1-1　系统工程的应用领域

序号	领域	简要说明
1	社会系统工程	把整个社会作为一个巨大的系统来加以研究，主要涉及社会发展目标、社会指标体系、社会发展模型、社会发展战略、综合发展规划、社会预测、宏观控制和调节等问题
2	企业系统工程	主要运用系统工程的思想和方法对工业企业生产经营活动进行组织与管理的技术，主要研究市场预测、新产品开发及并行工程、全面质量管理、成本-效益分析等
3	农业系统工程	主要运用系统工程的理论和技术，对农业系统的规划、设计、试验、研究、调控及其应用过程进行科学管理的一门工程技术，主要研究农业发展战略、大农业和立体农业的战略规划、农业结构分析、农业区域规划、农产品需求预测、农业政策分析等
4	教育系统工程	运用现代系统原理和方法，组织、管理教育系统的技术，主要研究人才需求预测、人才与教育发展规划、人才结构分析、教育政策分析等
5	区域规划系统工程	运用系统工程的理论和方法对区域的布局和发展进行总体规划，主要对区域投入产出分析、区域资源合理配置、城市水资源规划、城市公共交通规划与管理以及区域城镇布局分析等
6	能源系统工程	能源系统是包括能源的开发、供应、转换、储备、调度、控制、管理、使用等环节的系统，主要研究能源合理结构、能源需求预测、能源开发规模预测、能源生产优化模型、能源合理利用模型、电力系统规划、节能规划、能源数据库等问题
7	交通运输系统工程	研究铁路、公路、航运、航空综合运输规划及其发展战略、铁路调度系统、公路运输调度系统、航运调度系统、空运调度系统、综合运输优化模型、综合运输效益分析等
8	信息系统工程	信息系统工程包含了构建和维护复杂系统以解决实际问题的所有方面，如立项、规划、建设、应用、维护等

续表

序号	领域	简要说明
9	军事系统工程	主要研究国防发展战略、作战模拟、情报、通信和指挥自动化系统、武器装备发展规划、国防经济学、军事运筹学等
10	区域创新系统	指在一定的地理范围内，经常地、密切地与区域企业的创新投入相互作用的创新网络和制度的行政性支撑安排
11	经济系统工程	用系统工程的方法对国家、部门或地区宏观经济系统进行预测、规划、组织、管理、控制和调节的技术
12	城市系统工程	从系统的角度对城市整体的研究，以演化、控制、博弈论等方法研究城市的增长、管理和稳定等问题
13	人口系统工程	通过对人口系统的分析，研究人口系统的特征和规律，制定人口目标规划和人口指标体系，进行人口预测和人口仿真等工作，以便为政府制定人口政策提供科学依据
14	物流系统工程	从物流系统整体出发，把物流和信息流融为一体，看作一个系统，运用系统工程的理论和方法进行物流系统的规划、管理和控制，选择最优方案
15	水资源系统工程	应用系统工程的方法对水资源进行合理的开发利用，包括对水资源的规划、治理、控制、保护和管理
16	环境生态系统工程	研究大气生态系统、大地生态系统、流域生态系统、森林与生物生态系统、城市生态系统等分析、规划、建设和防治问题
17	创新生态系统	创新生态系统是一个具备完善合作创新支持体系的群落，其内部各个创新主体通过发挥各自的作用，与其他创新主体进行协同创新，实现价值创造，并形成相互依赖和共生演进的网络关系
18	金融系统工程	运用系统工程的思想与方法研究金融体系的问题，具体包括金融环境分析、金融风险分析、金融市场结构分析、金融政策分析、投资理财分析等

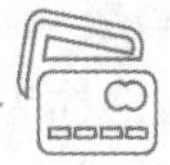

思考题

第一章思考题

第二章
系统工程理论基础

学习目标

1. 掌握一般系统论、控制论和信息论的核心内容。
2. 掌握耗散结构理论、协同学理论和突变理论的核心内容。
3. 了解混沌理论、分形理论、孤立子理论、运筹学以及复杂性科学理论相关内容。
4. 了解系统思想的形成与发展以及系统工程的发展历史。

学习重难点

1. 充分理解一般系统论的基本观点。
2. 充分理解耗散结构产生的条件。
3. 充分理解协同学理论的序参量、相变以及绝热消去原理。

第一节　“老三论”

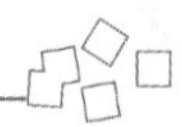

系统工程是一门典型的交叉学科，需要多学科知识的交叉融合，其理论基础主要来源于系统科学理论以及数学科学的相关理论。一般系统理论、控制论和信息论是被公认的系统科学理论产生来源，也是系统工程的重要理论基础，在我国习惯上将这三种理论称为“老三论”。耗散结构理论、协同学理论和突变理论是 20 世纪 60—70 年代系统科学理论中迅速崛起的三种自组织理论，也是系统工程的重要理论基础，在我国习惯上将这三种理论称为“新三论”。另外，系统工程的发展与运筹学、统计学以及计算机科学为代表的数学理论和辅助工具密不可分，同时以非线性科学和复杂性科学为代表的新兴学科为系统工程发展提供了坚实的理论基础。

一、一般系统论

20 世纪 20 年代涌现了一批主张用机体论代替机械论和活力论的学者。1925 年英国数理逻辑学家和哲学家怀特海(Whitehead)在《科学与近代世界》一文中提出用机体论代替机械论,他们认为只有把生命体看成是一个有机整体,才能解释复杂的生命现象。1925年美国学者洛特卡(Lotka)发表的《物理生物学原理》和1927年德国学者克勒(Khler)发表的《论调节问题》中先后提出了一般系统论的思想。奥地利理论生物学家贝塔朗菲(Bertalanffy)曾多次发表文章表达一般系统论的思想,提出生物学中有机体的概念,强调必须把有机体当作一个整体或系统来研究,才能发现不同层次上的组织原理。贝塔朗菲在1932年发表的《理论生物学》和1934年发表的《现代发展理论》中提出用数学模型来研究生物学的方法和机体系统论的概念,把协调、有序、目的性等概念用于研究有机体,形成研究生命体的三个基本观点,即系统观点、动态观点和层次观点。1947—1948年贝塔朗菲在美国讲学和参加专题讨论会时进一步阐明了一般系统论的思想,指出无论系统的种类、组成元素的性质和它们之间的关系如何,都存在着适用于综合系统或子系统的一般模式、原则和规律。1968年,贝塔朗菲在《一般系统论:基础、发展与应用》一书中全面总结了系统的基本概念、原理和理论体系。1972年,贝塔朗菲又在《普通系统论的历史和现状》一书中再次对一般系统论进行论述。

贝塔朗菲的一般系统论主要包含机体系统理论、开放系统理论和动态系统理论。贝塔朗菲认为,机械论和活力论都没有揭示生命本质问题的正确方向。于是,他提出机体系统理论,试图通过机体系统解释生命的本质。机体系统理论主要包括整体性、动态结构、能动性和组织等级四种核心观点。传统热力学所研究的是与环境相分离的系统即封闭系统。严格而言,封闭系统只不过是开放系统的一种近似,它忽略了环境对系统的作用。在现实世界中,系统与环境之间存在着错综复杂的相互作用,或多或少存在着物质、能量与信息的交换。因此,贝塔朗菲试图研究系统与环境的关系,科学地解释了一系列新观点,如稳态、等终极性、秩序在开放系统中的可能增加等问题,提出了开放系统理论。开放系统理论作为一般系统论的重要组成部分之一,创造性地从对系统状态的研究发展到对系统状态、输入与输出的关系研究,这是一次非常伟大的革命性转变。系统根据它的状态与时间的关系可分为静态系统和动态系统。从本质上讲,现实的具体系统都是动态系统。所以把动态系统看作系统的一般模式是正确的,贝塔朗菲研究了动态系统的基本结构,并用联立微分方程进行系统描述的基础上对系统的各种性质,如整体性、加和性、增长、竞争、机械化、集中化以及等终极性等进行数学描述。

贝塔朗菲的一般系统论主要包括以下基本观点。第一,系统的整体性。在贝塔朗菲看来,系统是相互作用的多要素的复合体,系统的首要特征就是系统的整体性即"整体的功能大于各部分功能之和"或"1+1>2"。虽然系统是由要素或子系统组成的,但系统的整体功能可以大于各要素的功能之和。因此在处理系统问题时要注意研究系统的结构与功能的关系,重视提高系统的整体功能。任何要素一旦离开系统整体,就不再具有它在系统中所能发挥的功能。第二,系统的开放性。开放系统的运动不是单一地从有序到无序。由于不断地输入和输出,因而它既有可能从有序到无序,也可能从无序到有序。但在整体上,这种运动是不可逆的,是沿着有序到更高秩序的方向发展的。等终极性是开放系统的一个重要特征,也就是说,开放系统在广泛的范围内可以由不同初始条件和不同方式达到相同的终态。第三,系统的动态性。系统不仅作为一个功能实体而存在,而且作为一种运动而存在。

系统内部的联系就是一种运动，系统与环境的相互作用也是一种运动，任何系统都处于不断的变化之中，系统的状态是时间的函数，这就是系统的动态性。第四，系统的层次等级性。各种有机体都是按照严格的等级组织起来的，生物系统层次分明、等级森严，通过各层次逐级组合形成更高等级、更加繁杂的系统。而且系统中不同层次以及不同层次等级的系统之间相互制约、相互依赖、相互联系。不仅生物系统存在等级性，一切系统均存在等级性。

二、控制论

控制论的历史发展久远，早在两千年前我国就有了控制技术的萌芽，如两千年前我国发明的指南车，就是一种典型的自动控制调节系统。北宋哲宗元祐初年，我国的水运仪象台，也是一种自动控制调节系统。随着科学技术与工业生产的发展，到十八世纪，自动控制技术逐渐应用到现代工业中。1868 年，麦克斯韦(Maxwell)提出了简单的稳定性代数判据，解决了蒸汽机调速系统中出现的剧烈振荡的问题。1895 年劳斯(Routh)和赫尔维茨(Hurwitz)分别提出了稳定性判据——劳斯判据和赫尔维茨判据，把麦克斯韦的思想扩展到高阶微分方程描述的更加复杂的系统。1932 年奈奎斯特(Nyquist)提出了频域内研究系统的频率响应法，为具有高质量的动态品质和静态准确度的军用控制系统提供了所需的分析工具。1948 年伊万斯(Ewans)提出了复数域内研究系统的根轨迹法。1948 年，美国数学家维纳(Winner)出版了《控制论——关于在动物和机器中控制与通讯的科学》一书，这标志着控制论的正式诞生。我国著名科学家钱学森将控制理论应用于工程实践，并与 1954 年出版了《工程控制论》。20 世纪以来控制论主要分为经典控制论、现代控制论和大系统控制论三个发展阶段。经典控制理论即古典控制论，主要研究的是单因素控制系统或时不变系统，其核心是各种自动调节器、伺服系统有关电子设备。经典控制论的发展与应用对整个世界的科学技术发展产生了巨大的促进作用。随着计算机技术的迅速发展，推动了核能技术、空间技术的发展，从而产生了现代控制论，主要针对多输入多输出系统、非线性系统和时变系统，重点是最优控制。大系统控制论主要针对一些多因素、多层次的控制系统，其核心装置是巨型计算机或电子计算机的联机，发展趋势逐渐迈向自动化、信息化、智能化时代。目前，控制论逐渐形成了工程控制论、生物控制论、社会控制论和人工智能控制论四大体系。

控制是在一定的环境中，一个系统通过一定的方式驾驭或支配另一个系统做符合目的运动的行为及过程。一切控制过程，都是由三个基本环节构成：一是了解事物面临的可能性空间是什么；二是在可能性空间中选择某一些状态为目标；三是控制转化条件，使事物向既定的目标转化。根据控制任务的不同可以将控制方式分为 6 种类型，它们分别是稳定控制、程序控制、跟踪控制、随机控制、最优控制和自适应控制。稳定控制是不管外界干扰如何，控制任务是使系统的控制变量总是保持在预定状态。程序控制使系统状态或输出按事先给定的程序进行运转，系统的变化规律可以事先进行预测。跟踪控制是指在实际控制过程中根据变化规律确定控制策略。随机控制是指对一个系统的受控条件不了解，只有经过不断的试探才能发现其受控条件并加以控制的方法。最优控制是在满足既定的条件下，寻找一种控制策略使得所选定的系统目标值达到最优值。自适应控制是适应环境及自身变化的能力。在控制论的研究过程中，人们摸索出了许多实用的科学控制方法，负反馈调节方法、功能模拟方法和黑箱方法就是最典型的三种控制方法。负反馈调节本质在于设计了一个目标差不断减少的过程，即用系统活动的结果来调整系统活动的方法；功能模拟方法以功能和行为的相似性为基础建立模型来模拟系统"原型"的功能和行为；黑箱方法将要研究的系统作为黑箱，通过考察系统输入与输出关系进而推断出系统内部结构及其功能的方法。从控制论正式提出到现在，控制论已经形成了最优控制理论、智能控制理论、模糊控制理论以及大系统控制理论等重要理论体系，在各个领域都有着非常广泛的运用。

三、信息论

现代信息论开始于 20 世纪 20 年代。美国科学家奈奎斯特在 1924 年解释了信号带宽和信息速率之间的关系。美国科学家哈特利（Hartley）在 1928 年开始研究通信系统传输信息的能力，给出了信息的度量方法。这两位学者是较早研究通信系统传输信息的能力，并尝试度量系统的信道容量。随后，信息论的创始人申农（Shannon）为解决通信技术中的信息编码问题，把发射信息和接收信息作为一个整体的通信过程来研究，提出通信系统的一般模型，并于 1948 年发表了《通信的数学理论》一文，这成为信息论诞生的重要标志。究竟什么是信息？不同学科有不同的解释。信息论的创始人申农认为，信息就是事物运动状态或存在方式的不确定性的描述。信息按照不同的分类标准也有不同的类型。如按信息的性质可以分为语法信息、语义信息和语用信息；按照信息的时间特征可以分为历时信息、实时信息和预测信息；按观察过程可以分为实在信息、先验信息和实得信息；按照信息的环境特征可以分为内部信息和外部信息；按信息的地位可以分为客观信息和主观信息；按信息的作用可以分为有用信息、无用信息和干扰信息；按信息的逻辑意义可以分为真实信息、虚假信息和不定信息；按信息的信息源性质可以分为语言信息、图像信息、数据信息、计算信息和文字信息；按信息的信号形成可以分为连续信息、离散信息和半连续信息，凡此等等。信息论有狭义信息论、一般信息论和广义信息论之分。狭义信息论即申农早期的研究成果，它以编码理论为中心，主要研究信息的测度、信道容量、信源和信道的编码问题以及噪声理论等。一般信息论也称为通信理论，主要研究信息传输的基本理论和通信的基本问题；广义信息论又称信息科学，主要研究以计算机处理为中心的信息处理的基本理论，包括文字的处理、图像识别、学习理论及其在生物、经济、社会等各个领域的应用。

不同信息所包含的信息量大小是不同的，究竟如何衡量信息量的大小呢？申农利用概率论的知识对信息加以度量，他将信息看作是系统不确定性减少。如果系统的某个事件必然发生，则是不存在不确定性的。比如有人告诉你，你这次期末考试得分在 0 到 100 分之间，对于你来说没有任何价值，因为期末考试得分在 0 到 100 分之间是一必然事件，其发生的概率为 1，对于你来讲并没有消除任何不确定性，所得信息量为 0。通常，信息量用概率的负对数表示，如果某事件发生的概率为 P，则这一事件具有的信息量为

$$I(P) = -\log_2(P) \tag{2-1}$$

式(2-1)中，$I(P)$表示信息量，是以 2 为底的对数，单位是比特(bit)。例如，抛一枚硬币，正面和反面朝上都有可能，事先无法预知。当经过无数次实验后会发现，抛一枚硬币，正面和反面朝上的可能性各占 50%。当知道了抛一次硬币的正面或反面结果时，这个

50%的不确定性被消除了。信息论里将$-\log_2(50\%)$的信息量称为1比特，也就是说，1比特就是指含有两个独立等概率事件选择其中之一时的所具有的信息量。有时，还有以e为底的对数衡量信息量，此时的单位是奈特(nat)；如果是以e为底的对数衡量信息量，则对应的单位是笛特(det)。一个事件可能含有多种可能的结果，每个结果对应的概率不尽相同，则提供的信息量自然不同。为了表征一个事件不同结果所能提供信息的总体特征，采用平均信息量来度量该事件所包含的总的不确定性的大小，具体公式为：

$$I(P)=-\sum_{i=1}^{n}P_i\log_2(P_i) \tag{2-2}$$

式(2-2)中，$I(P)$表示该事件的平均信息量，n表示该事件所包含的各种可能性数量；P_i表示出现第i种可能性对应的概率。很有意思的是，申农的某一事件平均信息量的度量公式和物理学上的熵公式基本一样，只是相差一个负号。在物理学中，熵是系统无序状态的度量，系统越混乱，熵越大；系统越有序，熵越小。而在信息论中，信息是表示系统不确定性的减少。一个系统所获取的信息量越大，系统就越有序，熵就越小；反之，系统所获取信息量越小，系统就越无序，熵就越大。

信息作为系统与外界环境发生作用的三大要素之一，系统的各元素之间、各局部之间、局部与整体之间以及系统与环境之间都需要通过信息的交换、加工和利用来实现。可以说，信息论是系统工程的重要支撑理论，目前，除了应用于传统的通信技术领域以外，信息论已经渗透到人们生活的方方面面，大数据、云存储已经逐渐成为人们生活、办公中不可或缺的一部分。

第二节 "新三论"

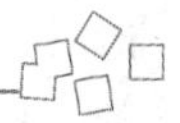

在一定外界条件下，系统内部自发地由无序变为有序的现象，这种演化过程叫自组织过程。自组织是指一个系统在内在机制的驱动下，自行从简单向复杂、从粗糙向细致方向发展，不断地提高自身的复杂度和精细度的过程。20世纪60—70年代兴起了研究系统自组织问题的热潮，耗散结构理论、协同学理论和突变理论便是自组织理论的杰出代表，在我国习惯将这三种理论称为"新三论"。

一、耗散结构理论

系统与事物发展不利的方面，因为不可逆过程阻碍了系统与事物再重新回到原来状态，如覆水难收、破镜难圆等，而非平衡会破坏系统与事物的完美结构。所以很少有人愿意研究不可逆、非平衡的问题。直到1946年，当普利高津(Prigogine)第一次公开发表有关不可逆现象的热力学报告时，才受到社会的广泛关注，同时也遭到了社会各界的强烈质疑与批评。不过，普利高津并没有因为当时的指责而停止研究，而是和他的工作团队经过了几十年的不懈努力，终于在1969年提出了举世闻名的耗散结构理论。普利高津认为，一个远离平衡的开放系统，可以是力学的、物理的、化学的、生物的，乃至社会的、经济的系统，通过不断地与外界交换物质或能量，在外界条件的变化达到一定的阈值时，可能从原有的混沌无序状态转变为一种在时间上、空间上或功能上的有序状态，这种在远离平衡情况下所形成的新的有序结构被命名为耗散结构。贝纳德(Benard)流是耗散结构的经典实验。该实验通过在一个容器两端各放置一块热源接触板，板的长度与宽度要远远大于两板间的距离，设上板的温度为 T_1，下板的温度为 T_2，开始实验时，两板的温度相等，即 $T_1=T_2$，容器内流体处于平衡状态。当加热下板，此时 $T_1<T_2$，液体内便形成了温度差，从而热量不断地由下板向上板传递，当两板的温度差值在某个阈值之下，尽管流体有热量传递，但流体整体上还保持静止的非平衡态，当温差超过这一阈值时，流体静止传导热的状态就会发生突变，而形成非常有序的对流状态。相比之下，平衡结构的有序主要表现在微观上的有序、是不随时空变化的“死”结构，无法进一步发展；而耗散结构中的有序则表现为宏观上的有序，是一种处于运动变化中的“活”结构，体系的状态、性能向着优化方向转变，因此，比热力学平衡结构更具广泛应用性。

普利高津不仅对耗散结构这一概念进行了详细的阐述，还剖析了耗散结构产生的具体条件。第一，系统必须是开放的。顾名思义，耗散一词就是消耗、耗费的意思，系统要在非平衡区域出现有序的结构特征，就需要耗散物质或能量，而孤立系统与外界没有物质、能量的交换，绝不可能出现耗散结构，只有系统是开放的，才有可能与外界环境进行物质、能量的交换。因此，系统的开放性是形成耗散结构的第一要件。第二，系统必须远离平衡态。平衡结构不需要任何物质或能量的交换就能维持，而要出现向贝纳德流宏观的有序结构，就要不断地给流体加热，打破流体原先的平衡状态，使流体达到远离平衡态的区域。正如普利高津所说“非平衡是有序之源”。远离平衡态的开放系统总是通过突变过程产生自组织现象，即某种临界值的存在是形成耗散结构的一个主要条件；系统内部存在着非线性的相互作用。系统必须要有正负反馈机制之类的非线性动力学过程，这种非线性的相互作用使得系统内各要素之间产生协同作用和相干效应，从而使系统从杂乱无章变为宏观的有序状态。第三，系统存在涨落现象。所谓涨落是一种随机的干扰，这种扰动的性能和结构非常复杂，几乎是无法控制的，其大小也是无法确定的。当系统处于平衡态时，涨落造成的系统偏离会逐渐衰退直至消失，使得系统回到稳定状态。只有系统处在远离平衡态的非线性区域时，任何一个微小的涨落都可能通过非线性作用机制的不断放大形成“巨涨落”，相当于打破系统的原有结构，形成一个新的有序结构。因此，系统形成耗散结构必须有涨落现象的存在。

克劳修斯用熵来衡量系统状态的有序程度，熵值越小系统越有序，而熵值越大系统越无序，可以用熵来刻画开放系统的自组织演化机制。对于孤立系统，不论其初始条件如何，都将向着熵越来越大，状态越来越混乱，越来越无序的方向演化。这是因为孤立系统只有熵的产生，而没有负熵流的输入，所以孤立系统最终只能走向消亡。而开放系统，由于其与外界有物质、能量以及信息的交换，具备产生耗散结构的特征条件，存在向高级有序化方向演化的可能。对于一个开放系统，它的熵变化可分成两部分，即：

$$\Delta S=\Delta_i S+\Delta_e S \tag{2-3}$$

式(2-3)中，ΔS 为系统熵的变化量，$\Delta_i S$ 为系统内所引起的熵变化量，该值总是正值，表示系统内部自身所引起的熵变；$\Delta_e S$ 表示系统内元素之间以及元素与环境之间所引起的熵变化量，此变化量可正可负。根据 ΔS 的大小可以判定系统演化的方向和有序程度。如果 $\Delta S \geqslant 0$，ΔS 必然大于 0；如果 $\Delta S < 0$，会存在以下三种情况：

(1) 当 $\Delta S > 0$ 时，即 $\Delta_i S > |\Delta_e S|$，表明负熵不足以抵消系统内部所产生的正熵，此时系统无序度加大，处于不稳定状态的恶性循环过程中；

(2) 当 $\Delta S < 0$ 时，即 $\Delta_i S < |\Delta_e S|$，表明负熵足以抵消系统内部所产生的正熵，此时系统趋向于熵产生最小的状态，表明系统总熵减小，有序度增强，系统处于良性循环的过程之中，这时系统功能逐渐改善，效率不断提高；

(3) 当 $\Delta S = 0$ 时，表明负熵与系统内部产生的正熵相等，或者系统内外没有熵产生，这是 $\Delta S > 0$ 和 $\Delta S < 0$ 的分界点，此时系统处于暂时的稳定状态。

二、协同学理论

德国物理学家哈肯于 1969 年提出了协同学理论。协同学理论指出，有时系统中存在大量的子系统，却只受少量的序参量支配，从而在系统的总体上形成了有序结构。协同系统是指由许多子系统组成的、能以自组织方式形成宏观的空间、时间或功能有序结构的开放系统。序参量来源于子系统之间的协同，同时序参量起着支配子系统行为的作用。子系统之间的协同产生宏观的有序结构，这是“协同”的第一层含义。序参量之间的协同合作决定着系统的有序结构，这是“协同”的第二层含义。协同学理论认为，一个系统从无序到有序转化的关键，在于由一个大量子系统构成的开放系统内部发生“协同作用”，它强调系统内部的关联以及系统发生变化时要素间的互相配合与耦合。在协同理论中，把构成系统的各个子系统之间所具有不同聚集状态之间的转变，称之为相变，系统或子系统所处的聚集状态是相，当系统相变突然发生时，就产生突变，这是一种临界现象，是普遍存在的。标志系统相变出现的参量就是序参量，它表示系统的有序结构和类型，是各个子系统协同运动程度的集中体现，它来源于子系统之间的协同、合作，对系统和子系统行为起支配作用。在系统中，特别对临界行为，系统参量可分为两类：绝大多数参量仅在短时间起作用，它们临界阻尼大、衰减快，对系统的演化过程、临界特征和发展前途，不起明显作用，这类参量称快弛豫参量。另一类参量只有一个或者少数几个，它们出现临界无阻尼现象，在演化过程中从始至终都起作用；并且得到多数子系统的响应，起着支配子系统行为的主导作用，所以系统演化的速度和过程都由它决定，这就是慢弛豫参量。为了抓住在演化过程中起支配作用的慢弛豫参量，而忽略快弛豫参量的变化对系统演化的影响，可令快弛豫参量对时间的导数等于零，然后将得到的关系代入其他方程，从而得到只有一个或者几个慢弛豫参量的演化方程——序参量方程，这个处理过程就是绝热消去原理。用此原理可以把众多的描述相变的偏微分方程组化为一个或者几个序参量方程，使原来难以求解或者无法求解的问题简单化，从而使得临界过程的内容实质显得清楚明了。在一个复杂系统中，总是存在着各个子系统的独立运动；也存在着子系统之间各种可能产生的局部耦合；另外，系统环境条件也在随机波动等，这些都反映在系统的宏观量的瞬时值上，经常会偏离它的平均值，而出现的起伏现象，我们称之为涨落。涨落是对系统的结构和功能进行的一种随机性扰动，它可能来自系统的外部环境，也可能来自系统的内部结构，涨落随时都会出现。当系统处于平衡态附近时，小的涨落对系统的稳定性不会产生大的影响，这称为微涨落。但是，当系统远离平衡态时，涨落的作用有时会很大，甚至可能被放大到足以破坏系统原有的结构和功能，从而产生新的状态，这就是巨涨落。

三、突变理论

法国数学家托姆(R. Thom)于1972年公布了一项研究成果，发表题为《结构的稳定性和形态形成学》的论文，这标志着突变论的正式诞生。突变论与耗散结构论、协同学理论一起，在有序与无序的转化机制上，把系统的形成、结构和发展联系起来，成为推动自组织理论发展的重要理论之一。突变理论研究的是从一种稳定组态跃迁到另一种稳定组态的现象和规律。该理论指出，自然界或人类社会中任何一种运动状态，都有稳定态和非稳定态之分。在微小的偶然扰动因素作用下，仍然能够保持原来状态的是稳定态；而一旦受到微扰就迅速离开原来状态的则是非稳定态，稳定态与非稳定态相互交错。非线性系统从某一个稳定态到另一个稳定态的转化，是以突变形式发生的。托姆用严格数学公式证明了初等突变的折叠、尖点、燕尾、蝴蝶、双曲脐点、椭圆脐点、抛物脐点等7种类型。当控制参数的个数小于或等于5时，会增加印第安人茅舍型突变、第二椭圆脐型突变、第二双曲线脐型突变、符号脐型突变。也就是说，初等突变类型主要由控制参数的个数决定，控制参数的个数越多，突变类型也越多。突变现象有以下几个特征：多稳态性、不可达性、突变性、滞后性和发散性。突变理论作为研究系统演化的有力数学工具，能较好地解释和预测自然界和社会上的突变现象，如在物理学领域可以研究系统相变和弹性梁的弯曲状态、非线性震荡以及流体力学等；在经济系统，突变理论可以预测经济的走势、股票价格的震荡规律；在军事领域，突变理论可以进行作战模拟演练。如今，突变理论在数学、物理学、化学、生物学、工程技术、社会科学等方面都有着广阔的应用前景。

第三节　运筹学

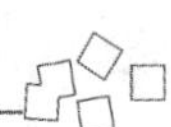

一、运筹学概念

运筹学作为一门学科起源于20世纪30年代，至今尚无统一定义，以下是几种比较典型的定义。英国运筹学会的定义：运筹学主要研究经济活动与军事活动中能用数量来表达的有关运用、筹划与管理等方面的问题。它根据问题的要求，通过数学分析和运算，做出综合性的合理安排，以达到较经济、较有效地使用人力、物力。《中国企业管理百科全书》中运筹学的定义：运筹学应用分析、试验、量化的方法，对经济管理系统中的人财物等有限资源进行统筹安排，为决策者提供有依据的决策方案，以实现最有效的管理。《辞海》对运筹学的解释：运用科学方法来解决工业、商业、政府、国防等部门里有关人力、机器、物资、金钱等大型系统的指挥或管理中所出现的复杂问题的一门学科，其目的是帮助管理者以科学方法确定其方针和行动。《中国企业管理百科全书》运筹学的定义：运筹学应用分析、试验、量化的方法，对经济管理系统中的人财物等有限资源进行统筹安排，为决策者提供有依据的决策方案，以实现最有效的管理。

二、运筹学的研究内容

（一）线性规划

线性规划(linear programming，简称 LP)是运筹学中研究较早、运用广泛及方法较成熟的一个重要分支，它是帮助人们进行科学管理的一种量化方法。线性规划主要研究在现有各项资源条件的限制下，如何确定方案，使预期目标达到最优；或为了达到预期目标，确定使资源消耗为最少的方案。线性规划模型的一般形式如下：

$$\max(\min) z = c_1 x_1 + c_2 x_2 + \cdots + c_n x_n \tag{2-4}$$

$$\begin{cases} a_{11} x_1 + a_{12} x_2 + \cdots + a_{1n} x_n < (=, >) b_1 \\ a_{21} x_1 + a_{22} x_2 + \cdots + a_{2n} x_n < (=, >) b_2 \\ \qquad \vdots \\ a_{m1} x_1 + a_{m2} x_2 + \cdots + a_{mn} x_n < (=, >) b_m \\ x_1, x_2, \cdots, x_n > 0 \end{cases} \tag{2-5}$$

式(2-4)为线性规划目标函数，式(2-5)为线性规划的约束条件，约束条件包括资源约束和决策变量的自身约束条件。无论是目标函数还是约束条件其表达式都是线性的。求解一般线性规划模型的解法主要包括图解法和单纯形法。图解法求解直观、简单明了，但只能求解两个决策变量的线性规划问题，而单纯形法可以求解任意变量个数的线性规划问题，而且在计算上很容易由编程实现。除了一般的线性规划问题，还有几类比较特殊的线性规划问题。一是运输问题。简单的产销平衡运输问题模型如下：

$$\min z = \sum_{i=1}^{m} \sum_{j=1}^{n} c_{ij} x_{ij}$$

$$\begin{cases} \sum_{j=1}^{n} x_{ij} = a_i, \quad (i = 1, 2, \cdots, m) \\ \sum_{i=1}^{m} x_{ij} = b_j, \quad (j = 1, 2, \cdots, n) \\ x_{ij} \geqslant 0, \quad (i = 1, 2, \cdots, m; j = 1, 2, \cdots, n) \end{cases} \tag{2-6}$$

该运输问题模型和一般线性规划模型相比具有以下特征：x_{ij} 的系数非 0 即 1；约束条件系数矩阵的每个列向量都只有 2 个分量为 1，其余全为 0；系数矩阵的秩为 $m+n-1$，对应的基变量即为 $m+n-1$ 个。由于运输问题的特殊性，一般不采用单纯形法进行求解，而是直接在表上进行操作。二是整数规划问题。整数规划问题又可以细分为以下几类：部分变量取整数的混合整数规划问题；全部决策变量取整数的纯整数规划问题；全部决策变量取 0 或 1 的 0-1 规划问题。求解一般整数的规划问题的解法主要包括分支定界法和割平面法，对于一般的 0 或 1 规划问题通常采用隐枚举法。三是指派问题。在实际中经常会遇到这样的问题，有 n 项不同的任务，需要 n 个人分别完成其中的一项，但由于任务的性质和各人的专长不同，因此，各人去完成不同的任务的效率（或花费的时间或费用）也就不同。于是产生了一个问题，应指派哪个人去完成哪项任务，使完成 n 项任务的总效率最高（或所需时间最少），这类问题称为指派问题。由于指派问题是特殊的线性规划问题、特殊的运输问题也是特殊的 0－1 规划问题，因此，采用一般求解线性规划问题的算法是不划算的，利用指派问题的特点可以采用匈牙利方法进行求解。目前线性规划模型运用非常广泛，广泛运用于各行各业中。

（二）对偶理论

对偶问题就是同一事物（问题）从不同的角度（立场）观察，有两种对立的表述，对偶理论就是研究线性规划中原始问题与对偶问题之间关系的理论。从一对对偶问题的模型形式上看，一个问题的约束数和变量数是另一问题的变量数和约束数；一个问题的价值系数和资源限量与另一问题的资源限量和价值系数相对应，约束系数矩阵有互为转置的关系；一个问题等式约束与另一问题变量无约束相对应。对偶问题有 6 个基本性质，分别是对称性、弱对偶性、无界性、最优性、强对偶性以及互补松弛性。

（三）目标规划

目标规划是一种用于求解多目标规划问题的一种求解方法，它与一般单目标线性规划的区别主要表现在：①线性规划只讨论一个线性目标函数在一组线性约束条件下的极值问题；而目标规划是多个目标决策，可求得更切合实际的解。②线性规划是求最优解；目标规划是找到一个满意解。③线性规划中的约束条件是同等重要的，是硬约束；而目标规划中有轻重缓急和主次之分，即有优先权。④线性规划的最优解是绝对意义下的最优，但需花费大量的人力、物力、财力才能得到；实际过程中，只要求得满意解，就能满足需要（或更能满足需要）。目标规划是按事先制定的目标顺序逐项检查，尽可能使得结果达到预定目标，即使不能达到目标也要使得离目标的差距最小，这就是目标规划的求解思路，对应的解称为满意解。求解目标规划的方法主要有图解法和单纯形法。目前，目标规划已经在经济计划、生产管理、经营管理、市场分析、财务管理等方面得到了广泛的应用。

（四）动态规划

动态规划作为运筹学的一个重要分支，是解决多阶段决策过程最优化的一种非常有效的方法。1951 年，美国数学家贝尔曼（R. Bellman）等人根据一类多阶段决策问题的特点，把多阶段决策问题变换为一系列相互联系的单阶段决策问题，然后分阶段逐个加以解决。贝尔曼等人在研究和解决了大量实际问题之后，提出了解决这类问题的“最优性原理”，从而创建了解决阶段决策问题的新方法即动态规划。现实生产生活中有很多动态规划的问题，如生产决策问题、机器负荷问题、最短距离问题、设备更新问题、生产与存储问题以及固定资金分配问题等。有时，研究问题既可以是不包含时间因素的静态决策问题也可以适当地引入阶段转化为动态规划问题，作为多阶段的决策问题用动态规划方法来解决。由于动态规划问题涉及的阶段、状态、决策、状态转移方程、策略、指标函数以及基本方程等基本概念在具体实际问题所表现的内涵存在细微差别，因而运用动态规划模型求解问题需要根据具体问题灵活处理。

(五)排队论

排队问题在日常生活随处可见,如在学校食堂吃饭需要排队,在银行办业务需要排队,去图书馆借书需要排队,甚至有时上厕所都要排队。排队论就是通过对服务对象到来及服务时间的统计研究,得出这些数量指标的统计规律与特征,然后根据这些规律建立模型,通过统计推断、系统优化来改进服务系统的结构或重新组织被服务对象,使得服务系统既能满足服务对象的需要,又能使机构的费用最经济或某些指标最优。

(六)存储论

存储问题也是一种常见的问题,如商场需要存储一定数量的物品来满足顾客的购买需求,当存储的商品过多,超过了顾客的需求,则会造成商场库存空间以及资金的浪费;当存储的商品过少,难以满足顾客的需求时,又会因为错失商机影响商场盈利。存储论就是研究对于特定的需要类型,以何种方式进行补充货物,才能实现最佳的存储管理目标。常见的存储模型包括:不允许缺货,备货时间很短;不允许缺货,生产需要一定时间;允许缺货,备货时间很短;允许缺货,生产需要一定时间;价格有折扣的存储问题。以上这些都是比较经典的确定性存储模型,随着存储论不断发展,学者们提出了很多存储模型,其模型应用也更加贴近实际情况。

(七)图与网络

图论最早起源于哥尼斯堡七桥问题:一个散步者能否走过七座桥,且每座桥只走一次,最后回到出发点。后来,欧拉(Euler)用 A、B、C、D 四点表示河的两岸和两个小岛,用两点间的连线表示桥。七桥问题变为:在图中找一条经过每边一次且仅一次的路。图论是研究有节点和边所组成图形的数学理论和方法。赋予图中各边某个具体的参数,如时间、流量、费用、距离等,规定图中各节点代表具体网络中任意一种流动的起点,中转点或终点,然后利用图论方法来研究各类网络结构和流量的优化分析。经典的图论研究的问题包括树的问题、最短路径问题、网络最大流量问题、最小费用问题以及邮政问题。以传统的图论为基础,20 世纪 70 年代衍生出了一套新的研究范式——社会网络,该理论主要对图的中心性、凝聚子群、核心-边缘结构以及结构对等性等进行分析,在社会科学领域有着广泛的应用。

(八)对策论与决策分析

对策论又称博弈论,是运筹学的一个重要分支,主要研究带有竞赛或斗争性质的现象的数学理论和方法,重点研究决策者是否存在制胜对方的最优策略,以及如何确定这种策略。虽然对策论发展历史不长,但在管理科学、系统控制和统计决策等领域都有广泛的应用。运筹学中的决策分析就是从多种可供选择的方案中选择最优方案的方法。经典的决策分析方法主要研究确定型决策、风险型决策和不确定决策三种类型的决策问题,其中,确定型决策是在未来自然状态已知时的决策,即每个行动方案达到的效果可以确切地计算出来,从而可以根据决策目标做出肯定抉择的决策;风险型决策是指虽然未来事件的自然状态不能肯定，但是发生概率为已知的决策，又称随机性决策；不确定决策是指在决策过程中决策人无法估计各自然状态发生的可能性的大小，从而由自然状态的不确定性导致其决策的不确定。

（九）非线性规划与软计算方法

如果规划问题的目标函数或约束条件中包含非线性函数，就称这种规划问题为非线性规划问题。非线性规划问题的求解非常复杂，很难构造适用于各种问题的通用算法。经典的运筹学主要研究无约束优化问题、二次规划问题，提供了最速下降法、共轭梯度法、变尺度法以及步长加速法等。而对于复杂非线性规划问题，经典的求解方法有时很难奏效，软计算或智能算法不失为求解复杂的非线性规划问题的一种有效算法，近年来学者们提出了各种软计算方法，具体包括：模拟退火、禁忌搜索、遗传算法、进化规划、进化策略、粒子群算法、蚁群算法、鱼群算法、量子算法、基因算法以及膜计算等。

第四节　非线性科学

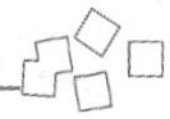

线性和非线性的区别在数学方程上表现为是否满足叠加原理，线性方程满足叠加原理，而非线性不满足叠加原理。牛顿力学是典型的线性科学，诸如速度之类变量满足叠加原理。但在实际生活中可以用牛顿力学直接求解的系统却很少。在现实生活中往往存在着诸多非线性现象，不满足叠加原理，这就需要寻求其他科学方法研究这类非线性问题。以混沌、分形和孤立子理论为代表的非线性科学体系的建立，填补了该领域的空白，这三门学科被誉为 20 世纪继相对论、量子力学后的又一次科学革命。非线性科学研究各种具体的非线性现象中的那些共性规律，主要用于自然科学和工程技术，但随着非线性科学理论的研究深入，逐渐向经济社会领域渗透，如今已取得许多有突破性的成就。

一、混沌理论

人们很早就留意到混沌现象，很多学者从不同的领域出发基于不同角度对混沌现象进行研究。早在 19 世纪末 20 年代初，法国数学家庞加莱（Poincaré）在研究三体问题中就遇到了混沌现象，证明了系统可以分为可积系统和不可积系统，从而成为第一个发现混沌系统的人。20 世纪 30 年代，安德诺洛夫（Andronov）是较早的非线性分析学派的代表，他在非线性震荡研究中发现大量的分岔现象，并引进运动方程的结构稳定性概念。20 世纪 50 年代，苏联数学家柯尔莫哥洛夫（Kolmogorov）在动力系统理论中引入了熵的重要概念，开辟了一个广阔的新领域，后来还导致混沌理论的诞生。1963 年，美国气象学家洛伦兹（Lorenz）从一个液体热对流模型中发现，一个完全确定的三维一阶自治常微分方程组却在一定参数范围内出现貌似非周期的无序输出，这说明随机性不必由外界引入而可由系统内在的简单规律产生。1964 年，法国天文学家厄农（Henon）发现了一个具有混沌吸引子特性的典型映射。1971年，法国数学物理学家吕埃勒(Ruclle)和荷兰数学家塔肯斯(Takens)通过耗散动力系统引入奇怪吸引子概念来解释湍流的发生机制，并对朗道关于湍流发生机制做了进一步的修正。1975年，美国两位数学家李天岩和约克(York)首次使用混沌一词，用它来描述某些一维映射的随机性迭代输出，形成了著名的李-约克定理，这为后来的混沌理论研究奠定了基础。1978年，美国数学家费根鲍姆(Feigenbaum)发现倍周期分岔现象中的普适标度行为，并计算出普适的标度常数，这一发现掀起了有关混沌理论研究的高潮，逐渐形成了混沌理论学科。20世纪90年代以来，混沌理论与其他学科相互渗透，逐渐从理论研究转向应用领域研究。

究竟何为混沌？至今没有一个统一的定义。混沌理论创始人之一的洛伦兹(Lorentz)认为，混沌系统是指敏感地依赖于初始条件的内在变化的系统。协同学创始人哈肯认为，混沌是产生于确定性方程的随机性。我国著名学者钱学森指出，混沌是"宏观无序，微观有序"。我国学者张本祥和孙博文通过对混沌本质特征的剖析，认为混沌是确定性非线性系统有界的敏感初始条件的非周期行为。只要能确定系统处于混沌状态，那么行为(或状态)主体就是确定性的非线性系统，而且它一定具有"有界"、"敏感初始条件"和"非周期"三个本质特征；反之，任何一个确定性的非线性系统，只要它表现出"有界"、"非周期"和"敏感初始条件"的特征，那么就可以认为该系统处于混沌状态。根据不同学者的混沌定义，混沌系统具有确定系统的内在随机性、初值敏感性、普适性、分维性以及相似性5个明显特征。确定系统的内在随机性是指系统处于混沌状态是由体系内部动力学随机性产生的不规则性行为。这种随机性自发地产生于系统内部，与外部随机性有完全不同的来源与机制，显然是确定性系统内部一种内在随机性和机制作用。初值敏感性是指系统长期演化的行为对系统初始条件敏感，初始条件的一个微小的变化会通过非线性作用无限放大，导致最终结果的巨大偏差。气象学家洛仑兹提出的"蝴蝶效应"就是对这种敏感性非常形象化的说明。普适性是指当系统趋于混沌时，系统所表现出来的一些共性特征并不会因为系统参数不同而消失。分维性是指系统运动轨道在相空间的几何形态可以用分维来描述。相似性是系统进入混沌区域以后，在显示杂乱无章的混沌状态同时，在混沌区域又具有自相似结构特征。

看似杂乱无章的混沌现象不仅具有一些共同的特征，而且系统如何产生混沌现象也具有一定的规律可循。目前有倍周期分岔、阵发混沌、准周期环面破裂三条公认的路径产生混沌现象。倍周期分岔是指系统在一定的条件下经过周期加倍会逐渐丧失周期行为而进入混沌状态。这是一种典型的非平衡过程产生的混沌，它是通向混沌的主要道路。阵发混沌是系统从有序走向无序转化时，在非平衡非线性条件下，当某些参数的变化达到某一临界值时，系统的时间行为忽而周期、忽而混沌，在两者之间无规则地交替出现。准周期环面破裂是指系统参数变化通过一临界时可能由平衡转变为周期运动，当参数继续变化时，系统再经历分岔而出现耦合的极限环面，由于参数的变化可能导致某一环面破裂而出现混沌现象。除了这三种公认的产生混沌现象的路径之外，产生混沌现象的路径还有很多，如切分岔、霍普夫分岔、奇异非混沌到混沌的跃迁以及茹厄勒-塔肯斯路径(Ruelle-Takens)等。近年来，随着混沌理论研究的深入，其应用领域也很快取得了进展，如今混沌理论在计算机

工程、应用数学、生物医药工程、动力学工程、化学反应工程、电子信息工程以及经济管理等领域都有着广泛的应用场景。

二、分形理论

经典的欧氏几何学是以规整几何图形为其研究对象，主要涵盖点、直线与线段、正方形、矩形、梯形、菱形、各种三角形、正多边形以及空间中的正方体、长方体、正四面体等。但在现实生活中还有很多不规则形状的物体，例如山脉、海岸、树叶、雪花、河流以及云朵等。在分形理论出现以前，人们尝试将这些不规则的图形简化为规整几何图形进行处理，但往往难以对实际情况进行很好的描述。于是研究者们开始寻求研究不规制几何图形的其他方法。早在1872年，魏尔斯特拉斯（Weierstrass）提出了一种处处连续、处处不可导的魏尔斯特拉斯函数。魏尔斯特拉斯函数从某种意义上讲是第一个分形函数，将魏尔斯特拉斯函数在任一点放大，所得到的局部图形都和整体图形相似。1883年，德国数学家康托尔（Cantor）提出了著名的康托尔三分点集。取一条长度为1的直线段，将它三等分，去掉中间一段，留剩下两段，再将剩下的两段分别三等分，各去掉中间一段，剩下更短的四段……，将这样的操作一直继续下去，直至无穷。由于在不断分割舍弃过程中，所形成的线段数目越来越多，长度越来越小，在极限的情况下，得到一个离散的点集。这就是康托尔三分点集。康托尔三分点集具有自相似性，其局部与整体是相似的，所以是一个分形系统。1890年，意大利数学家皮亚诺（Peano）提出在一个单位正方形内作一条连续的曲线填满整个正方形，这就是皮亚诺曲线。皮亚诺曲线也是一条连续而又不可导的曲线，同样具有分形结构特征。1904年，瑞典数学家科克（Koch）在一条直线段上将线段中间三分之一部分用等边三角形的两条边代替，将图形中每一直线段中间的三分之一部分再用一等边三角形的两条边代替，从而形成新的图形，依次重复，直至无穷，这种迭代继续进行下去形成的图形就是科克曲线。科克曲线是无限长的，它具有自相似性特征。1915年，波兰数学家谢尔宾斯基（Sierpinski）取一个实心的三角形，沿三边中点的连线，将它分成四个小三角形，去掉中间的一个小三角形，对其余三个小三角形重复，从而构造出了著名的谢尔宾斯基三角形。谢尔宾斯基图形也是一个典型的分形图形，具有自相似性特征。1918年，两名法国数学家皮埃尔（Pierre）和茹利亚（Julia）几乎同时得出了描述复数映射以及函数迭代相关分形行为的结果，并由此引出了之后关于奇异吸引子的想法。1938年，法国数学家莱维（Lévy）发表了题为《平面、空间曲线与整体自相似部件组成的曲面》文章，该文将自相似曲线的概念进一步地拓展，提出了一种新的分形曲线。以上这些都属于规则的分形图形，是按照一定的规则构造出来的，具有严格的自相似性特征的分形图形。真正提出分形概念的是美国数学家曼德布罗特（Mandelbrot）。1967年，曼德布罗特在美国《科学》杂志上发表题为“英国海岸线有多长？统计自相似和分数维度”的论文，引起了学术界的极大关注。1977年，第一本有关分形的著作《分形：形态、偶然和维数》出版。1982年，曼德布罗特标新立异的新作《自然界的分形几何形》出版，这标志着分形理论正式形成。

究竟什么是分形？至今尚无统一定义。1982年，曼德布罗特将分形定义为豪斯道夫（Hausdorff）维数严格大于拓扑维数的集合。但在1986年，曼德布罗特又给出一种分形定义，即组成部分与整体以某种方式相似的集合叫作分形。根据曼德布罗特分形的定义，分形的两个最大特征就是自相似性和分数维度。法尔科内(Falconer)认为，给分形一个精确定义比较困难，但分形具有一些共同的特征，比如具有精细的结构、具有高度的不规则性、具有某种程度上的自相似性、维数大于拓扑维数以及可以采用迭代方式生成。在经典的欧氏几何学里，一个几何图形的维数等于确定其中一个点的位置所需要独立坐标的数目。根据此定义，点是零维，线是一维，平面是二维，立体是三维，这些都是整数数字。但在测量不规整几何图形时，很难用整数维进行描述。于是，对于此类不规整几何图形，人们采用分数维度进行测度即分形维度。学者们提出了很多种分形维数的计算方法，如豪斯道夫维数、相似维数、关联维数、信息维数、容量维数、计盒维数、李雅普诺夫(Lyapaunov)维数、复维数以及模糊维数等。为了研究的便利，学者们对分形类型进行了分类，常见的分形类型包括自然分形、时间分形、社会分形以及思维分形等。自然分形是根据自然界客观存在的或经过抽象而得到的具有自相似性的图形；时间分形是指在时间尺度上具有自相似性的图形；社会分形是在人类社会活动中所表现出来的自相似图景；思维分形是人类在认识、意识上所表现出来的自相似性。还有学者将分形分为规则分形和随机分形。规则分形是数学家根据一定规则构造出来的自相似图形；随机分形是在规则分形构造的过程中加入随机因素的干扰使其不具有严格的几何相似性图形。随着分形理论研究的深入，学者们开始探寻产生分形结构深层次机制，有学者认为非线性、随机性与耗散性是产生分形结构的物理机制。目前分形理论研究方兴未艾，其应用领域也非常广阔，在数学、物理学、化学、材料科学、计算机科学、心理学、人口学、情报学、经济管理以及哲学等领域都有很好的应用。

三、孤立子理论

孤立子理论起源于 1834 年罗素(Russell)发现的孤立波峰，当时他发现一艘快速行驶的船突然停下来时，在船头会形成一道圆形平滑、轮廓分明的孤立波峰，然后这条孤立波峰会迅速离开，向前滚动，而且在行进过程中形状和速度没有明显改变。1844 年，罗素在浅水区做了很多次实验来研究孤立波，验证孤立波的存在。但罗素的发现和解释并没有得到当时物理界学者的信服，直到 1895 年，两位数学家科特维格(Korteweg)与得佛里斯(De Vries)从数学上推导出了著名的浅水波 KDV 方程，并给出了一个类似于罗素孤立波解释，此时，孤立波的存在才得到大家的认可。1965 年应用数学家克鲁斯卡尔(Kruskal)和扎布斯基(Zabusky)发现 KDV 方程有两个解所描述的孤立波在相碰后仍保持其原形，他们还将此类碰撞后本质不变的孤立波命名为孤立子。此后，各领域中的诸多孤立子方程相继建立。1968 年拉尔斯(Lax)发表题为“非线性发展方程的积分和孤立子波”一文，将孤立子理论演绎成一般的泛函形式。1972 年扎哈罗夫(Zaharov)和沙巴特(Shabat)把孤立子理论推广到非线性薛定愕方程。此后，诸多领域中的孤子方程相继被提出，与此同时，孤立子理论的应用也迅速展开。

第五节　复杂性科学

一、复杂性科学的含义

不同学者基于不同的科学背景和研究对象，给出了不同的复杂性定义，如分层复杂性、算法复杂性、随机复杂性、有效复杂性、同源复杂性、基于信息的复杂性、时间计算复杂性、空间计算复杂性等。鲁曼于1985年提出了一个工作定义即复杂性要求在一个系统内，存在着必然能够实现的有着更多的可能性；普利高津(Prigoqine)、哈肯(Haken)等人用演化的、生成的、自组织的观点解释复杂性。他们认为，平衡态、线性关系、可逆过程只能产生简单性，远离平衡态、非线性关系、不可逆过程是产生复杂性的根源；罗宾·伍德(Wood Robin)在讨论"什么是复杂性"时提出，复杂性是用来描述一类科学学科的术语，所有这些学科都关注寻找行为或现象之间集合的模式。意味着复杂性科学是研究系统的行为或现象模式的科学。我国学者钱学森认为："所谓'复杂性'实际是开放的复杂巨系统的动力学。"即构成元素不仅数量巨大，而且种类极多，彼此差异很大，它们按照等级层次方式整合起来，不同层次之间往往界限不清，甚至包含哪些层次有时并不清楚。这种系统动力学就是复杂性。戴汝为先生在《复杂性研究文集》的前言中说："对于复杂性研究这类还处于萌芽状态的科学，一开始就建立严格的定义，对敞开思想，有所创新不见得有积极作用，为了对各领域所做的贡献不加以人为的约束，对被邀请撰稿的专家来说，复杂性的含义指的是他们在本学科中所确定的含义，并不强求大家都认可。"目前，似乎没有一种定义能让人们普遍接受，应当容忍和接受不同意义下的复杂性，允许不同学科有不同的定义。多样性、差异性是复杂性科学固有的内涵，只接受一种意义下的复杂性，就否定了复杂性本身。只有研究的领域多了，复杂性的许多共性的、本质的属性也就会涌现在我们面前，到那时再概括出一个统一的复杂性定义，也许会更合理些。

二、复杂适应系统

复杂适应系统(complex adaptive system，CAS)是霍兰(Holland)于1994年在圣菲研究所成立10周年正式提出来的，他认为复杂适应系统的核心思想是"适应性造就复杂性"。复杂适应系统理论区别于早期系统科学理论，它将系统的成员看成一系列适应性主体，适应性主体是积极的"活"的主体，具有自身的目的性和适应性，而不是被动的、"死"的。更重要的是，适应性主体或者与环境进行的交互作用是"可记忆的"，随着经验的积累，每个主体不断地变换规则、调整自身的结构及行为模式。正是这种交互方式，造就了新层次的产生、分化，多样性的产生以及系统的发展和演变。霍兰认为复杂适应系统一般都具有通用的4个特性，即聚集(aggregation)、非线性(nonlinear)、流(flows)和多样性(diversiy)，以及3个机制，即标识(tagging)、内部模型(internal model)和积木机制(building blocks)。复杂适应系统的其他特性和机制都可以通过这 4 个基本特性和 3 个机制以不同的方式组合而成，复杂适应系统的这 4 个特性和 3 个机制描述如下。

(一)聚集

在复杂适应系统中，聚集有两层含义，第一层含义是指简化复杂系统的一种标准方法，是构建模型的主要手段；第二层含义则与复杂适应系统的行为特征紧密相关，指较为简单的主体通过聚集，必然会涌现出复杂的大尺度行为。同类主体为了完成共同的功能，通过“黏着”(adhesion)形成较大的所谓多主体的聚集体(aggregation Agent)，也叫介主体(meta-agents)，介主体同样可以像主体一样再聚集成更大的聚集体——介介主体，从而导致层次的出现，介主体在系统中有时像一个单独的个体那样行动。聚集是新的类型，是更高层次上的个体的出现形式；原来的个体不仅没有消失，而且在新的更适宜自己生存的环境中得到了发展。

(二)非线性

复杂适应系统理论认为，个体之间的相互影响不是简单的、被动的、单向的因果关系，而是主动的“适应”关系。个体以及它们的属性在发生变化时，并非遵从简单的线性关系，特别是在与系统或环境的反复交互作用中，这一点更为明显。以往的“历史”会留下痕迹，以往的“经验”会影响将来的行为。复杂适应系统理论把非线性的产生归于内因，归之于个体的主动性和适应能力。这就进一步把非线性理解为系统行为的必然的、内在的要素，从而大大丰富和加深了对于非线性的理解。正因为如此，霍兰在提出具有适应性的主体这一概念时，特别强调其行为的非线性特征，并且认为这是复杂性产生的内在根源。

(三)流

流在复杂适应系统中是一个更为抽象的特征，它连接着可能相互作用的主体，而且因时而异。主体之间或主体与环境之间的流会因为主体的适应或者不适应加强或者减弱，以流为边、以主体以及环境为节点构成的网络也随时间的流失和经验的积累反映出适应性的模式。

(四)多样性

复杂适应系统的多样性是指复杂适应系统在各个类似层次上都具有大量的不同种类的主体的特性，这一特性既非偶然也非随机，无论是任何系统的任何单个主体都依赖于其他主体提供的环境所生存，粗略地说就是每种主体都在以该主体为中心的相互作用所限定的合适生存空间，如果我们从系统中移走一种主体产生一个空位，系统就会做出一系列的适应反应。在此适应的过程中，由于各种不同的原因会导致个体间的差别会加大，最终形成分化。而系统复杂性的重要思想之一就是个体之间的具有差别性、个体类型的多样性。霍兰曾指出正是个体间的相互作用和不断适应的过程造就了个体向不同的方向进化发展，最终形成了个体类型的多样性。

（五）标识

在复杂适应系统中，标识是为了聚集和边界生成而存在的一个机制。为了相互识别和选择，个体的标识在个体与环境的相互作用中是非常重要的，因而无论在建模中，还是实际系统中，标识的功能与效率是必须认真考虑的因素。标识的作用主要在于实现信息的交流，它提出了个体在环境中搜索和接收信息的具体实现方法，例如，在个体的刺激反应模型中，个体的标识将在信息的传递中起关键作用。

（六）内部模型

主体在适应环境的过程中，不断地根据自己的内部模型对外在的环境做出预测与反应，同时根据预测与反应的结果调整、改变自身的结构。内部模型的这种相对稳定与自身调整性，既保证了结构作为整体的存在，又赋予了结构对环境的适应能力。内部模型可分成隐式的（tacit）和显式的（overt），隐式内部模型在对一些期望的未来状态的模糊预测下仅指明一种当前的行为。而显式内部模型则是作为一个基础。

（七）积木机制

复杂系统常常是在一些相对简单的构件的基础上，通过改变它们的组合而形成的（简单生成复杂）。主体内部模型就是由各种积木组合而成的。研究表明，较高层次的规律大多是从低层次积木的规律中推导出来的。因此，积木是人们认识复杂世界的规律的工具。使用积木生成内部模型，是复杂系统的一个普遍特征，当模型是隐式的，则发现和组合积木的过程通常是按进化的时间尺度来进展；当模型是显式的，则时间的数量级就要短得多。虽然这两者的尺度不一样，但底层的适应过程在复杂适应系统的所有范围内都是相同的。

三、受限生成过程

涌现是复杂系统中普遍存在的现象，现实世界中很多的现象都可以归结为涌现。但由于产生涌现的系统组成元素、系统结构以及动力学特性等千差万别，这就给描述一个系统的涌现性带来了一定的困难。不过研究者们从没有停止过探寻一种能够描述和研究不同系统中的涌现的通用方法，以便从中找到它们的共同规律。现在至少可以看到有四种模型平台提供给我们以研究涌现现象，它们是：SWARM、REPAST、ASCAPE 和 TNG-Lab。在上述平台中都有一个共同的核心，即受限生成过程 CGP（constrained generating procedure，CGP）。受限生成过程是由遗传算法之父霍兰提出的用于研究涌现的一种有力的工具模型，该模型主要包括三个核心部分：一是系统的主体元素或智能体，它是受限生成过程模型的基本元素，比如西洋跳棋中的棋子；二是各主体元素产生的一系列行为，该行为是动态的，可以看作是一个过程；三是该系统元素的动态行为是受某种规则或机制约束的，因此该模型称为受限生成过程。霍兰认为低层次的行动主体之间通过相互约束和适应，行动主体之间的局部作用向全局作用的转换，能够产生出一个新的整体模式，即具有新性质的一个新的层次。这些新层次又可以作为“积木”通过相互汇聚、受约束生成新的模式，即更高一个新层次和新性质。由此层层涌现，不仅产生了具有层级的系统，而且表现出进化涌现的新颖性、新事物。霍兰的受限生成过程主要揭示和强调了行动主体之间的一种相互适应和约束生成的复杂性，并通过计算机模拟出系统在几个简单规则的支配下，如何从低层次的主体涌现出高层次的新主体的过程。这个机理为人们理解涌现提供了有效的方法和工具，因此得到学术界的广泛认同，但霍兰的受限生成过程未能很好地表达环境对主体的约束作用。作为涌现机理模型的受约束生成过程，双向约束是必要的。也就是说，应将主体间的约束划分为两部分即系统环境机构约束和系统内部机构约束。

思考题

第二章思考题

第三章 系统工程方法论

学习目标

1. 掌握各种系统工程方法论的核心思想。
2. 掌握霍尔三维结构方法论与切克兰德软系统方法论的区别与联系。
3. 掌握系统分析的要素及其实施步骤。

学习重难点

1. 充分理解霍尔三维结构方法论与切克兰德软系统方法论的核心思想。
2. 充分理解系统分析涉及的内容。
3. 能用系统工程方法论解决实际问题。

第一节 霍尔三维结构方法论

方法和方法论在认识上是两个不同的范畴。方法是用于完成一个既定任务的具体技术和操作;而方法论是进行研究和探索的一般途径,是对方法如何使用的指导。系统工程方法论是研究和探索系统问题的一般规律和途径。系统工程方法论的研究兴起于20世纪50年代,当时的系统工程工作者试图对系统工程实施的一般步骤、工具和方法进行总结。在系统工程方法论的研究过程中,美国系统工程专家霍尔(Hall)提出了著名的硬系统方法论也称霍尔三维结构。霍尔生于美国弗吉尼亚州林奇堡,1949年获普林斯顿大学工程学学士学位,后在贝尔电话公司通信开发训练部学习3年获得结业证书。霍尔在贝尔电话公司工作了16年。根据在贝尔实验室的丰富经验,霍尔于1962完成了《系统工程方法论》,对系统工程一般的工作步骤、阶段划分和常用的知识范围进行了概括总结,并于1969年提出了著名的霍尔三维结构方法论。霍尔三维结构方法论将系统的整个管理过程分为前后紧密相连的7个阶段和7个步骤,并同时考虑到为完成这些阶段和步骤的工作所需的各种专业管理知识，也就是常说的时间维、逻辑维和知识维，具体如图 3-1 所示。

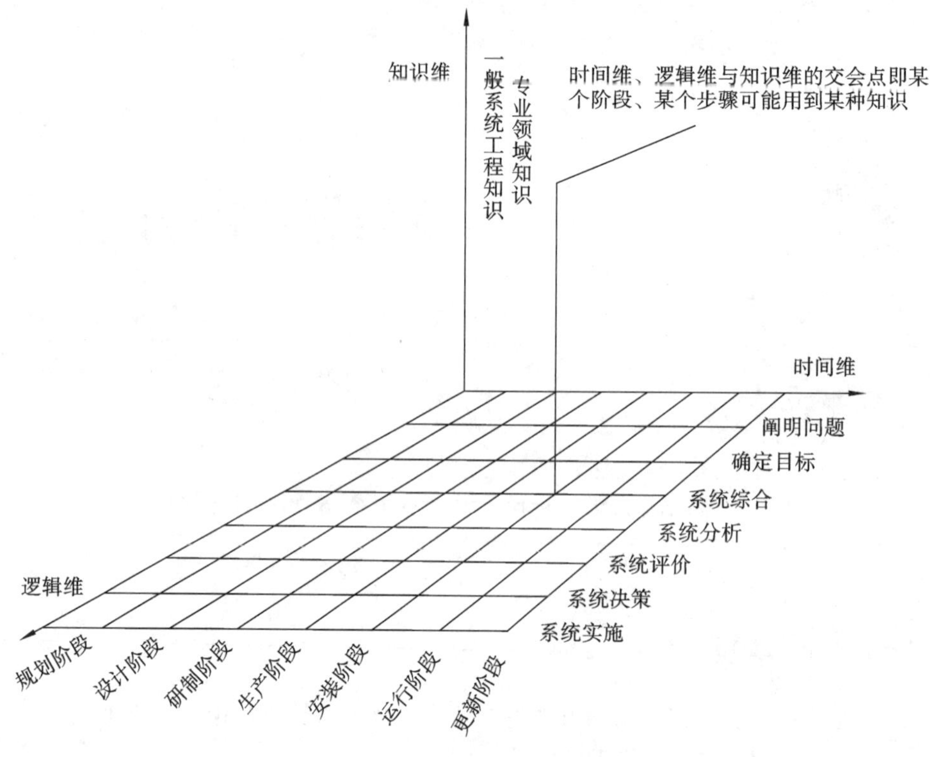

图 3-1 霍尔三维结构图

一、时间维

时间维表示系统工程工作阶段或进程，也就是按照时间顺序从系统工程开始到完成所经历的一系列活动过程，具体包括规划阶段、设计阶段、研制阶段、生产阶段、安装阶段、运行阶段和更新阶段。

(1)规划阶段：根据对所研究系统问题的调查分析，明确系统的总体目标，确定系统的环境条件以及系统所需要的各种资源，从而综合制定系统工程活动的整体规划和战略部署。

(2)设计阶段：根据第一步确定的整体规划和战略部署，从经济、社会以及技术等方面进行综合考虑提出具体的可行计划方案，并对计划方案进行比较，选择最优的计划方案。

(3)研制阶段：以上述两个阶段的结果为原则，进一步完善系统的各项指标，提出系统的研制方案，并制订生产计划。

(4)生产阶段：生产出系统的构件和整个系统，提出安装计划。

(5)安装阶段：对系统进行安装和调试，提出系统的运行计划。

(6)运行阶段：按照系统安装说明，将系统安装调试好，完成系统的运行计划，使系统按照预定的目标运行服务。

(7)更新阶段：以新系统取代旧系统，或对原系统进行改进使之更有效的工作。

二、逻辑维

逻辑维是指系统工程每个阶段工作应遵循的逻辑顺序，也是进行系统工程工作时进行思考、分析和解决问题时应遵循的一般程序，具体包括阐明问题、确定目标、系统综合、系统分析、系统评价、决策和实施 7 个步骤，具体程序如图 3-2 所示。

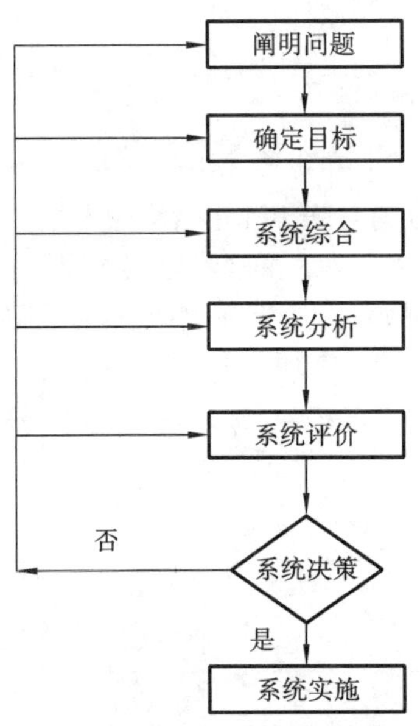

图 3-2　逻辑步骤示意图

(1)阐明问题：尽量收集研究问题的各种有关资料和数据，把问题的历史、现状、发展趋势以及环境因素等调查清楚，把握住问题的实质和要害。

(2)确定目标：系统目标是确定系统工程边界、结构、功能和运行方式的依据，所以，选择和评价目标，便成了系统工程研究的战略起点。系统目标确定本质上是建立评价指标体系。评价指标体系的建立要综合考虑各个方面，比如运行目标、经济目标、社会目标以及环境目标等。

(3)系统综合(形成系统方案)：系统综合就是探寻实施方案的过程。根据调查研究所得到的各要素之间、要素与系统之间、系统与环境之间的联系，运用各种创造性方法，提出达到预期目标的各种可行性方案。

(4)系统分析：系统分析就是对所提出的各种方案通过建立模型进行计算、仿真以及模拟实验进行分析、比较。

(5)系统评价：系统评价就是根据系统的目标要求，按照一定的评价准则对各个备选方案进行综合评价，从中选择最优、次优或满意方案的过程。

(6)系统决策：系统决策主要是决策者根据系统分析人员提供的最优、次优或满意方案去进行综合考虑选择某个具体方案的过程。

(7)系统实施：对最终确定的方案进行进一步的核查、完善与实施。

三、知识维

知识维是在系统工程的时间维和逻辑维中所需要的知识和各种专业技术。知识维涉及一般的系统工程知识，如在系统工程理论基础里涉及的一般系统论、控制论、信息论、耗散结构理论、协同学理论、突变理论、运筹学、非线性科学理论以及复杂性科学理论等知识，同时也涉及系统工程具体的专业领域知识，如企业管理系统工程、农业系统工程、教育系统工程、区域规划系统工程、能源系统工程、水资源系统工程、交通运输系统工程、信息系统工程、军事系统工程以及社会系统工程等。

由于霍尔三维结构方法涉及的知识维无法一一列出，不同的问题需要的知识也存在差别，因此有时也将不包含知识维的时间维和逻辑维两个维度称为系统工程活动矩阵也称霍尔管理矩阵，具体见表 3-1。在表 3-1 的霍尔管理矩阵中，a_{ij} $(i=1,\cdots,7,j=1,\cdots,7)$ 表示在某个阶段从事的某项活动，例如 a_{45} 表示在生产阶段的系统评价活动。

表 3-1 霍尔管理矩阵

时间维	阐明问题	确定目标	系统综合	系统分析	系统评价	系统决策	系统实施
规划阶段	a_{11}	a_{12}	a_{13}	a_{14}	a_{15}	a_{16}	a_{17}
设计阶段	a_{21}	a_{22}	a_{23}	a_{24}	a_{25}	a_{26}	a_{27}
研制阶段	a_{31}	a_{32}	a_{33}	a_{34}	a_{35}	a_{36}	a_{37}
生产阶段	a_{41}	a_{42}	a_{43}	a_{44}	a_{45}	a_{46}	a_{47}
安装阶段	a_{51}	a_{52}	a_{53}	a_{54}	a_{55}	a_{56}	a_{57}
运行阶段	a_{61}	a_{62}	a_{63}	a_{64}	a_{65}	a_{66}	a_{67}
更新阶段	a_{71}	a_{72}	a_{73}	a_{74}	a_{75}	a_{76}	a_{77}

第二节　软系统方法论

一、软系统方法论提出的背景

霍尔三维结构方法论强调目标明确，核心内容是最优化，并认为现实问题基本上都可以转化为工程系统问题，应用定量分析手段求得最优解。显而易见，霍尔三维结构方法论主要针对现实世界中良结构系统，所谓良结构系统主要偏重工程、机理明显的物理系统。良结构系统的环境边界比较好界定，系统的目标也很好明确，该类系统比较容易建立数学模型进行描述，有现成的定量方法可以计算出系统的行为和最佳结果。除了良结构系统外，现实世界中还存在不良结构系统，所谓不良结构系统主要偏重社会、机理尚不清楚的生物型的软系统，由于其结构不清晰，环境边界的模糊性，加之系统目标的不确定，很难用精确的数学模型进行描述。霍尔三维结构方法论在处理不良结构系统时存在很大的局限性。

针对不良结构系统，英国系统学家切克兰德(Checkland)在20世纪60年代末期提出了一种用于处理人类复杂问题情境的软系统方法，为了有别于霍尔三维结构方法论，他将霍尔三维结构方法论称为硬系统方法论，而将他自己提出的方法论称为软系统方法论。早年，切克兰德主要从事化工领域工作，并为之奋斗了15年，此后加入了兰开斯特(Lancaster University)大学的系统工程系开始潜心研究系统方法论，先后发表或出版了很多有影响力的作品，如1970年的《系统论与科学——工业与文明》、1976年的《运用系统方法——根定义的结构》、1979年的《系统论运动概论》、1981年的《系统思想，系统实践》、1990年的《行动中的软系统方法论》、1998年的《信息、系统、信息系统》、1999年的《软系统方法论30年回顾》以及2006年的《学习行动——软系统方法论使用说明》。

二、软系统方法论的核心与实施步骤

针对不良结构的软系统问题，运用霍尔三维结构方法论进行处理会遇到一些问题，比如在霍尔三维结构方法论逻辑维的第一个阶段阐明问题，变成了主观上人对问题情境的感知，第二阶段的确定目标变成了定义相关系统。而且运用系统方法论的过程也变成了不断寻优的学习过程，结果是有关的人感觉到问题情境改变，而不是解决了问题。切克兰德指出，不良结构的软系统方法论的这些特点是由于人的认识偏差造成的，于是切克兰德提出了“调查学习”模式，从系统工程方法论角度看，切克兰德的“调查学习”方法具有更高的概括性。切克兰德的“调查学习”软方法的核心不是寻求“最优化”，而是“调查、比较”或者说是“学习”，从模型和现状比较中，学习改善现存系统的途径。“调查学习”模式就是切克兰德软系统方法论的核心所在，切克兰德软系统方法论具体实施步骤如下。

(1)现状说明。通过调查分析，对现存的不良结构系统的现状进行说明，重点是搜集与问题有关的信息，厘清问题的现状，探寻构成或影响因素及其相互关系，确定有关的行为主体和利益主体。

(2)根定义。根定义就是要弄清楚系统的关键要素，形成对问题的基本观点。根定义主要包括系统的受益者或受害者、系统的执行者、系统的输入与输出变换过程、具体的价值判断准则、系统的控制者以及系统对环境的约束条件。

(3)建立概念模型。根据上一个阶段的根定义，在不能建立数学模型的情况下，用系统结构模型或语言模型建立系统的概念模型。

(4)概念模型与现实的比较。将第一步现实问题的现状说明与第三步建立的概念模型进行比较，分析两者的不同之处。根据比较结果，可能会对根定义进行必要的修正。

(5)选择可行的改革途径或方案。根据概念模型与现状说明的比较结果，考虑有关人员的态度及其他社会、行为等因素，找出符合决策者意图而且可行的改革途径或方案。

(6)实施。通过详尽和有针对性的设计，形成具有可操作性的方案并加以实施，并使得相关人员能够接受改革方案。

(7)评估与反馈。根据在实施过程与新系统运行中获得的新认识，修正问题描述、根定义和概念模型。

以上切克兰德软系统方法论的具体实施步骤可以用图3-3表示。

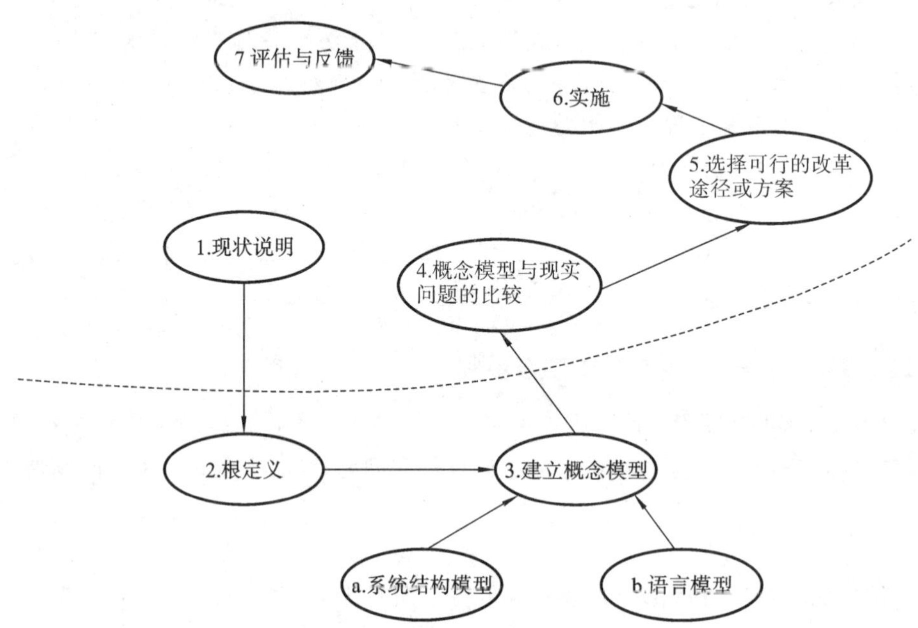

图 3-3 切克兰德软系统方法论的具体实施步骤

三、软系统方法论与霍尔三维结构方法论比较

霍尔三维结构方法论和切克兰德方法论均为系统工程方法论，均以问题为起点，具有相应的逻辑过程。在此基础上，两种方法论主要存在以下不同点。

(1)霍尔三维结构方法论主要以工程系统为研究对象，而切克兰德软系统方法论更适合于对经济社会和经营管理等“软”系统问题的研究。

(2)霍尔三维结构方法论的核心内容是优化分析，而切克兰德软系统方法论的核心内容不是最优化，而是“比较学习”。

(3)霍尔三维结构方法论更多关注定量分析方法，而切克兰德软系统方法论比较强调定性或定性与定量有机结合的基本方法。

(4)霍尔三维结构方法论更适用于目标明确、无须太多考虑人的主观因素以及能够用精确数学模型描述的系统问题；而切克兰德软系统方法论更适用于目标不明确、结构不清晰、需要更多主观价值判断以及不能用精确数学模型描述的系统。

(5)霍尔三维结构方法论给出的结果往往是最优方案，而切克兰德软系统方法论给出的结果往往是满意方案即对现实系统的进一步改善。

(6)最优化是霍尔三维结构方法论唯一价值判断准则；而切克兰德软系统方法论的价值判断准则是多元的，尤其是综合反映了系统分析人员的世界观、价值观、人生观以及道德观等主观判断标准。

第三节　系统分析方法论

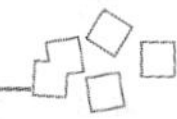

一、系统分析的概念

系统分析(system analysis)一词来源于美国的兰德(Research and Development, RAND)公司。该公司由美国道格拉斯(Douglas)飞机公司于1948年分离出来,是专门以研究和开发项目方案以及方案评价为主的软科学咨询公司。长期以来,兰德公司发展并总结了一套解决复杂问题的方法和步骤,他们称其为系统分析。在霍尔三维结构方法论中系统分析作为逻辑维的一个步骤,因此,从狭义上讲系统分析作为系统工程的一种分析技术或方法论层面的指导技术,重点在于通过对问题进行识别、分析与比较,从而提出问题的解决方案。从广义上而言,系统分析就是系统工程,可将系统分析看作是系统工程的同义语。本书比较赞同狭义上的系统分析概念,尽管如此,狭义上的系统分析也存在不同的定义,以下是几种比较代表性的系统分析定义。

(1)《美国大百科全书》指出,系统分析是研究相互影响的因素组成和运用情况,其特点是完整的而不是零星地处理问题。它要求人们考虑各种主要因素变化及其相互的影响,并用科学的和数学的方法对系统进行研究和应用。

(2)《企业管理百科全书》(台湾版)的解释:所谓系统分析就是为了发挥系统的功能,实现系统的目标,并就费用和效益这两种观点,运用逻辑的方法对系统加以周详的考察、分析、比较、试验,从而制订出一套经济有效的处理步骤和程序,或对原有系统提出改进方案的过程。

(3)美国学者奎德(Quade)认为,系统分析就是通过一系列的步骤,帮助决策者选择决策方案的一种系统方法。这些步骤是:决策者提出的整个问题,确定目标,建立方案,并且根据各个方案的可能结果,使用恰当的方法去比较各个方案,以便能够依靠专家的判断能力和经验去处理问题。

(4)日本《世界大百科年鉴》指出,系统分析是人们为了从系统的概念上认识社会现象,解决诸如环境问题、城市问题等复杂问题而提出的从确定目标到设计手段的一整套方法。

(5)软系统方法论的创始人切克兰德指出,系统分析是系统观念在管理规划功能上的一种应用。它是一种科学的作业程序或方法,考虑所有不确定因素,找出能够实现目标的各种可行方案,然后对各种可行方案进行比较以决定最有利的可行方案。

(6)美国兰德公司认为,系统分析是对能实现目的的替代方案有关费用、有效度以及风险进行有限制的比较,从而帮助决策者选择行动的一种方法。

(7)《新学科词典》认为,系统分析是一门由定性、定量方法组成的为决策者提供正确决策和决定系统最优方案所需信息和资料的技术。

(8)汪应洛院士指出,系统分析是运用建模及预测、优化、仿真、评价等技术对系统的各个有关方面进行定性与定量相结合的分析,为选择最优或满意的系统方案提供决策依据的分析研究过程。

综合以上各种定义可以看出,系统分析就是为了发挥系统的功能,实现系统的目标,利用科学的分析方法和工具,诸如预测、评价、优化、仿真以及系统建模等,对系统的日的、功能、结构、环境、费用与效益等问题进行全面的分析、比较、考察和试验,从而制订一套经济有效的处理步骤或程序,或提出对原有系统改进方案的过程。

二、系统分析的要素

美国兰德公司曾对系统分析方法论做过详细论述,认为系统分析包括以下 5 个要素:期望达到的目标;分析达到期望目标所需的技术与设备;分析达到期望目标的各种方案所需要的资源和费用;找出目标、技术设备、环境资源等因素间的相互关系,建立各方案的数学模型;以方案的费用多少和效果优劣为准则,依次排队,寻找最优方案。归纳起来就是五要素:目的、可行方案、费用与效益、模型和评价基准。

(一)目的

目的是系统期望达到的效果和结果,这是系统分析的起点和基础,决定着系统分析的总体方向,也是决策者做出决策的主要依据。对于系统分析人员来说,首先要对系统的目的和要求进行全面的了解和分析,确定系统的总体目标,将系统总体目标按照某种准则进行分解形成具体指标体系。

(二)可行方案

达成系统的目的要求通常会存在若干方案或手段可供选择,每种方案或手段在性能、费用、效益以及时间等指标上存在着不可共度性(即互有长短),这就需要借助有定性和定量方法对备选方案或手段进行比选,同时还必须提供执行该方案或手段的预期效果。

(三)费用与效益

直观的理解,费用就是达成方案时所需要的成本,而效益就是方案所取得的预期成效。费用和效益是判定方案优劣的最直接约束条件。通常,费用小效益大的方案是可取的,反之是不可取的。随着系统分析方法的广泛运用,费用与效益要素逐渐引申为评价指标更为合适,因为评价一个方案的优劣,费用和效益是主要方面,对于不同的系统分析问题,评价方案的优劣标准不仅仅局限于费用和效益,还有其他一些关键指标。

(四)模型

为了说明系统目标与方案或手段之间因果关系、费用与效益之间的因果关系,可以用各种模型进行分析,从而得出系统的各可行方案的性能、费用和效益,以利于各种可行方案的分析和比较。使用模型进行分析,是系统分析的基本方法,模型的优化与评价是方案论证的判断依据。

（五）评价基准

根据采用的指标体系，由模型确定出各可行方案的优劣指标，衡量可行方案优劣指标就是评价的基准，由评价基准对各方案进行综合评价。评价基准必须具有明确性、可衡量性、可达性以及敏感性。明确性是指标准的概念明确、具体、尽量单一，对方案达到的指标，能够做出全面衡量；可衡量性是指确定的衡量标准，应力求是可计量和计算的，尽量用数据表达，使分析的结论有定量的依据；可达性是指评价基准在符合现实情况下可以实现，避免设立过高或过低的目标；敏感性是指在多个衡量标准的情况下，要找出标准的优先顺序，分清主次。

三、系统分析的步骤

系统分析是由明确系统问题到给出系统方案评价结束，通常系统分析包括以下五个步骤。

（一）明确问题与确定目标

明确问题的性质与范围，对所研究的系统及其环境给出确切的定义，并分析组成系统的要素、要素间相互关系和对环境的相互作用关系。

（二）收集资料，探索可行方案

收集资料，探索可行方案是开展系统分析的基础，对于不能确定的数据，还应进行预测和合理推断。

（三）建立模型

将现实问题的本质特征抽象出来，化繁为简，用以帮助了解要素之间的关系，确认系统和构成要素的功能和地位等。并借助模型预测每一方案可能产生的结果，求得相应于评价标准的各种指标值，并根据其结果定性或定量分析各方案的优劣与价值。

（四）综合评价

利用模型和其他资料所获得的结果，将各种方案进行定性与定量相结合的综合分析，显示出每一种方案的利弊、得失和效益成本，同时考虑各种有关的无形因素，如政治、经济、军事、科技、环境等，以获得对所有可行方案的综合评价和结论。

（五）提交建议方案

以试验、抽样、试运行等方式检验所得到的结论，提出应采取的最优方案。

以上系统分析的步骤如图 3-4 所示。

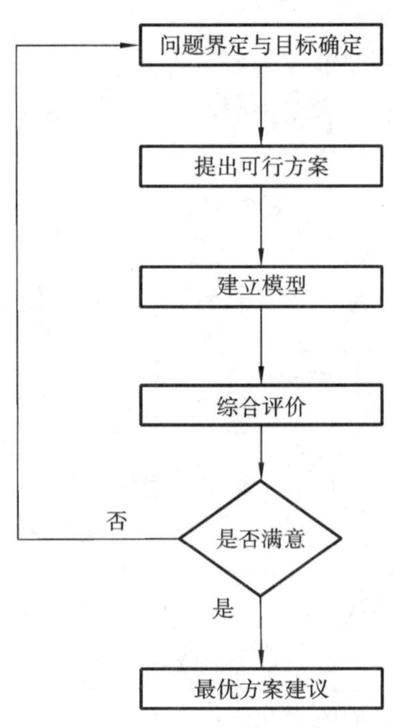

图 3-4 系统分析的步骤

（六）举例说明

为了说明上述系统分析的步骤，以某电厂环境污染改造系统分析为例进行说明，案例选自杜正俊主编的《系统工程简明教程》。该火电厂污染严重，急需改造。要解决环境污染问题，首先必须明确是什么污染及污染程度。为此，必须首先收集有关资料建立模型，对污染情况进行分析，并与国家标准进行比较。目标确定后，仍需要收集资料并提出解决问题的各种替代方案。最后比较分析，选出实施方案。

1. 限定问题

电厂对环境的污染主要是由烟囱排出的烟尘和二氧化硫，烟尘和二氧化硫产生如图 3-5 所示。方框内部分是我们研究的对象系统。从烟囱排出的污染物本身会不断向外扩散，同时由于风的作用，污染物随风飘散，结果呈圆锥形向远方扩展散开，使地面承受污染。显然，地面污染与风向、风速、气压等有关气象参数以及地理位置、烟囱高度有关。

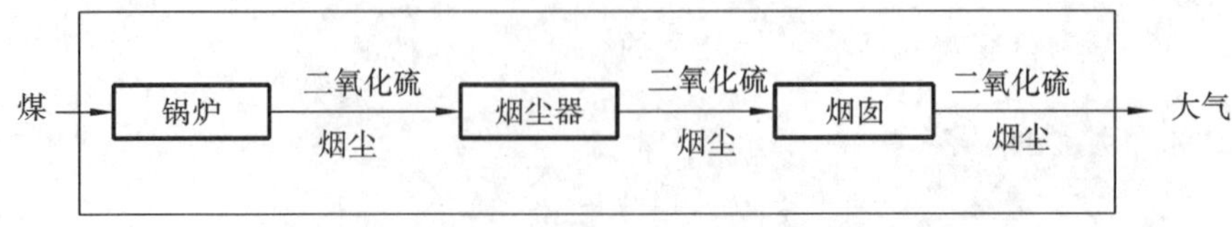

图 3-5 烟尘和二氧化硫的产生过程

2. 收集资料

为了对现状做定量分析，必须建立数学模型。根据图 3-5 可以建立反映煤消耗量、燃烧方式、除尘器效率和进入烟囱的烟尘和二氧化硫之间定量关系的数学方程式。污染过程，可以用扩散方程和空气流体力学方程表示，反映进入烟囱的污染物和地面污染之间的定量关系。对这种关系可以用计算机仿真来分析。只要给出进入烟囱的污染物量以及烟囱高度、风向、风速和气压等有关参数，就可以预测地面污染浓度分布情况，据此需要收集下列资料和数据：

①电厂所在地区平面位置图；

②选出有代表性的一年的逐月气象数据；

③电厂机组、锅炉、除尘器、烟囱有关技术数据；

④煤耗、煤发热量及其化学成分分析等有关数据。

具体仿真框图如图 3-6 所示。

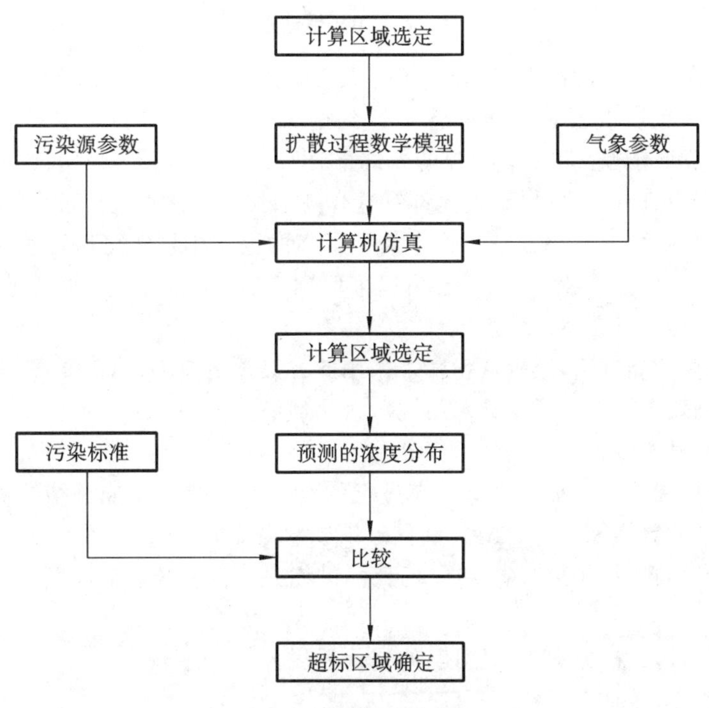

图 3-6　计算机仿真框图

3. 目标确定

对模型定量计算和仿真分析结果是：烟囱排烟尘量 823.1 kg/h，烟囱排二氧化硫量 1843.6 kg/h。根据地面承受污染物国家标准，仿真预测出允许排出量为烟囱排烟尘量 170 kg/h，烟囱排二氧化硫量 170 kg/h。可见，要解决污染必须把烟尘和二氧化硫的排放量降到国家标准以下，这就是目标。

4. 方案提出与评价

根据前面对污染物的产生和扩散过程机理分析，可用图 3-7 表示各种污染因素。有些因素不能改变，而有一些可以改变，从而能对污染程度产生影响，据此形成方案如下。

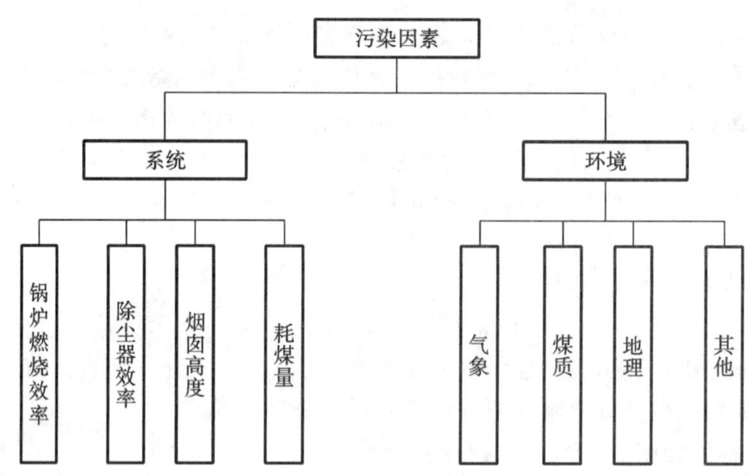

图 3-7　污染因素图

方案一：加高烟囱。加高姻囱，相当于扩大污染源的扩散空间，地面承受的污染浓度就减小，从而减轻污染。但要加到多高才能达到国家标准呢？通过仿真分析，至少应加到 120 米，这时按标准对烟尘和二氧化硫的允许排放均为 170 kg/h。采用这个方案须投资 22 万元。但该电厂附近有一飞机场，不允许有这样高的烟囱。该方案被否决。

方案二：提高除尘器效率。采用除尘效率最高的电除尘器。可以计算出，这时烟尘排放量可减少到 132 kg/h。对二氧化硫，可以采取预洗、炉中加石灰降低排放量。此方案需要投资 70 万元，是可行方案。

方案三：改变燃烧方法，减少灰份额。采用此方案须更换锅炉，需要投资 200 万元。其缺点是降低燃烧效率 2%～3%，以 2%计算，每年经济损失约 11.76 万元；同时对二氧化硫的排放无改进。显然该方案也是劣方案。

方案四：改烧优质煤。根据对这种煤进行的有关成分等化学分析结果可计算出，使用这种煤时烟尘排放置为 85.5 kg/h，二氧化硫排放量为 127.7 kg/h，满足标准。采用这种方案的优点是节省燃料，每年可节省 191.7 万元，缺点是不能解决煤渣问题。

5. 建议方案

通过以上分析，建议方案为方案四：改烧优质煤。

四、系统分析的内容

（一）系统目标分析

在某高中的一次体育课上，实验人员随机地从 A 班选出 50 名学生，发给每人一支粉笔，让他们在一面墙壁前站成一排，然后大声鼓励他们说："希望大家尽自己最大的努力往上跳，看看到底能跳多高。"并要求每人在自己所跳的最高点划一道横线。在下一次体育课上，又让该班这 50 名学生排队再次试跳。这一回，实验人员事先在上一次每人所跳的最高点上方三成处划了一条横线，并在试跳前鼓励大家道："相信大家还有潜力，看谁能够到横线。"然后从身体素质和 A 班差不多的 B 班随机地选出 50 名学生，重复 A 班的第一次实验。但在 B 班的 50 名学生第二次试跳时，实验人员不预先画横线，只是鼓励他们道："相信大家还有潜力，看谁还能跳得更高。"最后对两班学生的满足感进行统计，结果如表 3-2 所示。从这个实例中我们可以看出目标明确与否对人们行为结果的影响很大。只有目标具体而明确，才能调动人们的潜在能力，使其尽力而为，也只有这样才能创造出最佳成绩。同样，系统目标是系统分析和系统设计的出发点，系统目标决定着系统分析的全局和全过程。

表 3-2　成绩统计

班级	人数	第二次成绩超过第一次成绩三成的人数	第二次成绩感到满意的人数
A 班	50	26	24
B 班	50	12	8

目标是系统实现目的的过程中的努力方向。系统目标分析的目的就是论证系统目标的合理性、可行性和经济性以及获得目标集。系统目标按照不同的分类标准有不同的类型，如按目标范围大小系统目标可分为总体目标和分目标，总体目标集中地反映对整个系统总的要求，通常是高度抽象和概括的，具有全局性和总体性特征。分目标是总目标的具体分解，包括各子系统的子目标和系统在不同时间阶段上的目标。按照目标的战略地位系统目标可分为战略目标和战术目标，战略目标是关系到系统全局性、长期性发展方向的目标，它规定着系统发展变化所要达到的总的预期成果，指明了系统较长期的发展方向。战术目标是战略目标的具体化和定量化，是实现战略目标的手段。按照目标的远近系统目标可分为近期目标和远期目标，近期目标和远期目标是相对的，针对不同的问题，系统目标的远近界定存在较大差别。按照目标的个数的不同系统目标可分为单目标和多目标。单目标是指系统要实现或达成的目标只有一个，而多目标是指系统实现或达成的目标超过一个。在现实生产生活中，系统要实现的目标往往是多个的，绝对意义上的单目标是很少见的。按照目标的重要程度系统目标可分为主要目标和次要目标，主要目标是起主要作用的目标，是需要优先考虑的，而次要目标属于从属地位的，在主要目标优先实现的情况下才需要考虑的。

系统分析通常需要建立系统总体目标，该总体目标对系统要分析的问题做总体要求，是确定系统整体功能和任务的依据。通常，总体目标的提出一般有如下几种情况：由于社会发展需要而提出的必须予以解决的新课题；由于国防建设发展提出的新要求；目的明确，但目标系统有较多选择的情况；由于系统改善自身状态而提出的课题。在确定了系统总体目标以后，需要对总体目标进行进一步的分解，建立系统的目标集，因为总体目标往往是高度抽象的，不具有操作性。所谓目标集是各级分目标和目标单元的集合，也是逐级逐项落实总体目标的结果。在分解过程中要注意使分解后的各级分目标与总目标保持一致。分目标之间可能一致，也可能不一致，甚至是矛盾的，但在整体上要达到协调。建立目标集常用的方法包括目标树法和目标手段法。目标树法是对总目标进行分解而形成的一个目标层次结构。建立目标树需要遵循两个原则，一是目标子集按照目标的性质进行分类，把同一类目标划分在一个目标子集内；二是对目标进行分解，直到可度量为止。目标和手段是相对而言的。心理学的研究表明，人类解决问题的过程就是目标与手段的变换、分解与组合，以及从记忆中调用解决问题、实现子目标手段的过程。目标树中的某一目标都可以看作是下一层的目标和实现上层目标的手段。无论是目标树法还是目标手段法，建立系统目标应遵循以下几个原则：①一致性原则。各分目标应与总目标保持一致，以保证总目标的实现。分目标之间应在总体目标下，达到纵向与横向的协调一致。②全面性和关键性原则。一方面突出对总目标有重要意义的子目标，另一方面还要考虑目标体系的完整性。③可检验性与定量化原则。系统的目标必须是可检验的，否则达成的目标很可能是含糊不清的，无法衡量其效果。要使目标具有可检验性，最好的办法就是用一些数量化指标来表示有关目标。④应变原则。当系统自身的条件或环境条件发生变化时，必须对目标加以调整和修正，以适应新的要求。

（二）系统环境分析

系统与环境是依据时间、空间、所研究问题的范围和目标划分的，故系统与环境是个相对的概念。系统环境分析的目的就是了解和认识系统与环境的相互关系、环境对系统的影响和可能产生的后果。从系统论的观点出发，全部环境因素应划分为三大类：一是物理的和技术的环境，即由于事物的属性所产生的联系而构成的因素和处理问题中的方法性因素，具体包括现存系统、技术标准、科技发展因素以及自然环境；二是经济和经营管理环境，主要包括外部组织机构、政策作用以及经营活动等；三是社会环境，包括把社会作为一个整体考虑的大范围的社会因素和把人作为个体考虑的小范围的个人因素。

要进行环境分析，首先要确定系统的环境因素。确定系统的环境因素就是根据实际系统的特点，通过考察环境与系统之间的相互影响和作用，找出对系统有重要影响的环境要素的集合，即划定系统与环境的边界。环境因素的评价，就是通过对有关环境因素的分析，区分有利和不利的环境因素，弄清环境因素对系统的影响作用方向和后果等。先凭直观判断和经验，确定一个边界，在以后逐步深入的研究中，随着对问题有了深刻的认识和了解，再对前面划定的边界进行修正。常用的环境因素分析法包括 SWOT 分析法和 PESTEL 分析法。SWOT 分析法是将与研究对象密切相关的各种主要内部优势、劣势和外部的机会和威胁等，通过调查列举出来，并依照矩阵形式排列，然后用系统分析的思想，把各种因素相互匹配起来加以分析，从中得出一系列相应的结论，而结论通常带有一定的决策性。在 SWOT 分析法中，优势（strengths）和劣势（weaknesses）是内部因素，机会（opportunities）和威胁（threats）是外部因素。从整体上看，SWOT 分析可以分为 SW 和 OT 两部分，其中 SW 主要用来分析内部条件，OT 主要用来分析外部条件。利用这种方法可以从中找出对自己有利的、值得发扬的因素，以及对自己不利的、要避开的东西，发现存在的问题，找出解决办法，并明确以后的发展方向。PESTEL 不仅能够分析外部环境，而且能够识别一切对组织有影响作用的因素。在 PESTEL 分析方法中，PESTEL 每一个字母代表一个因素，可以分为 6 大因素：政治因素（political）、经济因素（economic）、社会文化因素（sociocultural）、技术因素（technological）、环境因素（environmental）和法律因素（legal）。

（三）系统结构分析

所谓系统结构是指系统的构成要素在时空连续区域上的排列组合方式和相互作用方式。系统功能是指系统整体与外部环境相互作用中应当表现出来的效应与能力，以满足系统目标的要求。系统的整体功能又是由系统结构决定的。而系统内部诸要素之间的作用形式则又取决于系统的特征即系统的本质属性。所谓合理结构是指在对应系统总目标和环境因素的约束条件下，系统的组成要素集、要素间的相互关系集以及它们在阶层分布上的最优结合，并使得系统有最优的或最满意的输出。系统结构分析主要包括系统要素集分析、系统要素集的相关性分析以及系统整体性分析，其中，系统要素集分析就是搜索能够达成系统总目标分解后的分目标或目标单元所依托的实体单元；系统要素集的相关性分析就是确定各要素之间的相互关联关系，比如二元关系；系统整体性分析就是使得系统的要素集、关系集和层次性达到最优组合，使得系统达到最优的运行状态。系统结构分析常用的方法包括 Delta 框图、因果关系图和系统结构模型方法。Delta 框图就是用决策框、事件框、逻辑框、事件箭头和活动框表示系统要素之间的关系图；因果关系图描述系统元素间的因果关系、系统的结构和运行机制的图形；系统结构模型方法就是对研究的概念系统通过一系列数学上的运算最终得出一个有层次化图形，系统解释结构模型和结构方程模型就是最典型的系统结构模型方法，这在系统模型部分将重点介绍。

第四节　综合集成研究方法论

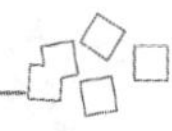

一、综合集成研究方法论的提出

20 世纪 70 年代末，钱学森院士明确指出“我们所提倡的系统论，既不是整体论，也非还原论，而是整体论与还原论的辩证统一”。根据这个思想，钱学森院士又提出将还原论方法与整体论方法辩证统一起来，形成了系统论方法。在应用系统方法论时，也要从系统整体出发将系统进行分解，在分解后研究的基础上，再综合集成到系统整体，实现 $1+1>2$ 的整体涌现，最终是从整体上研究和解决问题。20 世纪 80 年代初期，钱学森院士提出将科学理论、经验知识、专家判断力相结合，用半理论半经验的方法处理具有复杂行为的系统。20 世纪 80 年代中期，在钱学森院士指引下，系统学讨论班对系统方法论进行广泛而深入的研讨，考察了复杂巨系统的研究进展，尤其对社会系统、地理系统、人体系统和军事系统进行了重点研讨。1990 年，钱学森、于景元和戴汝为三位老科学家在《自然杂志》第 1 期发表了题为《一个科学新领域——开放的复杂巨系统及其方法论》，该文提出了复杂巨系统的概念，认为如果子系统种类很多并有层次结构，它们之间关联关系又很复杂，这就是复杂巨系统；如果这个系统又是开放的，就称作开放的复杂巨系统。针对复杂巨系统特征，提出了定性定量相结合的综合集成方法，就是将专家群体、数据和各种信息与计算机技术有机结合起来，把各种学科的科学理论和人的经验知识结合起来。1992 年，钱学森院士又提出从定性到定量综合集成研讨厅体系。该套研究方法是从整体上研究和解决问题，采取人机结合、以人为主的思维方法和研究方式，对不同层次、不同领域的信息和知识进行综合集成，达到对总体的定量认识。

二、综合集成的概念

综合和集成两个词具有紧密的联系，通常而言，综合强调把各个部分、各属性联合成一个统一的整体；而集成就是一些孤立的事物或元素通过某种方式集中在一起，使其产生联系，从而构成一个有机整体的过程。钱学森提出的综合集成是在观念的集成、人员的集成、技术的集成、管理方法的集成等之上的高度综合，又是在各种综合（复合、覆盖、组合、联合、合成、合并、兼并、包容、结合、融合等）之上的高度集成。综合集成概念可以用图 3-8 表示。

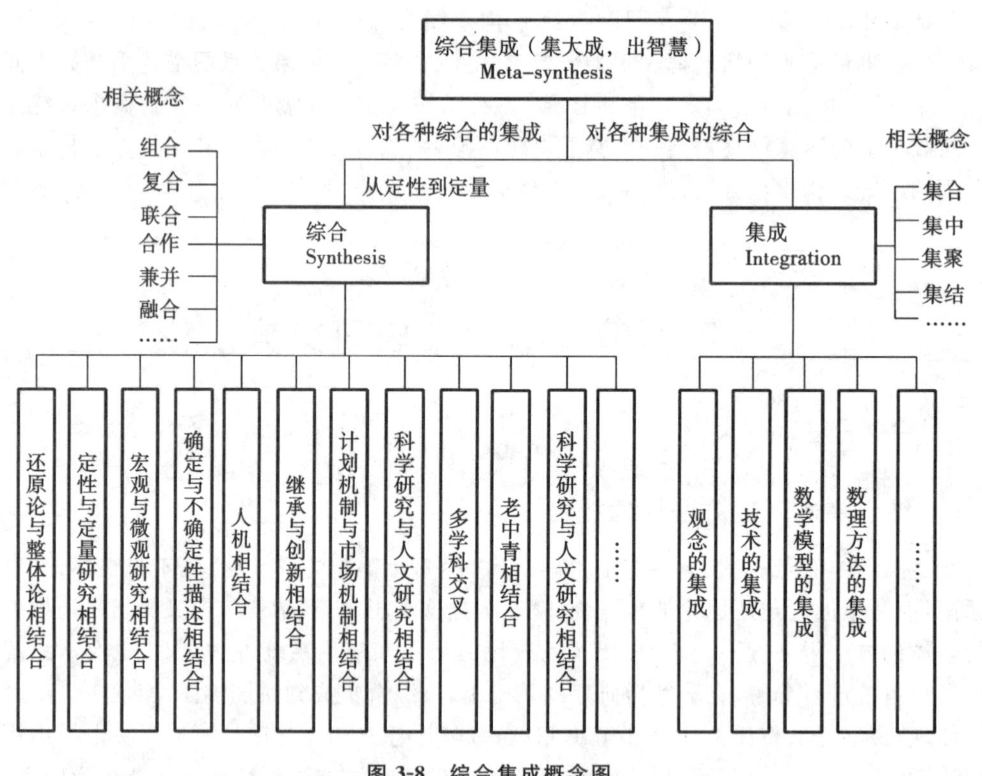

图 3-8 综合集成概念图

三、综合集成研讨厅体系的框架

钱学森 1992 年提出的从定性到定量综合集成研讨厅体系是对综合集成方法论的进一步升华，是综合集成方法运用的实践形式和组织形式。综合集成研讨厅体系由机器体系、专家体系和知识体系构成，其中，机器体系是包括计算机在内的各种信息工具；专家体系是包括各领域、各层次的专家；知识体系包括科学理论、工作经验、常识性知识以及各种情报知识等。这三个体系构成高度智能化的人机结合体系，不仅具有知识与信息采集、存储、传递、调用、分析与综合的功能，更重要的是具有产生新知识和智慧的功能，既可以用来研究理论问题，又可以用来解决实践问题。图 3-9 是综合集成研讨厅体系的框架图。

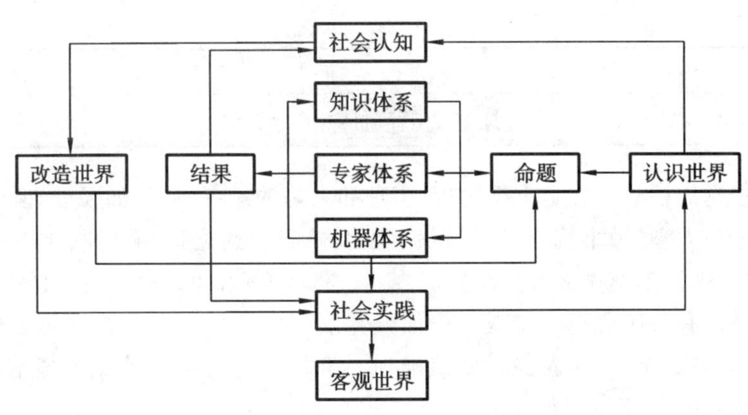

图 3-9　综合集成研讨厅体系框架图

第五节　物理-事理-人理方法论

一、物理-事理-人理方法论的内容

在钱学森、许国志、李耀滋以及王如松等学者工作的基础上，中国系统工程研究专家顾基发和英国赫尔大学朱志昌在 1994 年共同提出了物理-事理-人理方法论（wuli-shili-renli system approach，WSR 方法论），并于 1995 年发表在第一届“中－日－英系统方法论”国际研讨会上。2005 年，顾基发和唐锡晋在上海科技教育出版社出版专著《物理-事理-人理系统方法论：理论与应用》，该书系统全面地对物理-事理-人理方法论进行了论述。在物理-事理-人理系统方法论中，物理是指自然界物质运动的机理，它既包括狭义的物理，还包括化学、生物、地理、天文等，重点回答有关“物”是什么、能够做什么。它需要的是真实性，通常运用自然科学知识来回答。事理是指做事的道理，主要解决如何去做，通常运用运筹学与管理科学方面的知识来回答“怎样去做”的问题。人理指做人的道理，通常要用人文与社会科学的知识去回答“应当怎样做”和“最好怎么做”的问题。表 3-3 简要列出了物理、事理和人理的主要内容。

表 3-3　WSR 方法论的内容

项目	物理	事理	人理
对象和内容	客观物质世界 法则、规则	组织、系统管理和 做事的道理	人、群体、关系 为人处世的道理
重点	是什么功能分析	怎样做逻辑分析	最好怎么做；可能是 人文分析
原则	诚实追求真理	协调追求效率	讲人性和谐

续表

项目	物理	事理	人理
所需知识	自然科学	管理科学、系统科学	人文知识、行为科学

WSR 方法论的核心内容是重视物理、事理和人理的统一协调，如果处理问题只重视物理和事理，而忽视人理，做事就会过于呆板、僵化，缺乏变通之道，有时很难取得既定目标；但如果只强调人理而不遵循客观事物发展规律，违背物理和事理，凭拍脑袋做事，则同样不能达成预期目标，有时还会犯大错误。正如顾基发和唐锡晋在书中总结的那样，“懂物理、明事理、通人理”就是 WSR 方法论的实践准则。简单地说，形容一个人的通情达理，就是对其成功实践了 WSR 的高度概括。

二、物理-事理-人理方法论的步骤、工作内容与工具

在顾基发和唐锡晋所著的《物理－事理－人理方法论：理论与应用》中详细列出了物理－事理－人理方法论的实施步骤以及每步实施内容和所用工具，具体见表 3-4。

表 3-4　物理-事理-人理方法论的实施步骤、工作内容和工具

工作步骤	工作内容			方法与工具
	物理	事理	人理	
理解意图	尽可能了解服务对象（顾客）的所有目标以及现有资源情况	了解目标的背景、目标间的相互关系、目标系统组织和运行方式、目前工作实行的评价准则	与各层用户沟通，考察用户对目标的期望和认同程度，了解用户的观点，特别是有决策权领导的观点	智暴、研讨会、CATWOE 分析、认知图、习惯域、群件、斡件、CSCW
形成目标	列出所有可行的和实用的目标、评价准则和各种约束	弄清目标间的关系准则，如优先次序和权重	弄清各种目标可能涉及的人、群体以及相互关系	智暴、目标树、统一计划规划、ISM、AHP、SAST、CSH、SSM
调查分析	调查学习实际对象的领域知识和系统当前运行状况，获取必要的数据信息	根据目标调查分析资源间的关系、约束限制，获取用户操作经验和知识背景	文化调查，了解谁是真正的决策者及对目标的影响，系统当前运行操作人员的利益分析，对获取数据的影响，对当前目标的影响	德尔菲法、各种调查表、文献调查、历史对比、交叉影响、NG 法、KJ 法、事件访谈法
构造策略	根据调查分析结果和设计目标，制定整体目标和分目标实现的基本框架和技术措施	整合关于所有目标的框架与技术支持，定义整体系统的性能指标，给出若干建议	在整体和分布构造中嵌入用户的思考点和不同用户群的关系	系统工程方法、各种建模方法和工具、综合集成研讨厅

续表

工作步骤	工作内容			方法与工具
	物理	事理	人理	
选择方案	分析策略构造中描述的初步方案，考虑模型方法必要的支持	设计、选择适合的系统模型以集成各种相关物理模型，方案的可行性分析和验证	在系统模型中恰当地突出策略所包含的人的观点、利益等	NG 法、AHP、GDSS、综合集成研讨厅
实现构想	设计方案的全面实现，分别安排人、财、物，监控实施过程	实施过程的合理调度，方案的证实	实施过程中人力资源的调度，方案与人群的利益关系，结果的认可	各种统计图表、统筹图、路线图
协调关系	整个工作过程中物理因素的协调，即技术的协调	对目标、策略、方案和系统实践环境的协调	工作过程中在目标、策略、方案、实施与系统实践环境等方面的观点、理念和利益等关系的协调	SAST、CSH、IP、和谐理论、对策论、亚对策、超对策、综合集成研讨厅、群件、斡件、CSCW

第六节　螺旋式推进系统方法论

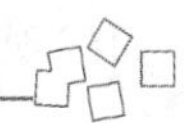

一、螺旋式推进系统方法论核心思想

螺旋式推进系统方法论(spiral propulsion systems methodology，SPIPRO)是上海交通大学王浣尘针对难度自增殖系统提出的。所谓难度自增殖系统是指其问题的难度会随着处理过程或时间进程而增加的系统。王浣尘教授指出，对付难度自增殖系统，一般常用的结合原则或对策原则往往很难奏效。由于系统在变，一成不变的方法难以奏效。针对难度自增殖系统，只有采用旋进原则才能见效。所谓旋进原则，即不断地跟踪系统的变化，选用多种方法，采用循环交替结合的方式，逐步推进问题求解的深度和广度。螺旋式推进系统方法论核心在于：在解决问题的过程中，按照事物变化和演化的实际情况，可以反复循环使用各种不同的方法，推进事物的发展进程，以期达到预定的变动着的目标。螺旋式推进系统方法论有 5 个要点：①从现状到变动着的目标给定一根主轴线；②分析各种变量的临界点与容许的界限；③及时变换方法和适当调整参量；④努力推进事物发展的进程；⑤在过程中追求相对有限的优化。

二、螺旋式推进系统方法论实施步骤

陈宏民教授主编的《系统工程导论》对螺旋式推进系统方法论进行了总结，认为螺旋式推进系统方法论是一种系统科学方法论，从哲学上讲，它综合了还原论、混沌论、构成论和生成论，认为事物是本源在构成的约束下螺旋式推进生成的，事物的发展、对事物的认识、对事物的分析、解决问题都是遵循螺旋推进这一规律，属于一种螺旋式推进过程。螺旋式推进系统方法论能够实现从定性到定量的集成，也是一种综合集成方法，具体的实施步骤如下。

1. 建立系统的逻辑模型

这一步骤的结果是建立一个用于描述系统内容、功能以及子系统之间相互作用的逻辑模型。其基本组成要素是代表事件的圆圈和代表相互作用关系的箭头。

2. 建立系统的物理模型

这一步骤是建立逻辑模型与数学模型之间的中间环节——物理模型。物理模型反映了动力学系统具体的相互关联、相互制约及其因果关系。

3. 建立系统的数学模型

数学模型主要用迭代方程来构建，这些迭代方程可以是线性方程，也可以是非线性方程，主要用于反映系统中各子系统之间本质的联系。

4. 求解模型和系统仿真

这一步骤的基本运算算法是迭代法，所用的基本工具是数值计算和迭代法，经过这一步骤，可以得到描述复杂系统的一些数据和图表。

5. 决策分析

通过决策分析，决策者不仅可以观察到系统的行为和状态，而且可以进行模型评估，从而发现原先模型中不合理或不正确的地方。

思考题

第三章思考题

本章课件

第四章 系统建模

学习目标

1. 掌握解释结构模型、DEMATEL 模型、结构方程模型、社会网络分析模型、微分方程模型以及演化博弈模型的建模过程。

2. 理解解释结构模型、DEMATEL 模型、结构方程模型、社会网络分析模型、微分方程模型以及演化博弈模型之间的联系。

3. 了解系统模型的概念、分类以及建模方法。

学习重难点

1. 充分理解解释结构模型、DEMATEL 模型、结构方程模型、微分方程模型以及演化博弈模型的建模思想。

2. 充分理解社会网络分析涉及的中心性分析、QAP 分析以及块模分析的含义及应用。

3. 能综合运用各种模型解决实际问题。

第一节 系统建模概述

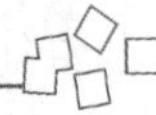

一、系统模型的概念

系统模型就是为了特定的研究目的，将现实系统的某些信息通过诸如文字、符号、图表、实物、数学公式等对所研究系统的某些方面特征属性进行描述、再造、模仿或抽象，揭示系统构成要素之间的关系以及系统的功能和作用，以便对系统进行更加细致而深入的认识。系统模型一般是现实系统的描述、模仿或抽象，用以简化地描述现实系统的本质属性，是一切客观事物及其运动形态的特征和变化规律的一种定量抽象，是在研究范围内更普遍、更集中、更深刻地描述实体特征的工具。系统模型具有三个典型特征：一是，系统模型是现实系统的抽象或模仿；二是，系统模型要反映系统本质或由系统的主要因素组成；三是，系统模型反映系统主要要素之间的关系。系统模型在系统工程中具有广泛的应用，主要因为以下几点原因。一是比较直观，便于分析。现实系统问题都是比较复杂的，有时涉及众多因素，往往对其直接进行科学实验具有一定的困难，而系统模型方法可以通过图表多种直观形式反映现实系统的要素、结构与环境的关系，很容易对系统的行为以及演化规律进行分析。二是成本低。有些系统问题进行科学实验分析需要耗费大量资金，通常是很难做到的，而采用模型方法就非常具有经济性。三是节省时间。像人口政策问题由于其反应周期特别长，对其直接实验需要若干年才能得到结果，这显然是不可取的，而使用系统模型的模拟功能可以快速得到预期结果，及时调整人口政策。四是系统模型能够化繁为简。尽管现实系统是复杂的，由于研究目的的不同，没有必要也无须将系统的方方面面都进行考虑，采用系统模型只要抓住研究问题的主要方面就可以简化问题，得到清晰的研究结果。

二、系统模型的分类

系统模型五花八门、形式多样，按照不同的分类标准可以有不同类型，下面介绍一些常见的系统模型分类。

1. 按照系统模型的形式分类

按照系统模型的形式可为物理模型、数学模型和概念模型。物理模型是广义的、具有物质的、具体的以及形象的含义。物理模型又可以细分为实体模型、比例模型和相似模型。实体模型顾名思义就是系统本身，通常讲的样机就是典型实体模型，通过将样机作为实体模型进行各项性能测试，一旦系统各项性能测试通过就具备批量生成的条件。实体模型还包括抽样模型，比如从一批产品中随机抽取若干产品作为样品进行检验，这些抽样的样品就是实体模型。比例模型是将系统模型进行放大或放小，使之适合在特定的场所进行研究。比如要研究桥墩在极端条件下受到海水冲击会产生怎样的变化，不可能把整个海洋搬到实验室，只能是将海洋按照一定比例缩小，模拟海洋环境，这就是典型的比例模型。相似模型是利用相似性原理，将一种系统的原理套用到另一系统进行研究。根据系统相似性原理，利用一种系统去替代另一种系统。这里说的相似系统，是指物理形式不同而有相同的数学表达式，如机械系统与电路系统就具有相似性，都可以用微分方程描述其系统运动的震荡性，因此，电路系统可以认为是机械系统的一种相似模型。数学模型是根据研究对象的特征，通过数学语言按照特定的研究目的将研究对象进行适当的简化，从而得到一个数学结构，借此可以揭示系统的内在运动、数量关系和系统的动态特性。这里的数学语言具体包括解析式子、方框图、计算机程序、符号以及图形图表等。数学模型在系统建模中占有重要地位，我们通常讲的建模大多数情况指的就是建立数学模型。概念模型是通过人们的经验、知识和直觉形成的，在形式上通常是思维的、字句的或描述的，诸如示意图、任务书、明细表、说明书、技术报告以及咨询报告等。这种模型不如物理模型或数学模型那样具体，在硬系统中很难直接使用，但在社会系统中概念模型应用却比较广泛，比如切克兰德提出的软系统方法论中的模型就是概念模型。

2. 按照模型的相似程度分类

按照模型的相似程度可分同构模型和同态模型。同构模型是指模型与系统之间存在一一对应关系;同态模型是指模型与系统的一部分存在一一对应关系。

3.按照模型的应用领域分类

按照模型的应用领域可分为人口模型、交通模型、环境模型、生态模型、经济模型、金融模型、生物模型、医学模型、地质模型、建筑模型以及化学模型等。

4.按照建立模型的数学方法分类

按照建立模型的数学方法可以分为初等模型、几何模型、微分方程模型、统计模型、数学模型、模糊数学模型、神经网络模型以及灰色系统模型等。

5.按照建模的目的或用途分类

按照建模的目的或用途可分为影响因素模型、风险分析模型、预测模型、决策模型、对策模型、功能模型、构造模型、计划模型、仿真模型、优化模型、评估模型、投入产出模型以及库存模型等。

6.按照对模型结构了解程度分类

按对模型结构了解程度可分白箱模型、灰箱模型和黑箱模型。白箱模型就是对系统结构和运行机理完全了解而建立的模型;黑箱模型是对系统结构和运行机理完全不了解而建立的模型;灰箱模型是对系统结构和运行机理无完全了解而建立的模型。

7.按照模型变量特征分类

按模型变量特征可分为确定性模型、随机模型、变结构模型、连续模型、离散模型、灰色模型、模糊模型等。

8.按运动特征与时间依存性分类

按运动特征与时间依存性可分为静态模型与动态模型,静态是系统中某些参数不随时间而改变建立的模型;动态是系统中某些参数随时间而改变建立的模型。

9.按模型的结构特性分类

按模型的结构特性可以分为形象模型、模拟模型、符号模型、数学模型和启发式模型。

10.按照模型的适应范围分类

按照模型的适应范围可分为宏观模型、微观模型、总体模型、局部模型、系统模型以及子块模型等。

三、系统建模的方法

针对不同研究问题有不同的建模方法,大致有以下7种建模方法。

1.推理法

当研究的系统问题比较简单,而且对系统内部结构和状态等都比较熟悉时,可以借助已有的物理、化学、机械以及经济规律,通过一般的公式推导能够直接将模型建立出来,这就是推理法。推理法在建立模型时常用到微分方程、传递函数和状态空间模型。

2.实验法

对于内部结构和特性不清楚的灰箱系统或黑箱系统,可以通过实验观察法研究其系统输入和输出的关系,然后按照一定的方法建立系统模型。

3.统计分析法

对于变量间具有统计依赖或相关关系的研究问题,可以广泛收集数据,利用统计分析法拟合系统输入与输出之间的关系，从而构造系统模型。

4. 类似法

根据待研究系统与已知系统的结构和性质等方面的相似性特征，构造与已知系统类似模型。比如遗传算法模型就是借鉴生物界的适者生存、优胜劣汰的遗传进化机制所构建的，已被人们广泛地应用于组合优化、自适应控制、人工生命、机器学习以及信号处理等领域。

5. 图形分析法

系统建模过程中，画出各种图形进行分析，是一种很有效的辅助方法。在建立结构模型或定性模型时，它是一种必用的方法。

6. 机理分析法

根据对象系统的本身特性、结构、功能、相互关系或工作原理，分析其因果关系和演化过程，在适当的假设下，建立其模型，这对一般系统和复杂系统都是常用的建模方法。

7. 混合法

在系统建模时，往往会用多种建模方法，如对信息已知的部分采用演绎法，对信息未知的部分采用归纳法，或者根据已知的定理或定律建立类似模型，再根据系统的输入、输出变量借助统计分析建立模型。

第二节 解释结构模型

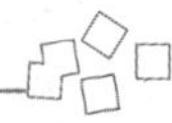

一、解释结构模型的基本思想

结构分析是实现系统结构模型化并加以解释的过程，其基本分析内容包括：根据系统的研究目的，选取系统的构成要素，对要素间的关系及其层次关系进行分析，并确定系统的整体结构，最后对系统结构进行解释。结构模型是表示系统构成要素以及它们之间存在着的相互依赖、相互制约以及关联情况的模型。常用的系统结构模型化技术包括关联树法、社会网络分析、决策评价与评估实验室(decision making trial and evaluation laboratory, DEMATEL)、解释结构模型(interpretative structural modelling method, ISM)以及系统动力模型等，其中，解释结构模型(ISM)是最基本和最具特色的一种系统结构分析技术。

解释结构模型是美国华费尔特(J. Warfield)教授于 1973 年为分析复杂的社会经济系统有关问题而开发的，其特点是把复杂的系统分解为若干子系统(要素)，利用人们的实践经验和知识，以及计算机的帮助，最终将系统构造成一个多级递阶的结构模型。解释结构模型属于概念模型，它可以把模糊不清的思想、看法转化为直观的具有良好结构关系的模型。解释结构模型的基本思想：通过各种创造性技术，提出研究问题的构成要素，利用关系图、矩阵等工具和计算机技术，对要素及其相互关系进行处理，最后用文字加以解释说明，明确问题的层次和整体结构，提高对问题的认识和理解程度。解释结构模型特别适用于变量众多、关系复杂而结构不清晰的系统分析，也可用于方案的排序。解释结构模型自提出以来，其应用范围十分广泛，从能源问题等国际问题再到地区经济开发、企事业甚至个人的问题等，都可用解释结构模型进行建模分析。

二、解释结构模型的相关概念

（一）系统结构的表达形式

1. 系统结构的集合表示

设系统由 $n(n\geqslant 2)$ 个要素 $S_1, S_2, \cdots, S_n$ 所组成，这些要素组成的集合用 $\boldsymbol{S}$ 表示即

$$\boldsymbol{S}=\{S_1, S_2, \cdots, S_n\} \tag{4-1}$$

系统的各个要素的联系通常是两个要素之间二元关系为基础的。所谓二元关系是根据系统的性质和研究的目的所约定的一种需要讨论的、存在于系统中的两个要素 S_i、S_j 之间的关系 R_{ij}（简记为 R）。系统要素之间的二元关系通常有影响关系、因果关系、包含关系、隶属关系以及各种可以比较的关系（如大小、强弱、先后、轻重、优劣等）。系统各要素之间的二元关系通常有以下三种情况：一是要素 S_i 和 S_j 有某种二元关系，用 S_iRS_j 表示；二是要素 S_i 和 S_j 无二元关系，用 $S_i\overline{R}S_j$ 表示；三是要素 S_i 与 S_j 之间的二元关系无法确定。要素之间的二元关系有传递性和强连接性质。传递性是指如 S_iRS_j、S_jRS_k 则 S_iRS_k，二元关系的传递性反映两个要素的间接联系，可记作 R^t（t 为传递次数）。对系统的任意构成要素 S_i 和 S_j 来说，既有 S_iRS_j，又有 S_jRS_i，这种相互关联的二元关系叫强连接关系。

以系统要素集合 S 以及二元关系的概念为基础，将系统要素中满足某种二元关系 R 的要素 S_i、S_j 的要素对 (S_i, S_j) 的集合，称为 S 上的二元关系集合，用记号 $\boldsymbol{R}_b$ 表示，则有：

$$\boldsymbol{R}_b=\{(S_i, S_j) \mid S_i, S_j \in S, S_iRS_j, i, j=1,2,\cdots,n\} \tag{4-2}$$

也就是说，可以用系统的组成要素集合 $\boldsymbol{S}$ 以及在集合 $\boldsymbol{S}$ 上确定的某种二元关系集合 $\boldsymbol{R}_b$ 来共同表示系统的结构。

【例 4-1】 假设某系统由 14 个要素 $S_1, S_2, \cdots, S_{14}$ 组成。经过两两判断认为：S_2 影响 S_1、S_3 影响 S_1、S_4 影响 S_1、S_5 影响 S_1、S_6 影响 S_2、S_6 影响 S_3、S_6 影响 S_4、S_7 影响 S_4、S_8 影响 S_4、S_8 影响 S_5、S_9 影响 S_6、S_9 和 S_{10} 相互影响、S_{12} 影响 S_{11}、S_{13} 影响 S_{12} 以及 S_{14} 影响 S_{12}。

解：该系统的基本结构可用要素集合 $\boldsymbol{S}$ 和要素间的二元关系集合 $\boldsymbol{R}_b$ 来表达，具体如下：

$$\boldsymbol{S}=\{S_1, S_2, S_3, S_4, S_5, S_6, S_7, S_8, S_9, S_{10}, S_{11}, S_{12}, S_{13}, S_{14}\} \tag{4-3}$$

$$\begin{aligned}\boldsymbol{R}_b=\{&(S_2, S_1), (S_3, S_1), (S_4, S_1), (S_5, S_1), (S_6, S_2), (S_6, S_3),\\ &(S_6, S_4), (S_7, S_4), (S_8, S_4), (S_8, S_5), (S_9, S_6), (S_9, S_{10}),\\ &(S_{10}, S_9), (S_{12}, S_{11}), (S_{13}, S_{12}), (S_{14}, S_{12})\}\end{aligned} \tag{4-4}$$

2. 系统结构的有向图表示

假设系统所涉及的关系都是二元关系，则系统的各要素可用节点表示，要素之间的关系可以用带有箭头的弧或线来表示，从而构成一个有向连接图，这种图就称为有向图。具体的画法是：用节点表示系统中的要素，通常用圆圈表示，用带有箭头的弧或线表示系统两要素之间的二元关系，箭头的末端要素为被影响要素。如果两要素之间互相被箭头指向则表示为强连接关系。

【例 4-2】 将例 4-1 中用集合表达的系统结构转化成有向图表示。

解：具体结果如图 4-1 所示。

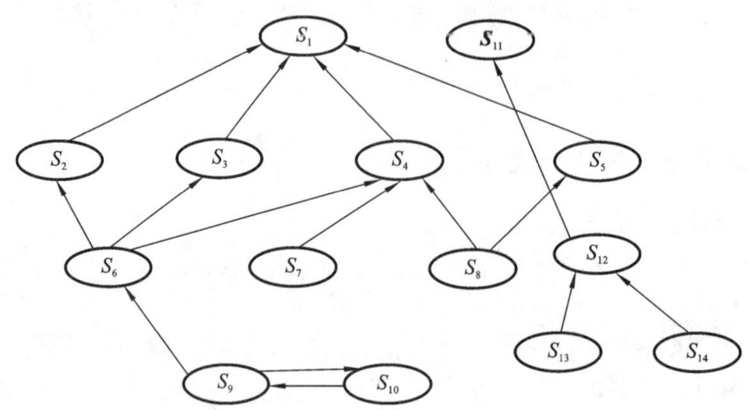

图 4-1 例 4-1 对应的系统结构有向图

3. 系统结构的邻接矩阵表示

邻接矩阵用来表示系统各要素之间的直接连接状态即基本二元关系的矩阵，换句话说，就是系统各要素之间只通过一步产生联系的矩阵，不能反映间接的关系即通过多步达到的关系。若用 $\boldsymbol{A}=(a_{ij})_{n\times n}$ 表示邻接矩阵，则其定义为：

$$a_{ij}=\begin{cases}1, S_iRS_j\text{，或 } S_i \text{ 对 } S_j \text{ 有影响}\\ 0, S_i\overline{R}S_j\text{，或 } S_i \text{ 对 } S_j \text{ 无影响}\end{cases} \tag{4-5}$$

【例 4-3】 将例 4-1 和例 4-2 中用集合和有向图表达的系统结构转化成用邻接矩阵表示。

解：具体的邻接矩阵表示如下：

$$\boldsymbol{A}=\begin{array}{c}\\ S_1\\ S_2\\ S_3\\ S_4\\ S_5\\ S_6\\ S_7\\ S_8\\ S_9\\ S_{10}\\ S_{11}\\ S_{12}\\ S_{13}\\ S_{14}\end{array}\begin{array}{c}\begin{array}{cccccccccccccc}S_1 & S_2 & S_3 & S_4 & S_5 & S_6 & S_7 & S_8 & S_9 & S_{10} & S_{11} & S_{12} & S_{13} & S_{14}\end{array}\\ \begin{bmatrix}0&0&0&0&0&0&0&0&0&0&0&0&0&0\\ 1&0&0&0&0&0&0&0&0&0&0&0&0&0\\ 1&0&0&0&0&0&0&0&0&0&0&0&0&0\\ 1&0&0&0&0&0&0&0&0&0&0&0&0&0\\ 1&0&0&0&0&0&0&0&0&0&0&0&0&0\\ 0&1&1&1&0&0&0&0&0&0&0&0&0&0\\ 0&0&0&1&0&0&0&0&0&0&0&0&0&0\\ 0&0&0&1&1&0&0&0&0&0&0&0&0&0\\ 0&0&0&0&0&1&0&0&0&1&0&0&0&0\\ 0&0&0&0&0&0&0&0&1&0&0&0&0&0\\ 0&0&0&0&0&0&0&0&0&0&0&0&0&0\\ 0&0&0&0&0&0&0&0&0&0&1&0&0&0\\ 0&0&0&0&0&0&0&0&0&0&0&1&0&0\\ 0&0&0&0&0&0&0&0&0&0&0&1&0&0\end{bmatrix}\end{array} \tag{4-6}$$

在邻接矩阵中，若某行的要素全为 0，说明该要素在系统中不影响任何其他要素，则该要素是系统的输出要素也称为汇点，如 S_1 和 S_{11}；若某列的要素全为 0，说明该要素在系统中不受任何其他要素影响，则该要素是系统的输入要素也称为源点，如 S_7、S_8、S_{13} 和 S_{14}。

系统结构的三种表示形式存在内在联系，如系统结构的集合表示中的二元关系个数与系统结构的有向图表达中的箭线个数以及系统结构的邻接矩阵表示中的“1”的个数相同，而且相应要素之间的二元关系存在一一对应关系。集合表示形式是系统结构的一种基本表达形式，有向图表示方式比集合表示方式更加直观、清晰，邻接矩阵表示形式的最大优点在于能够按照布尔代数的运算规则进行矩阵运算。布尔代数的运算规则：$0+0=0, 0+1=1, 1+0=1, 1+1=1, 0\times0=0, 0\times1=0, 1\times0=0, 1\times1=1$。

（二）可达矩阵

邻接矩阵中只反映系统任意两个要素直接联系情况，没有反映任意两个要素通过中间要素的间接联系情况。如果系统中的要素 S_i 和 S_j 存在间接传递关系，则称作要素 S_i 能够到达 S_j。可达矩阵 $\boldsymbol{M}$ 可以定义为：系统要素之间经过任意次传递性二元关系或有向图中两个节点之间通过任意长的路径可以到达情况的矩阵。在由 n 个单元组成的系统 $\boldsymbol{S}=\{S_1, S_2, \cdots, S_n\}$ 中，可达矩阵 $\boldsymbol{M}=(m_{ij})_{n\times n}$ 中的要素 m_{ij} 为：

$$m_{ij}=\begin{cases}1，元素\ S_i\ 能够到达\ S_j\\0，元素\ S_i\ 不能够到达\ S_j\end{cases} \tag{4-7}$$

可达性矩阵表明系统所有要素之间相互是否存在可达路径。可达矩阵 $\boldsymbol{M}$ 有一个重要性质即推移率特性：当要素 S_i 经过长度为 1 的路长直接到达要素 S_k，而要素 S_k 经过长度为 1 的路长直接到达要素 S_j，那么，要素 S_i 经过长度为 2 的路长（步数）必可到达要素 S_j。

现在的问题是如何通过邻接矩阵求对应的可达矩阵呢？这可以通过以下公式计算：

$$\boldsymbol{M}=(\boldsymbol{A}+\boldsymbol{I})^r \tag{4-8}$$

式(4-8)中，$\boldsymbol{I}$ 为与邻接矩阵 $\boldsymbol{A}$ 同阶的单位矩阵，单位矩阵 $\boldsymbol{I}$ 反映了要素能够自身到达。如 $r=1$，可达矩阵变成 $\boldsymbol{M}=(\boldsymbol{A}+\boldsymbol{I})$，就表示系统要素直接到达情况；如 $r=2$，可达矩阵变成 $\boldsymbol{M}=(\boldsymbol{A}+\boldsymbol{I})^2$，表示系统某一要素到达另一要素需要经过一个中介要素才能到达，相当于要经过长度为 2 的路长（步数）才能到达；依此类推，可以求出系统某一要素到达另一要素需要的最大路长（步数），这可以通过以下公式求得最大路长（步数）r：

$$(\boldsymbol{A}+\boldsymbol{I})\neq(\boldsymbol{A}+\boldsymbol{I})^2\neq(\boldsymbol{A}+\boldsymbol{I})^3\neq\cdots\neq(\boldsymbol{A}+\boldsymbol{I})^{r-1}\neq(\boldsymbol{A}+\boldsymbol{I})^r=(\boldsymbol{A}+\boldsymbol{I})^{r+1}=\cdots=(\boldsymbol{A}+\boldsymbol{I})^n \tag{4-9}$$

对于一个由 n 个要素组成的系统来说，最大路长为 $n-1$。

【例 4-4】 以图 4-2 表示的系统有向图为基础进行可达矩阵的计算。

解：图 4-2 所示的系统有向图对应的邻接矩阵如式(4-10)。要计算邻接矩阵的可达矩阵，可以手工计算，也可以采用计算机计算。对于元素较多的邻接矩阵，手工计算并不可取，因此，在实际操作中要么编程要么借助已有软件进行计算。本书推荐使用社会网络软件 Ucinet 计算邻接矩阵的可达矩阵，在 Ucinet 软件中有两种方法可以实现邻接矩阵的可达矩阵计算：方法一是利用 Ucinet 计算工具，方法是点击 tools→matrix algebra 的命令

bprod(<mat1>,<mat2>),bprod 命令是实现两个矩阵的布尔代数乘积,mat1 和 mat2 为对应的要运算的矩阵。该种方法需要一步一步计算,优点是可以得到每步中增加了哪些需要多步才能到达的间接关系要素。方法二:点击菜单 network→cohesion→reachability,可以直接计算出可达矩阵结果。对于式(4-10)所示的简单邻接矩阵来说,手工计算和软件计算都是可行的,计算结果如式(4-14)所示。

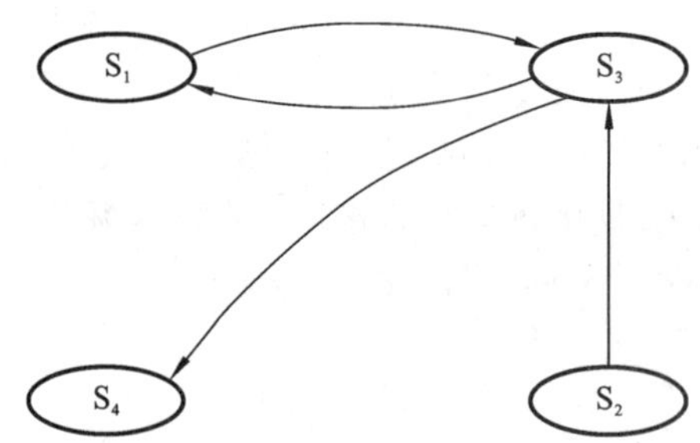

图 4-2 系统关系图示例

$$\boldsymbol{A}=\begin{bmatrix}0&0&1&0\\0&0&1&0\\1&0&0&1\\0&0&0&0\end{bmatrix}\tag{4-10}$$

$$\boldsymbol{A}+\boldsymbol{I}=\begin{bmatrix}0&0&1&0\\0&0&1&0\\1&0&0&1\\0&0&0&0\end{bmatrix}+\begin{bmatrix}1&0&0&0\\0&1&0&0\\0&0&1&0\\0&0&0&1\end{bmatrix}=\begin{bmatrix}1&0&1&0\\0&1&1&0\\1&0&1&1\\0&0&0&1\end{bmatrix}\tag{4-11}$$

$$(\boldsymbol{A}+\boldsymbol{I})^2=\begin{bmatrix}1&0&1&0\\0&1&1&0\\1&0&1&1\\0&0&0&1\end{bmatrix}\times\begin{bmatrix}1&0&1&0\\0&1&1&0\\1&0&1&1\\0&0&0&1\end{bmatrix}=\begin{bmatrix}1&0&1&(1)\\(1)&1&1&(1)\\1&0&1&1\\0&0&0&1\end{bmatrix}\tag{4-12}$$

$$(\boldsymbol{A}+\boldsymbol{I})^3=\begin{bmatrix}1&0&1&1\\1&1&1&1\\1&0&1&1\\0&0&0&1\end{bmatrix}\times\begin{bmatrix}1&0&1&0\\0&1&1&0\\1&0&1&1\\0&0&0&1\end{bmatrix}=\begin{bmatrix}1&0&1&1\\1&1&1&1\\1&0&1&1\\0&0&0&1\end{bmatrix}\tag{4-13}$$

$$\boldsymbol{M}=\begin{bmatrix}1&0&1&1\\1&1&1&1\\1&0&1&1\\0&0&0&1\end{bmatrix}\tag{4-14}$$

显然,$(\boldsymbol{A}+\boldsymbol{I})\neq(\boldsymbol{A}+\boldsymbol{I})^2=(\boldsymbol{A}+\boldsymbol{I})^3$,由此可知,最大路长或步数 r 为 2。在式(4-12)中的括号里面的 1 表示经过间接要素能够到达的要素间关系,比如第 2 行第 1 列括号里的 1 表示要素 S_2 要经过两步到达要素 S_1。另外,在可达矩阵中还可以判断是否存在回路以及构成回路的要素。在可达矩阵中,如果不同要素对应矩阵的行和列都相同,则其关系图中的这些要素构成回路。如在式(4-14)的可达矩阵中，要素 S_1 和要素 S_3 对应的第一行和第三行都为 1011，对应的第一列和第三列都为 1110，因此，要素 S_1 和要素 S_3 构成了回路。

（三）缩减矩阵

根据强连接要素的可替换性，在已有的可达矩阵 $\boldsymbol{M}$ 中，将具有强连接关系的一组要素看作一个要素，保留其中的某个代表要素，删除其余要素及其在 $\boldsymbol{M}$ 中的行和列，即得到 $\boldsymbol{M}$ 的缩减矩阵 $\boldsymbol{M}'$。如在图 4-2 中表示的系统有向图对应的可达矩阵 $\boldsymbol{M}$ 即式(4-14)，要素 S_1 和要素 S_3 具有强连接关系，可以在可达矩阵中去掉要素 S_1 或 S_3，假如去掉 S_1，则得到可达矩阵的浓缩矩阵为：

$$\boldsymbol{M}'=\begin{matrix}S_2\\S_3\\S_4\end{matrix}\begin{bmatrix}1&1&1\\0&1&1\\0&0&1\end{bmatrix} \tag{4-15}$$

（四）骨架矩阵

对于给定的系统，邻接矩阵 $\boldsymbol{A}$ 的可达矩阵是唯一的，但实现某一可达矩阵 $\boldsymbol{M}$ 的邻接矩阵可以具有多个。把实现某一可达矩阵 $\boldsymbol{M}$ 且具有最小二元关系个数的邻接矩阵称作 $\boldsymbol{M}$ 的最小实现二元关系矩阵，或称之为骨架矩阵，记作 $\boldsymbol{A}'$。

（五）可达集合、先行集合和共同集合

系统要素 S_i 的可达集是指在可达矩阵或有向图中由 S_i 出发可以到达的要素集合，用 $\boldsymbol{R}(S_i)$ 表示，其定义为：$\boldsymbol{R}(S_i)=\{S_j \mid S_j\in S, m_{ij}=1, j=1,2,\cdots,n\}, i=1,2,\cdots,n$，在可达矩阵中要素 S_i 的可达集合就是要素 S_i 所在行中为 1 对应的列要素集合；系统要素 S_i 的先行集是指在可达矩阵或关系图中能够到达 S_i 的要素集合，用 $\boldsymbol{A}(S_i)$ 表示，其定义为：$\boldsymbol{A}(S_i)=\{S_j \mid S_j\in S, m_{ji}=1, j=1,2,\cdots,n\}, i=1,2,\cdots,n$，在可达矩阵中要素 S_i 的先行集合就是要素 S_i 所在列中为 1 对应的行要素集合；要素 S_i 的共同集合是指要素 S_i 的可达集合和先行集合的交集部分，用 $\boldsymbol{C}(S_i)$ 表示，其定义为：$\boldsymbol{C}(S_i)=R(S_i)\cap A(S_i)=\{S_j \mid S_j\in S, m_{ij}=1, m_{ji}=1, j=1,2,\cdots,n\}, i=1,2,\cdots,n$。在式(4-14)表示的可达矩阵中，各要素可达集合分别为：$\boldsymbol{R}(S_1)=\{S_1,S_3,S_4\}$，$\boldsymbol{R}(S_2)=\{S_1,S_2,S_3,S_4\}$，$\boldsymbol{R}(S_3)=\{S_1,S_3,S_4\}$ 和 $\boldsymbol{R}(S_4)=\{S_4\}$；先行集合分别为：$\boldsymbol{A}(S_1)=\{S_1,S_2,S_3\}$，$\boldsymbol{A}(S_2)=\{S_2\}$，$\boldsymbol{A}(S_3)=\{S_1,S_2,S_3\}$ 和 $\boldsymbol{A}(S_4)=\{S_1,S_2,S_3,S_4\}$；共同集合分别为：$\boldsymbol{C}(S_1)=\{S_1,S_3\}$，$\boldsymbol{C}(S_2)=\{S_2\}$，$\boldsymbol{C}(S_3)=\{S_1,S_3\}$ 和 $\boldsymbol{C}(S_4)=\{S_4\}$。

（六）起始集合和终止集合

系统要素集合 $\boldsymbol{S}$ 的起始集合是指在系统中只影响其他要素而不被其他要素影响的要素所组成的集合，用 $\boldsymbol{B}(S_i)$ 表示，其定义为：$\boldsymbol{B}(S_i)=\{S_i \mid S_i\in S, C(S_i)=\boldsymbol{A}(S_i), i=1,2,\cdots,n\}$。系统要素集合 $\boldsymbol{S}$ 的终止集合是指在系统中只受其他要素影响而不影响其他要素的要素所组成的集合，用 $\boldsymbol{E}(S_i)$ 表示，其定义为：$\boldsymbol{E}(S_i)=\{S_i \mid S_i\in S, C(S_i)=R(S_i), i=1,2,\cdots,n\}$。在图 4-2 所对应的可达矩阵中，起始集合 $\boldsymbol{B}(S_i)=\{S_2\}$，终止集合 $\boldsymbol{E}(S_i)=\{S_4\}$。

三、解释结构模型的规范方法

建立系统要素间层级关系的递阶结构模型，可以在可达矩阵 $\boldsymbol{M}$ 的基础上进行操作，通常需要经过区域划分、级别划分、提取骨架矩阵、绘制多级递阶有向图等四个阶段，这是建立解释结构模型的基本方法。

（一）区域划分

要判定系统要素集合 $\boldsymbol{S}$ 是否可以分割，只要判定系统要素起始集合 $\boldsymbol{B}(S)$ 中的要素及其可达集合要素是否能够分割，或者判定系统要素终止集合 $\boldsymbol{E}(S)$ 中的要素及其先行集合要素是否能够分割即可。在起始集合 $\boldsymbol{B}(S)$ 中任意取两个要素 S_u 和 S_v，判定区域能否划分的规则如下。

(1) 如果 $\boldsymbol{R}(S_u)\cap\boldsymbol{R}(S_v)\neq\boldsymbol{\Phi}$，那么要素 S_u 和 S_v 以及 $\boldsymbol{R}(S_u)$ 和 $\boldsymbol{R}(S_v)$ 中的要素同属一个区域。如果起始集合 $\boldsymbol{B}(S)$ 中所有的要素 S_u 和 S_v 的可达集合均不为空集，那么区域不可划分，即所有要素属于同一个系统，不存在子系统。

(2) 如果 $\boldsymbol{R}(S_u)\cap\boldsymbol{R}(S_v)=\boldsymbol{\Phi}$，那么要素 S_u 和 S_v 以及 $\boldsymbol{R}(S_u)$ 和 $\boldsymbol{R}(S_v)$ 中的要素不属同一个区域，系统要素集合 $\boldsymbol{S}$ 至少可以被划分两个相对独立的区域即子系统。

上面是利用起始集合 $\boldsymbol{B}(S)$ 判定区域划分的规则，如果利用终止集合 $\boldsymbol{E}(S)$ 判定区域能否划分，只要判定"$\boldsymbol{A}(S_u)\cap\boldsymbol{A}(S_v)$"是否为空集即可。

区域划分的结果可表示为：$\prod(S)=P_1,P_2,\cdots,P_k,\cdots,P_m$，$P_k$ 为第 k 个相对独立区域的要素集合。经过区域划分后可达矩阵可以变为分块矩阵，用 $\boldsymbol{M}(P)$ 表示。

【例 4-5】以图 4-1 表示的系统要素关系图为基础计算区域划分过程。

解：先采用 Ucinet 计算图 4-1 对应的可达矩阵 $\boldsymbol{M}$，具体结果如下：

$$\boldsymbol{M}=\begin{array}{c}\\ S_1\\ S_2\\ S_3\\ S_4\\ S_5\\ S_6\\ S_7\\ S_8\\ S_9\\ S_{10}\\ S_{11}\\ S_{12}\\ S_{13}\\ S_{14}\end{array}\begin{array}{c}\begin{array}{cccccccccccccc}S_1&S_2&S_3&S_4&S_5&S_6&S_7&S_8&S_9&S_{10}&S_{11}&S_{12}&S_{13}&S_{14}\end{array}\\ \left[\begin{array}{cccccccccccccc}
1&0&0&0&0&0&0&0&0&0&0&0&0&0\\
1&1&0&0&0&0&0&0&0&0&0&0&0&0\\
1&0&1&0&0&0&0&0&0&0&0&0&0&0\\
1&0&0&1&0&0&0&0&0&0&0&0&0&0\\
1&0&0&0&1&0&0&0&0&0&0&0&0&0\\
1&1&1&1&0&1&0&0&0&0&0&0&0&0\\
1&0&0&1&0&0&1&0&0&0&0&0&0&0\\
1&0&0&1&1&0&0&1&0&0&0&0&0&0\\
1&1&1&1&0&1&0&0&1&1&0&0&0&0\\
1&1&1&1&0&1&0&0&1&1&0&0&0&0\\
0&0&0&0&0&0&0&0&0&0&1&0&0&0\\
0&0&0&0&0&0&0&0&0&0&1&1&0&0\\
0&0&0&0&0&0&0&0&0&0&1&1&1&0\\
0&0&0&0&0&0&0&0&0&0&1&1&0&1
\end{array}\right]\end{array}\tag{4-16}$$

根据此可达矩阵，可列出所有要素 $S_i(i=1,2,\cdots,14)$ 的可达集合 $R(S_i)$、先行集合 $\boldsymbol{A}(S_i)$ 和共同集合 $\boldsymbol{C}(S_i)$，并据此写出系统要素集合的起始集合 $\boldsymbol{B}(S)$，如表 4-1 所示。

表 4-1　可达集合、先行集合、共同集合和起始集合表

	$\boldsymbol{R}(S_i)$	$\boldsymbol{A}(S_i)$	$\boldsymbol{C}(S_i)$	$\boldsymbol{C}(S_i)=A(S_i)$	$\boldsymbol{B}(S)$
S_1	S_1	$S_1,S_2,S_3,S_4,S_5,S_6,S_7,S_8,S_9,S_{10}$	S_1		
S_2	S_1,S_2	S_2,S_6,S_9,S_{10}	S_2		
S_3	S_1,S_3	S_3,S_6,S_9,S_{10}	S_3		
S_4	S_1,S_4	$S_4,S_6,S_7,S_8,S_9,S_{10}$	S_4		
S_5	S_1,S_5	S_5,S_8	S_5		
S_6	S_1,S_2,S_3,S_4,S_6	S_6,S_9,S_{10}	S_6		
S_7	S_1,S_4,S_7	S_7	S_7	√	S_7
S_8	S_1,S_4,S_5,S_8	S_8	S_8	√	S_8
S_9	$S_1,S_2,S_3,S_4,S_6,S_9,S_{10}$	S_9,S_{10}	S_9,S_{10}	√	S_9,S_{10}
S_{10}	$S_1,S_2,S_3,S_4,S_6,S_9,S_{10}$	S_9,S_{10}	S_9,S_{10}	√	S_9,S_{10}
S_{11}	S_{11}	$S_{11},S_{12},S_{13},S_{14}$	S_{11}		
S_{12}	S_{11},S_{12}	S_{12},S_{13},S_{14}	S_{12}		
S_{13}	S_{11},S_{12},S_{13}	S_{13}	S_{13}	√	S_{13}
S_{14}	S_{11},S_{12},S_{14}	S_{14}	S_{14}	√	S_{14}

由表 4-1 可知，起始集合或最底层要素集合 $\boldsymbol{B}(S)=\{S_7,S_8,S_9,S_{10},S_{13},S_{14}\}$ 为 $S_7,S_8,S_9,S_{10},S_{13}$ 和 S_{14}。再根据以起始集合 $\boldsymbol{B}(S)$ 为基础的区域划分准则，可以判定 $S_1,S_2,S_3,S_4,S_5,S_6,S_7,S_8,S_9,S_{10}$ 与 $S_{11},S_{12},S_{13},S_{14}$ 属于两个相对独立的区域或子系统即 $\prod(S)=P_1,P_2$。$P_1=\{S_1,S_2,S_3,S_4,S_5,S_6,S_7,S_8,S_9,S_{10}\}$，$P_2=\{S_{11},S_{12},S_{13},S_{14}\}$，如图 4-3 所示例。此时的可达矩阵变为：

$$\begin{array}{cccccccccccccc} S_1 & S_2 & S_3 & S_4 & S_5 & S_6 & S_7 & S_8 & S_9 & S_{10} & S_{11} & S_{12} & S_{13} & S_{14}\end{array}$$

$$\boldsymbol{M}(\boldsymbol{P})=\begin{array}{c}\boldsymbol{P}_1\left\{\begin{array}{c}S_1\\S_2\\S_3\\S_4\\S_5\\S_6\\S_7\\S_8\\S_9\\S_{10}\end{array}\right.\\ \boldsymbol{P}_2\left\{\begin{array}{c}S_{11}\\S_{12}\\S_{13}\\S_{14}\end{array}\right.\end{array}\left[\begin{array}{cc}\begin{matrix}1&0&0&0&0&0&0&0&0&0\\1&1&0&0&0&0&0&0&0&0\\1&0&1&0&0&0&0&0&0&0\\1&0&0&1&0&0&0&0&0&0\\1&0&0&0&1&0&0&0&0&0\\1&1&1&1&0&1&0&0&0&0\\1&0&0&1&0&0&1&0&0&0\\1&0&0&1&1&0&0&1&0&0\\1&1&1&1&0&1&0&0&1&1\\1&1&1&1&0&1&0&0&1&1\end{matrix} & 0\\ 0 & \begin{matrix}1&0&0&0\\1&1&0&0\\1&1&1&0\\1&1&0&1\end{matrix}\end{array}\right] \tag{4-17}$$

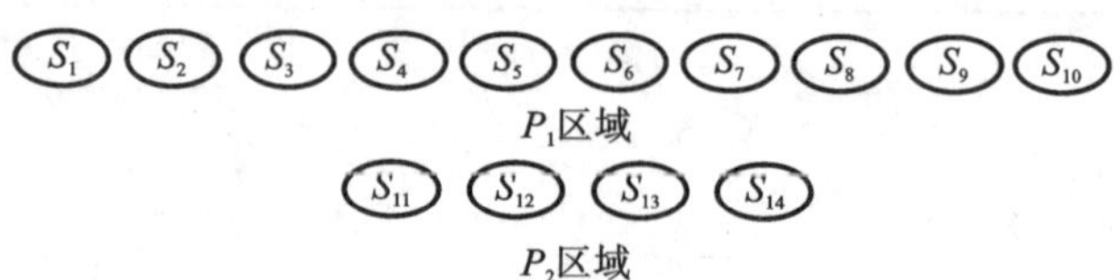

图 4-3 区域划分图

（二）级别划分

级别划分就是确定某个区域里各要素所处层次地位的过程，级别划分是在每一区域里进行的，假设 P 是区域划分得到的某个区域要素集合，如用 $L_1, L_2, \cdots, L_l$ 表示系统从高到低的各级要素集合，则级别划分的结果可写成 $\prod(L) = L_1, L_2, \cdots, L_l$ 。级别划分的方法是找出某个区域要素集合的最高层要素，然后将这最高层要素去掉，再寻找其余要素集合的最高级要素，依次反复进行，直到最底层要素为止。判定一个要素是不是最高级要素，可用如下公式进行判定：

$$\boldsymbol{C}(S_i) = \boldsymbol{R}(S_i) \cap \boldsymbol{A}(S_i) = \boldsymbol{R}(S_i) \tag{4-18}$$

由式(4-18)可以看出，在一个多级结构中的顶级要素，没有更高的级可达，所以它的可达集合 $\boldsymbol{R}(S_i)$ 只能包括它本身和与它同级的强连接要素。这个顶级要素的先行集合 $\boldsymbol{A}(S_i)$ 则包括它本身，可以到达它的下级要素，以及与它同级的强连接要素。于是，$\boldsymbol{A}(S_i)$ 与 $\boldsymbol{R}(S_i)$ 的交集，对顶级要素来说，就和它的 $\boldsymbol{R}(S_i)$ 相同，从而得出 S_i 为顶级要素的判断依据。经过级别划分的可达矩阵变成了区块三角矩阵，用 $\boldsymbol{M}(L)$ 表示。

【例 4-6】 以图 4-1 表示的系统要素关系图基础计算级别划分过程。

解：$\boldsymbol{P}_1$ 区域和 $\boldsymbol{P}_2$ 区域的级别划分过程分别见表 4-2 和 4-3 所示。

表 4-2 P_1 区域级别划分

级别	S_i	$\boldsymbol{R}(S_i)$	$\boldsymbol{A}(S_i)$	$\boldsymbol{C}(S_i)$	$\boldsymbol{C}(S_i)=\boldsymbol{R}(S_i)$	每级要素
第一级	S_1	S_1	$S_1, S_2, S_3, S_4, S_5, S_6, S_7, S_8, S_9, S_{10}$	S_1	√	S_1
	S_2	S_1, S_2	S_2, S_6, S_9, S_{10}	S_2		
	S_3	S_1, S_3	S_3, S_6, S_9, S_{10}	S_3		
	S_4	S_1, S_4	$S_4, S_6, S_7, S_8, S_9, S_{10}$	S_4		
	S_5	S_1, S_5	S_5, S_8	S_5		
	S_6	S_1, S_2, S_3, S_4, S_6	S_6, S_9, S_{10}	S_6		
	S_7	S_1, S_4, S_7	S_7	S_7		
	S_8	S_1, S_4, S_5, S_8	S_8	S_8		
	S_9	$S_1, S_2, S_3, S_4, S_6, S_9, S_{10}$	S_9, S_{10}	S_9, S_{10}		
	S_{10}	$S_1, S_2, S_3, S_4, S_6, S_9, S_{10}$	S_9, S_{10}	S_9, S_{10}		

续表

级别	S_i	$\boldsymbol{R}(S_i)$	$\boldsymbol{A}(S_i)$	$\boldsymbol{C}(S_i)$	$\boldsymbol{C}(S_i)=\boldsymbol{R}(S_i)$	每级要素
第二级	S_2	S_2	S_2,S_6,S_9,S_{10}	S_2	√	S_2 S_3 S_4 S_5
	S_3	S_3	S_3,S_6,S_9,S_{10}	S_3	√	
	S_4	S_4	$S_4,S_6,S_7,S_8,S_9,S_{10}$	S_4	√	
	S_5	S_5	S_5,S_8	S_5	√	
	S_6	S_2,S_3,S_4,S_6	S_6,S_9,S_{10}	S_6		
	S_7	S_4,S_7	S_7	S_7		
	S_8	S_4,S_5,S_8	S_8	S_8		
	S_9	$S_2,S_3,S_4,S_6,S_9,S_{10}$	S_9,S_{10}	S_9,S_{10}		
	S_{10}	$S_2,S_3,S_4,S_6,S_9,S_{10}$	S_9,S_{10}	S_9,S_{10}		
第三级	S_6	S_6	S_6,S_9,S_{10}	S_6	√	S_6 S_7 S_8
	S_7	S_7	S_7	S_7	√	
	S_8	S_8	S_8	S_8	√	
	S_9	S_6,S_9,S_{10}	S_9,S_{10}	S_9,S_{10}		
	S_{10}	S_6,S_9,S_{10}	S_9,S_{10}	S_9,S_{10}		
第四级	S_9	S_9,S_{10}	S_9,S_{10}	S_9,S_{10}	√	S_9,S_{10}
	S_{10}	S_9,S_{10}	S_9,S_{10}	S_9,S_{10}	√	

表 4-3　$\boldsymbol{P}_2$ 区域级别划分

级别	S_i	$\boldsymbol{R}(S_i)$	$\boldsymbol{A}(S_i)$	$\boldsymbol{C}(S_i)$	$\boldsymbol{C}(S_i)=\boldsymbol{R}(S_i)$	每级要素
第一级	S_{11}	S_{11}	$S_{11},S_{12},S_{13},S_{14}$	S_{11}	√	S_{11}
	S_{12}	S_{11},S_{12}	S_{12},S_{13},S_{14}	S_{12}		
	S_{13}	S_{11},S_{12},S_{13}	S_{13}	S_{13}		
	S_{14}	S_{11},S_{12},S_{14}	S_{14}	S_{14}		
第二级	S_{12}	S_{12}	S_{12},S_{13},S_{14}	S_{12}	√	S_{12}
	S_{13}	S_{12},S_{13}	S_{13}	S_{13}		
	S_{14}	S_{12},S_{14}	S_{14}	S_{14}		
第三级	S_{13}	S_{13}	S_{13}	S_{13}	√	S_{13},S_{14}
	S_{14}	S_{14}	S_{14}	S_{14}	√	

经过级别划分可得到图 4-4 所示的 $\boldsymbol{P}_1$、$\boldsymbol{P}_2$ 区域级别图以及对应的级别层次的可达矩阵。由于本例中的层级要素顺序和可达矩阵中的要素顺序一致，因此，其级别层次可达矩阵和式(4-17)完全相同。

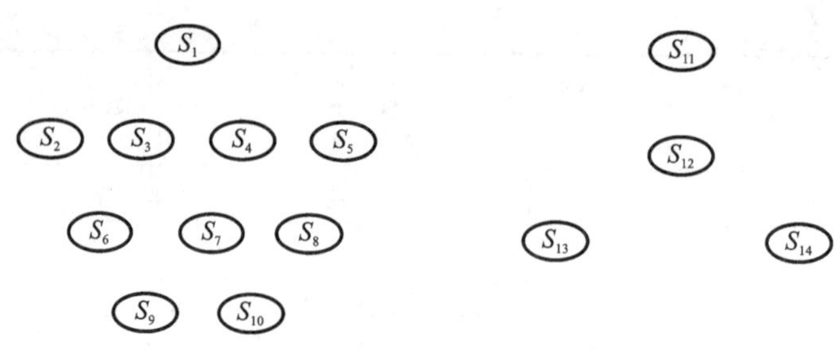

图 4-4 P_1、P_2 区域级别图

（三）提取骨架矩阵

所谓的骨架矩阵就是可达矩阵 $\boldsymbol{M}$ 的最小实现矩阵。对经过区域划分和级别划分后的可达矩阵进行提取骨架矩阵操作，需要以下三个步骤。

第一步：建立可达矩阵的缩减矩阵

检查各层级的强连接要素，它们在可达性矩阵 $\boldsymbol{M}$ 中相应行和列上的要素完全相同，因此可以当作一个系统的同一要素看待，从而可以削减相应的行和列，得到新的可达性矩阵 $\boldsymbol{M}'$，称作可达矩阵 $\boldsymbol{M}$ 的缩减矩阵。

第二步：去掉 $\boldsymbol{M}'$ 中已具有邻接二元关系的要素间的超级二元关系，得到进一步简化后的新矩阵 $\boldsymbol{M}''$。

第三步：去掉 $\boldsymbol{M}''$ 中自身到达的二元关系，即去掉矩阵对角上的 1，从而得到经简化后具有最少二元关系个数的骨架矩阵 $\boldsymbol{A}'$。

【例 4-7】以图 4-1 表示的系统要素关系图为基础提取骨架矩阵。

解：按照上述步骤，可达矩阵 $\boldsymbol{M}$ 的缩减矩阵 $\boldsymbol{M}'$ 见式(4－19)所示（去掉要素 S_{10}），然后去掉 $\boldsymbol{M}'$ 中已具有邻接二元关系的要素间的超级二元关系后得到式(4-20)所示的进一步简化后的新矩阵 $\boldsymbol{M}''$，再去掉 $\boldsymbol{M}''$ 中自身到达的二元关系，得到骨架矩阵 $\boldsymbol{A}'$。

$$\boldsymbol{M}'=\begin{array}{cc} & \begin{array}{ccccccccccccc} S_1 & S_2 & S_3 & S_4 & S_5 & S_6 & S_7 & S_8 & S_9 & S_{11} & S_{12} & S_{13} & S_{14} \end{array} \\ \begin{array}{c} \boldsymbol{P}_1\left\{\begin{array}{c} S_1 \\ S_2 \\ S_3 \\ S_4 \\ S_5 \\ S_6 \\ S_7 \\ S_8 \\ S_9 \end{array}\right. \\ \boldsymbol{P}_2\left\{\begin{array}{c} S_{11} \\ S_{12} \\ S_{13} \\ S_{14} \end{array}\right. \end{array} & \left[\begin{array}{ccccccccccccc} 1 & 0 & 0 & 0 & 0 & 0 & 0 & 0 & 0 & & & & \\ 1 & 1 & 0 & 0 & 0 & 0 & 0 & 0 & 0 & & & & \\ 1 & 0 & 1 & 0 & 0 & 0 & 0 & 0 & 0 & & & & \\ 1 & 0 & 0 & 1 & 0 & 0 & 0 & 0 & 0 & & & & \\ 1 & 0 & 0 & 0 & 1 & 0 & 0 & 0 & 0 & & & & \\ 1 & 1 & 1 & 1 & 0 & 1 & 0 & 0 & 0 & & 0 & & \\ 1 & 0 & 0 & 1 & 0 & 0 & 1 & 0 & 0 & & & & \\ 1 & 0 & 0 & 1 & 1 & 0 & 0 & 1 & 0 & & & & \\ 1 & 1 & 1 & 1 & 0 & 1 & 0 & 0 & 1 & & & & \\ & & & & & & & & & 1 & 0 & 0 & 0 \\ & & & & & 0 & & & & 1 & 1 & 0 & 0 \\ & & & & & & & & & 1 & 1 & 1 & 0 \\ & & & & & & & & & 1 & 1 & 0 & 1 \end{array}\right] \end{array} \tag{4-19}$$

$$
M'=\begin{array}{c c}
 & \begin{array}{ccccccccccccc} S_1 & S_2 & S_3 & S_4 & S_5 & S_6 & S_7 & S_8 & S_9 & S_{11} & S_{12} & S_{13} & S_{14} \end{array} \\
\begin{array}{c} P_1\left\{\begin{array}{c} S_1\\ S_2\\ S_3\\ S_4\\ S_5\\ S_6\\ S_7\\ S_8\\ S_9 \end{array}\right. \\ P_2\left\{\begin{array}{c} S_{11}\\ S_{12}\\ S_{13}\\ S_{14} \end{array}\right. \end{array} &
\left[\begin{array}{ccccccccc|cccc}
1&0&0&0&0&0&0&0&0& & & & \\
1&1&0&0&0&0&0&0&0& & & & \\
1&0&1&0&0&0&0&0&0& & & & \\
1&0&0&1&0&0&0&0&0& & & & \\
1&0&0&0&1&0&0&0&0& & 0 & & \\
0&1&1&1&0&1&0&0&0& & & & \\
0&0&0&1&0&0&1&0&0& & & & \\
0&0&0&1&1&0&0&1&0& & & & \\
0&0&0&0&0&1&0&0&1& & & & \\
\hline
 & & & & & & & & &1&0&0&0\\
 & & & & 0 & & & & &1&1&0&0\\
 & & & & & & & & &0&1&1&0\\
 & & & & & & & & &0&1&0&1
\end{array}\right]
\end{array}
\tag{4-20}
$$

$$
A'=\begin{array}{c c}
 & \begin{array}{ccccccccccccc} S_1 & S_2 & S_3 & S_4 & S_5 & S_6 & S_7 & S_8 & S_9 & S_{11} & S_{12} & S_{13} & S_{14} \end{array} \\
\begin{array}{c} P_1\left\{\begin{array}{c} S_1\\ S_2\\ S_3\\ S_4\\ S_5\\ S_6\\ S_7\\ S_8\\ S_9 \end{array}\right. \\ P_2\left\{\begin{array}{c} S_{11}\\ S_{12}\\ S_{13}\\ S_{14} \end{array}\right. \end{array} &
\left[\begin{array}{ccccccccc|cccc}
0&0&0&0&0&0&0&0&0& & & & \\
1&0&0&0&0&0&0&0&0& & & & \\
1&0&0&0&0&0&0&0&0& & & & \\
1&0&0&0&0&0&0&0&0& & & & \\
1&0&0&0&0&0&0&0&0& & 0 & & \\
0&1&1&1&0&0&0&0&0& & & & \\
0&0&0&1&0&0&0&0&0& & & & \\
0&0&0&1&1&0&0&0&0& & & & \\
0&0&0&0&0&1&0&0&0& & & & \\
\hline
 & & & & & & & & &0&0&0&0\\
 & & & & 0 & & & & &1&0&0&0\\
 & & & & & & & & &0&1&0&0\\
 & & & & & & & & &0&1&0&0
\end{array}\right]
\end{array}
\tag{4-21}
$$

（四）绘制多级递阶关系图

根据骨架矩阵 $\boldsymbol{A}'$，首先，按照划分的区域将对应的系统要素从上到下逐级排列；其次，在同一个级别中加入被删除的强连接要素；最后，绘制多级递阶关系图。

【例 4-8】 以图 4-1 表示的系统要素关系图为基础绘制最终的多级递阶有向图。

解：根据例 4-7 的结果，系统要素最终的多级递阶有向图如图 4-5 所示。

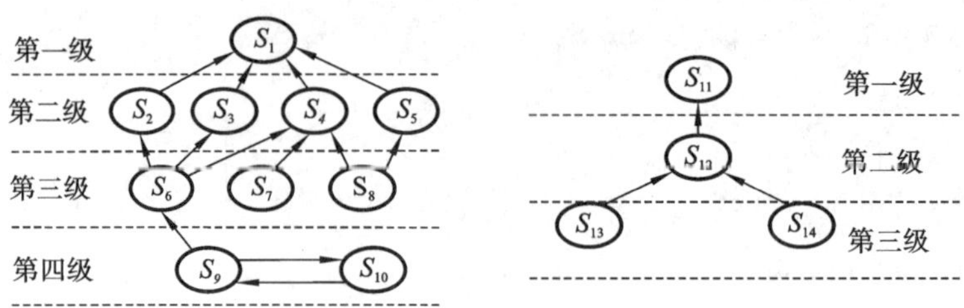

图 4-5 多级递阶有向图

四、解释结构模型的建模步骤

根据以上解释结构模型的基本思想、相关概念以及基本方法介绍，读者对解释结构模型有了一个整体的认识，为了便于实际操作，下面给出解释结构模型的具体建模步骤。

第一步：组建 ISM 分析小组。

对于 ISM 分析小组成员的构成没有强制要求，但通常要包括三类人员：一是方法技术专家，该类人员可能不熟悉研究问题，但要对解释结构模型的建模技术非常擅长；二是行业专家，该类人员可能不懂解释结构模型建模技术，但要对研究问题非常了解并且是该领域的专家；三是协调人员，这通常是项目主持人，一般是既了解解释结构模型的建模技术，又熟悉研究问题的人担任。

第二步：确定系统的构成要素及其要素间的直接二元关系。

在设定问题之后，ISM 分析小组一般要经过查阅相关文献资料、小组讨论以及问卷调查等形式确定研究系统的构成要素，并进一步确定两两要素之间的直接二元关系。为了简化表格，通常用图 4-6 的样式表示系统要素之间的二元关系（以 5 个要素为例），其中，**A** 表示所在列要素对行要素的影响，**V** 表示所在行要素对列要素的影响，**X** 表示所在行列要素相互影响。

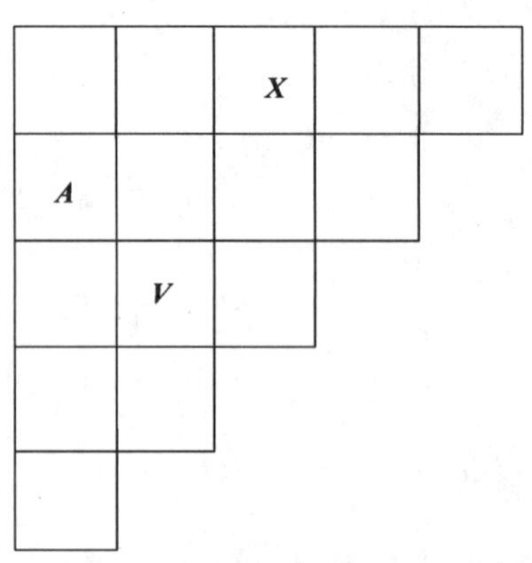

图 4-6 要素间关系的方格图

第三步：建立可达矩阵。

根据第二步确定的系统要素之间的直接二元关系，生成邻接矩阵，并根据邻接矩阵建立可达矩阵。

第四步：进行区域划分。

第五步：进行级别划分。

第六步：提取骨架矩阵。

第七步：绘制多级递阶关系图，并进行模型解释。

五、解释结构模型的应用案例

【例 4-9】　学生上课睡觉的解释结构模型研究。

学生上课睡觉不仅会"传染"给其他学生，还会影响教师上课的情绪。因此，如果有学生在课堂上睡觉，大多数教师的做法是及时制止这种行为。但是，造成学生上课睡觉的原因非常多，如果不分析问题的根本原因，简单的制止只是治标而非治本，不仅不能使睡觉的学生专心于学习，还影响了教学的节奏。对于此问题，先通过抽样调查得到学生上课睡觉的各种原因，然后利用解释结构模型对其进行层次分析，最后对深层原因进行解释。

第一步：组建 ISM 分析小组（本步骤省略）。

第二步：确定系统的构成要素及其要素间的直接二元关系。

在对某年级的学生进行的一次随机调查中，收到约 200 个有效答卷，其中列举了导致大学生上课睡觉的原因有 53 个。精简和合并后得到 20 个原因，其中，第 20 个是偶然因素不予考虑。经过分析讨论，这 19 个原因之间存在的因果关系如表 4-4 所示。

表 4-4　大学生上课睡觉的原因及其相互关系

因素	原因描述	深层次原因
S_1	周围的同学在睡觉	S_4，S_5，S_{11}，S_{17}
S_2	晚上睡不好（宿舍论坛，失眠，赶作业，玩电脑，看小说，做噩梦，看足球，被子不够等）	S_6，S_{15}
S_3	跟不上进度；教师讲得太快，没听清、没看清就过了	S_4，S_5，S_{10}
S_4	教师欠缺讲课技巧（太枯燥，太抽象，太笼统，照搬书本，声音太小，语调适合睡觉，没有激情，没能控制课堂气氛，经常讲与课程无关的废话）	
S_5	课程太难，或者个人基础差，听不懂	S_{19}
S_6	学习任务太重	
S_7	上课没有值得思考的问题，没有提问，思想松懈	S_4
S_8	个人生物钟的作用处于睡眠状态，听到上课铃就想睡觉，长期养成的习惯	S_2
S_9	听课效果不如自己看，看着就睡着了	S_3，S_4
S_{10}	来得晚，坐在后排，听不清看不清	S_2，S_{15}
S_{11}	季节性问题	
S_{12}	对老师的反感，逆反心理作用	S_4
S_{13}	课程多，抓主放次，在次要课程上养精蓄锐	S_{14}
S_{14}	不知道学习这门课程有什么用，对课程没有兴趣	S_{15}
S_{15}	没有端正的学习态度，没有学习动力	S_{14}
S_{16}	没有课本	S_{14}
S_{17}	教室环境容易引起睡眠（昏暗，人多，天冷，空气浑浊）	
S_{18}	平时应酬太多，太疲劳	S_{15}

续表

因素	原因描述	深层次原因
S_{19}	课程缺乏辅助的实验教学	
S_{20}	一些偶然原因(昨天运动过于激烈,没吃早餐,营养不良,身体虚弱,生病,吃了感冒药犯困等)	

第三步:建立可达矩阵。

根据表 4-4 的学生上课睡觉的 19 个原因及其相互关系,可以构建 19 个因素间的邻接矩阵,并通过计算得到对应的可达矩阵 $\boldsymbol{M}$。

$$
\boldsymbol{M}=\begin{bmatrix}
1&0&0&0&0&0&0&0&0&0&0&0&0&0&0&0&0&0&0\\
0&1&1&0&0&0&0&1&1&1&0&0&0&0&0&0&0&0&0\\
0&0&1&0&0&0&0&0&1&0&0&0&0&0&0&0&0&0&0\\
1&0&1&1&0&0&1&0&1&0&0&1&0&0&0&0&0&0&0\\
1&0&1&0&1&0&0&0&1&0&0&0&0&0&0&0&0&0&0\\
0&1&1&0&0&1&0&1&1&1&0&0&0&0&0&0&0&0&0\\
0&0&0&0&0&0&1&0&0&0&0&0&0&0&0&0&0&0&0\\
0&0&0&0&0&0&0&1&0&0&0&0&0&0&0&0&0&0&0\\
0&0&0&0&0&0&0&0&1&0&0&0&0&0&0&0&0&0&0\\
0&0&1&0&0&0&0&0&1&1&0&0&0&0&0&0&0&0&0\\
1&0&0&0&0&0&0&0&0&0&1&0&0&0&0&0&0&0&0\\
0&0&0&0&0&0&0&0&0&0&0&1&0&0&0&0&0&0&0\\
0&0&0&0&0&0&0&0&0&0&0&0&1&0&0&0&0&0&0\\
0&1&1&0&0&0&0&1&1&1&0&0&1&1&1&1&0&1&0\\
0&1&1&0&0&0&0&1&1&1&0&0&1&1&1&1&0&1&0\\
0&0&0&0&0&0&0&0&0&0&0&0&0&0&0&1&0&0&0\\
1&0&0&0&0&0&0&0&0&0&0&0&0&0&0&0&1&0&0\\
0&0&0&0&0&0&0&0&0&0&0&0&0&0&0&0&0&1&0\\
1&0&1&0&1&0&0&0&1&0&0&0&0&0&0&0&0&0&1
\end{bmatrix}
$$

第四步:进行区域划分。

根据上述可达矩阵,可列出所有要素 $S_i(i=1,2,\cdots,19)$ 的可达集合 $\boldsymbol{R}(S_i)$、先行集合 $\boldsymbol{A}(S_i)$ 和共同集合 $\boldsymbol{C}(S_i)$,并据此写出学生上课睡觉的 19 个原因集合的起始集合 $\boldsymbol{B}(S)$,如表 4-5 所示。由此可以确定底层元素为 S_4、S_6、S_{11}、S_{14}、S_{15} 和 S_{19},并可以判定这 19 个原因集合属于同一系统,不存在分系统。

表 4-5 可达集合、先行集合、共同集合和起始集合表

	$\boldsymbol{R}(S_i)$	$\boldsymbol{A}(S_i)$	$\boldsymbol{C}(S_i)$	$\boldsymbol{C}(S_i)=\boldsymbol{A}(S_i)$	$\boldsymbol{B}(S)$
S_1	S_1	$S_1,S_4,S_5,S_{11},S_{17},S_{19}$	S_1		
S_2	S_2,S_3,S_8,S_9,S_{10}	S_2,S_6,S_{14},S_{15}	S_2		
S_3	S_3,S_9	$S_2,S_3,S_4,S_5,S_6,S_{10},S_{14},S_{15},S_{19}$	S_3		

续表

	$R(S_i)$	$A(S_i)$	$C(S_i)$	$C(S_i)=A(S_i)$	$B(S)$
S_4	$S_1,S_3,S_4,S_7,S_9,S_{12}$	S_4	S_4	√	S_4
S_5	S_1,S_3,S_5,S_9	S_5,S_{19}	S_5		
S_6	$S_2,S_3,S_6,S_8,S_9,S_{10}$	S_6	S_6	√	S_6
S_7	S_7	S_4,S_7	S_7		
S_8	S_8	$S_2,S_6,S_8,S_{14},S_{15}$	S_8		
S_9	S_9	$S_2,S_3,S_4,S_5,S_6,S_9,S_{10},S_{14},S_{15},S_{19}$	S_9		
S_{10}	S_3,S_9,S_{10}	$S_2,S_6,S_{10},S_{14},S_{15}$	S_{10}		
S_{11}	S_1,S_{11}	S_{11}	S_{11}	√	S_{11}
S_{12}	S_{12}	S_4,S_{12}	S_{12}		
S_{13}	S_{13}	S_{13},S_{14},S_{15}	S_{13}		
S_{14}	$S_2,S_3,S_8,S_9,S_{10},S_{13},S_{14},S_{15},S_{16},S_{18}$	S_{14},S_{15}	S_{14},S_{15}	√	S_{14},S_{15}
S_{15}	$S_2,S_3,S_8,S_9,S_{10},S_{13},S_{14},S_{15},S_{16},S_{18}$	S_{14},S_{15}	S_{14},S_{15}	√	S_{14},S_{15}
S_{16}	S_{16}	S_{14},S_{15},S_{16}	S_{16}		
S_{17}	S_1,S_{17}	S_{17}	S_{17}	√	S_{17}
S_{18}	S_{18}	S_{14},S_{15},S_{18}	S_{18}		
S_{19}	S_1,S_3,S_5,S_9,S_{19}	S_{19}	S_{19}	√	S_{19}

第五步：进行级别划分。

根据解释结构模型级别划分方法，可以得到表 4-6 到 4-10 所示的各级划分结果，由此可知，各因素可以划分为五个等级，第一等级因素包括 $S_1,S_7,S_8,S_9,S_{12},S_{13},S_{16},S_{18}$，第二级因素包括 S_3,S_{11},S_{17}，第三级因素包括 S_4,S_5,S_{10}，第四级因素包括 S_2,S_9，第五级因素包括 S_6,S_{14},S_{15}。

表 4-6　第一级划分

	$R(S_i)$	$A(S_i)$	$C(S_i)$	$C(S_i)=R(S_i)$	$B(S)$
S_1	S_1	$S_1,S_4,S_5,S_{11},S_{17},S_{19}$	S_1	√	S_1
S_2	S_2,S_3,S_8,S_9,S_{10}	S_2,S_6,S_{14},S_{15}	S_2		
S_3	S_3,S_9	$S_2,S_3,S_4,S_5,S_6,S_{10},S_{14},S_{15},S_{19}$	S_3		
S_4	$S_1,S_3,S_4,S_7,S_9,S_{12}$	S_4	S_4		
S_5	S_1,S_3,S_5,S_9	S_5,S_{19}	S_5		
S_6	$S_2,S_3,S_6,S_8,S_9,S_{10}$	S_6	S_6		
S_7	S_7	S_4,S_7	S_7	√	S_7
S_8	S_8	$S_2,S_6,S_8,S_{14},S_{15}$	S_8	√	S_8
S_9	S_9	$S_2,S_3,S_4,S_5,S_6,S_9,S_{10},S_{14},S_{15},S_{19}$	S_9	√	S_9

续表

	$\boldsymbol{R}(S_i)$	$\boldsymbol{A}(S_i)$	$\boldsymbol{C}(S_i)$	$\boldsymbol{C}(S_i)=\boldsymbol{R}(S_i)$	$\boldsymbol{B}(S)$
S_{10}	S_3, S_9, S_{10}	$S_2, S_6, S_{10}, S_{14}, S_{15}$	S_{10}		
S_{11}	S_1, S_{11}	S_{11}	S_{11}		
S_{12}	S_{12}	S_4, S_{12}	S_{12}	√	S_{12}
S_{13}	S_{13}	S_{13}, S_{14}, S_{15}	S_{13}	√	S_{13}
S_{14}	$S_2, S_3, S_8, S_9, S_{10}, S_{13}, S_{14}, S_{15}, S_{16}, S_{18}$	S_{14}, S_{15}	S_{14}, S_{15}		
S_{15}	$S_2, S_3, S_8, S_9, S_{10}, S_{13}, S_{14}, S_{15}, S_{16}, S_{18}$	S_{14}, S_{15}	S_{14}, S_{15}		
S_{16}	S_{16}	S_{14}, S_{15}, S_{16}	S_{16}	√	S_{16}
S_{17}	S_1, S_{17}	S_{17}	S_{17}		
S_{18}	S_{18}	S_{14}, S_{15}, S_{18}	S_{18}	√	S_{18}
S_{19}	$S_1, S_3, S_5, S_9, S_{19}$	S_{19}	S_{19}		

表 4-7 第二级划分

	$\boldsymbol{R}(S_i)$	$\boldsymbol{A}(S_i)$	$\boldsymbol{C}(S_i)$	$\boldsymbol{C}(S_i)=\boldsymbol{R}(S_i)$	$\boldsymbol{B}(S)$
S_2	S_2, S_3, S_{10}	S_2, S_6, S_{14}, S_{15}	S_2		
S_3	S_3	$S_2, S_3, S_4, S_5, S_6, S_{10}, S_{14}, S_{15}, S_{19}$	S_3	√	S_3
S_4	S_3, S_4	S_4	S_4		
S_5	S_3, S_5	S_5, S_{19}	S_5		
S_6	S_2, S_3, S_6, S_{10}	S_6	S_6		
S_{10}	S_3, S_{10}	$S_2, S_6, S_{10}, S_{14}, S_{15}$	S_{10}		
S_{11}	S_{11}	S_{11}	S_{11}	√	S_{11}
S_{14}	$S_2, S_3, S_{10}, S_{14}, S_{15}$	S_{14}, S_{15}	S_{14}, S_{15}		
S_{15}	$S_2, S_3, S_{10}, S_{14}, S_{15}$	S_{14}, S_{15}	S_{14}, S_{15}		
S_{17}	S_{17}	S_{17}	S_{17}	√	S_{17}
S_{19}	S_3, S_5, S_{19}	S_{19}	S_{19}		

表 4-8 第三级划分

	$\boldsymbol{R}(S_i)$	$\boldsymbol{A}(S_i)$	$\boldsymbol{C}(S_i)$	$\boldsymbol{C}(S_i)=\boldsymbol{R}(S_i)$	$\boldsymbol{B}(S)$
S_2	S_2, S_{10}	S_2, S_6, S_{14}, S_{15}	S_2		
S_4	S_4	S_4	S_4	√	S_4
S_5	S_5	S_5, S_{19}	S_5	√	S_5
S_6	S_2, S_6, S_{10}	S_6	S_6		
S_{10}	S_{10}	$S_2, S_6, S_{10}, S_{14}, S_{15}$	S_{10}	√	S_{10}
S_{14}	$S_2, S_{10}, S_{14}, S_{15}$	S_{14}, S_{15}	S_{14}, S_{15}		
S_{15}	$S_2, S_{10}, S_{14}, S_{15}$	S_{14}, S_{15}	S_{14}, S_{15}		
S_{19}	S_5, S_{19}	S_{19}	S_{19}		

表 4-9　第四级划分

	$R(S_i)$	$A(S_i)$	$C(S_i)$	$C(S_i)=R(S_i)$	$B(S)$
S_2	S_2	S_2,S_6,S_{14},S_{15}	S_2	√	S_2
S_6	S_2,S_6	S_6	S_6		
S_{14}	S_2,S_{14},S_{15}	S_{14},S_{15}	S_{14},S_{15}		
S_{15}	S_2,S_{14},S_{15}	S_{14},S_{15}	S_{14},S_{15}		
S_{19}	S_{19}	S_{19}	S_{19}	√	S_{19}

表 4-10　第五级划分

	$R(S_i)$	$A(S_i)$	$C(S_i)$	$C(S_i)=R(S_i)$	$B(S)$
S_6	S_6	S_6	S_6	√	S_6
S_{14}	S_{14},S_{15}	S_{14},S_{15}	S_{14},S_{15}	√	S_{14},S_{15}
S_{15}	S_{14},S_{15}	S_{14},S_{15}	S_{14},S_{15}	√	S_{14},S_{15}

第六步：提取骨架矩阵。

在可达矩阵的基础上，将具有强连接关系的两个要素 S_{14} 和 S_{15} 中保留 S_{14}，再去掉已具有邻接二元关系的要素间的超级二元关系以及自身到达的二元关系，从而得到经简化后具有最少二元关系个数的骨架矩阵 A'。

$$
A' = \begin{array}{c} \\ S_1 \\ S_7 \\ S_8 \\ S_9 \\ S_{12} \\ S_{13} \\ S_{16} \\ S_{18} \\ S_3 \\ S_{11} \\ S_{17} \\ S_4 \\ S_5 \\ S_{10} \\ S_2 \\ S_{19} \\ S_6 \\ S_{14} \end{array}
\begin{array}{c}
\begin{array}{cccccccccccccccccc} S_1 & S_7 & S_8 & S_9 & S_{12} & S_{13} & S_{16} & S_{18} & S_3 & S_{11} & S_{17} & S_4 & S_5 & S_{10} & S_2 & S_{19} & S_6 & S_{14} \end{array} \\
\begin{bmatrix}
0&0&0&0&0&0&0&0&0&0&0&0&0&0&0&0&0&0 \\
0&0&0&0&0&0&0&0&0&0&0&0&0&0&0&0&0&0 \\
0&0&0&0&0&0&0&0&0&0&0&0&0&0&0&0&0&0 \\
0&0&0&0&0&0&0&0&0&0&0&0&0&0&0&0&0&0 \\
0&0&0&0&0&0&0&0&0&0&0&0&0&0&0&0&0&0 \\
0&0&0&0&0&0&0&0&0&0&0&0&0&0&0&0&0&0 \\
0&0&0&0&0&0&0&0&0&0&0&0&0&0&0&0&0&0 \\
0&0&0&0&0&0&0&0&0&0&0&0&0&0&0&0&0&0 \\
0&0&0&1&0&0&0&0&0&0&0&0&0&0&0&0&0&0 \\
1&0&0&0&0&0&0&0&0&0&0&0&0&0&0&0&0&0 \\
1&0&0&0&0&0&0&0&0&0&0&0&0&0&0&0&0&0 \\
1&1&0&1&1&0&0&0&1&0&0&0&0&0&0&0&0&0 \\
1&0&0&0&0&0&0&0&1&0&0&0&0&0&0&0&0&0 \\
0&0&0&0&0&0&0&0&1&0&0&0&0&0&0&0&0&0 \\
0&0&1&0&0&0&0&0&0&0&0&0&0&1&0&0&0&0 \\
0&0&0&0&0&0&0&0&0&0&0&0&1&0&0&0&0&0 \\
0&0&0&0&0&0&0&0&0&0&0&0&0&0&1&0&0&0 \\
0&0&0&0&0&1&1&0&0&0&0&0&0&0&0&0&0&0
\end{bmatrix}
\end{array}
$$

第七步：绘制多级递阶有向图，并进行模型解释。

根据以上经简化后具有最少二元关系个数的骨架矩阵，可画出系统结构递阶有向图，具体见图 4-7。

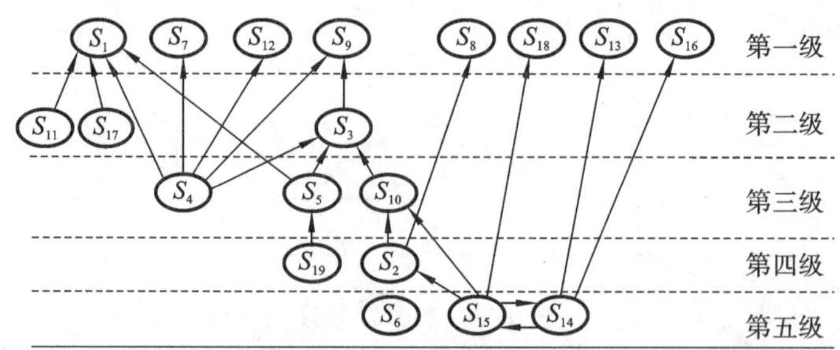

图 4-7 系统结构递阶有向图

根据解释结构模型理论，层次递阶结构大致可分为表象、中间和根源三层，其中，表层原因包括 S_1、S_7、S_8、S_9、S_{12}、S_{13}、S_{16}、S_{18}，中间因素包括 S_2、S_3、S_5、S_{10}，最底层因素包括 S_4、S_6、S_{11}、S_{14}、S_{15}、S_{17} 和 S_{19}。在处理问题时，不应该对属于表象的原因投入太大的精力，而主要考虑如何解决最底层根本原因。因此，进一步的分析最底层的 7 个原因，这 7 个原因可以分为 3 类：第一类为教学因素，包括 S_4 教师欠缺讲课技巧和 S_{19} 课程缺乏辅助的实验教学；第二类为学生因素，主要包括 S_6 学习任务太重，S_{14} 不知道学习这门课程的有什么用，对课程没有兴趣和 S_{15} 没有端正的学习态度，没有学习动力；第三类为客观因素，主要包括 S_{17} 教室环境容易引起睡眠和 S_{17} 季节性问题。在教学因素方面，建议教师上课语调要抑扬顿挫，教学的进度和难度要照顾大多数，适当地提些问题；同时给专业课程设置一定的实验教学，帮助学生理解。在学生因素方面，任课教师要向学生说明该课程的真正意图，并在课堂上举例说明；同时辅导员要在学生中树立良好的学风。在客观因素方面，向学校反映教室里通风、光线、回响等方面存在的问题。

（案例来源：林靖宇. 学生上课睡觉的解释结构模型研究[J]. 广西大学学报（自然科学版），2006，(S1)：67-69. 本书进行了改编）

第三节 DEMATEL 模型

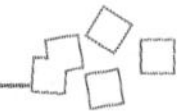

一、DEMATEL 模型的基本思想

决策评价与评估实验室（decision making trial and evaluation laboratory，DEMATEL），该模型是由美国学者巴特尔（Bottelle）在 1971 年为解决具有复杂的要素结构关系而提出的。该模型的基本思想：以矩阵工具和图论为基础，通过对所研究问题的行业专家的知识和经验判断，厘清系统各要素之间的直接影响关系的存在性以及影响程度，

以此为基础构造直接影响矩阵，通过对直接影响矩阵进行一系列的计算确定每个要素对其他要素的影响以及被影响的程度，从而确定各要素的中心度与原因度。DEMATEL 模型充分利用专家的经验和知识来处理复杂的社会问题，尤其对那些要素众多，且要素间关系不明确，需要提取系统的主要要素以及需要进一步简化系统结构的系统问题尤为有效。

二、DEMATEL 模型的实施步骤

DEMATEL 模型的具体实施步骤如下。

第一步：确定系统的要素以及要素间的直接影响程度。

对于要研究的问题邀请相关的行业专家确定系统的构成要素，并分析系统各要素之间的直接关系的有无以及关系的强弱程度。假设系统由 $n(n\geqslant 2)$ 个要素 $S_1, S_2, \cdots, S_n$ 组成，与前面所讲的系统结构关系图类似，如果要素 S_i 对要素 S_j 有直接影响，则从要素 S_i 出发画一条箭线指向要素 S_j，同时在箭线上用数字标出两要素之间的关系强弱，通常采用四级标度，“0”表示没有影响，“1”表示弱影响，“2”表示中度影响，“3”表示强影响。

第二步：构建要素间关系的直接影响矩阵。

将第一步确定的要素间的直接影响程度关系内容转换成矩阵形式，称为直接影响矩阵，用 $\boldsymbol{A}=(a_{ij})_{n\times n}$ 表示，式中 a_{ij} 表示要素 S_i 对要素 S_j 的直接关系有无以及关系的强弱程度。

第三步：将直接影响矩阵规范化。

为了将数值缩放到 0 到 1 之间，需要将直接影响矩阵按照如下公式进行规范化处理，得到规范化直接影响矩阵 $\boldsymbol{G}=(g_{ij})_{n\times n}$。

$$g_{ij} = \frac{a_{ij}}{\max\limits_{1\leqslant i\leqslant n}\sum\limits_{j=1}^{n} a_{ij}}, \quad (i=1,2,\cdots,n; j=1,2,\cdots,n) \tag{4-22}$$

第四步：计算综合影响矩阵。

综合影响矩阵 $\boldsymbol{T}=(t_{ij})_{n\times n}$ 是直接影响和间接影响的累加，其计算式为：

$$\boldsymbol{T}=\boldsymbol{G}+\boldsymbol{G}^2+\cdots+\boldsymbol{G}^n \tag{4-23}$$

$$\lim_{n\to\infty}\boldsymbol{T}=\boldsymbol{G}+\boldsymbol{G}^2+\cdots+\boldsymbol{G}^n=\lim_{n\to\infty}G\frac{\boldsymbol{I}-\boldsymbol{G}^n}{\boldsymbol{I}-\boldsymbol{G}}=\boldsymbol{G}(\boldsymbol{I}-\boldsymbol{G})^{-1} \tag{4-24}$$

式(4-24)中，$\boldsymbol{I}$ 为单位阵，由于 $\boldsymbol{G}$ 的每个元素大于 0 小于 1，当 n 非常大时，$\boldsymbol{G}^n$ 趋近于 0 矩阵，因此，此时的综合影响矩阵 $\boldsymbol{T}$ 可采用近似等于 $\boldsymbol{G}(\boldsymbol{I}-\boldsymbol{G})^{-1}$。

第五步：计算各要素的影响度 f_i 和被影响度 e_i。

将综合影响矩阵的行元素相加得到各要素的影响度 f_i，将综合影响矩阵的列元素相加得到各要素的被影响度 e_i，影响度 f_i 和被影响度 e_i 的计算公式分别为：

$$f_i = \sum_{j=1}^{n} t_{ij}, \quad (i=1,2,\cdots,n) \tag{4-25}$$

$$e_i = \sum_{j=1}^{n} t_{ji}, \quad (i=1,2,\cdots,n) \tag{4-26}$$

第六步：计算各要素的中心度 m_i 和原因度 n_i。

将影响度 f_i 和被影响度 e_i 相加得到要素 S_i 的中心度 m_i，将影响度 f_i 和被影响度 e_i

相减得到要素 S_i 的原因度 n_i，中心度 m_i 和原因度 n_i 的计算公式分别为：

$$m_i=f_i+e_i, \quad (i=1,2,\cdots,n) \tag{4-27}$$

$$n_i=f_i-e_i, \quad (i=1,2,\cdots,n) \tag{4-28}$$

中心度 m_i 反映了要素 S_i 在系统要素中的重要程度，m_i 越大 S_i 的重要程度就越高；反之，m_i 越小则 S_i 的重要程度就越小。如果要对系统要素的个数进行约简，中心度最小的要素可以优先考虑从系统中删除。原因度 n_i 反映了要素 S_i 是对其他要素影响大还是受其他要素影响大，如 n_i 大于 0，表明要素 S_i 对其他要素影响大，则称其为原因要素；如 n_i 小于 0，表明要素 S_i 受其他要素影响大，称之为结果要素。

第七步：绘制系统要素因果图并进行分析。

在笛卡尔坐标系中，以 m_i 为横坐标、n_i 为纵坐标，绘制系统要素 S_i 的因果图。根据系统要素影响度和被影响度判断系统要素间的相互影响关系，再根据系统各要素的中心度判定各个要素在系统中的重要程度，进而根据原因度的大小确定各要素在系统中的位置，据此对系统要素进行必要的删减，从而达到简化要素之间关系复杂程度的目的。

为了便于读者的计算，本书提供一个 Matlab 软件编制的一个小程序，可以很快捷地计算出以上步骤中第三步到第六步提到的各种计算结果。

%先构建元素间直接影响矩阵，保存在某个位置，本例是保存在 D:\matlab2\de. xls

```
A= xlsread('D:\matlab2\de.xls')             % 读取直接影响矩阵
n= size(A,1);                               % 判定直接影响矩阵的阶数
for i= 1:1:n
    B(i)= sum(A(i,:));
end                                         % 求直接影响矩阵每行元素和
C= A/max(B);                                % 归一化直接影响矩阵
T= zeros(n)                                 % 生成 n 阶零矩阵
for i= 1:1:n
    T= T+ C^i;
end                                         % 计算综合影响矩阵
for i= 1:1:n
    f(i)= sum(T(i,:));                      % 计算影响度
    e(i)= sum(T(:,i));                      % 计算被影响度
    m(i)= f(i)+ e(i);                       % 计算中心度
    n(i)= f(i)- e(i);                       % 计算原因度
end
```

为了验证以上程序的准确性，以周德群和贺峥光主编的《系统工程概论》(第三版)提供的算例进行验证。

【例 4-10】 某系统内要素间直接相互影响关系如图 4-8 所示，则其要素间的直接影响矩阵如图 4-9 所示。

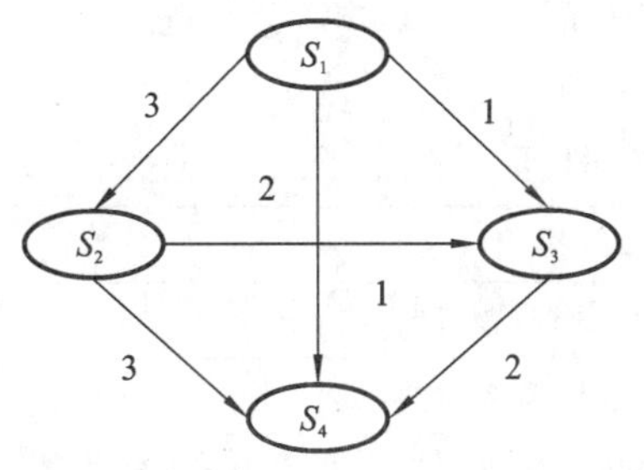

图 4-8　要素直接相互影响图

	S_1	S_2	S_3	S_4
S_1	0	3	1	2
S_2	0	0	1	3
S_3	0	0	0	2
S_4	0	0	0	0

图 4-9　要素直接相互影响矩阵

按照 DEMATEL 模型的计算步骤，将图 4-8 的要素直接相互影响矩阵输入到电子表格，以文件名 de. xls 保存到 D:\matlab2 目录下，当然也可以命名为别的文件名保存到其他位置，只要自己知道文件位置，将 Matlab 软件的 xlsread 读取命令修改相应的路径和文件名。通过执行以上程序，便可以得到表 4-11 所示的结果。

表 4-11　各要素之间的综合影响矩阵及其影响度、被影响度、中心度和原因度

	S_1	S_2	S_3	S_4	影响度 f_i	被影响度 e_i	中心度 m_i	原因度 n_i
S_1	0	0.5000	0.2500	0.6667	1.4167	0.0000	1.4167	1.4167
S_2	0	0.0000	0.1667	0.5556	0.7222	0.5000	1.2222	0.2222
S_3	0	0.0000	0.0000	0.3333	0.3333	0.4167	0.7500	−0.0833
S_4	0	0.0000	0.0000	0.0000	0.0000	1.5556	1.5556	−1.5556

本书算例中小数点保留 4 位，所以和原例中小数点保留两位稍微有一点出入。另外，各要素的重要性程度由高到低依次为 S_4、S_1、S_2 和 S_3，原因要素是 S_1 和 S_2，结果要素是 S_3 和 S_4。如果要考虑删除要素，可以考虑删除要素 S_3，因为要素 S_3 的中心度和原因度都是最小的。

三、DEMATEL 模型的应用案例

【例 4-11】　城市创新能力的影响因素分析。

影响城市创新能力的因素是来自多方面的，不同因素对城市创新能力的影响程度也不尽相同，通过量化分析各影响因素之间的相互关系，找出城市创新能力的关键影响因素，对创新型城市的建设有一定的理论意义和实践价值。

第一步：确定系统的要素以及要素间的直接影响程度。

为了能够客观地反映城市创新能力的内部规律，提高分析结果的准确度，城市创新能力影响因素体系内所包含的因素必须具有全面性、互补性和合理性。国外学者倾向于对一些典型城市发展经验的总结，国内学者则侧重于从评价的角度对城市创新能力进行研究，并且从不同维度构建评价指标体系，这些评价指标体系对影响因素体系的构建有一定的借鉴和指导作用。鉴于此，在以上研究的基础上结合相关统计年鉴的统计指标从城市综合经济实力、基础设施建设、科技创新能力、文化和教育发展水平、城市创新环境和城市发展理念等 6 个维度构建了城市创新能力影响因素体系，具体见表 4-12 所示。

通过专家组讨论的方法判断因素间影响关系的有无，并确定影响程度的强弱（可以通过赋值的方法进行量化，如：强=3，一般=2，弱=1，无=0）。

表 4-12 城市创新能力影响因素体系

维度	编号	影响因素
综合经济实力	S_1	GDP 和财政预算收入情况
	S_2	三大产业产值之间的比例结构
	S_3	人民生活质量的整体水平
	S_4	城市对外开放程度
	S_5	城市基本建设投资
	S_6	城市经济体系的健全程度
基础设施建设	S_7	道路交通客货运总量
	S_8	邮电通信业务总量
	S_9	城乡居民用电、用水总量
	S_{10}	城区绿地面积和绿化覆盖率
	S_{11}	城市燃气供应总量
科技创新能力	S_{12}	整个城市的研发经费投入
	S_{13}	城市科技人力资源状况
	S_{14}	科技发展的硬件基础情况
	S_{15}	科技创新成果的产出情况
	S_{16}	科技创新的氛围
	S_{17}	科技创新的信息技术环境
文化和教育发展水平	S_{18}	城市文化事业机构数量
	S_{19}	广播电视节目制作播出情况
	S_{20}	各类学校教职工和专职教师情况
	S_{21}	高等学校在校生和毕业生数量
城市创新环境	S_{22}	城市整体的创新意识
	S_{23}	城市中介服务能力
	S_{24}	政府对创新的支持力度
	S_{25}	创新成果转化能力
城市发展理念	S_{26}	城市发展战略
	S_{27}	城市发展愿景

第二步：构建因素间关系的直接影响矩阵。

该案例中将因素间的影响程度划分为 5 个级别，分别为无、较弱、弱、较强、强，对应数值为 0，1，2，3，4。通过实际调查分析并结合专家组讨论的意见确定各因素间的直接影响关系，得出城市创新能力影响因素的直接影响矩阵，见表 4-13。

表 4-13 城市创新能力影响因素的直接影响矩阵

因素	S_1	S_2	S_3	S_4	S_5	S_6	S_7	S_8	S_9	S_{10}	S_{11}	S_{12}	S_{13}	S_{14}	S_{15}	S_{16}	S_{17}	S_{18}	S_{19}	S_{20}	S_{21}	S_{22}	S_{23}	S_{24}	S_{25}	S_{26}	S_{27}
S_1	0	0	3	0	4	0	0	0	0	0	0	4	1	2	0	0	0	0	0	0	0	0	0	1	0	2	2
S_2	0	0	0	0	0	0	0	0	0	0	0	0	0	0	0	0	0	0	0	0	0	0	2	0	0	3	2
S_3	3	0	0	3	2	0	4	3	3	0	2	0	0	0	0	2	0	4	3	0	0	3	3	0	2	0	0
S_4	0	2	0	0	0	1	4	3	0	0	0	0	2	0	0	0	2	0	0	0	0	3	2	0	0	3	0
S_5	2	3	4	3	0	3	3	3	3	3	3	0	2	0	0	1	2	0	0	0	0	0	0	0	0	2	0
S_6	2	0	3	0	2	0	0	0	0	0	0	0	0	0	0	0	0	0	0	0	0	0	2	1	2	2	2
S_7	3	0	0	0	2	0	0	0	0	0	0	0	0	0	0	0	0	0	0	0	0	0	2	0	0	0	0
S_8	1	0	1	0	1	0	0	0	0	0	0	0	0	0	0	0	0	1	1	0	0	0	2	0	0	0	0
S_9	0	0	0	0	0	0	0	0	0	0	0	0	0	0	0	0	0	0	0	0	0	0	0	0	0	0	0
S_{10}	0	0	2	0	0	0	0	0	0	0	0	0	0	0	0	1	0	0	0	0	0	0	0	0	0	0	0
S_{11}	0	0	1	0	0	0	0	0	0	0	0	0	0	0	0	0	0	0	0	0	0	0	0	0	0	0	0
S_{12}	2	0	1	0	0	0	0	0	0	0	0	0	2	4	4	1	2	0	0	0	0	0	0	0	2	0	0
S_{13}	2	0	0	0	0	0	0	0	0	0	0	1	0	3	4	3	3	0	0	0	0	3	0	0	2	2	0
S_{14}	1	0	1	0	0	0	0	0	0	0	0	3	3	0	4	3	1	0	0	0	0	0	0	0	1	0	0
S_{15}	0	0	3	1	0	0	0	0	0	0	0	4	4	3	0	2	1	0	0	0	0	0	2	0	0	0	0
S_{16}	0	0	0	0	0	0	0	0	0	0	0	3	3	1	3	0	1	0	0	0	0	2	0	1	2	1	0
S_{17}	0	0	0	1	0	0	0	0	0	0	0	2	2	2	1	3	0	0	0	0	0	0	0	0	1	0	0
S_{18}	0	1	3	0	0	0	0	0	1	0	0	0	0	0	0	2	0	0	3	0	0	1	1	0	1	0	0
S_{19}	0	1	2	0	0	0	0	0	1	0	0	0	0	0	0	1	0	2	0	0	0	2	1	0	0	0	0
S_{20}	0	0	0	0	0	0	0	0	0	0	0	0	1	0	0	0	0	0	0	0	3	1	0	0	0	0	0
S_{21}	0	1	0	0	0	0	0	0	0	0	0	0	3	0	3	3	0	1	0	0	0	2	1	1	2	1	1
S_{22}	1	0	3	3	0	0	0	0	0	0	0	3	3	1	3	3	0	1	1	0	0	0	0	2	1	2	2
S_{23}	3	0	3	1	0	1	0	0	0	0	0	0	0	0	0	0	0	0	0	0	0	0	0	0	3	0	0
S_{24}	1	0	0	0	0	0	0	0	0	0	0	0	2	1	3	1	0	0	0	0	0	1	0	0	1	3	1
S_{25}	1	0	2	0	0	0	0	0	0	0	0	2	1	0	0	1	0	0	0	0	0	1	1	0	0	2	1
S_{26}	1	0	0	3	1	0	0	0	0	0	0	4	3	0	0	0	0	0	0	0	0	0	0	1	0	0	2
S_{27}	0	0	1	0	0	0	0	0	0	0	0	0	0	0	0	0	0	0	0	0	0	1	0	0	0	3	0

第三步到第六步的计算。

由于案例中的要素比较多,计算综合影响矩阵可以采用简化的计算公式 $\boldsymbol{G}(\boldsymbol{I}-\boldsymbol{G})^{-1}$,为此,可以采用以下程序计算第三步到第六步要输出的结果,读者可以根据需要查看结果,表 4-14 显示了各要素的影响度、被影响度、中心度和原因度计算结果。

```
A= xlsread('D:\matlab2\de1.xls')          % 读取原始矩阵数据
n= size(A,1);                             % 判定直接影响矩阵的阶数
```

```
for i= 1:1:n
  B(i)= sum(A(i,:));
end                                 % 求直接影响矩阵每行元素和
C= A/max(B);                        % 归一化直接影响矩阵
II= eye(n,n) ;                      % 生成单位阵
T= C* inv(II- C);                   % 计算综合影响矩阵
for i= 1:1:n
    f(i)= sum(T(i,:));              % 计算影响度
    e(i)= sum(T(:,i));              % 计算被影响度
    m(i)= f(i)+ e(i);               % 计算中心度
    n(i)= f(i)- e(i);               % 计算原因度
end
```

表 4-14 各要素的影响度、被影响度、中心度和原因度

因素	影响度 f_i	被影响度 e_i	中心度 m_i	原因度 n_i
S_1	1.1057	1.2383	2.3440	−0.1325
S_2	0.3045	0.3406	0.6452	−0.0361
S_3	1.7237	1.5866	3.3102	0.1371
S_4	1.0374	0.8530	1.8904	0.1845
S_5	1.6824	0.6365	2.3189	1.0459
S_6	0.8729	0.2344	1.1073	0.6385
S_7	0.4040	0.6126	1.0166	−0.2087
S_8	0.3779	0.4927	0.8706	−0.1147
S_9	0.0000	0.4210	0.4210	−0.4210
S_{10}	0.1996	0.1327	0.3323	0.0669
S_{11}	0.0736	0.2725	0.3461	−0.1989
S_{12}	0.9812	1.5487	2.5299	−0.5675
S_{13}	1.2419	1.6926	2.9346	−0.4507
S_{14}	0.9498	1.0596	2.0093	−0.1098
S_{15}	1.1281	1.3948	2.5228	−0.2667
S_{16}	0.9371	1.4034	2.3406	−0.4663
S_{17}	0.6485	0.7301	1.3785	−0.0816
S_{18}	0.6708	0.4816	1.1523	0.1892
S_{19}	0.5348	0.4255	0.9603	0.1092
S_{20}	0.2916	0.0000	0.2916	0.2916
S_{21}	0.9957	0.0811	1.0768	0.9146
S_{22}	1.5615	1.0470	2.6085	0.5145

续表

因素	影响度 f_i	被影响度 e_i	中心度 m_i	原因度 n_i
S_{23}	0.6327	0.9100	1.5427	−0.2774
S_{24}	0.7515	0.3592	1.1106	0.3923
S_{25}	0.6701	1.0676	1.7377	−0.3975
S_{26}	0.8076	1.2383	2.0459	−0.4307
S_{27}	0.2894	0.6136	0.9031	−0.3242

第七步:绘制系统要素因果图并进行分析。

为了能够清晰直观地表现因素体系中的原因因素和结果因素，根据中心度和原因度数值做出各因素的原因-结果图，具体见图 4-10 所示。

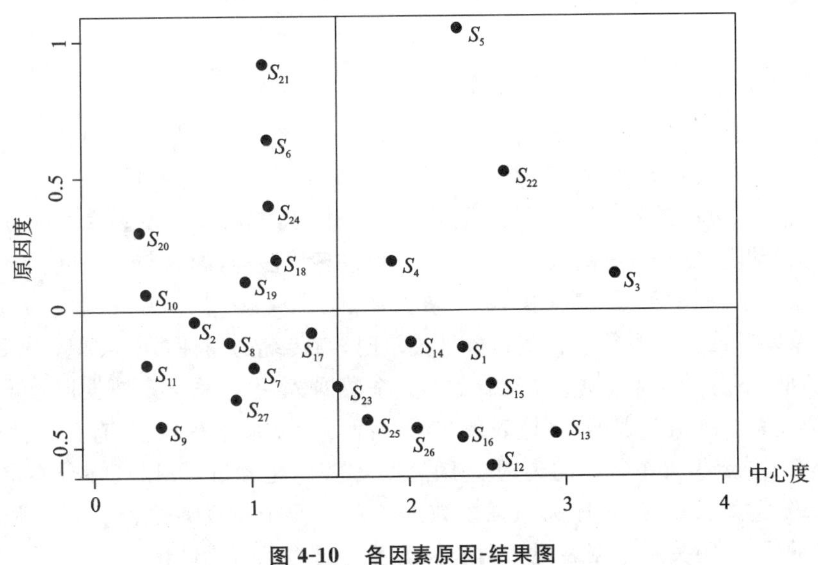

图 4-10 各因素原因-结果图

在图 4-10 原因度为 0 的上半部分分布的因素分别为 S_3 人民生活质量的整体水平、S_4 城市对外开放程度、S_5 城市基本建设投资、S_6 城市经济体系的健全程度、S_{10} 城区绿地面积和绿化覆盖率、S_{18} 城市文化事业机构数量、S_{19} 广播电视节目制作播出情况、S_{20} 各类学校教职工和专职教师情况、S_{21} 高等学校在校生和毕业生数量、S_{22} 城市整体的创新意识、S_{24} 政府对创新的支持力度等 11 个因素，这些因素的原因度数值都大于 0，构成影响城市创新能力的原因因素，其中，S_5、S_6、S_{21} 因素的数值较高，是最关键的原因因素。在图 4-10 原因度为 0 的下半部分分布着其余的 16 个因素，它们的原因度数值都小于 0，因此构成结果因素，说明这些因素受其他因素的影响大。由图 4-10 中心度均值的右半平面可知，因素 S_3 人民生活质量的整体水平、S_{13} 城市科技人力资源状况、S_{22} 城市整体的创新意识、S_{12} 整个城市的研发经费投入、S_{15} 科技创新成果的产出情况、S_1 GDP 和财政预算收入情况、S_{16} 科技创新的氛围、S_5 城市基本建设投资、S_{26} 城市发展战略、S_{14} 科技发展的硬件基础情况的中心度数值较高，在提升城市创新能力过程中起着关键作用。值得注意的是虽然因素 S_1、S_{12}、S_{13}、S_{14}、

S_{16}和S_{26}是受其他因素影响较大的结果因素，但是对城市创新能力的提升也有很大的影响。

（案例来源：李雄诒，白珂．基于DEMATEL方法的城市创新能力影响因素研究[J]．科技创新与生产力，2013(02)：34-38．本书进行了改编）

第四节　社会网络分析模型

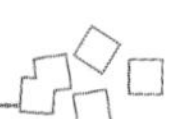

一、社会网络分析基础

（一）社会网络的概念

究竟何为社会网络？最常见的社会网络定义是指社会行动者（节点）及其间接连接而成的关系结构。社会行动者对应着社会网络中的节点，社会行动者是一广义概念的范畴，包括范围非常广，可以是一个人、学校、公司、村落、镇、县、市、省以及国家等。社会网络中的关系是指行动者之间的联系。具体的关系类型也多种多样，如人与人之间关系就包括朋友关系、亲戚关系、同学关系、恋人关系、夫妻关系、父子关系、借贷关系、师生关系、校友关系、同事关系以及网友关系等。在测量各种关系时，与传统的属性数据类似，一般有四种测量关系的类型：二分类关系数据、多分类定类关系数据、定序关系强度数据以及定距关系数据。二分类关系数据最为普遍，具体表现在两个行动者关系存在与否，有关系就是1，无关系就是0；多分类定类关系数据的类别多于两个，如要简化分析，可以把多分类定类关系数据转化为二分类关系数据；定序关系强度数据表现为两个行动者之间关系的强弱，如“很强、较强、一般”，定距关系数据表现为两个行动者之间关系的数量化表示。

（二）社会网络分类

从分析的角度看，社会网络可分为三类：个体网、局域网、整体网。个体网是指在网络中有一个核心的行动者，该行动者与其他行动者都有关联；局域网是指个体网再加上某些数量的与个体网络的成员有关联的其他行动者。局域网定义中涉及有关联的其他行动者范围界定问题，这取决于具体的研究目的，可以是2-步局域网、3-步局域网以及4-步局域网等。2-步局域网就是由与个体网中心的距离不超过2的行动者构成的网络。整体网就是一个群体内部所有行动者之间的关系构成的网络。以上从分析的角度划分的社会网络类型可以用图4-11表示。从行动者集合角度看，社会网络可分为1-模网络、2-模网络和多模网络。模(mode)指的是行动者的集合。模的数量指的是网络中社会行动者集合的类型。如果研究对象仅仅是一个集合的行动者，这种网络叫作1-模网络，比如同一个班级同学组成社会网络。如果研究两类行动者群体之间的关系，或者一类行动者和一类事件之间的关系，这就是2-模网络，如一个班同学与另外一个班同学之间的关系网络。如果研究三类及以上行动者群体之间的关系就是多模网络，目前对多模网络的研究还缺乏有效的方法，因此，当前研究最多是1-模网络和2-模网络。

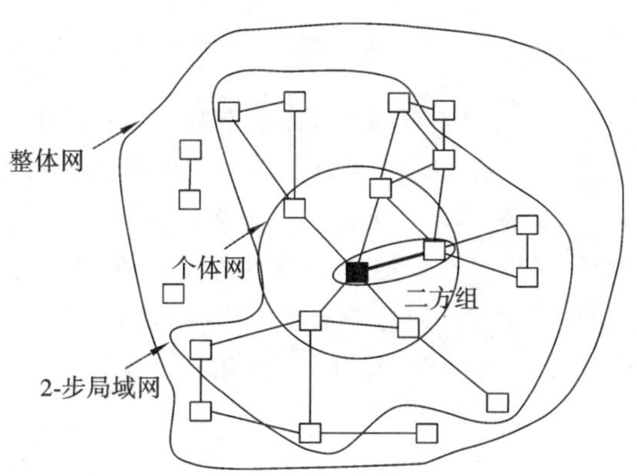

图 4-11　社会网络类型图

（三）社会网络的形式化表达

社会网络的形式化表达主要有两种，一种是图形表达，另一种是矩阵表达。图形表达主要由点和线构成，其中，点代表行动者，线表示各个点之间的关系，可以是多值，也可以二值；可以有方向，也可以无方向；可以是1-模，或者2-模。根据关系的方向性，可以把图分为有向图和无向图，有向图用带箭头弧线或直线段连接，无向图用无箭头的边表示；根据关系的紧密程度，图可以分为二值图和多值图，二值图就是两者之间的关系表现为有还是没有，可以是有方向也可以是没有方向；如果两个行动者除了有无关系外，还用一系列数值表示这种关系的强弱程度，就是多值图。如果根据网络中各个成员之间联系的紧密度，可以把图分为完备图和非完备图。完备图中所有点都连接；非完备图中部分点有连接。

社会网络的矩阵表达就是社会网络中行动者（节点）分别按照行和列排成长方形或正方形的结构，假设用 **A** 表示矩阵，其行数和列数分别为 m 和 n，如果 m 和 n 不相等就是长方阵，m 和 n 相等就是方阵，矩阵 **A** 可表示为：

$$\mathbf{A}=\begin{bmatrix} a_{11} & a_{12} & \cdots & a_{1n} \\ a_{21} & a_{22} & \cdots & a_{2n} \\ \vdots & \vdots & \vdots & \vdots \\ a_{m1} & a_{m2} & \cdots & a_{mn} \end{bmatrix} \tag{4-29}$$

由于社会网络有不同的类型，与此相应的矩阵表达形式也有不同的类型，最常见的就是邻接矩阵，它表示行动者之间不经过其他行动者的直接关系，在该矩阵中，行和列都代表完全相同的社会行动者，并且行和列排列的顺序相同，最常见的是矩阵中的要素值不是1就是0的邻接矩阵。如果网络图是有方向的，矩阵中的数值在左下角和右上角不对称；如果网络图是无方向的，矩阵中的数值在左下角和右上角是对称的。如果从左到右的对角线数值是1表示行动者对自身有关系，不过在社会网络中通常假定行动者对自身不产生影响，因此，该对角线上的数值为0。除了邻接矩阵外，还有发生阵、隶属关系矩阵以及多值关系矩阵等，其中，发生阵表达的是点与线的关系，也就是说，矩阵中的各行代表各个点，各列代表各条线;隶属关系矩阵表达的行动者隶属于哪个类别的矩阵,例如,研究一个学术社团的学生分别隶属于哪个班级;多值关系矩阵表达的是行动者之间关系强弱。

(四)点的度数

与某个点相邻的那些点称为该点的邻点,一个点的邻点的个数称为该点的度数。如果两个点由一条线相连,则称两点相邻。由于每个图中每条线都连接着两个点,因此,点的度数和是线的数量两倍。在有向图中,点的度数又分为点入度和点出度,点入度是指直接指向该点的点的数量;点出度是指该点直接指向点的数量。在有向关系网中,通常默认行位置是行动者某种特定关系的发送者,列位置是某种特定关系的接收者。因此,点入度等于有向图矩阵的列总和,点出度用有向图矩阵的行总和。

(五)网络密度

网络密度是指一个网络中实际存在的连接线总数与最大可能连接线总数的比值,主要用于反映社会网络关系的紧密程度。密度越大,社会网络中行动者间的关系越亲密,反之,关系越疏远。对于一个具有 n 个节点的社会网络图来讲,完备图的线条最多。在无向图中最大可能的连接线数为 $n(n-1)/2$,如果实际的连接线数量为 l,则密度为 $2l/n(n-1)$;在有向图中,最多可能连接线数为 $n(n-1)$,同样假设实际的连接线数量为 l,则有向图的密度为 $l/n(n-1)$。密度的大小除了与实际连接线数量有关外,还与内涵度有关。所谓内涵度是指除了孤立点以外相连接的节点数量与总节点数量的比值。

【例 4-12】 请分别计算表 4-15 中不同无向图的网络密度。

解:具体计算结果见表 4-15。

表 4-15 不同图的密度比较

项目	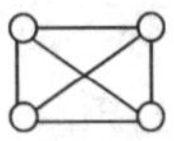 (1)	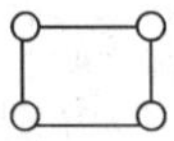 (2)	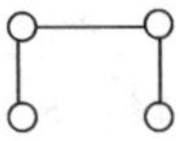 (3)	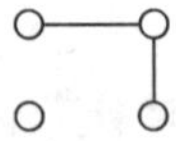 (4)	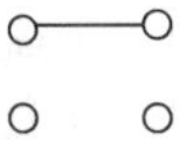 (5)	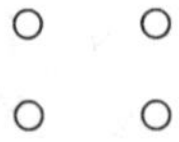 (6)
相连接的点数	4	4	4	3	2	0
内涵度	1.0	1.0	1.0	0.7	0.5	0.0
点的度数和	12	8	6	4	2	0
连接线数	6	4	3	2	1	0
网络密度	1.0	0.7	0.5	0.3	0.1	0.0

由表 4-15 可知,表中的图(1)密度最大,图中的每个节点都相关连接,因此是完备图;表中的图(6)密度最小为 0,行动者之间没有联系,都是孤立点。随着连接线的数量变少,密度由最大值 1 到 0 逐渐变小。在 Ucinet 软件,整体网络密度计算依次点击 Network→Cohesion→Density,然后选定要分析的数据文件便可以计算网络的整体密度。以表 4-15 的图(3)为例展示 Ucinet 软件的网络密度计算过程。首先要输入数据,由于只有四个点,连接数也不多,这里采用全矩阵格式输入,具体操作方法是点击 Ucinet 软件菜单 Data→Spreadsheets→Matrix 或者点击快捷图标 Matrix Spreadsheets,假设在表 4-15 的图(3)从

左下角开始顺时针点编号依次1、2、3和4，两个节点有连接对应数字各填1，否则填0，输入完数据后保存文件，然后点击菜单 Network→Cohesion→Density，选择刚才保存过的文件，按照图4-12所示的对话框选项设置，便可以得到网络密度值为0.5，此值与表4-15图(3)网络密度手工计算结果一样。

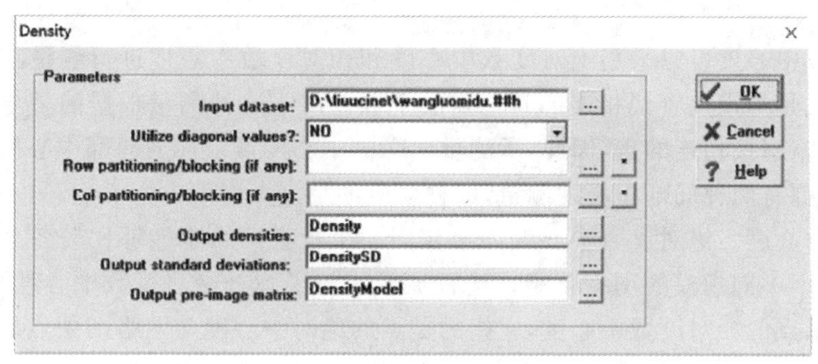

图 4-12　Ucinet 软件中社会密度计算对话框

(六)线路、迹、途径、闭路和环

线路(也称通道)是指一个序列开始于一点并且终止于一点，每一个点都连接着一条线，线又连接着下一个点，这一点线的序列就是线路。在线路中包含线的条数就是线路的长度。迹(也称轨迹)是指不存在重复出现线的线路，不存在重复出现的线，但迹中的点可以重复。途径(也称路径)是指不存在重复出现的线也没有重复的点的线路。闭路和环：一个开始于并且结束于同一个点的线路叫作闭路；如果一个闭路至少包括三个点，除了始点和终点是同一个点外，其余的点各不相同，并且各条线也不重复，这样的闭路叫作环。途径的长度是指构成该线路中线的条数。

(七)测地线、距离和直径

测地线(也称为捷径或短程线)是指在给定的两点之间可能存在长短不一的多条途径，两点之间的长度最短的途径叫作测地线。距离是指连接两点的最短途径的长度。直径是指在社会网络图中的多条测地线里最长的一条测地线的长度，叫作图的直径。

二、中心性分析

什么是"地位"，如何描述和分析社会网络中行动者的地位。一个行动者之所以具有中心地位，那是因为在社会网络中他与其他行动者联系最多，可以控制、影响他人，在信息资源掌控方面比别的行动者更具有优势。从社会网络的角度对地位的这种界定可以进一步体现在网络研究者对地位的各种定量表述上。也就是说，网络分析者是从"关系"的角度出发定量地界定地位的。换句话说，中心性分析是从"关系"的角度出发定量分析行动者在社会网络中的地位或优势的差异即各种中心度和中心势指数，其中，中心度是对个体行动者地位的量化测量，而中心势指数是对群体地位的量化测量。在中心性分析中，最常见的中心性测量指标包括点的度数中心度、点的中间中心度、点的接近中心度以及与之对应中心势指数。在具体分析时通常按照如下思路：首先给出一个点的各种绝对中心度的计算公式；其次，为了对来自不同社会网络图点的中心度进行比较，计算相对应的相对中心度；最后，再计算一个社会网络图在整体上的中心势指数。

（一）点的度数中心度

点的度数中心度可以采用绝对度数中心度和相对度数中心度进行测量。某点的绝对度数中心度就是与该点直接相连的其他点的个数。由于这种测量根据的是与该点直接相连的点数，忽略间接相连的点，因此，所测量出来的中心度可以称为局部中心度。对有向图来说，每个点都有两种局部中心度测量，一种对应的是点入度即内中心度，另一种对应的是点出度即外中心度。绝对度数中心度测量在同一个社会网络中能够比较各个点中心性地位大小，但对于不同规模的网络就难以进行比较。为了弥补绝对度数中心度测量的缺陷，有学者提出了点的相对度数中心度，它指的是点的绝对中心度与网络图中点的最大可能的绝对度数中心度之比。对于一个无向图来说，点的相对度数中心度计算公式如下：

$$C_{RD}(i)=\frac{C_{AD}(i)}{n-1}\times 100\% \tag{4-30}$$

式(4-30)中，$C_{RD}(i)$为点 i 的相对度数中心度，$C_{AD}(i)$为点 i 的绝对度数中心度，n 是社会网络的规模即节点的总个数。如果网络是有方向的，上述公式需要改为：

$$C_{RD}(i)=\frac{C_{AD1}(i)+C_{AD2}(i)}{2\times(n-1)}\times 100\% \tag{4-31}$$

式(4-31)中，$C_{AD1}(i)$为点 i 的绝对度数点入度，$C_{AD2}(i)$是点 i 的绝对度数点出度，其他符号意义不变。

【例 4-13】 下面以图 4-13 所示无向图为例，说明点的绝对度数中心度和相对度数中心度的计算过程。

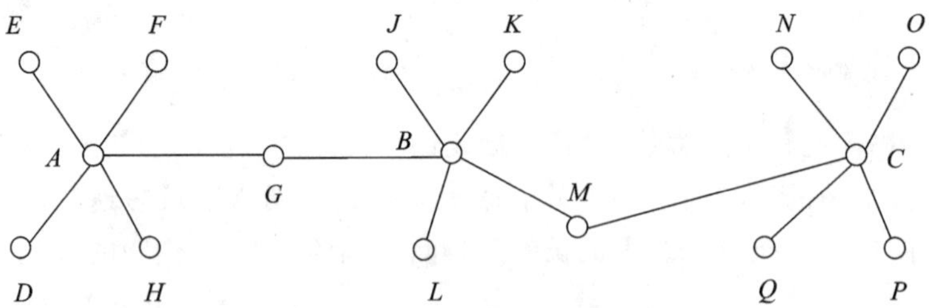

图 4-13 点的度数中心度计算示例图

对于这种不太复杂的网络图来说，可以采用手工计算，比如 A 点与 E、F、D、H 和 G 直接连接，因此，A 点的绝对度数中心度为 5，相对度数中心度等于 5 除以 15 再乘以 100%即 33.333%，同理，可以计算其他点的绝对度数中心度和相对度数中心度，具体见表 4-16。对于比较复杂的网络来说，手工计算不太现实，可以采用软件 Ucinet 进行计算，计算过程如下：第一步，在记事本里输入图 4-14 所示的代码，然后保存为文本格式文件（数据的输入有很多种，这只是其中一种输入方式）；第二步，点击菜单 Data→import text file →DA，选择刚才保存的文本文件即完成数据的导入；第三步，点击菜单 Network→centrality→degree，选择上一步导入的文件即可完成点的绝对度数中心度和相对度数中心度计算，计算结果经整理见表 4-16。

```
dl n=16
format=nodelist1
labels embedded
data:
A DEFGH
B GLMKJ
C MQPON
D A
E A
F A
G A B
H A
J B
K B
L B
M B C
N C
O C
P C
Q C
```

图 4-14 数据输入代码

表 4-16 绝对度数中心度和相对度数中心度计算结果

点号	绝对度数中心度 $C_{AD}(i)$	相对度数中心度 $C_{RD}(i)$/(%)
A	5	33.333
B	5	33.333
C	5	33.333
M	2	13.333
G	2	13.333
F	1	6.667
E	1	6.667
H	1	6.667
J	1	6.667
K	1	6.667
L	1	6.667
D	1	6.667

续表

点号	绝对度数中心度 $C_{AD}(i)$	相对度数中心度 $C_{RD}(i)/(\%)$
N	1	6.667
O	1	6.667
P	1	6.667
Q	1	6.667

点的度数中心度是用来描述图中任何一点在网络中占据的核心性,有时候需要考察一个社会网络整体是否存在中心趋势,像星型网络具有一个核心点,其中心度最大,其他点的绝对度数中心度数值都是1,该网络从整体上看具有明显的中心趋势。考察一个社会网络图整体是否存在中心趋势可以采用图的度数中心势进行测量,测量方法是用网络图中度数中心度最大点与其他点的中心度的差值总和除以在理论上各个差值总和的最大可能值。在具体计算的时候,既可以利用点 i 的绝对度数中心度,也可以利用相对度数中心度。以点的绝对度数中心度和相对度数中心度计算的图的度数中心势公式分别如下:

$$C_{AD}=\frac{\sum_{i=1}^{n}(C_{AD_{\max}}-C_{AD}(i))}{(n-1)\times(n-2)}\times 100\% \tag{4-32}$$

$$C_{RD}=\frac{\sum_{i=1}^{n}(C_{RD_{\max}}-C_{RD}(i))}{n-2}\times 100\% \tag{4-33}$$

式(4-32)和(4-33)中,C_{AD}和 C_{RD}分别表示点的绝对度数中心度和相对度数中心度计算的图的度数中心势,$C_{AD_{\max}}$ 和 $C_{RD_{\max}}$ 分别表示点的绝对度数中心度和相对度数中心度最大值,其他符合意义不变。两个公式的计算基础虽然不同,但结果却是一样的。例如在图 4-13 所示的网络中,两种方法的手工计算结果如下:

$$C_{AD}=\frac{\sum_{i=1}^{n}(C_{AD_{\max}}-C_{AD}(i))}{(n-1)\times(n-2)}\times 100\%=\frac{50}{(16-1)\times(16-2)}\times 100\%=23.81\%$$

$$C_{RD}=\frac{\sum_{i=1}^{n}(C_{RD_{\max}}-C_{RD}(i))}{n-2}\times 100\%=\frac{3.333}{16-2}=23.81\%$$

由此可以验证,两种方法计算的度数中心势数值是一样的,Ucinet 软件在计算绝对度数中心度和相对度数中心度时会自动给出度数中心势数值,在软件中的显示为:Network Centralization = 23.81%。

(二)点的中间中心度

点的中间中心度是测量行动者对资源控制的程度,也就是一个点在多大程度上位于图中其他"点对"的"中间"。如果一个点处于许多其他点对的最短的途径上,就说明该点具有较高的中间中心度。点的中间中心度计算比较复杂,在计算点 i 的中间中心度的时候,即要考虑到网络中的哪些捷径经过该点的所有行动者对,还要找出这些行动者对之间存在多少条捷径。如果两个点之间只有一条捷径，并且该捷径经过点 i，那么点 i 的中间中心度的值为 1。如果两个点之间有 m 条捷径，并且其中的一条捷径经过点 i，那么点 i 的中间中心度的值就为 $1/m$。

【例 4-14】 下面以图 4-15 的 5 个行动者网络图为例进行节点 4 的中间中心度计算过程。首先分析行动者 1 和 5，可以发现 1—4—5 是一个连接行动者 1 和 5 的捷径，而且行动者 1 和 5 之间的捷径只有一条，因此，行动者 4 的中间中心度值为 1。点 2 和 5 之间也只有一条捷径，并且也经过点 4，因此，点 4 的中间中心度又多了 1；同时，点 3 和 5 之间也只有一条捷径，并且经过点 4，那么行动者 4 的中间中心度值再增加 1。另外，其他包含行动者 4 的捷径只剩下 1—4—3。但是，行动者 1 和 3 之间存在 1—2—3 和 1—4—3 两条捷径，这样行动者 4 的中间中心度值再增加 0.5。因此，行动者 4 的中间中心度就是 3.5。

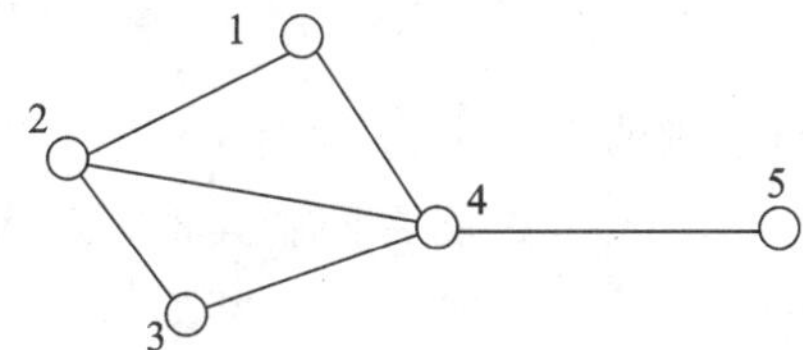

图 4-15　5 个行动者网络图

与点的度数中心度一样，点的中间中心度也可分为绝对中间中心度和相对中间中心度，以上计算的是绝对中间中心度，点 i 的相对中间中心度计算公式为：

$$C_{RB}(i)=\frac{2C_{AB}(i)}{n^2-3n+2}\times 100\% \qquad 0\leqslant C_{RB}(i)\leqslant 1 \tag{4-34}$$

上式中，$C_{RB}(i)$ 和 $C_{AB}(i)$ 分别为点 i 的相对中间中心和绝对中间中心度。

对于整个网络图来说，也存在类似的图的中间中心势，计算方法与计算度数中心势类似，首先找到图中各行动者的中间中心度的最大值；其次计算该值与图中其他点的中间中心度之差，从而得到多个差值，再计算这些差值的总和；最后用这个总和除以理论上该差值总和的最大可能值。与度数中心势计算类似，中间中心势计算也分以点的绝对中间中心度和相对中间中心度为基础的中间中心势计算方法，具体如下：

$$C_{AB}=\frac{\sum_{i=1}^{n}(C_{AB_{max}}-C_{AB}(i))}{n^3-4n^2+5n-2} \tag{4-35}$$

$$C_{RB}=\frac{\sum_{i=1}^{n}(C_{RB_{max}}-C_{RB}(i))}{n-1} \tag{4-36}$$

式(4-35)和(4-36)中，C_{AB} 和 C_{RB} 分别表示以点的绝对中间中心度和相对中间中心度为基础计算的中间中心势，$C_{AB_{max}}$ 和 $C_{RB_{max}}$ 分别表示点的绝对中间中心度和相对中间中心度的最大值，$C_{AB}(i)$ 分别为点 $C_{RB}(i)$ 的绝对中间中心度和相对中间中心度，其他符号意义不变。图 4-15 的五个行动者网络图的绝对中间中心度、相对中间中心度和中间中心势的 Ucinet 软件操作如下：Network→Centrality→Freeman betweenness→Node betweenness，中间中心势值为 56.25%，其他值见表 4-17。

表 4-17 绝对中间中心度和相对中间中心度计算结果

点号	中间中心度	相对中间中心度/(%)
1	0.0	0.00
2	0.5	8.33
3	0.0	0.00
4	3.5	58.33
5	0.0	0.00

（三）点的接近中心度

点的度数中心度仅考虑行动者的直接连接，没有考虑直接连接的其他行动者的连接情况，仅仅是一种局部的中心性反映，没考虑能否控制其他行动者。中间中心度虽然考虑到这一点，但是，没有考虑到避免受到控制。接近中心度则从距离的角度考虑行动者与他人的接近程度，一个点如果与其他点接近，则该点就越不依赖于其他行动者。也就是说，一个点的接近中心度可以用该点与社会网络图中所有其他点的捷径距离之和表示，与点的度数中心度和中间中心度类似，接近中心度也分点的绝对接近中心度和相对接近中心度，具体计算公式如下：

$$C_{AP}(i) = \sum_{j=1}^{n} d_{ij} \tag{4-37}$$

$$C_{RP}(i) = \frac{n-1}{C_{AP}(i)} \times 100\% \tag{4-38}$$

式(4-37)、(4-38)中，$C_{AP}(i)$和 $C_{RP}(i)$分别表示点的绝对接近中心度和相对接近中心度，d_{ij} 表示点 i 和点 j 之间的捷径距离即捷径中包含的连接线数。

【例 4-15】 仍以图 4-15 所示的五个行动者网络图为例，说明点的绝对接近中心度和相对接近中心度计算过程。在图 4-15 中，例如点 1 与点 2、3、4 和 5 的捷径长度分别为 1、2、1 和 2，因此，点 1 的绝对接近中心度为 6，相对接近中心度为 66.67%；再例如，点 2 分别与点 1、3 和 4 的捷径长度都是 1，点 2 与 5 的捷径长度是 2，因此，点 2 的绝对接近中心度为 5，相对接近中心度为 80.00%。同理可以计算其他点的绝对接近中心度和相对接近中心度，具体结果见表 4-18 所示。需要说明的是，绝对接近中心度数值越大，该点越不是网络的核心位置，由于相对接近中心度计算公式将绝对接近中心度取了倒数再乘以 $n-1$，因此，按此公式计算的点的相对接近中心度越大，则该点越有可能是网络的核心位置，如果将 $n-1$ 和 $C_{AP}(i)$的位置互换，则核心位置的判断规则与点的绝对接近中心度一致。

表 4-18 绝对接近中心度和相对接近中心度计算结果

点号	接近中心度	相对接近中心度/(%)
1	6	66.67
2	5	80.00

续表

点号	接近中心度	相对接近中心度/(%)
3	6	66.67
4	4	100.00
5	7	57.14

与度数中心势和中间中心势一样，点的接近中心度也有对应整个网络的接近中心势，其计算公式为：

$$C_c = \frac{\sum_{i=1}^{n}(C_{RP_{max}} - C_{RP}(i))}{(n-2)(n-1)}(2n-3) \times 100\% \tag{4-39}$$

式(4-39)中，C_C 为接近中心势指数，$C_{RP_{max}}$ 为点的相对接近中心度最大值，$C_{RP}(i)$ 为各点的相对接近中心度值。在图 4-15 中，按照公式(4-39)计算的接近中心势指数为75.56%。在 Ucinet 软件中，点击 Network→Centrality→closeness 便可以计算出点的绝对接近中心度、相对接近中心度以及接近中心势指数。

为了比较以上三种中心性测量指标的区别，将图 4-15 所示的各种测量中心性指标计算结果汇总于表 4-19 中。各种测量中心性的指标在判定中心性时，所得结论可能并不一致，究竟采用哪一种指标测量中心性，要看具体的研究问题。如果考察行动者的与其他行动者的交往能力则采用度数为基础的测量指标；如果考察行动者控制其他行动者之间的沟通能力，可采用中间中心度指标测量；如果考察信息的独立性或有效性则采用接近中心度测量。

表 4-19　中心性测量指标比较

序号	绝对度数中心度	相对度数中心度/(%)	中间中心度	中间相对中心度/(%)	接近中心度	相对接近中心度/(%)	度数中心势指数=66.67%
1	2	50.00	0.0	0.00	6	66.67	中间中心势指数=56.25%
2	3	75.00	0.5	8.33	5	80.00	
3	2	50.00	0.0	0.00	6	66.67	
4	4	100.00	3.5	58.33	4	100.00	接近中心势指数=75.56%
5	1	25.00	0.0	0.00	7	57.14	

三、QAP 分析

在社会网络分析中，当研究两个社会网络之间的相关性问题时，比如研究商业关系与婚姻关系之间的相关性，此时就要用到 QAP 分析方法，QAP(quadratic assignment procedure，即二次指派程序)分析是一种对两个矩阵中各个数值的相似性进行比较的方法，即对矩阵的各个数值进行比较，给出两个矩阵之间的相关性系数，同时对系数进行非参数检验。具体来说，计算两个矩阵之间的相关性以及相关性统计显著性检验，可以采用以下的操作步骤：首先把每个矩阵中的所有取值看成是一个长向量，忽略对角线上的数字不计，则每个向量长度为 $n(n-1)$，采用诸如皮尔逊相关系数计算方法计算两个向量之间的相关系数；其次，对其中的一个矩阵的行和相应的列同时进行随机的置换，然后计算置换后的矩阵与另一个矩阵之间的相关系数，对于一个 n 阶的方阵来说，至多置换 $n!$ 次，从而得到一个相关系数的分布；最后，将第一步实际关系矩阵间计算出来的相关系数与随机重排计算出来的相关系数的分布进行比较，看实际关系矩阵间的相关系数是落入拒绝域还是接受域，进而做出是否具有统计意义上的相关性判断结论。

【例 4-16】 通过 Ucinet 软件自带的数据婚姻关系（文件名 PADGM）和商业关系（PADGB）为例进行 QAP 相关性分析操作演示，婚姻关系和商业关系的社会网络图分别见图 4-16 和图 4-17。在 Ucinet 软件里依次点击菜单 Tools→Testing Hypotheses→Dyadic (QAP)→QAP correlation，在出现的对话框里选择 PADGM 和 PADGB 作为输入矩阵，其他选项选择默认参数，具体如图 4-18 所示，点击 OK 按钮，便可以得到图 4-19 所示的计算结果，Obs Value 就是婚姻关系和商业关系对应的两个矩阵计算出来的相关性系数，Significa 表示显著性水平，Average 指的是根据 5000 次随机置换计算出来的相关性系数的平均值，Std Dev 是标准差；Minimum 代表随机计算的相关系数中出现的最小值；Maximum 代表随机计算的相关系数中出现的最大值；Prop≥0 是这些随机计算出来的相关系数大于或等于实际相关系数的概率；Prop≤0 是这些随机计算出来的相关系数小于或等于实际相关系数的概率。据图 4-19 可知，婚姻关系和商业关系对应的两个矩阵之间的相关系数为 0.372，并且相关系数在统计意义上是显著的。我们有理由相信，婚姻关系和商业关系在统计意义上具有显著的正相关关系。

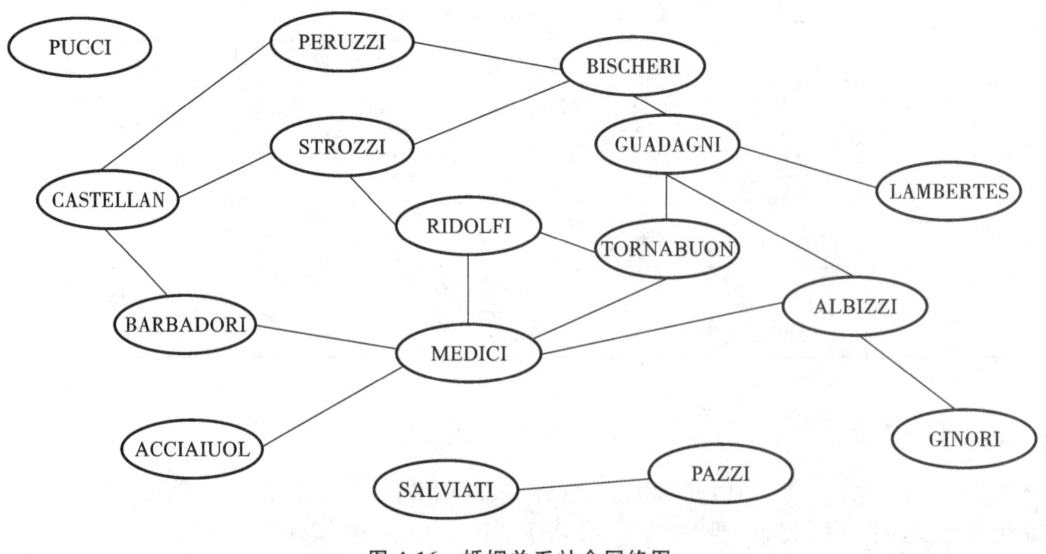

图 4-16 婚姻关系社会网络图

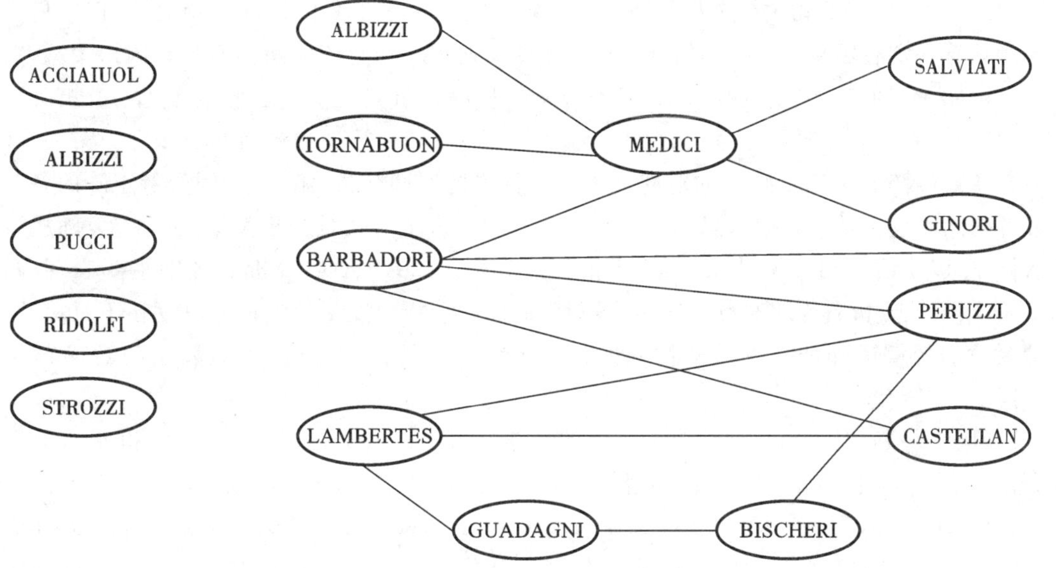

图 4-17 商业关系社会网络图

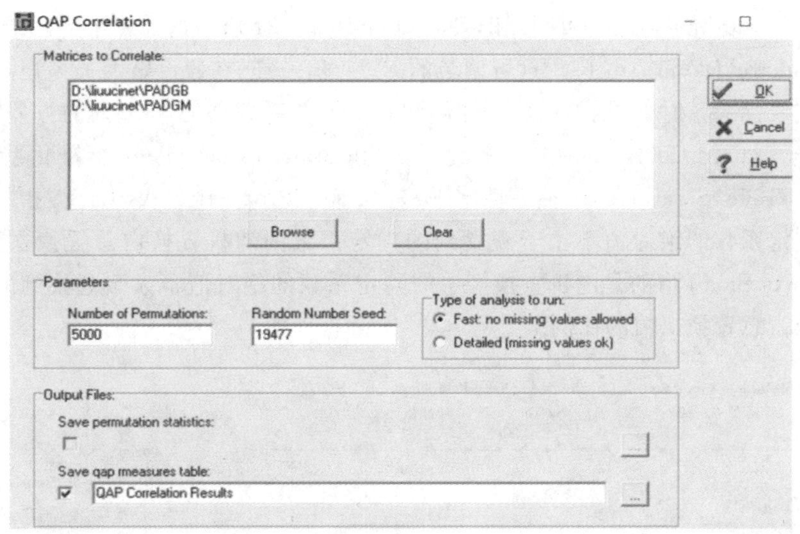

图 4-18 Ucinet 软件 QAP 相关性分析对话框

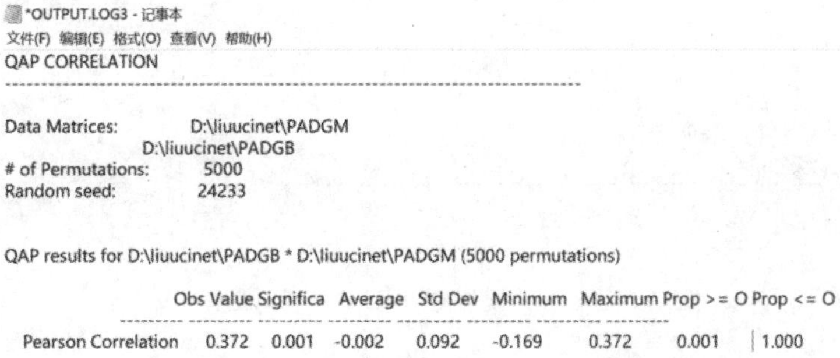

```
*OUTPUT.LOG3 - 记事本
文件(F) 编辑(E) 格式(O) 查看(V) 帮助(H)
QAP CORRELATION
--------------------------------------------------------------------------------

Data Matrices:          D:\liuucinet\PADGM
                  D:\liuucinet\PADGB
# of Permutations:        5000
Random seed:              24233

QAP results for D:\liuucinet\PADGB * D:\liuucinet\PADGM (5000 permutations)

                      Obs Value Significa  Average  Std Dev  Minimum  Maximum Prop >= O Prop <= O
                      --------- --------- --------- --------- --------- --------- --------- ---------
  Pearson Correlation    0.372    0.001   -0.002    0.092    -0.169    0.372    0.001    1.000
```

图 4-19 婚姻关系和商业关系的 QAP 相关性分析结果

由于上述 QAP 相关性分析是研究一个矩阵与另一个矩阵的统计依赖关系，但它们并不意味着一定有因果关系。如果要研究一个矩阵与另一个矩阵之间存不存在因果关系，可以采用 QAP 回归分析方法。QAP 回归分析的目的是研究一个或多个矩阵和一个矩阵之间的回归关系，并且对判定系数 R^2 进行显著性检验，其计算过程包括两个步骤。第一，针对自变量矩阵和因变量矩阵的对应元素进行标准的回归分析；第二，对因变量矩阵的各行和各列同时进行随机置换，然后重新计算回归。与 QAP 相关性分析类似，通过重复随机置换操作，以便估计相关统计量。QAP 相关性分析与 QAP 回归分析的区别主要表现在：QAP 相关性分析对称地对待任何两个矩阵，而回归分析对变量的处理方法存在不对称性，即区分因变量矩阵和自变量矩阵，两者的位置不能颠倒，如位置颠倒表示的意义截然不同。

【例 4-17】 仍以 Ucinet 软件自带的数据婚姻关系（文件名 PADGM）和商业关系（PADGB）为例进行 QAP 回归分析操作演示，依次点击 Ucinet 软件菜单 Tools→testing hypothesis → dyadic（QAP） → QAP regression → double dekker semi → partiaalling（MRQAP），在出现的对话框里将 PADGB（商业关系）作为 Dependent variable（因变量矩阵），将 PADGM（婚姻关系）作为 Independent variable（自变量矩阵），其他选项选择默认参数，具体如图 4-20 所示，点击 OK 按钮，便可以得到图 4-21 所示的计算结果。结果表明，判定系数 R-square（$\boldsymbol{R}^2$）和 Adj R-Sqr（可调节的 $\boldsymbol{R}^2$）数值一样，在假设婚姻关系矩阵与商业关系矩阵存在线性关系时，婚姻关系数据能够解释商业关系数据的 13.8%的方差；婚姻关系的回归 Un－stdized Coefficient（非标准化系数）和 Stdized Coefficient（标准化系数）分别为 0.33 和 0.371868，Significance（显著性水平）是 0.000，Proportion As Large 指的是随机置换产生的判定系数的绝对值不小于观察到的判定系数的随机置换占总置换次数的比例；Proportion As Small 指的是随机置换产生的判定系数的绝对值不大于观察到的判定系数的随机置换占总置换次数的比例。

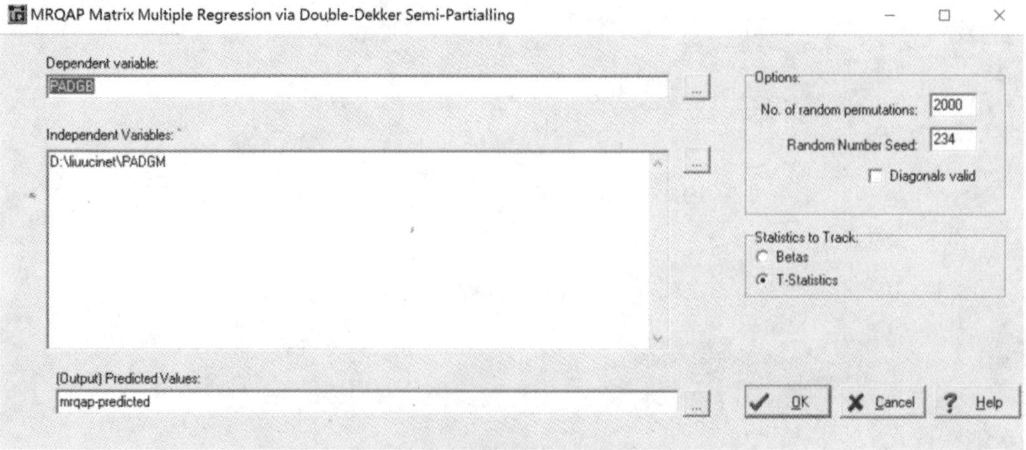

图 4-20 Ucinet 软件 QAP 回归分析对话框

```
*OUTPUT.LOG5 - 记事本
文件(F) 编辑(E) 格式(O) 查看(V) 帮助(H)

Number of permutations performed: 2000

MODEL FIT

R-square Adj R-Sqr Probability   # of Obs
-------- --------- ----------- -----------
  0.138    0.138      0.001        240

REGRESSION COEFFICIENTS

                 Un-stdized    Stdized                     Proportion Proportion
 Independent Coefficient  Coefficient  Significance  As Large    As Small
 ----------- ----------- ----------- ------------ ----------- -----------
   Intercept    0.070000     0.000000
      PADGM    0.330000     0.371868      0.000          0.000       1.000
```

图 4-21　婚姻关系对商业关系的 QAP 回归分析结果

四、块模型分析

块模型由怀特(White)、布尔曼(Boorman)和布雷格(Breiger)在 1976 年首次提出,它是一种研究网络位置模型的方法,是对社会角色的描述性代数分析。块模型的核心思想是:把一个网络中的各个行动者按照一定标准分成几个离散的子群或者集合,称这些子集为位置,也可称之为聚类、块,并研究各个块之间可能存在的关系。一个块模型就是一种模型,或者一种关于多元关系网络的假设。它提供的信息是关于各个位置之间的关系,因而研究的是网络整体结构,能够较为直观地反映网络的拓扑结构和网络中群体之间的关系。块模型的构建主要涉及两个核心步骤:第一步是对行动者进行分区,即把行动者分到各个位置中去,这可以采用 CONCOR 迭代收敛算法或层次聚类方法将整体网络中的成员按照一定的标准进行整合,使他们能够全部纳入各个块中;第二步是根据某种标准确定各个块的取值,即各个块是 1-块还是 0-块。目前有 6 种标准规则可以采用,它们分别是:完全拟合法、0-块标准法、1-块标准法、α-密度指标法、最大值标准法和平均值标准法。前三个标准的要求较高,通常情况下不采用,在确定 1-块还是 0-块的最常用的标准是 α-密度指标法,其中 α 是临界密度值,它可以指的是整个网络的平均密度值,可以是各个网络的平均密度值,最大值标准法和平均值标准法主要适用于多值网络。

【例 4-18】　为了展示块模型分析的 Ucinet 软件操作,以 Ucinet 软件自带的数据集 Sampson 中的子矩阵 Sampes 为例进行分析,Sampes 的矩阵是关于一个修道院中 18 人的尊重关系数据,数据取值为 0、1、2 或 3,其中,0 表示不存在尊重关系,3 表示最尊重关系,1 和 2 的尊重关系程度次于 3,数值越大尊重关系越强。图 4-22 显示 18 个人的尊重关系社会网络图,在图中箭头被指向的点表示被尊重的人,箭线上的数字表示尊重的程度。在 Ucinet 软件中,依次点击菜单中 Network→Role & position→Structural→Concor,在出现的对话框里进行相关选项的设置,具体如图 4-23 所示,选项设置不同,结果会存在一定的差异,根据图 4-23 的选项设置可以得到图 4-24 所示的块模型分区图和基于 Concor 算法的网络密度表 4-20,在通过 Ucinet 软件计算 18 人的尊重关系网络密度值为 0.3497,将表

4-20的密度矩阵中大于 0.3497 的数值变为 1，小于 0.3497 的数值变为 0，可以得到密度矩阵的像矩阵表 4-21，再根据像矩阵表 4-21 可以利用 Netdraw 软件画出如图 4-24 所示的网络简化图。由图 4-25 可知，块 2、块 3 和块 4 的内部人人之间都是比较相互尊重，同时块 1 影响块 2，块 3 影响块 1，块 4 影响块 3。

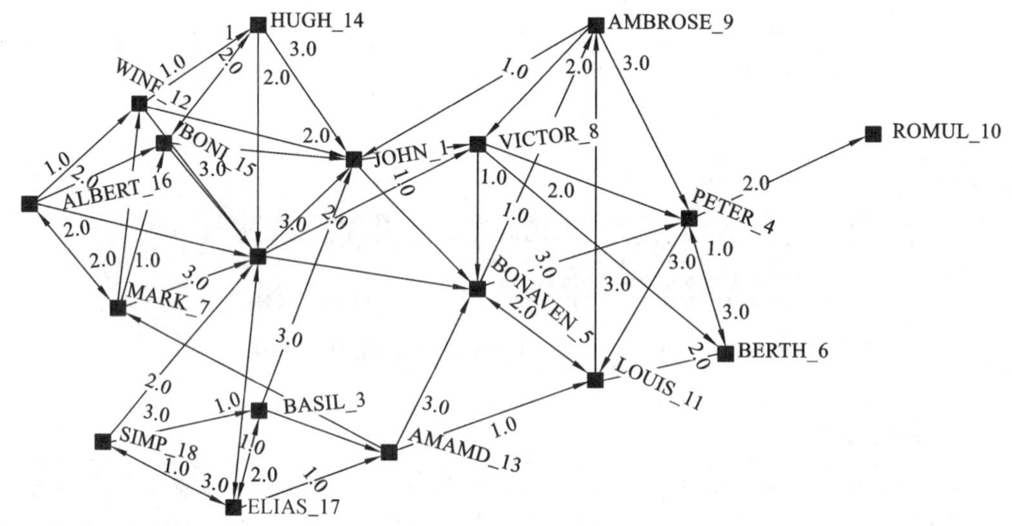

图 4-22　18 人的相互尊重关系图

CONCOR

Input dataset: D:\liuucinet\SAMPDES.##h

Include transpose: No

Method of handling self ties: Ignore

Max depth of splits (not blocks): 2

Convergence criteria: 0.200

Maximum iterations: 25

Input is corr mat: NO

(Output) Partition dataset: ConcorCCPart

(Output) Permuted dataset: ConcorCCPerm

(Output) First correlation matrix: Concor1stCorr

OK　Cancel　Help

Interactive

图 4-23　块模型分析对话框

表 4-20　18 人尊重关系的网络密度表

区号	1	2	3	4
1	0.083	0.600	0.100	0.125
2	0.500	0.950	0.000	0.000
3	0.750	0.120	0.650	0.100
4	0.063	0.000	0.950	0.667

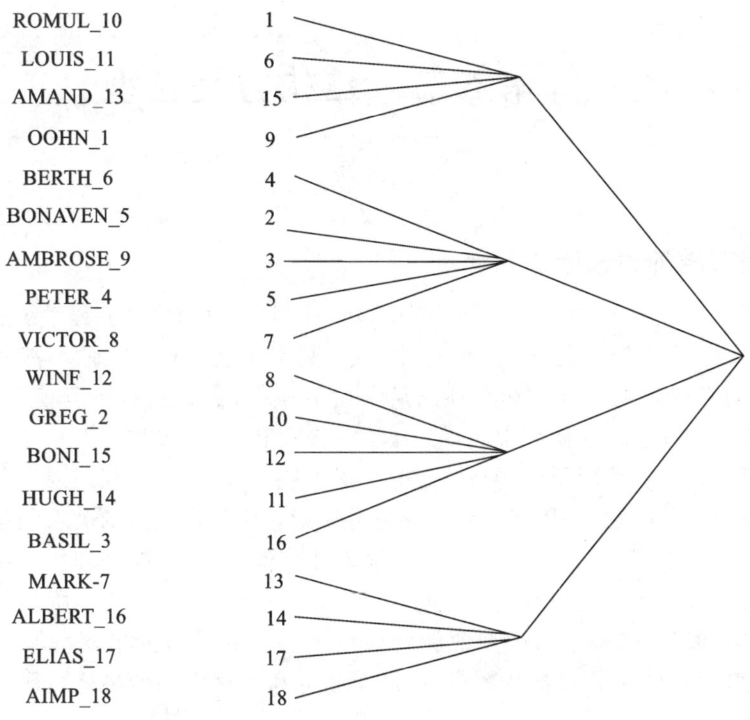

图 4-24　块模型分区图

表 4-21　18 人尊重关系的像矩阵表

区号	1	2	3	4
1	0	1	0	0
2	1	1	0	0
3	1	0	1	0
4	0	0	1	1

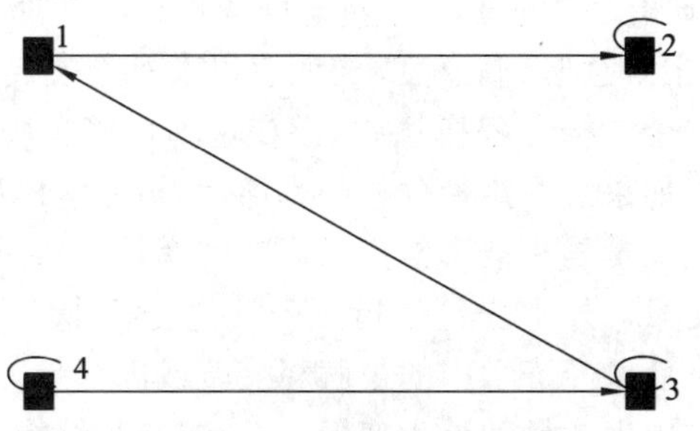

图 4-25　18 人尊重关系网络简化图

第五节 结构方程模型

一、结构方程的相关概念与原理

结构方程模型(structure equation modeling,SEM)是应用线性方程系统表示观测变量与潜变量,以及潜变量之间关系的一种统计方法,其本质是一种广义的一般线性模型。自20世纪70年代中期瑞典统计学和心理测量学家Jorekog提出结构方程模型以来,结构方程模型在心理学和社会科学研究方面得到很大的应用和发展,被称为近年来统计学三大发展之一。它成功地结合了因子分析与路径分析两大统计分析技术,利用因子分析有效地解决了理论变量的测量问题,利用路径分析验证并探索理论变量之间的关系结构。结构方程模型整合了路径分析、验证性因素分析与一般统计检验方法,能够处理传统统计方法不能妥善处理的潜变量和带误差的自变量等问题。在社会科学领域,结构方程模型这套新的数据分析系统已经成熟,很多学科的专业课题已经由过去的只研究单变量转变成研究多变量,由分析主效应到同时分析交互效应,由对单指标和直接观测变量进行研究到对多指标和潜变量进行研究。

(一)相关变量

与其他模型类似,结构方程模型也拥有自己独特的变量类型。在结构方程模型中观测变量和潜变量是两种最基本的变量类型。顾名思义,观测变量(也称测量变量、显性变量或指标变量)就是直接可以观察获取的变量,比如一个人的身高、体重、血压、年龄以及收入等。在结构方程模型中观测变量更多的是采用问卷形式询问被试者的态度,一般采用李克特5级或7级量表,如“非常不同意”、“不同意”、“不一定同意”、“同意”和“非常同意”,分别记作1、2、3、4和5。潜变量(也称建构变量、无法观测的变量)是指不能够直接进行测量或观察得到,只能通过间接途径获得。在社会科学领域存在着大量的不可以直接观测的潜变量,通常是社会科学领域研究者为研究某一特定问题提出的理论构念、层面或因素,如学习动机、学习态度、幸福感、主观意愿、满意度、成就感以及社会支持等,只能通过一定数量观测变量来间接反映。在一个结构方程模型中,潜变量不可能单独存在,如有潜变量必然会有对应的观测变量存在。如果沿用路径分析的术语,结构方程模型中变量还可以区分为内生变量和外生变量。内生变量是指被其他变量影响的变量,在结构方程模型中表现为被箭头指向的变量就是内生变量。外生变量是指不受其他变量影响但可能会影响其他变量的变量,其实,内生变量就是计量经济学中的被解释变量或因变量,外生变量就是自变量。如果把观测变量和潜变量与内生变量和外生变量融合在一起,结构方程模型的变量又可以分为内生观测变量、内生潜变量、外生观测变量和外生潜变量。在结构方程模型中,还有一个不可或缺的变量即误差项,只要在结构方程模型的图中被箭头指向的变量都具有误差项。在测量模型中,潜变量的测量误差项表示测量变量的变异无法被共同的潜变量解释的部

分。除了以上几个变量以外，调节变量和中介变量在结构方程模型中也经常用到。调节变量是指影响自变量和因变量之间关系的方向或强度大小的变量；中介变量是自变量对因变量产生影响起中介作用的变量。

（二）验证性因子分析模型

验证性因子分析（confirmatory factor analysis，CFA）在结构方程模型中也称测量模型，是对已经有了相关的概念模型和因子结构假设，然后采用数据进一步确定各个潜变量（构念）对观测变量的影响程度以及各潜变量之间的关联程度。以表 4-22 中所示的绿色产品创新和绿色工艺创新的测量为例说明验证性因子分析模型。图 4-26 是根据表 4-22 的测量关系构建的验证性因子分析模型图，其中，企业研发了低能耗产品（x_1）、企业研发了可回收再利用的新产品（x_2）和企业采用了绿色环保的产品包装（x_3）都是用来测量构念绿色产品创新（ξ_1）；企业引进了新的节能设备（x_4）、企业改进生产工艺以减少环境污染（x_5）和企业回收、再利用和再造原材料（x_6）都是用来测量构念绿色工艺创新（ξ_2）的。λ_{11}、λ_{21} 和 λ_{31} 反映了潜变量绿色产品创新对观测变量 x_1、x_2 和 x_3 的荷载，其数值大小反映了潜变量绿色产品创新被对应观测变量解释的程度；同理，λ_{12}、λ_{22} 和 λ_{32} 反映了潜变量绿色工艺创新对观测变量 x_4、x_5 和 x_6 的荷载，其数值大小反映了潜变量绿色工艺创新被对应观测变量解释的程度；$e_1 \sim e_6$ 分别对应 6 个观测变量的误差项；ϕ_{12} 表示潜变量绿色产品创新和绿色工艺创新之间的相关系数。

表 4-22　绿色产品创新和绿色工艺创新的测量

构念	测量题目	评分（1 为非常不同意，5 为非常同意，1～5 认同度依次增强）
绿色产品创新（ξ_1）	企业研发了低能耗产品（x_1）	1　2　3　4　5
	企业研发了可回收再利用的新产品（x_2）	1　2　3　4　5
	企业采用了绿色环保的产品包装（x_3）	1　2　3　4　5
绿色工艺创新（ξ_2）	企业引进了新的节能设备（x_4）	1　2　3　4　5
	企业改进生产工艺以减少环境污染（x_5）	1　2　3　4　5
	企业回收、再利用和再造原材料（x_6）	1　2　3　4　5

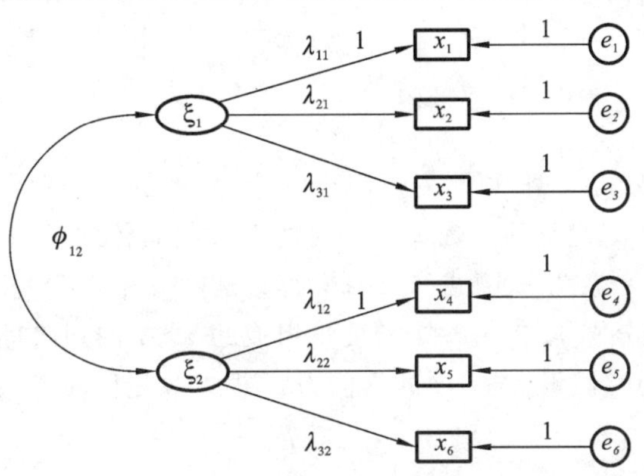

图 4-26　验证性因子分析模型图

在图 4-26 中，存在着三种变量之间的关系：一是潜变量绿色产品创新和绿色工艺创新之间的相关关系，这是用绿色产品创新和绿色工艺创新之间的双向箭头表示；二是潜变量对观测变量的影响或荷载作用，这种关系采用潜变量指向观测变量的单项箭头表示，箭头的没有标方向的一头是前因，标有箭头的一头是结果；三是测量变量的误差项，误差项指向观测变量的单向箭头表示。另外，需要指出的是，上述 6 个观测变量测量误差项的荷载系数均设定为 1，表示限制潜在变量与测量误差项间具有相同的测量尺度，模型只估计潜在变量的荷载系数以及 6 个误差项变异量；每个潜变量的观测变量荷载中要有一个观测变量的荷载系数设定为 1，本例中将 λ_{11} 和 λ_{12} 设为 1。下面通过一组方程反映上述验证因子分析模型，该方程组如下：

$$\begin{cases} x_1=\lambda_{11}\xi_1+e_1 \\ x_2=\lambda_{21}\xi_1+e_2 \\ x_3=\lambda_{31}\xi_1+e_3 \\ x_4=\lambda_{12}\xi_2+e_4 \\ x_5=\lambda_{22}\xi_2+e_5 \\ x_6=\lambda_{32}\xi_2+e_6 \end{cases} \tag{4-40}$$

如果用矩阵表示，形式会更简单，具体矩阵形式如下：

$$\begin{pmatrix} x_1 \\ x_2 \\ x_3 \\ x_4 \\ x_5 \\ x_6 \end{pmatrix}=\begin{pmatrix} \lambda_{11} & 0 \\ \lambda_{21} & 0 \\ \lambda_{31} & 0 \\ 0 & \lambda_{12} \\ 0 & \lambda_{22} \\ 0 & \lambda_{32} \end{pmatrix}\begin{pmatrix} \xi_1 \\ \xi_2 \end{pmatrix}+\begin{pmatrix} e_1 \\ e_2 \\ e_3 \\ e_4 \\ e_5 \\ e_6 \end{pmatrix} \tag{4-41}$$

或写成如下的式子：

$$\boldsymbol{x}=\boldsymbol{\Lambda}_x\boldsymbol{\xi}+\boldsymbol{e} \tag{4-42}$$

式(4-42)中，$\boldsymbol{x}=\begin{pmatrix} x_1 \\ x_2 \\ x_3 \\ x_4 \\ x_5 \\ x_6 \end{pmatrix}$， $\boldsymbol{\Lambda}_x=\begin{pmatrix} \lambda_{11} & 0 \\ \lambda_{21} & 0 \\ \lambda_{31} & 0 \\ 0 & \lambda_{12} \\ 0 & \lambda_{22} \\ 0 & \lambda_{32} \end{pmatrix}$， $\boldsymbol{\xi}=\begin{pmatrix} \xi_1 \\ \xi_2 \end{pmatrix}$， $\boldsymbol{e}=\begin{pmatrix} e_1 \\ e_2 \\ e_3 \\ e_4 \\ e_5 \\ e_6 \end{pmatrix}$。

上述验证性因子分析模型，观测变量只有 6 个，一般的验证性因子分析模型形式与式(4-40)类似，只是在观测变量的个数和潜变量的个数因具体的模型而不同，假设观测变量的个数为 p，潜变量的个数为 n，则式(4-40)中的 $\boldsymbol{x}$ 是由 p 个观测变量组成的 $p\times1$ 的列向量，$\boldsymbol{\Lambda}_x$ 是 $p\times n$ 的荷载矩阵，$\boldsymbol{\xi}$ 是由 n 个潜变量组成的 $n\times1$ 的列向量，$\boldsymbol{e}$ 是由 p 个误差组成的 $p\times1$ 的列向量。通常假设：误差项的均值为 0，误差项之间不相关以及误差项与潜变量之间也不相关。

（三）结构模型

在结构方程模型中，结构模型通常是指潜变量间因果关系的模型，作为原因的潜变量称为外生潜变量，而作为结果的潜变量称为内生潜变量。外生潜变量对内生潜变量的解释变异会受到其他因素诸如随机因素的影响，此影响因素称为干扰潜变量，表现为结构模型中内生潜变量的残差部分。在结构方程模型中，只有验证性因子分析模型而没有结构模型的回归关系即为验证性因子分析；反过来，只有结构模型而无验证性因子分析则为潜变量间因果关系分析。如果结构方程的结构模型的变量全部是观测变量，而不是潜变量，那么，结构模型中的结构方程就变成传统计量经济学中的联立方程，这也就是社会学中的路径分析。由于在结构模型中涉及了潜变量，所以结构模型中同样需要对潜变量进行测量，因此，结构模型实际上包括了测量关系和结构关系。假设绿色创新除了包括绿色产品创新和绿色工艺创新外，还包括绿色管理创新，绿色管理创新也用 3 个观测变量进行测量，比如用企业经常组织员工进行绿色培训（x_7）、企业积极参与绿色认证（x_8）和企业采用了先进的管理系统（x_9）；同时假设绿色管理创新影响绿色产品创新和绿色工艺创新，绿色产品创新影响绿色工艺创新，将以上三者间的关系绘制成图 4-27 的结构图以便说明结构模型的设定过程。

在图 4-27 中，绿色管理创新（ξ_3）是一外生潜变量，x_7、x_8 和 x_9 是绿色管理创新的 3 个观测变量，λ_{13}，λ_{23} 和 λ_{33} 分别反映了绿色管理创新（ξ_3）对外生观测变量的 x_7、x_8 和 x_9 的荷载，e_7，e_8 和 e_9 对应 3 个观测变量的误差项。绿色产品创新（ξ_1）既受绿色管理创新（ξ_3）的影响，同时又影响绿色工艺创新（ξ_2），因此，绿色产品创新（ξ_1）是一中介变量。绿色产品创新（ξ_1）和绿色工艺创新（ξ_2）与对应的观测变量测量关系在验证性因子分析中已经说明，这里不再赘述。γ_{31} 是绿色管理创新（ξ_3）对中介变量绿色产品创新（ξ_1）的结构系数，反映了绿色管理创新（ξ_3）和中介变量绿色产品创新（ξ_1）的结构关系，其大小在非标准化系数下表示一个单位的绿色管理创新（ξ_3）变化量会引起多少单位中介变量的绿色产品创新（ξ_1）的变化。γ_{32} 是绿色管理创新（ξ_3）对绿色工艺创新（ξ_2）的结构系数，反映了绿色管理创新（ξ_3）和绿色工艺创新（ξ_2）结构关系，其大小在非标准化系数下表示一个单位的绿色管理创新（ξ_3）变化量会引起多少单位绿色工艺创新（ξ_2）的变化。γ_{12} 是中介变量绿色产品创新（ξ_1）对绿色工艺创新（ξ_2）的结构系数，反映了中介变量绿色产品创新（ξ_1）和绿色工艺创新（ξ_2）的结构关系，其大小在非标准化系数下表示一个单位的绿色产品创新（ξ_1）变化量会引起多少单位绿色工艺创新（ξ_2）的变化。由于绿色产品创新（ξ_1）和绿色工艺创新（ξ_2）同时都是内生变量，因此，两个变量都有相应的误差项 e_{10} 和 e_{11}。与验证性因子分析一样，也可以采用方程表达上述模型，具体表达式如下：

$$\boldsymbol{x}=\boldsymbol{\Lambda}_x\boldsymbol{\xi}+\boldsymbol{e} \tag{4-43}$$

$$\xi_2=\gamma_{32}\xi_3+\gamma_{12}\xi_1+e_{11} \tag{4-44}$$

$$\xi_1=\gamma_{31}\xi_3+e_{10} \tag{4-45}$$

式(4-43)中，$\boldsymbol{x}=\begin{pmatrix}x_1\\x_2\\x_3\\x_4\\x_5\\x_6\\x_7\\x_8\\x_9\end{pmatrix}$，$\boldsymbol{\Lambda}_x=\begin{pmatrix}\lambda_{11}&0&0\\\lambda_{21}&0&0\\\lambda_{31}&0&0\\0&\lambda_{12}&0\\0&\lambda_{22}&0\\0&\lambda_{32}&0\\0&0&\lambda_{13}\\0&0&\lambda_{23}\\0&0&\lambda_{33}\end{pmatrix}$，$\boldsymbol{\xi}=\begin{pmatrix}\xi_1\\\xi_2\\\xi_3\end{pmatrix}$，$\boldsymbol{e}=\begin{pmatrix}e_1\\e_2\\e_3\\e_4\\e_5\\e_6\\e_7\\e_8\\e_9\end{pmatrix}$

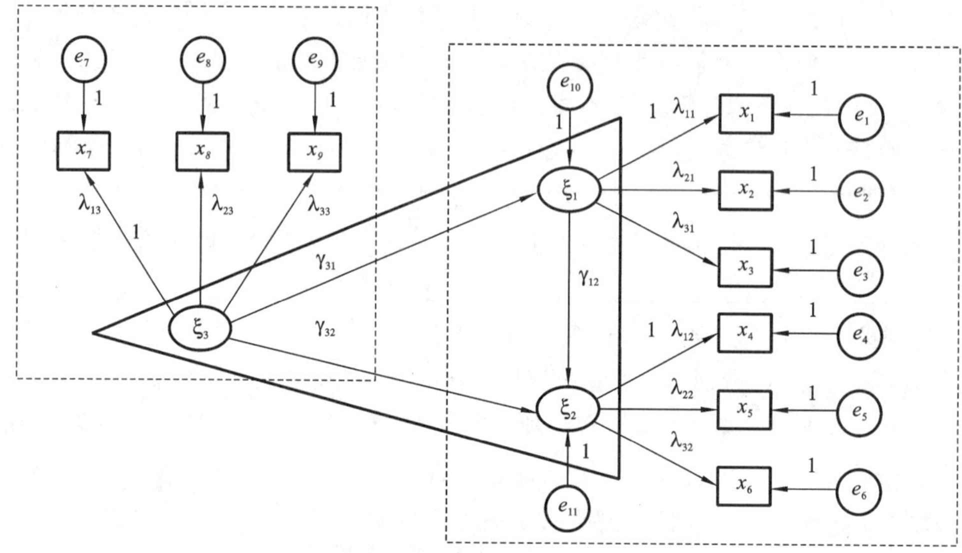

图 4-27　结构模型示意图

在图 4-27 中三角框里表示的是结构模型部分，其中的方程称为结构方程，描述了潜变量之间的关系；虚线方框里表示的是验证性因子分析模型部分，其中的方程为测量方程，描述了潜变量和观测变量之间的关系，通常的结构方程模型是上述两种模型的结合。

(四)参数估计

在结构方程模型中由于潜变量不存在直接观测值，也就不可能像计量经济学中的回归模型一样，采用最小化因变量的拟合值与观测值之差的平方和最小求得模型参数。结构方程模型的参数估计基本原理是：由观测样本求得变量的协方差矩阵或相关阵 $\boldsymbol{S}$，再由样本数据对所设定的模型进行参数估计，找出模型成立时变量间的隐含协方差阵(或相关阵)，也称再生矩阵 $\sum(\hat{\theta})$。理论上讲，$\boldsymbol{S}$ 应该等于 $\sum(\hat{\theta})$，但实际模型中 $\boldsymbol{S}$ 与 $\sum(\hat{\theta})$ 之间会存在差异，$\boldsymbol{S}$ 与 $\sum(\hat{\theta})$ 之间的差距越小，表示假设的模型拟合得越好。下面仍以图 4-26 所示验证性因子分析模型为例简要说明结构方程模型的参数估计基本原理，假设误差项的均值为 0，误差项与因子之间不相关，可以对式(4-40) 两边求协方差可得：

$$\begin{aligned}\mathrm{cov}(\boldsymbol{x}) &= \boldsymbol{E}(\boldsymbol{\Lambda}_x\boldsymbol{\xi}+\boldsymbol{e})(\boldsymbol{\xi}'\boldsymbol{\Lambda}'_x+\boldsymbol{e}') \\ &= \boldsymbol{\Lambda}_x\boldsymbol{E}(\boldsymbol{\xi}\boldsymbol{\xi}')\boldsymbol{\Lambda}'_x+\boldsymbol{E}(\boldsymbol{e}\boldsymbol{e}') \\ &= \boldsymbol{\Lambda}_x\boldsymbol{\Phi}\boldsymbol{\Lambda}'_x+\boldsymbol{\Theta}_\delta\end{aligned} \tag{4-46}$$

式(4-46)就是模型隐含或推导的协方差矩阵，结构方程模型的参数估计的基本假设为：

$$\boldsymbol{S}=\sum(\hat{\theta})=\boldsymbol{\Lambda}_x\boldsymbol{\Phi}\boldsymbol{\Lambda}'_x+\boldsymbol{\Theta}_\delta \tag{4-47}$$

式(4-47)中，$\boldsymbol{S}=\begin{bmatrix} S_{11} & S_{12} & S_{13} & S_{14} & S_{15} & S_{16} \\ S_{21} & S_{22} & S_{23} & S_{24} & S_{25} & S_{26} \\ S_{31} & S_{32} & S_{33} & S_{34} & S_{35} & S_{36} \\ S_{41} & S_{42} & S_{43} & S_{44} & S_{45} & S_{46} \\ S_{51} & S_{52} & S_{53} & S_{54} & S_{55} & S_{56} \\ S_{61} & S_{62} & S_{63} & S_{64} & S_{65} & S_{66} \end{bmatrix}$为观测变量 x_1、x_2、x_3、x_4、x_5 和 x_6 的样本协方差矩阵，$\boldsymbol{\Phi}=\begin{bmatrix} \Phi_{11}、\Phi_{12} \\ \Phi_{21}、\Phi_{22} \end{bmatrix}$为潜变量之间的协方差矩阵，$\boldsymbol{\Theta}_\delta=\begin{bmatrix} \theta_{11} & 0 & 0 & 0 & 0 & 0 \\ 0 & \theta_{22} & 0 & 0 & 0 & 0 \\ 0 & 0 & \theta_{33} & 0 & 0 & 0 \\ 0 & 0 & 0 & \theta_{44} & 0 & 0 \\ 0 & 0 & 0 & 0 & \theta_{55} & 0 \\ 0 & 0 & 0 & 0 & 0 & \theta_{66} \end{bmatrix}$为误差项之间的协方差矩阵，$\boldsymbol{\Lambda}_x=\begin{pmatrix} \lambda_{11} & 0 \\ \lambda_{21} & 0 \\ \lambda_{31} & 0 \\ 0 & \lambda_{12} \\ 0 & \lambda_{22} \\ 0 & \lambda_{32} \end{pmatrix}$为潜变量对观测变量的荷载矩阵。

对于上述验证性因子分析模型，只有观测变量 x_1、x_2、x_3、x_4、x_5 和 x_6 的样本协方差矩阵是已知的，潜变量之间的协方差、误差项之间的协方差以及潜变量对观测变量的荷载均是未知的，如果不对某些未知参数加以限制，无法得到确定的参数值，通常做法是将每个潜变量对各自的观测变量指定其中一个为固定荷载 1，比如将绿色产品创新(ξ_1)对观测变量 $\boldsymbol{x}_1$ 的荷载 λ_{11} 设为 1，这相当于将潜变量 ξ_1 的测量单位指定为与 $\boldsymbol{x}_1$ 的测量单位相同，与此同时，6 个观测变量的测量误差的荷载系数均设为 1，表示限制潜变量在构面上与测量误差间具有相同的测量单位，模型对此系数不做估计。结构方程模型参数估计目标就是 $\boldsymbol{S}$ 与 $\sum(\hat{\theta})$ 之间的差异函数最小化的模型参数，通常有以下几种模型参数估计方法：工具变量法、两阶段最小平方法、未加权最小平方法、一般化最小平方法、一般加权最小平方法、极大似然法、对角线加权平方法以及渐进分布自由法，其中，极大似然法是各种参数估计方法的基础，也是最常用参数估计方法。极大似然法具有以下 6 个优良性质：渐进无偏性、一致性、渐进有效性、渐进正态性、尺度不变性和模型的整体模型的检验性。

(五)适配性评估

在结构方程模型参数估计中，如果模型估计的协方差矩阵 $\sum(\hat{\theta})$ 与观测变量样本协

方差矩阵 **S** 没有统计学上差异，那么假设模型与数据拟合得好，模型适配性高。通常，结构方程模型的模型适配性指标包括四种类型：绝对适配指标(absolute fit indices)、增值适配指标(incremental model fit)也称相对适配指数(relative fit indices)、替代适配指标(alternative fit indexes)和简约适配指标(parsimony adjusted indexes)。绝对适配指标直接评估设定模型与观测样本的拟合情况；增值适配指标通过比较设定模型与基本模型或独立模型进行比较，评估模型拟合相对基准模型而言的改善比例；替代适配指标多用于多个模型进行优劣比较；简约适配指标主要用来判定多个可比较的模型哪个更加简约。各种适配指标的汇总见表 4-23 所示，可以作为模型适配性评估的参考。

表 4-23 模型适配性指标

指标类型	适配指标	指标解释	范围	判断准则
绝对适配指标	χ^2 对应 P 值	理论模型与观察模型的拟合程度	—	＞0.05
	χ^2/df	χ^2 值除以模型自由度	—	＜2
	GFI	假设模型可以解释观测数据的比例	0～1	＞0.9
	AGFI	考虑模型复杂度后 GFI	0～1*	＞0.9
	RMR	未标准化假设模型整体残差	—	越小越好 通常＜0.05
	SRMR	标准化假设模型整体残差	0～1	＜0.05
	RMSEA	比较理论模型与饱和模型差距	0～1	＜0.05(适配良好) ＜0.08(适配合理)
增值适配指标	NFI	比较假设模型与独立模型的卡方差异	0～1	＞0.9
	RFI	调整了模型自由度对可能对 NFI 的影响	0～1	0.9
	IFI	调整了样本量可能对 NFI 的影响	0～1*	0.9
	NNFI(TLI)	用自由度调整 NFI	0～1*	0.9
	CFI	假设模型与独立模型的非中央型差异	0～1	0.95
替代适配指标	NCP	假设模型卡方值距离中央卡方分布的离散程度	—	越小越好
	F_0	用样本量对 NCP 调整	—	越小越好
	PCLOSE	RMSEA 的检验指标	—	越小越好
	CN	产生不显著卡方值的样本规模	—	＞200
简约适配指标	PGFI	用模型自由度和参数数据调整 GFI	0～1	＞0.5
	PCFI	用自由度调整 CFI	0～1	＞0.5
	PNFI	用自由度调整 NFI	0～1	＞0.5
	AIC	不同潜变量数目模型比较	—	多模型比较时越小越好，单模型时预设模型小于饱和模型和独立模型
	BCC	多组样本分析下对 AIC 调整	—	
	BIC	样本为单一组别的情况对 AIC 调整	—	
	CAIC	基于样本量对 AIC 调整	—	

注：—表示数值无明确的范围，* 表示数值范围可能会越界。

（六）信度和效度

信度（reliability）即可靠性，它是指采用同样的方法对同一对象重复测量时所得结果的一致性程度。也就是说，一个好的量表就像标准无误的尺子，用它对同一个对象进行多次测量的结果应该稳定一致。信度是评价一个测量量表质量优劣的重要指标，只有信度达到一定要求的测量量表才可以使用。评测信度的方法有很多种，常见的信度评测方法包括重测信度、复本信度、折半信度、α 信度系数以及组合信度等。重测信度是用同样的问卷对同一组被调查者间隔一定时间重复施测，计算两次施测结果的相关系数。重测信度法特别适用于事实式问卷，如性别、出生年月等在两次施测中不应有任何差异，大多数被调查者的兴趣、爱好、习惯等在短时间内也不会有十分明显的变化。复本信度是让同一组被调查者一次填答两份问卷复本，计算两个复本的相关系数。复本信度法要求两个复本除表述方式不同外，在内容、格式、难度和对应题项的提问方向等方面要完全一致，而在实际调查中，很难使调查问卷达到这种要求，因此采用这种方法者较少。折半信度法是将调查项目分为两半，计算两半得分的相关系数，进而估计整个量表的信度。折半信度属于内在一致性系数，测量的是两半题项得分间的一致性，常用于态度、意见式问卷的信度分析。在问卷调查中，态度测量最常见的形式是 5 级李克特（Likert）量表。进行折半信度分析时，如果量表中含有反意题项，应先将反意题项的得分作逆向处理，以保证各题项得分方向的一致性，然后将全部题项按奇偶或前后分为尽可能相等的两半，计算二者的相关系数。重测信度和复本信度都需要对同一问卷被试者测量两次，这有时很难做到，虽然折半信度不需要测量两次，但当测量无法分成对等两半时也无法进行信度评测。因此，α 信度相比以上三种信度评测方法具有优势，α 系数评价的是量表中各题项得分间的一致性，属于内在一致性系数。α 系数越高，测量题项越能共同测量同一构面的共同特质。α 信度适用于态度、意见式问卷（量表）的信度分析。建构信度或组合信度（construct reliability，CR）是在结构方程模型中评价一个潜变量与观测变量之间的内在一致性。在探索性因子分析中，α 信度是判定各构面或各层面的内部一致性重要评测指标，而在结构方程模型的验证性因子分析中，则采用组合信度作为模型潜在变量的内部一致性的重要评测指标。组合信度的计算公式如下：

$$\rho = \frac{\left(\sum_{i=1}^{n}\lambda_i\right)^2}{\left(\sum_{i=1}^{n}\lambda_i\right)^2 + \sum_{i=1}^{n}\mathrm{var}(e_i)} \tag{4-48}$$

式（4-48）中，ρ 为组合信度，λ_i 为某个构面或潜变量的第 i 个观测变量，$\mathrm{var}(e_i)$ 为对应观测变量的误差变异量。至于组合信度达到多少以上测量模型才能被接受，一般来说，0.6 以上说明模型的内在质量较好。

效度就是所设定的测量工具能够测到的想要测试的心理或行为特质的程度。比如企业文化的外国量表，在中国适用不适用？在现实问题的研究中，常见的是内容效度、效标效度和建构效度三种。内容效度是指量表涵盖研究主题的程度。内容效度主要靠研究者的主观判断，具体判断方法为：①测量工具是否可以真正测量到研究者所要测量的概念或变量。②测量工具是否涵盖了所要测量的概念或变量各个项目。调研人员必须检查量表中的项目能否足够地覆盖测量对象的主要方面。为了获得足够的内容效度，要特别注意设计量表时应遵循的程序和规则。效标效度指的是测验的结果与测验所想测的概念外延在效标上的相关程度，越高越好。效标即旧的量表或标准。如果新的量表和旧的量表具有相同的效果，说明效标效度高。对于效标效度来说，存在三个问题：一是如何判定旧的量表本身具有效度并可以作为新的测量量表的参考标准；二是既然原来的量表具有效度，为什么不要旧的量表而开发新的量表；三是如何判定新的量表和旧的量表具有相同的效果，要不要对同一组被试者采用新旧量表测两次。在现实的研究问题中，效标效度的评测具有一定的困难。建构效度分收敛效度与区别效度两种。收敛效度是指相同概念里的项目，彼此之间相关度高。区别效度是指不同概念里的项目，彼此相关度低。收敛效度检验通常分两步：第一步考察每一个潜变量的标准化因子荷载系数，荷载值应>0.5，这意味着问项与其潜变量之间的共同方差大于问项与误差方差之间的共同方差，都是显著的；第二步考察平均方差萃取量(average of variance extracted，AVE)，AVE 是计算潜变量对测量变量解释能力的平均，AVE 愈高，则表示构面有越高的收敛效度。一般来说，AVE 应大于 0.5，这意味着每一个因子所提取的可解释 50%以上的方差，具体的 AVE 的计算公式为：

$$\mathrm{AVE}=\frac{\sum_{i=1}^{n}\lambda_i^{2}}{\sum_{i=1}^{n}\lambda_i^{2}+\sum_{i=1}^{n}\mathrm{var}(e_i)} \tag{4-49}$$

区别效度检验是研究概念或变量间确实彼此不同，即有区别效度。对于各维度间是否存在足够的区别效度，通常采用比较各维度间完全标准化相关系数与所涉及各维度自身 AVE 的平方根值大小，当前者小于后者，则表明各维度间存在足够的区分效度，反之，则区分效度不够。

二、结构方程模型的实施步骤

尽管结构方程模型在社会领域具有广泛的应用，不同的研究问题所用到的结构方程模型技术也存在一些差别，但不同类型的结构方程模型的基本分析步骤大致相同，通常，构造一个结构方程模型主要包括以下五个步骤。

第一步：理论概念模型建立。

结构方程模型本质上是一种验证性技术，所以在进行评价之前需要根据相关的理论假设条件，确定结构方程模型中的各种变量以及变量之间的关系，可以用路径图或矩阵方程的形式表示。

第二步：数据准备。

一方面，用于结构方程模型的数据资料必须满足一定的前提假设，在模型估计过程中才不会产生错误的拟合结果，因此，在模型拟合之前通常要对数据进行初步的检查以满足设定的假设条件；另一方面，如果是统计调查资料，有时为了尽量消除评价指标体系的单位及其数量级的差别对评价结果的影响，还需要对数据进行无量纲化处理。

第三步：模型拟合。

在概念模型和数据准备完毕之后就要对模型中参数进行估计，此过程就是模型拟合。

结构方程模型拟合的目标是求得的参数使得模型隐含的协方差矩阵与样本协方差矩阵"距离"最小。根据不同的距离计算公式,结构方程模型具有不同的模型拟合方法,这在前文的参数估计中已经列举了各种模型参数估计方法。

第四步:模型适配性评价与修正。

该步骤主要考察所设定模型对所搜集到的数据资料的拟合程度,主要包括绝对适配指标、增值适配指标、替代适配指标和简约适配指标,具体的模型适配性指标评价基准详见表4-23。如果模型拟合效果不佳,则需要对模型的理论假设以及某些参数进行重新修正。

第五步:模型解释。

在模型适配性指标达到标准以后,就可以根据模型中得到的各参数计算结果进行模型解释,如在结构模型中就是对各构面间影响的大小、方向与显著性等进行解释,进而根据研究结果给出相关的对策建议。

三、结构方程模型范例——验证性因子分析

结构方程模型常用的分析软件有 LISREL、AMOS、EQS、Mplus 和 SmartPLS。其中,AMOS 软件由于其操作简单,视窗界面友好,在国内使用较多,截止到 2021 年 3 月该软件已经更新到 27 版本,全名为 IBM SPSS Amos 27。AMOS 软件的每个版本的功能大致差不多,新的版本会比旧的版本增加一些功能,比如 IBM SPSS Amos 27 版本相比 26 版本增加了可以将模型导出到贝叶斯建模程序的 Stan 功能。对于初学者来说,哪个版本不是最重要的,关键是快速入门完成所要研究的问题。本书采用 IBM SPSS Amos 17 版本分别讲述验证因子分析和结构模型的基本分析过程。

(一)模型设定

根据现有文献的相关研究,绿色创新本质上是通过创造新的或改进的商品和服务、过程、营销方法、组织结构和制度安排,在满足顾客需求的同时,减少原材料、能源、水和土地等自然资源的使用,并减少有害物质的释放,以达到环境效益和经济效应的双赢。绿色创新可分为绿色产品创新、绿色工艺创新和绿色管理创新 3 个维度。绿色产品创新是指对现有产品进行改进或引进新产品以减少对环境的影响;绿色工艺创新是指使用环境友好型技术和制造过程生产新产品或服务,以减少对环境的不利影响;绿色管理创新主要是指实施新的绿色创新管理形式的组织能力和承诺,如污染防治方案、环境管理措施和审计制度等。显而易见,绿色创新的 3 个维度很难直接观测,我们将其称为潜变量,根据前文的说明,假设绿色产品创新、绿色工艺创新和绿色管理创新都有 3 个观测变量进行测量,并且获得了 222 份样本。由于绿色产品创新、绿色工艺创新和绿色管理创新均属于绿色创新的下属维度,各潜变量之间存在一定的相关性;同时假定观测变量之间没有相关,就是说不存在同一个观测变量同属于两个及以上潜变量。本范例没有设置绿色创新这一潜变量作为最高维度,是因为 3 个潜变量之间的相关关系已经表达了绿色创新的概念内涵,同时如果增加绿色创新这一更高维度会增加模型的复杂程度。当然如果要研究绿色创新这个潜变量与其他潜变量的结构关系时就需要增加绿色创新这一最高层潜变量。由于 AMOS 软件输入字母的下标以及希腊字母比较困难,因此,本例在 AMOS 软件的绘图界面里绘制图 4-28 所

示的绿色创新概念模型图里所命名的变量名称与前文有所不同，其中，F_1、F_2 和 F_3 分别表示绿色产品创新、绿色工艺创新和绿色管理创新，$x_1 \sim x_9$ 分别表示绿色产品创新、绿色工艺创新和绿色管理创新对应观测变量。

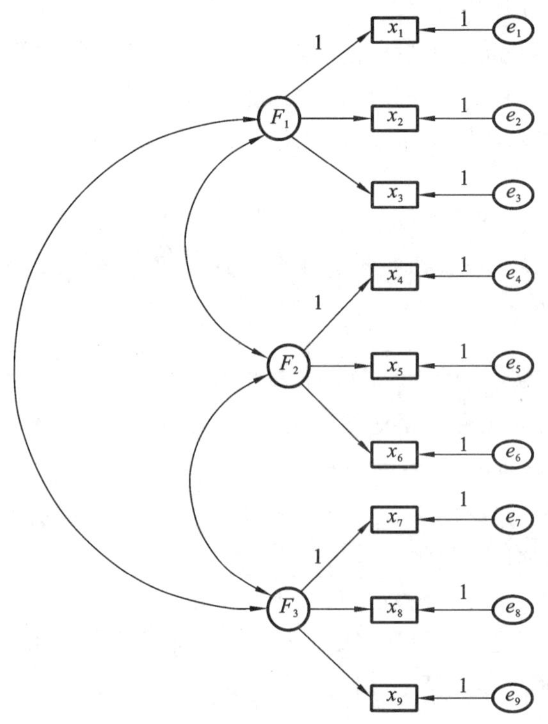

图 4-28　绿色创新概念模型

(二)模型拟合

在绘制了图 4-28 所示的绿色创新概念模型图后读取数据文件，将数据文件中的 $x_1 \sim x_9$ 变量依次导入图 4-28 的观测变量框，开启分析属性勾选要呈现的统计量，点击计算估计值图像按钮，如果模型设置正确，便可以得到计算结果。所有计算结果都可以在 View text 文本里查看，先查看各项适配性指标判定模型的拟合情况。Amos 软件会提供预设模型(default model)、饱和模型(saturated model)和独立模型(independence model)的适配指标数据，在模型适配性上主要以预设模型的输出数据为评价基准。这里按照 Amos 软件输出的顺序罗列主要适配型指标，具体结果见表 4-24 所示。

表 4-24　绿色创新概念模型适配指标

比较项目	预设模型	判断准则	判断结果
CMIN(χ^2)	23.57	$P>0.05$	符合
df	24		
P	0.486		
CMIN/df	0.982	<2	符合

续表

比较项目	预设模型	判断准则	判断结果
RMR	0.018	越小越好，通常小于0.05	符合
GFI	0.976	>0.9	符合
AGFI	0.955	>0.9	符合
PGFI	0.521	>0.5	符合
NFI Delta1	0.97	>0.9	符合
RFI rho1	0.955	>0.9	符合
IFI Delta2	1.001	>0.9	符合
TLI rho2	1.001	>0.9	符合
CFI	1	>0.95	符合
PNFI	0.647	>0.5	符合
PCFI	0.667	>0.5	符合
NCP	0	越小越好	符合
RMSEA	0	<0.05(适配良好) <0.05(适配合理)	符合
PCLOSE	0.929	越小越好	符合
AIC	65.57(90、798.844)	多模型比较时越小越好，单模型时预设模型小于饱和模型和独立模型	符合
BCC	67.561(94.265、799.697)		符合
BIC	137.027(243.12、829.468)		符合
CAIC	158.027(288.12、838.468)		符合
ECVI	0.297(0.407、3.615)	多模型比较时越小越好，单模型时预设模型小于饱和模型和独立模型	符合
MECVI	0.306(0.427、3.619)		符合
HOELTER	342	>200	符合

注：括号里数值为饱和模型和独立模型数值。

从表4-24可以看出，Amos输出各类适配指标都达到了适配标准，说明提出的绿色创新验证性因子分析模型与实际观测数据的适配性良好，验证性因子分析模型的收敛效度好，模型的内在质量好，没有必要进行进一步的修正。

（三）模型结果输出

对模型主要参数估计结果进行汇总，具体结果见表4-25输出结果。在表4-25的第3至第6列主要是输出绿色创新的各维度与对应的观测变量的非标准化荷载及其显著性检验，除了强制设置观测变量非标准化荷载为1外，其余观测变量非标准化荷载均达到了显著性水平（$P<0.001$）；第7列观测变量标准化荷载介于0.681～0.817之间，最小标准化荷载值大于0.6，达到了接受的标准；第8列SMC为多元平方和，与复回归中的R^2类似，表

示个别观测变量被其潜变量解释的变异量。以绿色产品创新的测量指标 x_1 为例，其 SMC 值等于 0.563，表示潜在变量绿色产品创新可以解释观测变量 x_1 的 56.3%变异部分。一般来说，各观测变量的 SMC 值大于 0.5 表示模型的内在质量较好，尽管有几个观测变量的 SMC 值没有达到 0.5，但与 0.5 比较接近，达到可以接受水平。第 9 列为潜在变量的组合信度，绿色产品创新、绿色工艺创新和绿色管理创新的组合信度都在 0.7 以上，大于最低标准 0.6，表明各潜变量的信度较高，模型的内在质量较高。另一个与组合信度类似的指标平均方差萃取 AVE 值具体见第 10 列所示，各潜变量的平均方差萃取 AVE 值都大于 0.5，达到了接受水平，说明观测变量能够有效反映其共同因素构面的潜在特质。至此，可以输出图 4-29 所示的绿色创新概念模型标准化估计值，其中，各潜变量与观测变量之间的标准化荷载值就是表 4-25 中的第 7 列的观测变量标准化荷载，各观测变量方框右上角数字就是表 4-25 中的第 8 列所示的观测变量的 SMC 值。另外，绿色创新 3 个维度之间的相关系数较高，如果要研究绿色创新整体与其他潜变量之间的结构关系，可以考虑进行更高一级的验证性因子分析。

表 4-25 绿色创新概念模型输出结果

维度	观测变量	非标准化荷载	标准误	T 值	P 值	标准化荷载	SMC	CR	AVE
绿色产品创新(F_1)	x_1	1.000				0.750	0.563	0.753	0.504
	x_2	1.030	0.113	9.120	***	0.697	0.486		
	x_3	0.922	0.105	8.773	***	0.681	0.464		
绿色工艺创新(F_2)	x_4	1.000				0.745	0.555	0.756	0.509
	x_5	0.896	0.100	8.955	***	0.707	0.499		
	x_6	0.999	0.117	8.561	***	0.687	0.472		
绿色管理创新(F_3)	x_7	1.000				0.738	0.544	0.803	0.577
	x_8	0.908	0.090	10.131	***	0.721	0.520		
	x_9	1.013	0.094	10.832	***	0.817	0.667		

注：*** 为 $P<0.001$。

四、结构方程模型范例——结构模型

在结构方程模型中结构模型通常包括三种：观测变量的结构模型、潜变量的结构模型以及混合结构模型。观测变量的结构模型其实就是潜变量的结构模型特例，在潜变量的结构模型中，如果潜变量只有一个观测变量，表示观测变量可以完全反映潜变量的构念特征，因为潜变量只有一个观测变量，通常直接以观测变量作为研究变量，此时就变为传统的复回归分析；潜变量的结构模型是最常见的一种结构模型，在该模型中既包括测量模型也包括结构模型，结构模型就是潜变量之间的关系；如果观测变量的结构模型和潜变量的结构模型混合在一起，即结构模型中的变量既包括观测变量也包括潜变量，此种结构模型就是混合结构模型。本书以潜变量的结构模型为例简要介绍结构模型分析过程。

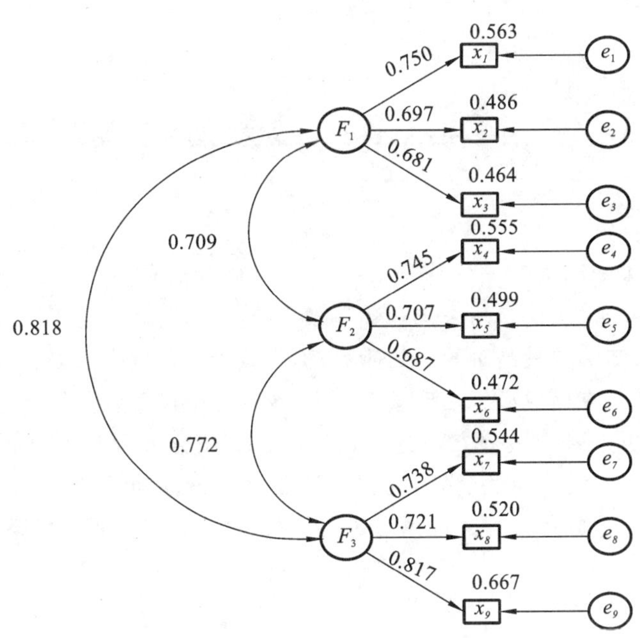

图 4-29　绿色创新概念模型标准化估计值

根据相关文献与理论研究，假设绿色管理创新对绿色产品创新和绿色工艺创新都有影响，绿色产品创新对绿色工艺创新有影响，绿色产品创新在绿色管理创新与绿色工艺创新之间的关系起中介作用，绿色产品创新、绿色工艺创新和绿色管理创新仍然以前文所述的观测变量进行测量，具体的结构模型如图 4-27 所示。与验证性因子分析一样，在绘制了图 4-27 所示的结构模型之后读取数据文件，将数据文件中的 $x_1 \sim x_9$ 变量依次导入图 4-27 的观测变量框，开启分析属性勾选要呈现的统计量，点击计算估计值图像按钮，如果模型设置正确，便可以得到计算结果。所有计算结果仍然可以在 View text 文本里查看，模型适配性情况在验证性因子分析已经进行过讲述，这里不再赘述，本部分重点关注绿色产品创新、绿色工艺创新与绿色管理创新之间的结构关系，具体计算结果见表 4-26 所示。由表 4-26 可知，3 个路径系数中绿色管理创新（F_3）分别对绿色产品创新（F_1）和绿色工艺创新（F_2）达到了 0.001 显著性水平，而绿色产品创新（F_1）对绿色工艺创新（F_2）没有达到显著性水平。这说明，研究样本数据支持绿色管理创新对绿色产品创新和绿色工艺创新具有直接的影响作用，不支持绿色产品创新对绿色工艺创新具有直接影响作用。到底绿色管理创新、绿色产品创新和绿色工艺创新三者存在怎样的内在结构关系，需要进一步进行理论分析和实证检验。

表 4-26　绿色创新结构模型分析结果

变量间关系	非标准化荷载	标准误	T 值	P 值	标准化荷载	结果
$F_3 \rightarrow F_1$	0.833	0.099	8.426	***	0.818	通过
$F_1 \rightarrow F_3$	0.258	0.184	1.403	0.161	0.236	未通过
$F_3 \rightarrow F_2$	0.645	0.194	3.332	***	0.579	通过

第六节　微分方程模型

凡含有参数、未知函数和未知函数导数的方程称为微分方程。未知函数是一元函数的，其微分方程称作常微分方程；未知函数是多元函数的，其微分方程称作偏微分方程。微分方程中出现的未知函数最高阶导数的阶数，称为微分方程的阶。以微分方程模型为基础建立的模型就是微分方程模型。在现实世界中，像物理中速率以及经济、生物、人口领域涉及的增长率等，都可以采用微分方程进行建模分析。微分方程模型分析方法通常包括两种：一是求出未知函数的解析表达式，利用各种数值解法、数值软件求近似解；二是不必求出方程的解，只需根据微分方程的理论去研究某些性质，或它的演化趋势，如稳定性。

一、人口增长的微分方程模型

（一）马尔萨斯模型

探索人口数量的发展规律，建立人口增长模型，对人口数量进行比较精确的预报，是进行人口数量调控的基础。英国人口学家马尔萨斯（Malthus）调查了英国一百多年的人口统计资料，得出人口增长率不变的结论，从而提出了著名人口指数增长微分方程模型（即马尔萨斯模型）。该模型假设：忽略所考虑人口之间的个体差异（如性别、年龄等）；人口数量变化仅与当时的人口总数和时间有关；人口的增长率即单位时间内人口数量的增量与当时人口数量之比为常数。在以上假设的基础上，设 t 时刻人口数量为 $N(t)$，初始值即 $t=0$ 的人口数量为 N_0，用 r 表示人口增长率。在 t 到 $t+\Delta t$ 时间内人口数量的增长率等于人口数量的改变量除以 t 时刻的人口数量，即 $\frac{N(t+\Delta t)-N(t)}{N(t)}$，则在单位时间内人口数量的增长率为 $\frac{N(t+\Delta t)-N(t)}{\Delta t N(t)}$，也即 $\frac{\frac{\mathrm{d}N(t)}{\mathrm{d}t}}{N(t)}$，再由假设单位时间内人口数量的增量与当时人口数量之比为常数，据此可得：$\frac{\frac{\mathrm{d}N(t)}{\mathrm{d}t}}{N(t)}=r$，再由初始条件 $t=0$ 时人口数量为 N_0，从而可以得到如下的人口增长的微分方程模型：

$$\begin{cases}\frac{\mathrm{d}N(t)}{\mathrm{d}t}=rN(r)\\ N(0)=N_0\end{cases} \tag{4-50}$$

上述方程为可分离方程，变量分开则有：$\frac{\mathrm{d}N}{N}=r\mathrm{d}t$，对等号两边求积分，可得：

$$\ln N=rt+\ln C \text{ 或者 } N(t)=C\mathrm{e}^{rt}$$

再由初始条件可得：

$$N(t)=N_0 e^{rt} \tag{4-51}$$

【例 4-19】 以 1970 年至 2019 年 50 年间中国人口数据(不包括港、澳、台籍,下同)为基础测算式(4-50)的参数 r 和 N_0,具体数据见表 4-27。

表 4-27 指数增长模型拟合中国人口数据的结果

年份	t	实际人口/万人	预测人口 1/万人	预测人口 2/万人	预测人口 3/万人
1970	1	82992	85029	89622	
1971	2	85229	86289	90546	
1972	3	87177	87567	91479	
1973	4	89211	88864	92422	
1974	5	90859	90181	93375	
1975	6	92420	91517	94338	
1976	7	93717	92872	95310	
1977	8	94974	94248	96293	
1978	9	96259	95644	97286	
1979	10	97542	97061	98288	
1980	11	98705	98499	99302	
1981	12	100072	99959	100325	
1982	13	101654	101439	101360	
1983	14	103008	102942	102405	
1984	15	104357	104467	103460	
1985	16	105851	106015	104527	
1986	17	107507	107585	105604	
1987	18	109300	109179	106693	
1988	19	111026	110797	107793	
1989	20	112704	112438	108904	
1990	21	114333	114104	110027	
1991	22	115823	115794	111161	
1992	23	117171	117510	112307	
1993	24	118517	119250	113465	
1994	25	119850	121017	114635	
1995	26	121121		115816	122774
1996	27	122389		117010	123483
1997	28	123626		118217	124195
1998	29	124761		119435	124912

续表

年份	t	实际人口/万人	预测人口1/万人	预测人口2/万人	预测人口3/万人
1999	30	125786		120667	125633
2000	31	126743		121910	126358
2001	32	127627		123167	127088
2002	33	128453		124437	127821
2003	34	129227		125720	128559
2004	35	129988		127016	129301
2005	36	130756		128325	130047
2006	37	131448		129648	130798
2007	38	132129		130985	131553
2008	39	132802		132335	132312
2009	40	133450		133699	133076
2010	41	134091		135078	133844
2011	42	134735		136470	134617
2012	43	135404		137877	135394
2013	44	136072		139298	136175
2014	45	136782		140734	136961
2015	46	137462		142185	137752
2016	47	138271		143651	138547
2017	48	139008		145132	139347
2018	49	139538		146628	140151
2019	50	140005		148140	140960

解：为了利用简单的最小二乘法，将式(4-51)取对数，可得：

$$y_t = rt + a,\text{令 } y = \ln(N(t)),\ a = \ln(N_0) \tag{4-52}$$

首先，以1970年至1994年25年间的数据进行测算，用STATA软件计算得到，$r=0.0147059$，$N_0=83787.57$，从而得到$N(t)=83787.57e^{0.0147059t}$；再以1970年至2019年50年间的数据进行测算，用STATA软件计算得到，$r=0.0103562$，$N_0=88707.52$，从而得到$N(t)=88707.52e^{0.0103562t}$。其次，以1995年至2019年25年间的数据进行测算，用STATA软件计算得到，$r=0.0057554$，$N_0=105710.6$，从而得到$N(t)=105710.6e^{0.0057554t}$。最后，根据上面的参数$r$和$N_0$代入式(4-51)便可以得到每年的预测人口数量，具体见表4-27后三列所示，其中，预测人口1是采用1970年至1994年25年间的数据模型预测结果，预测人口2是采用1970年至2019年50年间的数据模型预测结果，预测人口3是采用1995年至2019年25年间的数据模型预测结果，图4-30、图4-31和图4-32是实际人口和预测人口对比图。由此可以看出，该模型对 1994 年以前以及 1995 年至 2019 年分段的中国人口数量预测精确度比较高，但对 1970 年至 2019 年间的中国人口数量预测精确度就不是太高，主要原因在于前半段人口增长比较快，后半段人口增长比较慢。显而易见，马尔萨斯的人口指数增长微分方程模型对于人口增长率不变的假设并不太适应实际情况，另外，无论是前半段 25 年的预测还是后半段 25 年的预测，其预测精度都较高，而整个 50 年区间的预测精度却不高，这是因为时间越短，人口增长率是一常数的假设基本成立，而时间越长则人口增长率是一常数的假设很难满足。

从长期来看，人口增长率不可能是一个常数，通常情况下，人口较少时，人口增长较快，人口增长到一定数量后，增长就会变慢。由此可见，马尔萨斯模型适合于短期的人口预测，但对于长期的人口预测就很难适合。

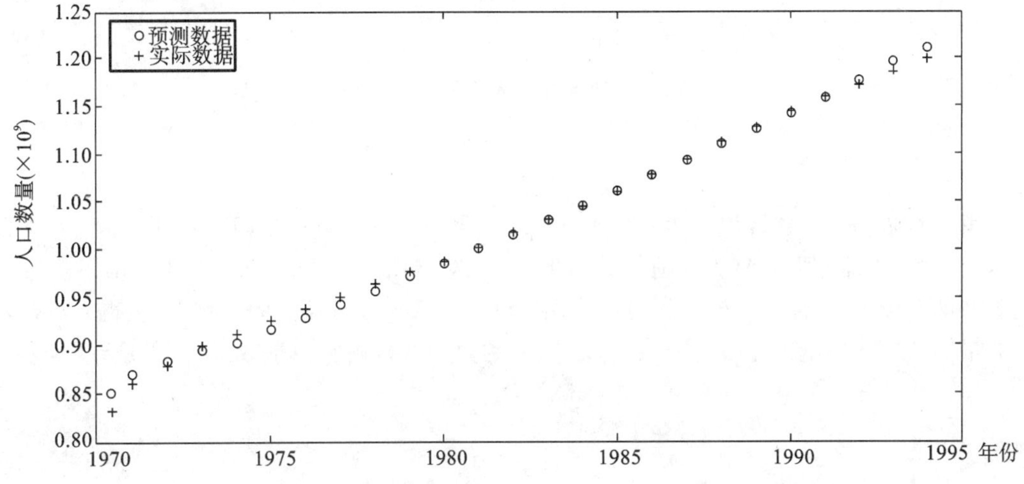

图 4-30　1970—1994 年中国人口马尔萨斯模型拟合图形

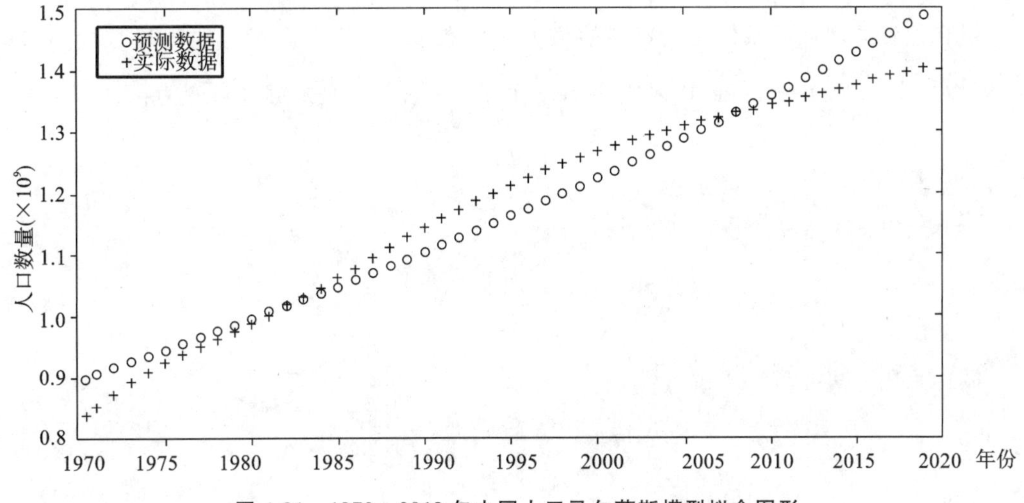

图 4-31　1970—2019 年中国人口马尔萨斯模型拟合图形

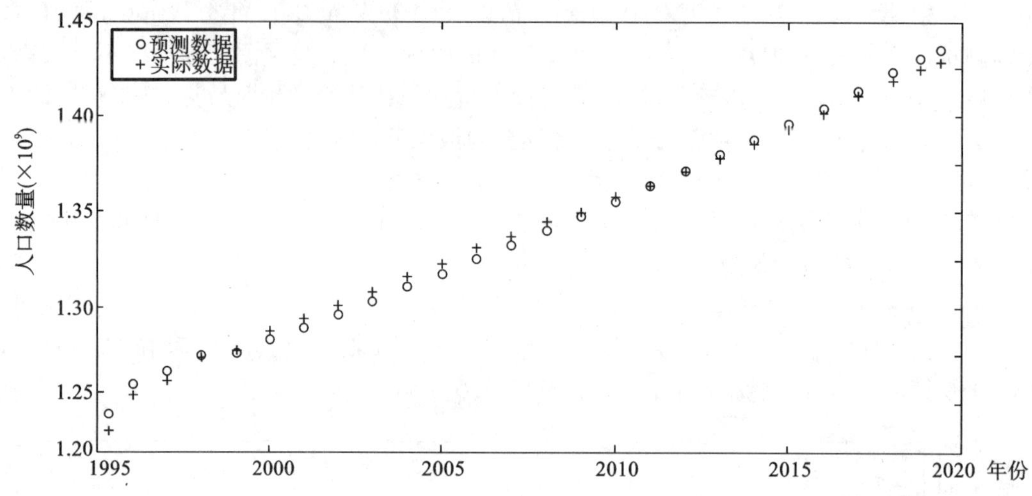

图 4-32 1995—2019 年中国人口马尔萨斯模型拟合图形

(二)Logistic 模型

由于有限的自然资源以及生存空间的限制,会对人口增长产生阻滞作用,而且人口数量越大,这种阻滞作用就越大。荷兰数学生物学家弗赫斯特(Verhulst)据此提出了阻滞增长模型即 Logistic 模型,该模型的阻滞作用体现在对人口增长率 r 的影响上,使得 r 随着人口数量 N 的增加而减少。若将 r 表示为 N 的函数 $r(N)$,则它应是减函数,于是有:

$$\begin{cases}\dfrac{\mathrm{d}N}{\mathrm{d}t}=r(N)N\\ N(0)=N_0\end{cases} \tag{4-53}$$

该模型将 $r(N)$ 看成是 N 线性函数,即:

$$r(N)=r-sN \quad (r>0,s>0) \tag{4-54}$$

设自然资源和环境条件所能容纳的最大人口数量 N_m,当 $N=N_m$ 时人口数量不再增长,即增长率 $r(N_m)=0$,将此代入式(4-54),可得 $s=\dfrac{r}{N_m}$,于是式(4-54)变为:

$$r(N)=r\left(1-\frac{N}{N_m}\right) \tag{4-55}$$

将式(4-55)代入方程式(4-53)可得:

$$\begin{cases}\dfrac{\mathrm{d}N}{\mathrm{d}t}=rN\left(1-\dfrac{N}{N_m}\right)\\ N(0)=N_0\end{cases} \tag{4-56}$$

同样采用分离变量法求解得:

$$N(t)=\frac{N_m}{1+\left(\dfrac{N_m}{N_0}-1\right)\mathrm{e}^{-rt}} \tag{4-57}$$

为了利用线性最小二乘法估计 Logistic 模型参数 r 和 N_m,将方程式(4-56)改写为:

$$\begin{cases}\dfrac{\mathrm{d}N/\mathrm{d}t}{N}=r-sN,s=\dfrac{r}{N_m}\\N(0)=N_0\end{cases}\tag{4-58}$$

式(4-58)的等号左侧可以利用数值微分直接求得，等号右边对参数 r 和 s 是线性的。

【例 4-20】 根据表 4-29 所示的 1970 年至 2019 年中国人口数据，采用 Stata 或 Matlab 等软件可以求得，$r=0.0458277$，$N_m=152897$(万人)。将该参数代入到式(4-57)中，将初始年人口 N_0 设为 1970 年的 82992 万人，便可以拟合出 1970 年至 2019 年的人口预测值，具体如图 4-33 所示。通过对比发现，对于 1970 年至 2019 年的人口预测来说，该模型预测的精确度明显比马尔萨斯模型预测的要好得多。由此可见，Logistic 模型适用于中国人口数量长期预测，根据该模型预测，中国人口 2025 年将达到 143721 万人，2030 年将达到 152897 万人。

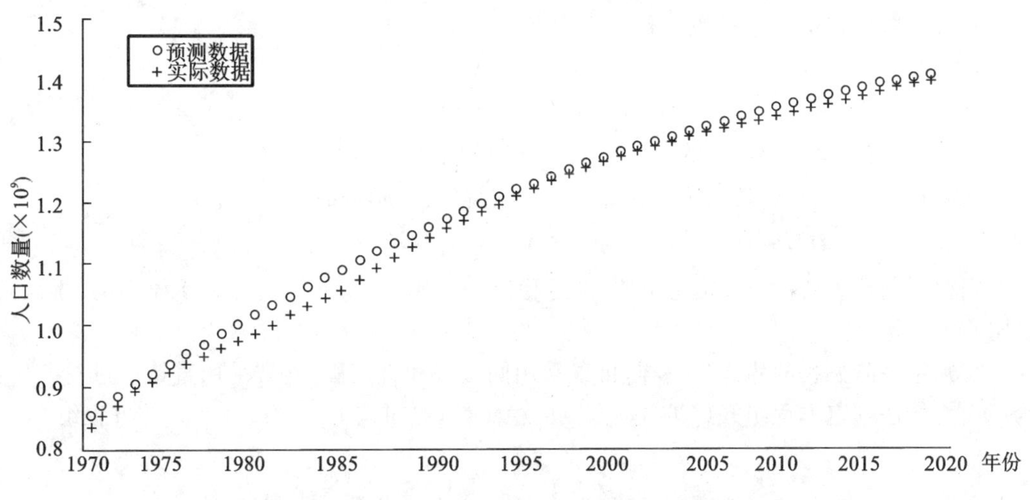

图 4-33　1970—2019 年中国人口 Logistic 模型拟合图

二、微分方程的稳定性理论

(一)一阶方程的平衡点及稳定性

设 x 是自变量 t 的函数，用 $x(t)$表示，则其微分方程可表示为：

$$x'(t)=f(x)\tag{4-59}$$

方程(4-59)中的右端不含有自变量 t，称为自治方程。令方程 $f(x)$得到的实数解 $x=x_0$ 称为方程(4-59)的平衡点(奇点)。如果存在某个邻域，使得方程(4-59)的解 $x(t)$从某个邻域内的某个 $x(0)$出发，满足：

$$\lim_{t\to\infty}x(t)=x_0\tag{4-60}$$

则平衡点 x_0是稳定的；否则 x_0是不稳定的。

判定平衡点是不是稳定点通常包括直接法和间接法两种。间接法就是利用式(4-60)的定义进行判定，该方法的缺点是有时求解极限比较麻烦。直接法则是将 $f(x)$在 x_0点做 Taylor 级数展开，并且只取一次项，方程(4-59)近似为：

$$x'(t)=f'(x_0)(x-x_0) \tag{4-61}$$

微分方程(4-61)称为方程(4-59)的近似线性方程。显而易见，x_0 也是微分方程式(4-61)的平衡点，进而可以通过如下方法判定 x_0 是否为稳定点：

①如果 $f'(x_0)<0$，则 x_0 对于方程式(4-59)和(4-61)都是稳定的；

②如果 $f'(x_0)>0$，则 x_0 对于方程式(4-59)和(4-61)都是不稳定的；

(二)二阶方程的平衡点及稳定性

设 x_1 和 x_2 都是自变量 t 的函数，分别记作 $x_1(t)$ 和 $x_2(t)$，二阶方程可用两个一阶方程表示为：

$$\begin{cases} x'_1(t)=f(x_1,x_2) \\ x'_2(t)=g(x_1,x_2) \end{cases} \tag{4-62}$$

右端不含自变量 t，求解以下代数方程组：

$$\begin{cases} f(x_1,x_2)=0 \\ g(x_1,x_2)=0 \end{cases} \tag{4-63}$$

得到的实数根(x_1^0,x_2^0)称为方程组式(4-62)的平衡点，记为 $P_0(x_1^0,x_2^0)$。

如果存在某个邻域，使得方程组式(4-62)的解$(x_1{}^0)$都满足：

$$\lim_{t\to\infty}x_1(t)=x_1^0;\quad \lim_{t\to\infty}x_2(t)=x_2^0 \tag{4-64}$$

则称平衡点 $P_0(x_1^0,x_2^0)$是稳定的(渐近稳定)；否则，称 $P_0(x_1^0,x_2^0)$是不稳定的(不渐近稳定)。

与判定一阶方程的稳定性一样，可以采用间接法和直接法，通常采用直接法进行判定。为了用直接法判定方程组式(4-62)平衡点的稳定性，先讨论如下的线性常系数方程组：

$$\begin{cases} x'_1(t)=a_1x_1+b_2x_2 \\ x'_2(t)=a_2x_1+b_2x_2 \end{cases} \tag{4-65}$$

系数矩阵记作：

$$\boldsymbol{A}=\begin{bmatrix} a_1 & b_1 \\ a_2 & b_2 \end{bmatrix} \tag{4-66}$$

为了研究方程组式(4-65)的平衡点 $P_0(x_1^0,x_2^0)$的稳定性，假定 A 的行列式 $\det\boldsymbol{A}\neq 0$，于是平衡点 $P_0(x_1^0,x_2^0)$是式(4-65)的唯一平衡点，它的稳定性由如下的特征方程根 λ(特征根)决定。

$$\det(\boldsymbol{A}-\lambda\boldsymbol{I})=0 \tag{4-67}$$

式(4-67)可以写成更加清晰的形式：

$$\begin{cases} \lambda^2+p\lambda+q=0 \\ p=-(a_1+b_2) \\ q=\det\boldsymbol{A} \end{cases} \tag{4-68}$$

将特征根记作 λ_1,λ_2，则：

$$\lambda_1,\lambda_2=\frac{1}{2}(-p\pm\sqrt{p^2-4q}) \tag{4-69}$$

式(4-65)解的一般形式为 $c_1e^{\lambda_1t}+c_2e^{\lambda_2t}(\lambda_1\neq\lambda_2)$或$(c_1+c_2t)e^{\lambda t}(\lambda_1=\lambda_2=\lambda)$，$c_1$、$c_2$ 为任

意实数。根据稳定性的定义，当 λ_1、λ_2 全为负数或有负的实部时 $P_0(0,0)$ 是稳定的平衡点；反之，当 λ_1、λ_2 有一个为正数或有正的实部时 $P_0(0,0)$ 是不稳定的平衡点。微分方程稳定性理论将平衡点分为结点、焦点、鞍点、中心等类型，完全由特征根 λ_1、λ_2 或相应的 p、q 取值决定，表 4-28 简明地给出了这些结果，表中最后一列指按照定义式(4-60)得到的关于稳定性的结论。

表 4-28　由特征方程决定的平衡点的类型和稳定性

λ_1,λ_2	p,q	平衡点类型	稳定性
$\lambda_1<\lambda_2<0$	$p>0,q>0,p^2>4q$	稳定结点	稳定
$\lambda_1>\lambda_2>0$	$p<0,q>0,p^2>4q$	不稳定结点	不稳定
$\lambda_1<0<\lambda_2$	$q<0$	鞍点	不稳定
$\lambda_1=\lambda_2<0$	$p>0,q>0,p^2=4q$	稳定退化结点	稳定
$\lambda_1=\lambda_2>0$	$p<0,q>0,p^2=4q$	不稳定退化结点	不稳定
$\lambda_1,\lambda_2=\alpha\pm\beta i,\alpha<0$	$p>0,q>0,p^2<4q$	稳定焦点	稳定
$\lambda_1,\lambda_2=\alpha\pm\beta i,\alpha>0$	$p<0,q>0,p^2<4q$	不稳定焦点	不稳定
$\lambda_1,\lambda_2-\alpha\pm\beta i,\alpha=0$	$p=0,q>0$	中心	不稳定

由表 4-28 可以看出，根据特征方程的系数 p、q 的正负很容易判断平衡点的稳定性，准则如下：

$$p>0,q>0 \tag{4-70}$$

则平衡点稳定。

$$p<0 \text{ 或 } q<0 \tag{4-71}$$

则平衡点不稳定。

以上是对线性方程的平衡点 $P_0(0,0)$ 稳定性的结论，对于一般的非线性方程，可以用近似线性方法判断其平衡点 $P_0(x_1^0,x_2^0)$ 的稳定性，在 $P_0(x_1^0,x_2^0)$ 点将 $f(x_1,x_2)$ 和 $g(x_1,x_2)$ 做 Taylor 级数展开，只取一次项，得到式(4-62)的近似线性方程：

$$\begin{cases} x'_1(t)=f_{x_1}(x_1^0,x_2^0)(x_1-x_1^0)+f'_{x_2}(x_1^0,x_2^0)(x_2-x_2^0) \\ x_2(t)=g_{x_1}(x_1^0,x_2^0)(x_1-x_1^0)+g_{x_2}(x_1^0,x_2^0)(x_2-x_2^0) \end{cases} \tag{4-72}$$

系数矩阵记作：

$$\mathbf{A}=\begin{bmatrix} f_{x_1} & f_{x_2} \\ g_{x_1} & g_{x_2} \end{bmatrix}\Big|_{p_0(x_1^0,x_2^0)} \tag{4-73}$$

特征方程系数为：

$$P=-(f_{x_1}+g_{x_2})|_{p_0(x_1^0,x_2^0)},q=\det \mathbf{A}, \tag{4-74}$$

显然，$p_0(x_1^0,x_2^0)$ 点对于式(4-72)的稳定性由表 4-28 或准则式(4-70)、(4-71)决定。

三、微分方程模型的应用

【例 4-21】　区域产业集群的共生演化模型

区域产业集群的概念最早是由美国经济学家波特(Poter)提出的，他认为产业集群是由在某一地域空间范围内的企业或机构组成的聚合体。区域产业集群最重要特点就是它的地理集中性以及产业关联性，由于地理位置接近，大量相关企业聚集在一起，可以节约生产与交易成本，形成规模经济效应、协同效应以及群体创新效应。因此，许多国家与地区都相继建立和培育各具特色的产业集群，以此来促进当地的经济发展。但是，随着经济的不断发展，部分区域产业集群规模在不断扩大，而有些则不断收缩甚至消亡，有时还会有新的产业集群诞生，到底区域产业集群经历怎样的产生、形成、发展、平衡稳定以及消亡的演化过程？随着研究的不断深入，有学者发现区域产业集群这种演化过程类似于自然界的生物种群共生演化过程。"共生演化"指的是由于生存的需要，两种或多种生物之间必然按照某种模式互相依存和相互作用地生活在一起，形成共同生存、协同演化的共生关系。同样，区域产业集群也是一个相互联系、相互制约的统一综合体，具有很多与生物相似的特性，包括竞争性、合作性以及环境适应性等，可以借鉴生物界共生演化的基本理论与思想来分析区域产业集群演化过程。

（一）模型假设条件

区域产业集群演化的过程与方向主要取决于两个方面：一是区域内企业的合作与竞争稳定性态势，二是外部环境与区域内企业的相互关系。当这些关系处于稳定状态，就能使相关企业在一定时间内空间聚集，并形成一定的产出规模，在外界环境相对稳定的条件下，整个集群能稳定、协调地发展。在建立区域产业集群的演化模型之前，需要给出以下一些假设性条件。

假设1：如果不考虑企业之间的相互竞争与合作，假定地理位置相对集中的企业之间相互独立，可以将处于整个集群动态演化过程中企业所经历的内生和外生变化简化为企业的产值信号，此时，企业产值变化过程实质上反映了区域产业集群的共生演化过程，并且每个企业产值增长与其所处环境间的关系表现为如下 Logistic 方程：

$$\frac{\mathrm{d}Q(t)}{\mathrm{d}t}=rQ\left(1-\frac{Q}{M}\right) \tag{4-75}$$

其中 $Q(t)$ 表示企业产值是时间 t 的函数，这里 t 是除了表示普通意义的时间含义之外，还含有影响企业产值的外部环境因素，如资金、技术、信息以及产业政策等，r 表示企业在理想状态下的产值增长率，M 表示在一定的地域空间内，在给定的资源限定下，企业的最大产值。

假设2：企业产值的变化受到行业内禀增长率 r 的影响，r 越大 $Q(t)$ 增长越快，r 的大小取决于行业本身的发展水平，假设为一大于零的常数。

假设3：在特定的时间内，区域产业集群的各种资源禀赋是一定的，企业在这种自然状态下生产，其产值存在一个最大值 M，而且企业产值增长率 r 还受到自然市场饱和度 Q/M 的阻滞作用。

假设4：区域产业集群的企业存在着竞争与合作的关系，竞争关系使得一个企业的产值市场饱和度对另一个企业的产值增长率具有阻滞作用，合作关系使得一个企业的产值市场饱和度对另一个企业的产值增长率具有促进作用。

（二）模型的建立

为了便于分析，我们只讨论区域产业集群内两个企业 A 和 B 的演化模型，企业数超过两个的产业集群演化模型与两个企业情况完全类似。用 $Q_A(t)$、$Q_B(t)$分别代表 t 时刻 A、B 两家企业的产值，M_A、M_B表示企业 A、B 相互独立，技术水平一定，资源要素给定的情况下，两家企业的最大产值，并假设其为常数。r_A、r_B分别表示企业 A、B 产值平均增长率，也假设为大于 0 的常数。在区域产业集群内无论是同类企业还是异类企业，上游企业与下游企业之间均存在相互竞争与合作的双重关系。因此，在上述假设之下，A 企业的产值增长满足如下 Logistic 方程：

$$\frac{\mathrm{d}Q_A(t)}{\mathrm{d}t}=f(Q_A,Q_B)=r_AQ_A\left(1-\frac{Q_A}{M_A}-\alpha_1\frac{Q_B}{M_B}+\beta_1\frac{Q_B}{M_B}\right) \tag{4-76}$$

式(4-76)中 α_1 是企业 A、B 之间竞争程度大小的度量指标。如果 $\alpha_1=0$，说明企业 A、B 使用完全不同的资源，企业 B 对企业 A 不造成任何威胁；如果 $\alpha_1\neq0$，说明企业 A、B 使用相同的资源，企业 B 对企业 A 造成一定的威胁，α_1 值越大，说明企业 B 对企业 A 造成的威胁越大。除了竞争之外，企业 A、B 还可以通过知识共享、联合开发等方式进行相互合作，这可以通过 β_1 指标来度量，β_1 越大说明两企业合作越密切，β_1 越小说明两者合作越少，当 $\beta_1=0$ 说明两企业不存在任何合作关系。同理，可以构造 B 企业产值增长的 Logistic 方程，如式(4－77)所示，具体参数意义同上所述。

$$\frac{\mathrm{d}Q_B(t)}{\mathrm{d}t}=g(Q_A,Q_B)=r_BQ_B\left(1-\frac{Q_B}{M_B}-\alpha_2\frac{Q_A}{M_A}+\beta_2\frac{Q_A}{M_A}\right) \tag{4-77}$$

令方程式(4-76)和方程式(4-77)等于 0，可以得到如下 4 个平衡点：

$E_1(M_A,0)$；$E_2(0,M_B)$；$E_3\left(\frac{M_A(1-\alpha_1+\beta_1)}{1-(\alpha_1-\beta_1)(\alpha_2-\beta_2)}\right),\left(\frac{M_B(1-\alpha_2+\beta_2)}{1-(\alpha_1-\beta_1)(\alpha_2-\beta_2)}\right)$；$E_4(0,0)$。

为了判定各平衡点的稳定性，需要构造如下的雅可比矩阵 $\boldsymbol{J}$：

$$\boldsymbol{J}=\begin{bmatrix}\dfrac{\partial f(Q_A,Q_B)}{\partial Q_A} & \dfrac{\partial f(Q_A,Q_B)}{\partial Q_B}\\ \dfrac{\partial g(Q_A,Q_B)}{\partial Q_A} & \dfrac{\partial g(Q_A,Q_B)}{\partial Q_B}\end{bmatrix}=\begin{bmatrix}r_A\left(1-\dfrac{2Q_A}{M_A}-\dfrac{\alpha_1Q_B}{M_B}+\dfrac{\beta_1Q_B}{M_B}\right) & \dfrac{-r_AQ_A(\alpha_1-\beta_1)}{Q_B}\\ \dfrac{-r_BQ_B(\alpha_2-\beta_2)}{Q_B} & r_B\left(1-\dfrac{2Q_B}{M_B}-\dfrac{\alpha_2Q_A}{M_A}+\dfrac{\beta_2Q_A}{M_A}\right)\end{bmatrix} \tag{4-78}$$

若行列式 $\det\boldsymbol{J}\neq0$，令 $p=-(\partial f(Q_A,Q_B)/\partial Q_A+\partial g(Q_A,Q_B)/\partial Q_B$，$q=\det\boldsymbol{J}$，当平衡点 E 满足 $p>0$，$q>0$ 时稳定，当 $p<0$ 或 $q<0$ 时不稳定。把平衡点 E_1、E_2、E_3 和 E_4 分别代入式(4-78)，再计算相应的 p 和 q 值，便可得到如表 4-29 所示的结果。

表 4-29　区域产业集群演化模型的平衡点及稳定条件

平衡点	p	q	稳定条件
$E_1(M_A,0)$	$r_A-r_B(1-\alpha_2+\beta_2)$	$-r_Ar_B(1-\alpha_2+\beta_2)$	$\alpha_2-\beta_2>1$ $\alpha_1-\beta_1<1$
$E_2(0,M_B)$	$r_B-r_A(1-\alpha_1+\beta_1)$	$-r_Ar_B(1-\alpha_1+\beta_1)$	$\alpha_1-\beta_1>1$ $\alpha_2-\beta_2<1$

续表

平衡点	p	q	稳定条件
$E_3\left(\dfrac{M_A(1-\alpha_1+\beta_1)}{1-(\alpha_1-\beta_1)(\alpha_2-\beta_2)},\dfrac{M_B(1-\alpha_2+\beta_2)}{1-(\alpha_1-\beta_1)(\alpha_2-\beta_2)}\right)$	$\dfrac{r_A(1-\alpha_1+\beta_1)+r_B(1-\alpha_2+\beta_2)}{1-(\alpha_1-\beta_1)(\alpha_2-\beta_2)}$	$\dfrac{r_Ar_B(1-\alpha_1+\beta_1)(1-\alpha_2+\beta_2)}{1-(\alpha_1-\beta_1)(\alpha_2-\beta_2)}$,	$\alpha_1-\beta_1<1$ $\alpha_2-\beta_2<1$
$E_4(0,0)$	$-(r_A+r_B)$	r_Ar_B	不稳定

需要说明的是，根据稳定性判别标准，表 4-29 中的平衡点 E_1 只需要 $\alpha_2-\beta_2>1$ 即满足 $p>0,q>0$，E_2 点只需要 $\alpha_1-\beta_1>1$ 即满足 $p>0,q>0$，分别加上 $\alpha_1-\beta_1<1$ 和 $\alpha_2-\beta_2<1$ 两个条件是满足其稳定点与初始值无关。

第七节　演化博弈模型

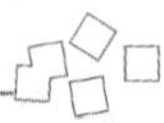

一、演化博弈思想

演化博弈理论(evolution game theory)源于生物演化论，遵从生物演化论中“物竞天择，适者生存”的基本原则，它非常成功地解释了生物演化过程中的某些现象，在分析社会习惯、规范、制度或体制的演化形成及其影响因素等方面，取得了令人瞩目的成就。最早将其运用于管理领域并作为一个独立研究对象的，是约瑟夫·熊彼特(Schumpeter，1934 年)对创新过程的研究，其后演化博弈论逐渐发展成一个新的研究领域。与经典博弈理论不同的是，演化博弈论假设博弈参与方是有限理性的，即博弈参与方会在博弈过程中不断地学习、模仿和试错，寻找最优策略。在方法论上，它不同于博弈论将重点放在静态均衡和比较静态均衡上，而强调的是一种动态的均衡。在演化博弈理论中，演化稳定策略(evolutionary stable strategy，ESS)和复制动态(replication dynamics)是两个核心概念。演化稳定策略是指在博弈的过程中，博弈参与方由于有限理性，不可能一开始就找到最优策略以及最优均衡点。于是，博弈参与方在博弈的过程中需要不断进行学习，有过策略失误会逐渐改正，并不断模仿和改进过去自己和别人的最有利策略。经过一段时间的模仿和改错，所有的博弈参与方都会趋于某个稳定的策略。复制动态实际上是描述某一特定策略在一个种群中被采用的频数或频度的动态微分方程，可以用下式表示：

$$\frac{\mathrm{d}x_1}{\mathrm{d}t}=x_i[u(s_i,x)-u(x,x)] \tag{4-79}$$

式中，x_i 为一群体中采纳纯策略 s_i 的概率或比例，$u(s_i,x)$ 为采纳纯策略 s_i 时的适应度，$u(x,x)$ 为平均适应度。由式(4-79)可知，群体选择策略 s_i 的动态变化速度取决于两个因素：一是群体上次采用策略 s_i 的概率或比例越大，那么下次采纳策略 s_i 的可能性也越大；二

是采用纯策略 s_i 的适应度 $u(s_i,x)$ 与平均适应度 $u(x,x)$ 的正向差值越大，那么下次采纳纯策略 s_i 可能性也越大。演化博弈关注的问题是，当时间趋于无穷大时，博弈参与方策略选择行为是怎样的？这就是演化博弈稳定性问题，一个稳定状态必须对微小扰动具有稳健性才能称为演化稳定策略。也就是说，如果我们假定某点为演化稳定策略的稳定点，则该点除了本身必须是均衡状态以外，还必须具有这样的性质：如果某些博弈参与方由于偶然的错误偏离了它们，复制动态仍然会使 x 回复到 x^*。在数学上，这相当于要求：当干扰使 x 低于 x^* 时，$\frac{dx}{dt}$ 必须大于 0；当干扰使得 x 出现高于 x^* 时，$\frac{dx}{dt}$ 必须小于 0，这就要求这些稳定状态处的导数必须小于 0。

二、对称博弈的复制动态与演化稳定策略

所谓对称博弈是指群体中个体无角色区分的博弈，在演化博弈中，不同角色一般按个体所能够选择的纯策略集合是相同还是不同来区分的，因此对称博弈中所有的个体都有相同的行动空间。一般的对称博弈收益矩阵可用表 4-30 表示。

表 4-30　对称博弈收益矩阵

策略	策略 i	策略 j
策略 i	a,a	b,c
策略 j	c,b	d,d

以上是一个通用的对称博弈收益矩阵，如果不给出 a、b、c 和 d 的具体数值，该博弈有哪些纳什均衡并不清楚。现在在博弈双方有限理性条件下，分析该对称博弈的复制动态和演化稳定性策略。假设参与博弈的双方是从一个大群体中随机配对博弈，该群体中持有策略 i 的参与方比例为 x，则持有策略 j 的参与方比例为 $1-x$。根据以上假设可知，采用策略 i 和策略 j 的参与者期望收益分别为：

$$U_i=x\cdot a+(1-x)b \tag{4-80}$$

$$U_j=x\cdot c+(1-x)d \tag{4-81}$$

那么，群体的平均期望收益为：

$$\overline{U}=x\cdot U_i+(1-x)U_j \tag{4-82}$$

由于假设博弈群体参与方为有限理性，博弈开始时，两种策略都有参与方采纳，随着随机配对博弈的进行，群体中采用两种策略的参与方数量会随着时间的推移有所改变。因此，可以将 x 看成是时间 t 的函数，某种策略选择参与方的比例随时间变化的快慢通常取决于选择该种策略参与者人数多少以及选择该策略所能带来的收益优越感。综合以上两个影响因素，以采用策略 i 为分析对象，可以将采用策略 i 的参与方比例随时间变化的复制动态动态方程写为：

$$F(x)=\frac{\mathrm{d}x}{\mathrm{d}t}=x(U_i-\overline{U})=x(1-x)[x(a-c)+(1-x)(b-d)] \tag{4-83}$$

令 $F(x)=0$，可以求得微分方程(4-83)的 3 个均衡点：$x_1=0$，$x_2=1$ 和 $x_3=\frac{d-b}{a-b-c+d}(a+d\neq b+c)$。根据微分方程稳定性原理，均衡点要成为演化稳定策略，该点的复制动态方程导数必定小于 0，需要式(4-83)对 x 求一阶导数：

$$F'(x)=-3(a-b-c+d)x^2+2(a-2b-c+2d)x+b-d \tag{4-84}$$

当 $x_1=0$，$x_2=1$ 和 $x_3=\dfrac{d-b}{a-b-c+d}(a+d\neq b+c)$时，此时的 $F'(x)$值分别为：

$$F'(0)=b-d \tag{4-85}$$

$$F'(1)=c-a \tag{4-86}$$

$$F'\left(\frac{d-b}{a-b-c+d}\right)=\frac{(d-b)(a-c)}{a-b-c+d} \tag{4-87}$$

(1)当 $0<x_3=\dfrac{d-b}{a-b-c+d}<1$，而且 $a-b-c+d>0$ 时，也即 $d>b$ 且 $a>c$ 时，此时 $F'(0)<0$，$F'(1)<0$，$F'\left(\dfrac{d-b}{a-b-c+d}\right)>0$，因此，$x_1=0$ 和 $x_2=1$ 都是稳定的均衡点即演化稳定策略。此时，最终的演化稳定策略取决于初始的 x 的水平，如果初始的 x 在 0 和 $\dfrac{d-b}{a-b-c+d}$之间，$x_1=0$ 是最终演化稳定策略，群体最终将选择策略 j；如果初始的 x 在 $\dfrac{d-b}{a-b-c+d}$和 1 之间，$x_1=1$ 是最终演化稳定策略，群体最终将选择策略 i。当 $0<x_3=\dfrac{d-b}{a-b-c+d}<1$，而且 $a-b-d+d<0$ 时，也即 $d<b$ 且 $a<c$ 时，此时 $F'(0)>0$，$F'(1)>0$，$F'\left(\dfrac{d-b}{a-b-c+d}\right)<0$，因此，$x_3=\dfrac{d-b}{a-b-c+d}$是稳定的均衡点即演化稳定策略。此时无论初始的 x 水平如何，最终都会有$\dfrac{d-b}{a-b-c+d}$比例的参与方会选择策略 i，$\dfrac{a-c}{a-b-c+d}$比例的参与者会选择策略 j。

(2)当 $x_3=\dfrac{d-b}{a-b-c+d}<0$，而且 $a-b-c+d>0$ 时，也即 $a+d>b+c$ 且 $d<b$ 时，由于 $x_3<0$ 不可能是稳定的均衡点，此时 $F'(0)>0$，如果 $a>c$，则 $F'(1)<0$，那么 $x_2=1$ 是稳定的均衡点，也就是说此种情况下无论初始的 x 水平如何，群体最终都会选择策略 i；如果$a<c$，此种情况不可能出现，因为此时 $a+d<b+c$ 与 $a+d>b+c$ 矛盾。当 $x_3=\dfrac{d-b}{a-b-c+d}<0$，而且 $a-b-c+d<0$ 时，也即 $a+d<b+c$ 且 $d>b$ 时，同样由于 $x_3<0$ 不可能是稳定的均衡点，此时 $F'(0)<0$，如果 $a>c$，此种情况不可能出现，因为此时 $a+d>b+c$ 与 $a+d<b+c$ 矛盾，如果 $a<c$ 则 $F'(1)>0$，因此，$x_2=0$ 是最终演化稳定策略，群体最终将选择策略 i。

(3)当 $x_3=\dfrac{d-b}{a-b-c+d}>1$，且 $a-b-c+d>0$ 时，也即 $a+d>b+c$ 且 $a<c$ 时，由于 $x_3>1$ 不可能是稳定的均衡点，此时 $F'(1)>0$，如果 $d>b$，则 $F'(0)<0$，那么 $x_1=0$ 是稳定的均衡点，也就是说此种情况下无论初始的 x 水平如何，群体最终都会选择策略 j；如果 $d<b$，此种情况不可能出现，因为此时 $a+d<b+c$ 与 $a+d>b+c$ 矛盾。当 $x_3=\dfrac{d-b}{a-b-c+d}>1$，而且 $a-b-c+d<0$ 时，也即 $a+d<b+c$ 且 $a>c$ 时，同样由于 $x_3>1$ 不可能是稳定的均衡点，此时 $F'(1)<0$，如果 $d>b$，此种情况不可能出现，因为此时 $a+b>b+c$ 与 $a+d<b+c$ 矛盾，如果 $d<b$ 则 $F'(0)>0$，因此，$x_2=1$ 是最终演化稳定策略，群体最终将选择策略 i。

(4)当 $x_3=\dfrac{d-b}{a-b-c+d}=0$ 时，此时 $x_1=x_3=0$，如果 $a>c$，$F'(1)<0$，此时，$x_2=1$ 是最终演化稳定策略，群体最终将选择策略 i；如果 $a<c$，$F'(1)>0$，此时没有均衡稳定点；如果 $a=c$，$F'(x)=0$，群体选择策略 i 的比例随着时间的推移不发生改变。

(5)$x_3=\dfrac{d-b}{a-b-c+d}=1$，即 $a=c$ 时，此时 $x_2=x_3=1$，如果 $b<d$，$F'(0)<0$，此时，$x_1=0$ 是最终演化稳定策略，群体最终将选择策略 j；如果 $b>d$，$F'(0)>0$，此时没有均衡稳定点；如果 $b=d$，$F(x)=0$，群体选择策略 i 的比例随着时间的推移不发生改变。

以上是对一般的对称博弈的复制动态方程和演化稳定策略的理论推导，下面举一个简单的例子说明对称演化博弈模型中的群体通过模仿学习和调整策略的复制动态和稳定策略，群体中可供选择的策略仍然分为策略 i 和策略 j，其博弈收益矩阵可用表 4-31 表示。

假设 $a=1$，$b=c=d=0$，同时假设群体中选择策略 i 的比例为 x，选择策略 j 的比例为 $1-x$，对于此种情形可归结为上述讨论的第(4)种的 $a>c$ 且 $d=b$ 的情形，此时 $x_2=1$ 是最终演化稳定策略，群体最终将选择策略 i。为了验证上述理论推导的正确与否，分别计算出群体中参与方选择策略 i 和策略 j 的期望收益以及群体成员的平均收益：

$$U_i=x\times1+(1-x)\times0=x \tag{4-88}$$

$$U_j=x\times0+(1-x)\times0=0 \tag{4-89}$$

$$\overline{U}=x\times U_i+(1-x)\times U_j=x^2 \tag{4-90}$$

以采用策略 i 的参与方比例为例，其动态变化速度可以用下列动态微分方程表示：

$$\frac{\mathrm{d}x}{\mathrm{d}t}=F(x)=x(U_i-\overline{U})=x^2(1-x) \tag{4-91}$$

令 $F(x)=0$，可以求得 $x_1=0$ 和 $x_2=1$ 两个均衡点，而复制动态方程 $F(x)$ 对 x 的一阶导数为 $2x-3x^2$。如果 $x=0$，则复制动态方程 $F(x)=0$，即如果初始时刻没有参与方采用策略 i，那么采用策略 i 的参与方就不会出现。也就是说，对于有限理性的博弈参与者来说，一定要有模仿的对象才能进行模仿，当 $x=0$ 时没有选择策略 i 的参与方模仿对象，因此，所有参与方都不可能改变目前的策略。而当 $0<x\leqslant1$ 时，显而易见，$F'(1)=-1<0$，即 $x_2=1$ 是稳定的均衡点，即只要初始状态选择策略 i 的比例大于 0，最终大家都会选择策略 i。如表 4-31 所示。

表 4-31　对称博弈收益矩阵

策略	策略 i	策略 j
策略 i	1,1	0,0
策略 j	0,0	0,0

三、非对称演化博弈的复制动态与演化稳定策略

考虑一般的非对称博弈，其收益矩阵如表 4-32 所示，由于收益的不对称性，参与者可以分为两类群体：群体甲和群体乙，同时假定群体甲中持有策略 i 的参与者比例为 x，则持有策略 j 的比例为 $1-x$；群体乙中持有策略 i 的参与者比例为 y，则持有策略 j 的比例为 $1-y$，此时，群体甲中采用策略 i 和策略 j 的期望收益分别为：

$$U_{1i}=ay \tag{4-92}$$

$$U_{1j}=cy+e(1-y) \tag{4-93}$$

此时，群体甲的平均收益为：

$$\overline{U_1}=x\times U_{1i}+(1-x)\times U_{1j}=axy+(1-x)[cy+e(1-y)] \tag{4-94}$$

因此，群体甲的复制动态方程为：

$$\frac{\mathrm{d}x}{\mathrm{d}t}=F(x,y)=x(U_{1i}-\overline{U_1})=x(1-x)[(a-c+e)y-e] \tag{4-95}$$

同理，可以得到群体乙的复制动态方程为：

$$\frac{\mathrm{d}y}{\mathrm{d}t}=G(x,y)=y(1-y)[(b-d+f)x-f] \tag{4-96}$$

令以上两个复制动态方程等于0，可以求出5个局部均衡点，分别为：(0,0)，(0,1)，(1,0)，(1,1)和$\left(\frac{f}{b-d+f},\frac{e}{a-c+e}\right)$。在可得到5个局部均衡点后，可以仿照对称博弈的演化稳定策略分析方法分析其演化稳定策略，但由于这里是一般形式的非对称博弈，可能的情况较多，这里不一一进行列举。

表 4-32 非对称博弈收益矩阵

		群体乙	
		策略 i	策略 j
群体甲	策略 i	a,b	g,d
	策略 j	c,h	e,f

四、演化博弈模型应用

【例 4-22】 产学研协同创新的演化博弈分析。

创新的概念最早是由美籍奥地利经济学家熊彼特(Schumpeter)提出的，他认为创新是企业家通过一定的途径，如引入一种新产品、采用一种新技术、开辟新市场、获得原料的新供给源以及建立新的组织形式等，实现对生产要素的新组合。自从熊彼特提出创新概念以来，创新已成为国家、地方政府以及企业长远发展的战略核心，受到人们的普遍关注，成为推动国家和区域经济发展的重要动力来源。随着创新理论研究的不断深入，人们发现产学研合作是创新非常重要而有效的模式，即企业、大学和科研院所以共同的发展目标为基础，按照一定的机制或规则，结合彼此的资源而建立的一种优势互补、风险共担、共同发展的正式而非合并的合作关系。目前，国内外学者对产学研合作创新的研究主要运用产业集群理论、知识管理理论、激励理论、产权经济费用理论、产业组织理论、创新系统理论以及效用分析理论等探讨其形成条件、发展环境、经济效应、合作模式、利益分配、内在机理、动力机制以及运行绩效等。这些理论与研究成果为产学合作创新的研究奠定了坚实的基础，很多文献运用博弈理论研究产学研合作创新问题时，多是基于参与人的理性假设，但现实生活中的产学研参与方很难具备完美的理性意识、分析能力、辨别能力以及记忆能力等，因此，尝试运用演化博弈理论在有限理性条件下，分析产学研合作创新的复制动态策略调整过程以及解的稳定性问题。

(一)模型假设条件

假设 1:在产学研合作创新博弈中,一方是企业,另一方是高校和科研机构,称为学研方,由于每个参与方的价值取向、知识结构、认知能力以及社会文化等存在诸多差别,在合作创新博弈的策略反应上具有一定的差异性和试错性。因此,在构建产学研合作创新博弈模型时,假设参与方均具有有限理性。在互动博弈的过程中,博弈双方可以通过不断获得信息,逐渐提高理性层次,从而调整自己的行为策略来寻求最优策略。

假设 2:对于企业和学研方来说,假定其创新策略要么是合作,要么是不合作。因此,企业和学研方的行为策略选择空间都是(合作,不合作);同时假定在博弈的初期,企业选择合作的概率为 x,选择不合作的概率为 $1-x$,学研方选择合作概率为 y,选择不合作概率为 $1-y$。

假设 3:当产、学研双方都不进行任何合作,双方只能得到正常的收益,将此时的企业收益记作 u,学研方收益记作 v。当双方签订了产、学研合作协议,如果合作成功的话,产、学研双方需各自投入费用 c_1 和 c_2,此时的企业获得的额外收益为 $\alpha\pi$,学研方获得的额外收益为$(1-\alpha)\pi$,同时政府各给予产、学研双方 π_1 奖金;如果在合作的过程中,学研方退出合作,由于违约需要支付给企业违约金 c;如果在合作的过程中,企业自己通过某种途径掌握了该项研究技术而进行违约,此时企业需要支付给学研方的违约金也是 c。

在上述假设之下,产、学研合作创新博弈的支付矩阵如图 4-34 所示。

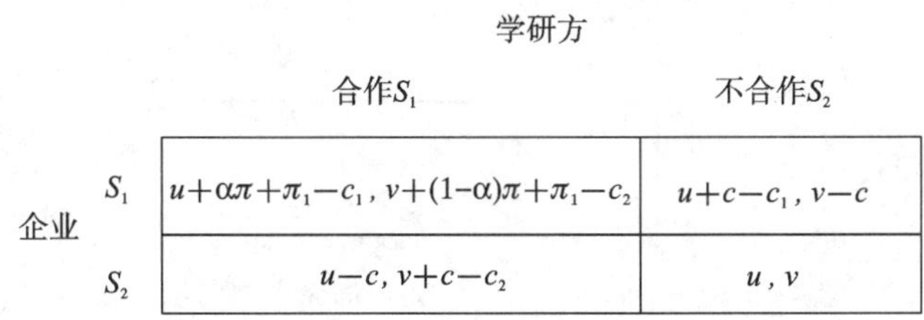

		学研方：合作 S_1	学研方：不合作 S_2
企业	S_1	$u+\alpha\pi+\pi_1-c_1,\ v+(1-\alpha)\pi+\pi_1-c_2$	$u+c-c_1,\ v-c$
	S_2	$u-c,\ v+c-c_2$	$u,\ v$

图 4-34　产学研合作创新的支付矩阵

(二)模型建立

根据产学研合作创新博弈的支付矩阵,对于博弈参与企业,合作策略的期望收益为:

$$u_{1s_1}=y(u+\alpha\pi+\pi_1-c_1)+(1-y)(u+c-c_1) \tag{4-97}$$

博弈参与企业不合作的期望收益为:

$$u_{1s_2}=y(u-c)+(1-y)u \tag{4-98}$$

博弈参与企业合作与不合作策略的平均期望收益为:

$$\overline{u_1}=x[y(u+\alpha\pi+\pi_1-c_1)+(1-y)(u+c-c_1)]+(1-x)[y(u-c)+(1-y)u] \tag{4-99}$$

因此,企业的复制动态方程为:

$$\frac{\mathrm{d}x}{\mathrm{d}t}=x(1-x)[(\alpha\pi+\pi_1)y+c-c_1] \tag{4-100}$$

同理，学研方的复制动态方程为：

$$\frac{\mathrm{d}y}{\mathrm{d}t}=y(1-y)[(\pi-\pi\alpha+\pi_1)x+c-c_2] \tag{4-101}$$

令 $\mathrm{d}x/\mathrm{d}t=0,\mathrm{d}y/\mathrm{d}t=0$，可以得到企业与学研方合作创新博弈的五个平衡点：

$$E_1(0,0),E_2(0,1),E_3(1,1),E_4(1,0),E_5\left(\frac{c_2-c}{(1-\alpha)\pi+\pi_1},\frac{c_1-c}{\alpha\pi+\pi_1}\right)。$$

(三)产、学研双方策略的演化稳定性

产学研合作创新的博弈过程可以用式(4-100)和(4-101)组成的动态系统来描述，对于一个由微分方程描述的动态系统，其均衡点的稳定性可根据微分方程的稳定性定理与演化稳定策略的性质进行分析。

第一，企业策略的演化稳定性。

令 $f(x)=\mathrm{d}x/\mathrm{d}t$，当 $f(x^*)<0$，x^* 为演化均衡策略。

(1)当 $y=(c_1-c)/(\alpha\pi+\pi_1)$ 时。此时 $f(x)$ 始终为 0，这意味着所有的 x 都是稳定状态，如图 4-35 所示。

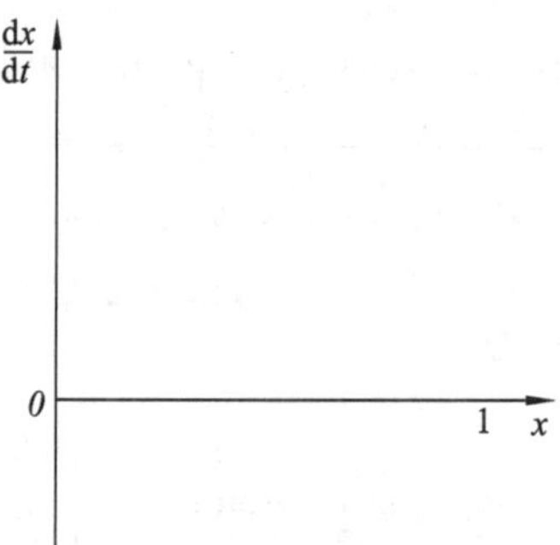

图 4-35　$y=(c_1-c)/(\alpha\pi+\pi_1)$ 时的企业复制动态图

(2)当 $c_1-c>0$，且 $(c_1-c)/(\alpha\pi+\pi_1)\leqslant1$ 时，即 $0<(c_1-c)/(\alpha\pi+\pi_1)\leqslant1$。如果 $y>(c_1-c)/(\alpha\pi+\pi_1)$，此时 $f(x)>0$，$f'(1)<0$，于是 $x^*=1$ 为演化稳定策略；如果 $y<(c_1-c)/(\alpha\pi+\pi_1)$，则此时 $f(x)<0$，$f'(0)<0$，于是 $x^*=0$ 为演化稳定策略。此情形下的企业复制动态如图 4-36 所示。

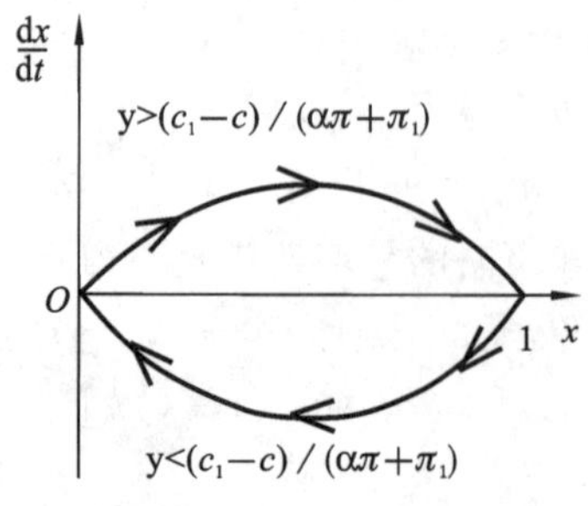

图 4-36　$0<(c_1-c)/(\alpha\pi+\pi_1)\leqslant1$ 时的企业复制动态图

(3)当 $c_1-c>0$，且 $(c_1-c)/(\alpha\pi+\pi_1)>1$ 时。此时总有 $f(x)<0$，$f'(0)<0$，于是 $x^*=0$

为演化稳定策略。

(4)当 $c_1-c<0$,即 $(c_1-c)/(\alpha\pi+\pi_1)<0$ 时。此时总有 $f(x)>0$,$f'(1)<0$,于是 $x^*=1$ 为演化稳定策略。情形(3)和(4)时的企业复制动态如图 4-37 所示。

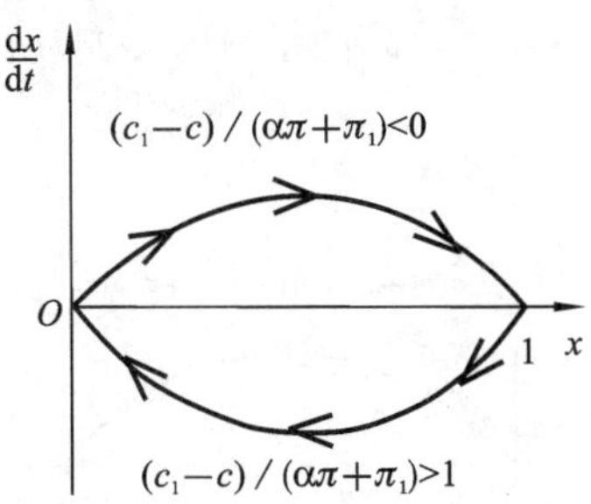

图 4-37　情形(3)和(4)时的企业复制动态图

第二,学研方策略的演化稳定性。

令 $g(y)=\mathrm{d}y/\mathrm{d}t$,当 $g'(y^*)<0$,y^* 为演化均衡策略。

(1)当 $x=(c_2-c)/(\pi-\alpha\pi+\pi_1)$时。此时 $g(y)$始终为 0,这意味着所有的 y 都是稳定状态,如图 4-38 所示。

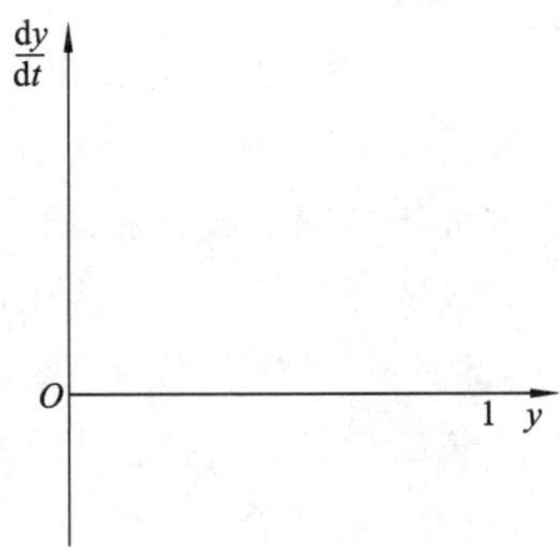

图 4-38　$x=(c_2-c)/(\pi-\alpha\pi+\pi_1)$时的学研方复制动态图

(2)当 $c_2-c>0$ 时,且 $(c_2-c)/(\pi-\alpha\pi+\pi_1)\leqslant1$ 时,即 $0<(c_2-c)/(\pi-\alpha\pi+\pi_1)\leqslant1$。如果 $x>(c_2-c)/(\pi-\alpha\pi+\pi_1)$,则此时 $g(y)>0$,$g'(1)<0$,于是 $y^*=1$ 为演化稳定策略;如果 $x<(c_2-c)/(\pi-\alpha\pi+\pi_1)$,则此时 $g(y)<0$,$g'(0)<0$,于是 $y^*=0$ 为演化稳定策略,此情形下的企业复制动态如图 4-39 所示。

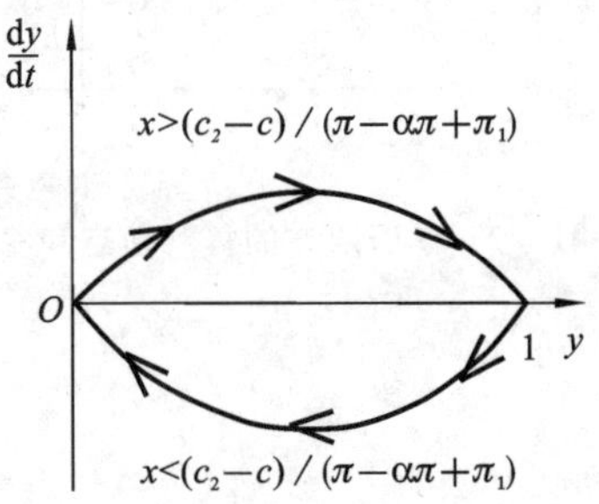

图 4-39　$0<(c+vc)/v\pi_2\leqslant1$ 时的学研方复制动态图

(3)当 $c_2-c>0$，且$(c_2-c)/(\pi-\alpha\pi+\pi_1)>1$ 时。此时总有 $f(y)<0$，$f'(0)<0$，于是 $y^*=0$ 为演化稳定策略。

(4)当 $c_2-c<0$，即$(c_2-c)/(\pi-\alpha\pi+\pi_1)<0$ 时。此时总有 $f(y)>0$，$f'(1)<0$，于是 $y^*=1$ 为演化稳定策略。情形(3)和(4)时的学研方复制动态如图 4-40 所示。

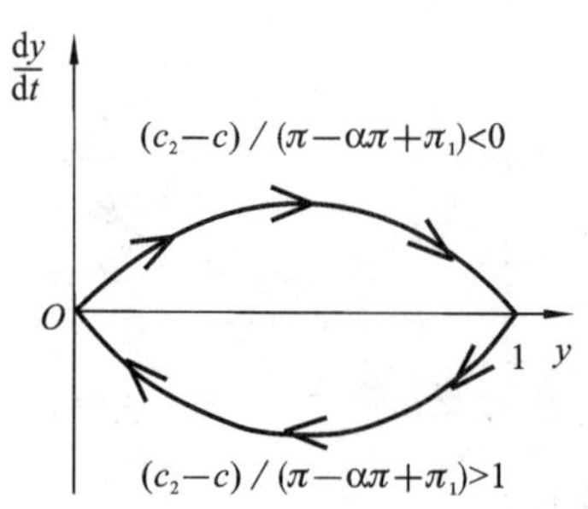

图 4-40　$(c+vc)/v\pi_2>1$ 时的学研方复制动态图

把图 4-35、图 4-36、图 4-38 和图 4-39 放在一个坐标平面中表示，可以得到图 4-41 所示的产、学研双方复制动态相位图，此时该博弈的 5 个平衡点中，E_1 和 E_3 不稳定源出发点，E_5 为鞍点，E_2 和 E_4 为局部演化稳定点，也就是演化稳定策略 ESS；同时出现企业策略和学研方策略的演化稳定性的第三种情形时，要求$(c_1-c)/(\alpha\pi+\pi_1)>1$，$(c_2-c)/(\pi-\alpha\pi+\pi_1)>1$，即产、学研双方的投入成本大于预期的收益和政府补贴，相当于把图 4-41 中的鞍点 E_5 向右上方拉出 $E_1E_2E_3E_4$ 区域，显然双方最终的演化稳定策略必为不合作；同理，当同时出现出现 $c_1-c<0$，$c_2-c<0$，此时产、学研双方的违约成本大于其投入的成本，相当于把图 4-41 中的鞍点 E_5 向左下方拉出 $E_1E_2E_3E_4$ 区域，此时双方的演化稳定策略必为合作，说明沉重的违约成本逼迫产、学研双方不得不合作。

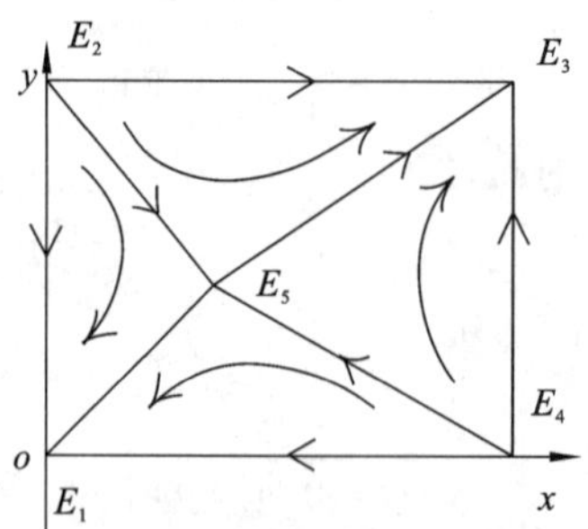

图 4-41　产、学研双方的复制动态和稳定性

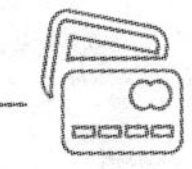

思考题

第四章思考题

第五章
系统预测

本章课件

学习目标

1. 掌握时间序列平滑预测法、趋势外推预测法、灰色预测法以及回归预测法。
2. 掌握各种趋势外推预测模型的选择方法。
3. 了解预测的概念、分类以及步骤。

学习重难点

1. 对时间序列数据进行识别，选择合适的预测方法。
2. 充分理解灰色预测方法的建模思想，回归分析预测法的最小二乘法原理以及各种检验方法原理。
3. 能综合运用各种预测方法对实际预测问题进行预测。

第一节　系统预测概述

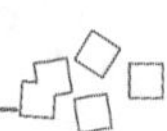

一、预测科学的产生

预测自古有之，可以说自从有了人类历史记载以来，人们就不断地对未来的一些状况进行预测。如上古农耕时期的产物“二十四节气”，就是人们通过观察天体运行，认知一岁中的时令、气候、物候等变化规律所形成的知识体系，属于典型的气象预测。我国东汉时代的张衡，在公元 132 年就制成了世界上最早的“地动仪”，这是最早的地震预测仪器，而近代的地震仪在 1880 年才出现，它的原理和张衡地动仪基本相似，但在时间上却晚了 1700 多年。再比如我国古代流传下来的一些名言或谚语，如“凡事预则立，不预则废。”“察古知今，察往知来”“论其有余不足，则知贵贱，贵上极则反贱，贱下极则反贵。”“人无远虑，必有近忧”“运筹谋划，须先预测未来”“冬天麦盖三层被，来年枕着馒头睡”以及“城门失火，殃及池鱼”等，这些都体现了预测的思想与应用。预测作为一门科学的产生，一般认为起源于20世纪20年代，由于当时的资本主义国家经济危机日益严重，垄断资本迫切需要了解本部门及有关方面经济的未来前景，以便进行生产经营决策。但由于1929年的经济危机的大爆发，当时并没有人精确预测该事件的发生，于是人们对预测产生怀疑，一时间阻碍了预测科学的进一步发展。20世纪40年代，预测在欧美国家开始盛行。20世纪60年代，预测开始由纯理论研究发展到应用研究，在此期间各国成立了大量预测咨询机构，到20世纪70年代初，已有专业预测咨询机构2500多家。在我国，新中国成立以后就已经开始现代预测理论与应用研究，改革开放之后得到跨越式的发展应用。随着计算机科学、网络技术、大数据分析以及人工智能的快速发展，预测理论得到了迅速发展，与此同时，其应用领域也更加广泛，真正成为一门重要的学科。

二、预测的概念

预测的概念有广义和狭义之分。狭义预测，根据客观事物的发展趋势和变化规律对特定的对象未来发展趋势或状态做出科学的推测与判断，也就是动态预测；广义的预测，既包括在同一时期根据已知事物推测未知事物的静态预测，也包括根据某一事物的历史和现状推测其未来的动态预测。预测作为一门科学活动，具有预测前提的科学性、预测方法的科学性以及预测结果的科学性。预测前提的科学性是指预测必须以客观事实数据为依据，而且作为事实依据的数据资料必须通过认识上升到规律层面；必须以能够反映数据资料客观规律的科学方法为指导。预测方法的科学性是指各种预测方法具有理论依据并经过实践检验的，在具体使用时，是根据预测对象的特征经过科学选择的。预测结果的科学性是指预测结果是经过科学推断并可以通过实践进行检验。预测是计划的基础，也是决策的基础和前提，可以为决策提供依据。为了保证预测的科学性，必须尊重客观事物的本质发展规律，进行科学预测，而不是凭空想象，必须遵循一些基本的原理，这些原理主要包括系统性原理、惯性原理、类推原理、相关性原理以及概率推断原理等。系统性原理要求必须以系统的观点为指导，客观、如实地反映预测对象及其相关要素的发展规律与组合方式，采用系统分析方法，实现预测的系统目标；惯性原理是指客观事物的发展在时间上具有连续性，表现为特定的过去、现在和未来一个过程；类推原理是指根据已知事物的发展变化特征，推断具有相似特征的预测对象的未来状况；相关性原理是指任何事物不是孤立存在的，必然与周围事物发生或多或少的联系，可以根据相关事物的发展特征推断预测对象的发展规律；概率推断原理是指当被推断的预测结果能以较大的概率出现时则认为该预测结果成立。

三、预测的分类

预测按照不同的分类标准可分为不同的类型。按照预测的范围或层次，可以分为宏观预测和微观预测。宏观预测是针对国家或部门、地区的活动进行的各种预测，而微观预测是针对基层单位的各种预测。按时间长短预测可以分为长期预测、中期预测、短期预测以及近期预测。通常而言，长期预测是指5年及以上的长远预测，中期预测是指1～5年的预测，短期预测是指3个月到1年的预测，近期预测是指3个月以下的预测。当然，长期预测、中期预测、短期预测以及近期预测没有绝对的划分标准，具体到一些行业领域也会存在差别。按预测方法的性质可以分为定性预测和定量预测。定性预测主要凭借专家的实践经验和理论、业务水平，对事物发展前景的性质、方向和程度做出判断进行预测，主要包括市场调查预测法、主观概率法、头脑风暴法以及德尔菲法等；定量预测法是根据调查的数据资料，运用统计方法和数学模型，对事物未来发展的规模、水平、速度和比例关系的预测。定量预测通常有时间序列分析预测法（移动平均法、指数平滑法、趋势外推法、季节指数预测法、马尔可夫预测法以及灰色预测法等）和因果分析预测法（回归分析法、投入产出法等）。按预测时是否考虑时间因素分为静态预测和动态预测。静态预测是不考虑时间因素，对事物在同一时期内的因果关系进行预测。动态预测是考虑时间因素，根据事物发展的历史和现状，对其未来发展状况进行的预测。按照预测的领域可以分为气象预测、科学技术预测、经济预测、社会预测以及军事预测等。按照预测所采用的方法数量，可以分为单方法预测和组合预测。单方法预测是指预测时只采用一种预测方法；组合预测是利用不同预测方法的优势，将不同预测方法进行组合进行预测。以上各种预测方法的分类不是互斥的，比如时间序列预测方法，既是定量预测法也是动态预测法，同时可以用于各种领域的预测。本书主要以动态预测方法研究为主，当然有些方法既可以用于静态预测也可以用于动态预测，如回归预测法，不过大部分章节都是以动态预测方法为主。

四、系统预测的步骤

第一步：确定预测目标，制订预测方案。

系统预测的第一步就是要确定预测目标，制订预测方案。应该在整个系统研究的总目标指导下，明确预测什么？通过预测要解决什么问题？进而制订详细的预测方案，包括预测的内容、预测期限、预测指标、预测所需要的资料、预测方法、预测结果分析方法、预测的成本预算以及预测时间进度安排等。该步骤是保证预测工作成功的重要一步，是对整个预测过程实施的重要指导。

第二步：收集、整理数据资料。

数据资料主要包括横向资料和纵向资料，横向资料主要指作用于预测对象的各种影响因素的数据资料，而纵向资料是预测对象的历史数据资料。数据资料来源可以是预测者通过现场调查获得的一手数据，也可以是利用各种数据库、报纸、书刊以及网站获取的二手资料。无论是一手还是二手数据资料，都要保证数据资料的完整性、准确性、可比性和一致性。数据资料是预测的基础和前提，在收集原始数据资料后，需要对数据资料进行整理分析，对有质疑的数据进行进一步查证或删除；对不可比的资料进行调整；对缺失的数据进行填平；对整体数据资料进行分类。

第三步：选择预测方法，建立预测模型。

每种预测方法都有各自的特点和适用条件，如定性预测主要是以逻辑判断为主的预测方法，主要依靠专家的经验，借助已掌握的历史资料和主观材料，运用个人的经验和分析判断能力，对事物的未来发展做出性质和程度上的判断。定性预测法主要适用于当相关历史数据很少或根本不存在时使用。在选择预测方法时，通常要考虑预测对象的特点、预测范围、预测期限长短、掌握数据资料的多少、预测成本多少以及预测的要求精度等。在确定了合适的预测方法之后，就要建立反映预测对象发展变化的客观规律的预测模型，将数据代入到模型中估计模型参数。

第四步：分析预测误差，改进预测方法或预测模型。

未来没有发生，因此，检验预测模型预测的优劣，大多通过过去的数据资料进行验证，这往往是通过对预测误差进行分析。预测误差是预测值与真实值之间的差异，其大小与预测准确度成反比。预测误差是不可避免的，但如果预测误差超过了允许范围，就需要分析误差产生的原因，从而决定是否需要对预测方法或预测模型进行修正。

第五步：利用最终的预测模型进行预测，分析预测结果。

如果预测误差在允许的范围内，预测模型被接受，也就意味着所采用的预测模型能为决策者提供可靠的未来信息，以使决策者做出正确决策，此时就可以对预测对象未来的状况进行预测，对预测结果进行分析，并提交预测报告。

第二节　时间序列平滑预测法

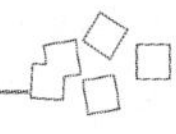

一、时间序列的构成

时间序列是指观察或记录到的一组按时间顺序排列的数据，这里的时间可以是年、季度、月、周、日以及小时等，通常用 $Y_1, Y_2, \cdots, Y_n$ 表示，t 为时期，n 表示总的时期数，如表 5-1 所示的中国 2010—2019 年历年人口数量（不含港、澳、台籍，下同）。Y_1 表示第 1 期的 2010 年的中国人口数量，Y_2 表示第 2 期的 2011 年的中国人口数量，凡此等等。

表 5-1　中国 2010—2019 年历年人口数量

年份	2010	2011	2012	2013	2014	2015	2016	2017	2018	2019
时期	1	2	3	4	5	6	7	8	9	10
时间序列	Y_1	Y_2	Y_3	Y_4	Y_5	Y_6	Y_7	Y_8	Y_9	Y_{10}
人口数/万人	134091	134735	135404	136072	136782	137462	138271	139008	139538	140005

我们看到的时间序列数据都是由很多不同因素同时发生作用叠加的结果。为了精确研究时间序列的发展变化规律，并据此进行预测，需要对这些影响因素进行识别、分解，然后测定各种影响因素对时间序列数据的影响程度，进而做出综合研判，进行更加精准的预测。根据各种影响因素的特点或影响效果，可以将这些影响因素归结为四类：长期趋势、季节变动、循环变动和不规则变动。长期趋势是由于某种根本性的因素在起主导作用，以至于时间序列在很长一段时间表现出持续的上升、下降或停留在某一稳定水平的态势；季节变动是指时间序列受季节更替或节假日的影响而表现出的周期变动；循环变动与季节变动类似，但变动的周期不太固定，有时是以年为周期变动，有时是以数月为周期变动，而且每次变动的周期也不固定；不规则变动或随机变动是指由于各种随机因素引发的时间序列无

规律可遵循的变动。在明晰了影响时间序列的四种因素后，就可以从时间序列中分离出长期趋势，探寻季节变动和循环变动的规律，排除不规则变动的干扰。可以说，时间序列是长期趋势、季节变动、循环变动和不规则变动四种因素的组合，是这些影响因素综合的结果。这四种影响因素的组合形式主要分为三大类：

$$类型1:加法型\quad Y_t=T_t+S_t+C_t+I_t \tag{5-1}$$

$$类型2:乘法型\quad Y_t=T_t\cdot S_t\cdot C_t\cdot I_t \tag{5-2}$$

$$类型3:混合型\quad Y_t=T_t\cdot S_t+C_t+I_t,Y_t=T_t+S_t\cdot C_t\cdot I_t \tag{5-3}$$

上述3个式子中，Y_t为时间序列的全变动，T_t、S_t、C_t和I_t分别表示长期趋势、季节变动、循环变动和不规则变动。加法型是四种构成成分相加而成，通常暗含各构成成分之间彼此独立，没有交互影响。乘法型是四种构成成分相乘而成，通常暗含各构成成分之间存在明显的相互依赖关系。混合型则是上述两种类型的组合。在时间序列分析中，多数情况下采用的是乘法型的组合形式，因为乘法型更适合叠加各种构成成分。在实际预测中，到底选用哪种组合形式以及考虑哪几种构成成分，应根据数据资料的特征以及研究目的等进行综合选定。本书对于时间序列重点考虑长期趋势因素，主要介绍长期趋势的预测方法。

二、移动平均预测法

移动平均法是将观察期的数据，按时间先后顺序排列，然后由远及近，以一定的跨期移动求平均值，并以此为基础，确定预测值的方法。每次移动平均总是在上次移动平均的基础上，去掉一个最远期的数据，增加一个紧跟跨期后面的新数据，保持跨期不变，每次只向前移动一期，逐项移动求得移动平均值，故称为移动平均法。当时间序列数据由于受到循环变动和随机变动波动较大，很难发现发展趋势时，可以采用移动平均法。移动平均法操作简单而且实用，像股票市场中的股票价格5日均线、10日均线以及60日均线等，就是典型的移动平均法的实际运用。

（一）一次移动平均法

设时间序列为$Y_1,Y_2,\cdots,Y_t,\cdots,Y_n$，则一次移动平均计算公式为：

$$M_t^{(1)}=\frac{1}{N}(Y_t+Y_{t-1}+\cdots+Y_{t-N+1}) \tag{5-4}$$

式(5-4)中，$M_t^{(1)}$为第t期的一次移动平均值，N为跨期，也就是每次取几个数求平均。移动平均的作用在于修匀数据，消除不规则因素的干扰，以便凸显时间序列数据的长期趋势。通常而言，如果时间序列数据没有明显的季节变动以及循环变动，可以将第t期的一次移动平均值$M_t^{(1)}$作为第$t+1$期的预测值，公式为：

$$\hat{Y}_{t+1}=M_t^{(1)} \tag{5-5}$$

【例5-1】 某服装店某种儿童服装某年1至12月的销售量的统计数据如表5-2的第二行所示，试用一次移动平均法，预测下一年1月的销售量，跨期N分别取3、4和5，并确定一个比较合理的预测值。

解：分别将$N=3$、$N=4$和$N=5$代入式(5-4)可以得到每期的移动平均值，并将本期的移动平均值作为下一期的预测值，可以得到表5-2所示的结果。由于销售量数值单位为件，不应为小数，因此，计算结果保留整数。

表 5-2 1—12 月儿童服装销量

月份	1	2	3	4	5	6	7	8	9	10	11	12	1
销量/件	635	538	651	668	791	644	640	755	722	576	642	669	
$M_t^{(1)}(N=3)$			608	619	703	701	692	680	706	684	647	629	
$\hat{Y}_{t+1}(N=3)$				608	619	703	701	692	680	706	684	647	629
$M_t^{(1)}(N=4)$				623	662	689	686	708	690	673	674	652	
$\hat{Y}_{t+1}(N=4)$					623	662	689	686	708	690	673	674	652
$M_t^{(1)}(N=5)$					657	658	679	700	710	667	667	673	
$\hat{Y}_{t+1}(N=5)$						657	658	679	700	710	667	667	673

事实上，如果要预测下一年 1 月份的儿童服装销量，只要计算 12 月份一次移动平均值，便可以分别得到下一年 1 月份的儿童服装销售量的预测值 629($N=3$)、652($N=4$)和 673($N=5$)。但在本例中，要预测儿童服装销售量，跨期究竟应该选哪个值，才能使得对应的预测值比较准确。由于下一年的 1 月份还没有发生，此时要确定一个合适的跨期，可以通过追溯的预测值与观测值进行比较，计算预测精度，根据预测精度的大小进行选择。预测精度有多种衡量方法，比如离差、相对误差、平均误差、平均绝对误差、平均相对误差、均方误差以及均方根误差等。每种误差测量都有不同的应用场合，比如平均相对误差主要用于评估预测的精度，均方误差以及均方根误差除了用于评估预测精度，也常用来比较和选择预测方法以及其他一些参数的设置。本例采用均方误差衡量预测精度并据此进行跨期的选取，均方误差的计算公式为：

$$S^2 = \frac{1}{n}\sum_{t=1}^{n}(Y_t - \hat{Y}_t)^2 \tag{5-6}$$

当 $N=3$ 时，

$$S^2 = \frac{1}{9}\sum_{t=4}^{12}(Y_t - \hat{Y}_t)^2 = 7259.222$$

当 $N=4$ 时，

$$S^2 = \frac{1}{8}\sum_{t=5}^{12}(Y_t - \hat{Y}_t)^2 = 6244.3813$$

当 $N=5$ 时，

$$S^2 = \frac{1}{7}\sum_{t=6}^{12}(Y_t - \hat{Y}_t)^2 = 3645.4343$$

均方误差的计算结果表明，$N=5$ 时，均方误差最小。因此，预测下一年度 1 月份儿童服装销售量的数值应为 673 件。为了进一步比较不同跨期时的预测结果区别，图 5-1 绘制了儿童服装销量实际值及预测值情况。由图 5-1 可以看出，N 越大修匀程度越大，数据的平滑能力也越强，而且能更好地消除随机干扰；N 越小预测值反应则越灵敏，但修匀程度越差。

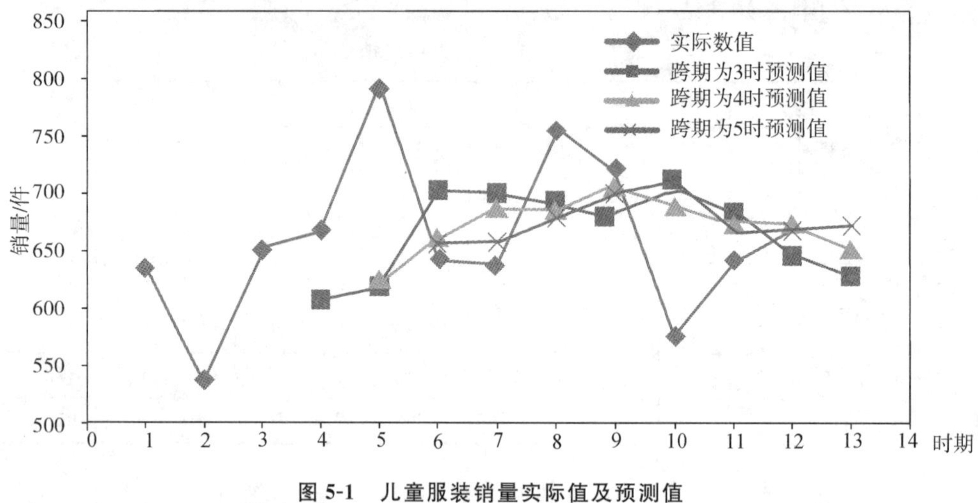

图 5-1 儿童服装销量实际值及预测值

（二）加权移动平均法

在一次移动平均法中，各期数据在移动平均值中的作用是相同的。但不同期时间序列数据在预测时重要作用是不同的，近期数据通常比远期数据包含更多的未来数据信息。因此，在运用移动平均法进行预测时，应该考虑时间序列数据远近对预测结果的影响，也就是说，在计算一次移动平均值时，近期数据应该给予较大权重，远期数据应给予较小的权重，这就是加权移动平均法。加权移动平均法的具体计算公式为：

$$M_{tw}^{(1)}=\frac{w_N Y_t+w_{N-1}Y_{t-1}+\cdots+w_1 Y_{t-N+1}}{w_1+w_2+\cdots+w_N} \tag{5-7}$$

式(5-7)中，$M_{tw}^{(1)}$为一次加权移动平均值，$w_i(i=1,2,\cdots,N)$为从远期到近期的时间序列数据对应的权重。

【例 5-2】 根据例 5-1 中的时间序列数据，采用一次加权移动平均法预测下年度 1 月份儿童服装销量的预测值。跨期 N 取 5，$w_1=0.05$，$w_2=0.1$，$w_3=0.2$，$w_4=0.3$，$w_5=0.35$。

解：由于 N 取 5，没有进行跨期的比较选择，因此，只需计算第 12 月份的加权移动平均值即可，具体计算值为：

$$\begin{aligned}M_{tw}^{(1)}&=\frac{w_1Y_8+w_2Y_9+w_3Y_{10}+w_4Y_{11}+w_5Y_{12}}{w_1+w_2+w_3+w_4+w_5}\\&=\frac{0.05\times755+0.1\times722+0.2\times576+0.3\times642+0.35\times669}{0.05+0.1+0.2+0.3+0.35}\approx652\end{aligned}$$

本例题中的权重和为 1，因此，分母值也可以省略，当所给的权重和不为 1 时，分母的计算不能省略。根据一次加权移动平均法的预测结果，可以判断下年度 1 月份该服装店儿童服装销量为 652 件。

需要说明的是，无论是未加权一次移动平均法还是一次加权移动平均法，只适应于平稳模式，也就是时间序列均值没有系统的变化，没有明显的上升或下降趋势，当被预测变量的基本模式发生变化时，一次移动平均法的适应性比较差；一次移动平均法仅适应于近期的预测，通常是下一时期的预测。

（三）二次移动平均法

当预测变量的平稳模式发生改变时，一次移动平均法不能及时地适应这种变化，当时间序列的变化为线性趋势时，一次移动平均法的滞后偏差使预测值偏低或偏高，不能进行合理的趋势外推。为了弥补一次移动平均法这一缺陷，当时间序列数据具有明显的上升或下降的线性趋势时，利用移动平均滞后偏差的规律建立直线趋势的预测模型。二次移动平均法不仅能处理预测变量的模式呈水平趋势时的情形，同时又可应用到线性上升或下降趋势。所谓二次移动平均就是在一次移动平均的基础上再进行一次移动平均，计算公式为：

$$M_t^{(2)}=\frac{M_t^{(1)}+M_{t-1}^{(1)}+M_{t-2}^{(1)}+\cdots+M_{t-N+1}^{(1)}}{N} \tag{5-8}$$

式(5-8)中，$M_t^{(2)}$为二次移动平均，其他符号意义同前不变。

假设时间序列数据从某时期开始具有直线上升或下降趋势，并且认为此时期后也按此趋势发展，据此可以设此直线趋势预测模型为：

$$\hat{Y}_{t+T}=a_t+b_tT \tag{5-9}$$

式(5-9)中，$\hat{Y}_{t+T}$为$t+T$期的预测值，t为当前的时期数，T为从t期到预测时间的时期数，a_t和b_t分别是截距和斜率。

根据一次移动平均值和二次移动平均值来求解a_t和b_t的值。由于假设时间序列呈现直线趋势，则有：

$$\begin{aligned}
Y_t&=a_t\\
Y_{t-1}&=a_t-b_t\\
Y_{t-2}&=a_t-2b_t\\
&\vdots\\
Y_{t-N+1}&=a_t-(N-1)b_t
\end{aligned} \tag{5-10}$$

$$\begin{aligned}
M_t^{(1)}&=\frac{1}{N}(Y_t+Y_{t-1}+\cdots+Y_{t-N+1})\\
&=\frac{a_t+(a_t-b_t)+(a_t-2b_t)+\cdots+[a_t-(N-1)b_t]}{N}\\
&=a_t-\frac{N-1}{2}b_t\Rightarrow a_t-M_t^{(1)}=\frac{N-1}{2}b_t
\end{aligned} \tag{5-11}$$

由于a_t是常数，由式(5-10)可知，$Y_t=a_t$，因此：

$$a_t-M_t^{(1)}=\frac{N-1}{2}b_t\Rightarrow Y_t-M_t^{(1)}=\frac{N-1}{2}b_t \tag{5-12}$$

又因为b_t是常数，从而有：

$$Y_{t-1}-M_{t-1}^{(1)}=\frac{N-1}{2}b_{t-1} \tag{5-13}$$

由式(5-12)和式(5-13)可得：

$$Y_t-Y_{t-1}=M_t^{(1)}-M_{t-1}^{(1)}=b_t \tag{5-14}$$

类似式(5-12)的推导过程，可知：

$$M_t^{(1)}-M_t^{(2)}=\frac{N-1}{2}b_t \tag{5-15}$$

由式(5-12)和式(5-15)可得：

$$\begin{cases}a_t=2M_t^{(1)}-M_t^{(2)}\\ b_t=\dfrac{2}{N-1}(M_t^{(1)}-M_t^{(2)})\end{cases} \tag{5-16}$$

【例 5-3】 某超市 11 周某种酒的销量如表 5-3 所示，请用二次移动平均法预测第 12 周和第 13 周该种酒的销量，跨期 N 取 3。

表 5-3 某超市近 11 周某种酒的销量

时期/周	1	2	3	4	5	6	7	8	9	10	11
酒销量/瓶	946	998	1051	1117	1147	1202	1270	1477	1566	1773	1981

解：由图 5-2 所示的某种酒的销量散点图可以看出，该种酒的销量时间序列数据具有明显的线性上升趋势，不宜用一次移动平均法预测，可以利用二次移动法进行建模预测。将跨期 N 设为 3，分别计算一次移动平均值和二次移动平均值，具体见表 5-4 的第 3 行和第 4 行。为了更加精准预测，采用第 11 期的一次移动平均值和二次移动平均值计算 a_t 和 b_t 值，即 a_{11} 和 b_{11} 值。

$$\begin{cases}a_t=2M_t^{(1)}-M_t^{(2)}=2\times 1773.33-1605.52=1941.14\\ b_t=\dfrac{2}{N-1}(M_t^{(1)}-M_t^{(2)})=\dfrac{2}{3-1}(1773.33-1605.52)=167.81\end{cases}$$

从而可以得到预测模型：

$\hat{Y}_{t+T}=1941.14+167.81T$

第 12 周和第 13 周对应的 T 分别为 1 和 2，于是：

$$\hat{Y}_{11+1}=1941.14+167.81\times 1\approx 2109(\text{瓶})$$

$$\hat{Y}_{11+2}=1941.14+167.81\times 2\approx 2277(\text{瓶})$$

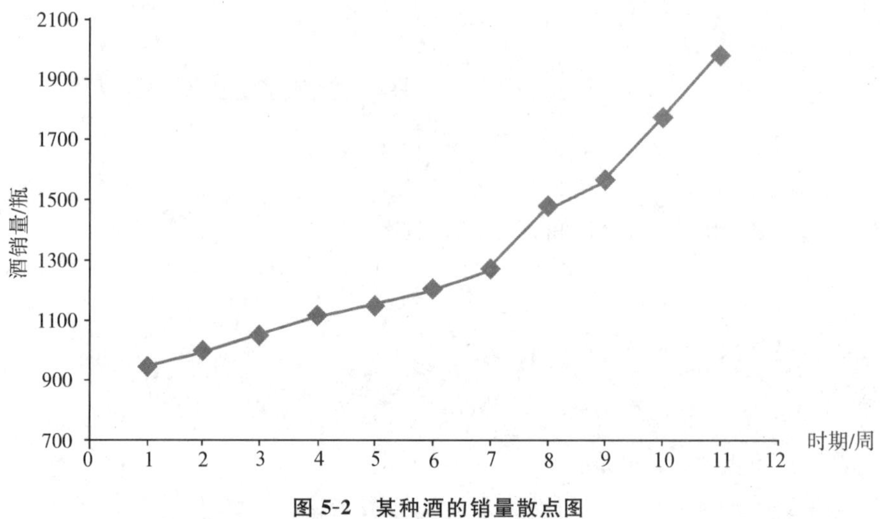

图 5-2 某种酒的销量散点图

本例采用相对误差来衡量预测的精度，平均相对误差的计算公式为：

$$\mathrm{MRE}=\frac{1}{n}\sum_{t=1}^{n}\left|\frac{(Y_t-\hat{Y}_t)}{Y_t}\right|\times 100\% \tag{5-17}$$

式(5-17)中，MRE 为平均相对误差，其余符号意义同前不变。

对于例 5-3，为了追溯各期的预测值，我们将式(5-16)的 a_t 和 b_t 的表达式代入式(5-9)中，并将 T 取 1，则有：

$$\hat{Y}_{t+1}=2M_t^{(1)}-M_t^{(2)}+\frac{2}{N-1}(M_t^{(1)}-M_t^{(2)}) \tag{5-18}$$

根据式(5-18)代入不同时期的一次移动平均值 $M_t^{(1)}$ 和二次移动平均值 $M_t^{(2)}$ 就可以求出 $t+1$ 期的预测值 $\hat{Y}_{t+1}$。由于本例中的跨期 N 取 3，式(5-18)可以简化为：

$$\hat{Y}_{t+1}=2M_t^{(1)}-M_t^{(2)}+\frac{2}{3-1}(M_t^{(1)}-M_t^{(2)})=3M_t^{(1)}-2M_t^{(2)} \tag{5-19}$$

根据式(5-19)，令 t 等于 6～10，可以得到第 7 周至第 11 周的预测值，具体见表 5-4 的第 5 行。再根据式(5-17)可以计算出第 7 周至 11 周的平均相对误差为 4.46%，说明预测的精度较高，可以进行预测。为了比较一次移动平均法和二次移动平均法的预测结果差别，图 5-3 绘制了一次移动平均法和二次移动平均法的预测结果对比图。由图 5-3 可以看出，当时间序列数据存在明显的直线上升趋势时，一次移动平均法的预测结果明显偏低，存在滞后偏差，而二次移动平均法预测的结果比较准确，因此，二次移动平均法显然比一次移动平均法具有优势。二次移动平均法不仅能处理时间序列的模式呈水平趋势时的情形，同时又可以应用到线性上升或下降的趋势，甚至是季节变动模式。

表 5-4　某超市 11 周某种酒的销量及二次移动平均法计算结果

时期/周	1	2	3	4	5	6	7	8	9	10	11	12
酒销量/瓶	946	998	1051	1117	1147	1202	1270	1477	1566	1773	1981	
$M_t^{(1)}$			998	1055	1105	1155	1206	1317	1438	1605	1773	
$M_t^{(2)}$					1053	1105	1156	1226	1320	1453	1606	
$\hat{Y}_t$						1209	1256	1308	1498	1673	1909	2109

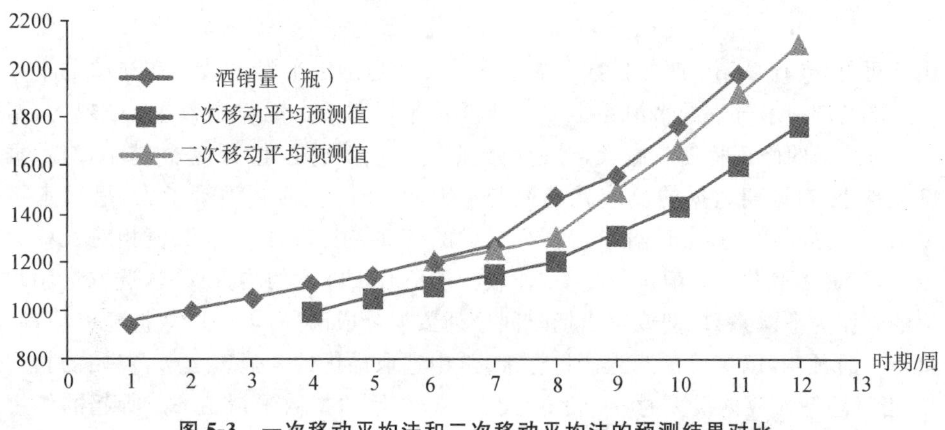

图 5-3　一次移动平均法和二次移动平均法的预测结果对比

三、指数平滑预测法

移动平均法的优点是简单易行，操作简单；缺点是只用到 N 期数据，没有充分利用时间序列的全部数据。而指数平滑法则是对时间序列由远到近采取逐渐递减的权重进行加权计算，使用了各期数据，而且同时考虑了各期数据的重要性，可以说，指数平滑法是移动平均法的改进方法。

（一）一次指数平滑法

同样假设时间序列为 $Y_1,Y_2,\cdots,Y_t,\cdots,Y_n$，则一次指数平滑值计算公式为：

$$S_t^{(1)}=\alpha Y_t+\alpha(1-\alpha)Y_{t-1}+\alpha(1-\alpha)^2Y_{t-2}+\cdots \tag{5-20}$$

式(5-20)中，$S_t^{(1)}$ 为一次指数平滑值，α 为平滑系数，其取值范围为 0 到 1。由式(5-20)可以看出，$S_t^{(1)}$ 的计算结果用了时间序列所有数据，权重系数由近期到远期逐渐变小，而且呈指数速度在缩减。由于权重系数符合指数变化规律，同时又能对时间序列起到平滑作用，因此称为指数平滑法。

根据式(5-20)可以进行进一步的推导，从而得出以下结论：

$$\begin{aligned}S_t^{(1)}&=\alpha Y_t+\alpha(1-\alpha)Y_{t-1}+\alpha(1-\alpha)^2Y_{t-2}+\cdots\\&=\alpha Y_t+(1-\alpha)[\alpha Y_{t-1}+\alpha(1-\alpha)Y_{t-2}+\cdots]\\&=\alpha Y_t+(1-\alpha)S_{t-1}^{(1)}\end{aligned} \tag{5-21}$$

由式(5-21)可知，第 t 期的指数平滑值 $S_t^{(1)}$ 等于该期的观测值与上一期的指数平滑值加权平均。根据式(5-21)，可以得到：

$$\begin{aligned}&S_t^{(1)}=\alpha Y_t+(1-\alpha)S_{t-1}^{(1)}\\&S_{t-1}^{(1)}=\alpha Y_{t-1}+(1-\alpha)S_{t-2}^{(1)}\\&\vdots\\&S_2^{(1)}=\alpha Y_2+(1-\alpha)S_1^{(1)}\\&S_1^{(1)}=\alpha Y_1+(1-\alpha)S_0^{(1)}\end{aligned} \tag{5-22}$$

从而可得：

$$S_t^{(1)}=\alpha Y_t+\alpha(1-\alpha)Y_{t-1}+\alpha(1-\alpha)^2Y_{t-2}+\cdots+(1-\alpha)^tS_0^{(1)} \tag{5-23}$$

由此可见，要计算第 t 期的指数平滑值 $S_t^{(1)}$ 关键是确定平滑系数 α 和初始的指数平滑值 $S_0^{(1)}$。要确定一个合理的平滑系数 α 先要厘清平滑系数 α 的作用效果。α 越大，指数平滑值 $S_t^{(1)}$ 对数据的修正程度就越大，对近期数据的反应就越迅速；反之，α 越小，对数据的修正程度就越小，对近期数据的反应就越迟钝。因此，当时间序列波动不大，呈现水平模式时，α 可以取值相对小些；当时间序列具有明显的变动趋势时，α 可以取值相对大些。在实际预测中，可以多取几个 α 值进行试算，比较预测值与实际值的均方误差，选取最小均方误差对应的 α 作为平滑系数；抑或可以把时间序列数据分成两段，前一段数据建立模型，对后一段进行事后预测，以事后预测为评价标准，从中选取最优的 α 值。至于，初始的指数平滑值 $S_0^{(1)}$，当时间序列数据很多时，一般 N 大于 30，初始的指数平滑值 $S_0^{(1)}$ 所起的作用比较小，可以取第 1 期的观测值作为初始指数平滑值；如果 N 小于 30，一般取时间序列前几期的平均值作为初始的指数平滑值。

通常，如果时间序列的变化呈现水平趋势，那么就可以将第 t 期的指数平滑值作为第 $t+1$ 期的预测值，即

$$\hat{Y}_{t+1}=S_t^{(1)}=\alpha Y_t+(1-\alpha)S_{t-1}^{(1)}=\alpha Y_t+(1-\alpha)\hat{Y}_t \tag{5-24}$$

【例 5-4】 某网络超市第 1 周到第 11 周某种插座销售额如表 5-5 的第 2 行所示，试预测第 12 周该种插座销售额。

解：由于本例题中时间序列较短，将前三期的观测值作为指数平滑值的初始值，即

$$S_0^{(1)}=\frac{Y_1+Y_2+Y_3}{3}=90.33$$

则第 1 期即第 1 周的预测值 $\hat{Y}_1=90.33$，平滑系数 α 分别取 0.1、0.2、0.5 和 0.7，按照预测模型 $\hat{Y}_{t+1}=S_t^{(1)}=\alpha Y_t+(1-\alpha)S_{t-1}^{(1)}$，当 $\alpha=0.1$ 时，各期插座销售额预测值计算过程如下：

$$\hat{Y}_2=\alpha Y_1+(1-\alpha)\hat{Y}_1=0.1\times 91+0.9\times 90.33=90.40$$

$$\hat{Y}_3=\alpha Y_2+(1-\alpha)\hat{Y}_2=0.1\times 94+0.9\times 90.40=90.76$$

$$\vdots$$

$$\hat{Y}_{12}=\alpha Y_{11}+(1-\alpha)\hat{Y}_{11}=0.1\times 94+0.9\times 88.71=89.24$$

同理，可以得到 α 取 0.2、0.5 和 0.7 对应各平滑系数下的插座销售额预测值，具体见表 5-5 的第 5 行、第 7 行和第 9 行。

α 分别取 0.1、0.2、0.5 和 0.7 时对应的均方误差分别为 89.91、53.02、64.44 和 73.82，因此，α 取 0.2 比较合适，此时的均方误差最小。

表 5-5 插座销售额及一次指数平滑法计算结果 （单位：万元）

时期/周		1	2	3	4	5	6	7	8	9	10	11	12
插座销售额		91	94	86	93	88	87	93	70	87	94	94	
$\alpha=0.1$	预测值	90.33	90.40	90.76	90.28	90.55	90.30	89.97	90.27	88.24	88.12	88.71	89.24
	$(Y_t-\hat{Y}_t)^2$	0.45	12.98	22.63	7.39	6.52	10.88	9.19	410.93	1.55	34.58	28.01	
$\alpha=0.2$	预测值	90.33	90.46	91.17	90.14	90.71	90.17	89.53	90.23	86.18	86.35	87.88	89.10
	$(Y_t-\hat{Y}_t)^2$	0.45	12.50	26.74	8.20	7.34	10.03	12.01	409.14	0.67	58.59	37.50	
$\alpha=0.5$	预测值	90.33	90.67	92.33	89.17	91.08	89.54	88.27	90.64	80.32	83.66	88.83	91.00
	$(Y_t-\hat{Y}_t)^2$	0.45	11.12	40.10	14.70	9.51	6.46	22.37	425.82	44.65	106.94	26.73	
$\alpha=0.7$	预测值	90.33	90.80	93.04	88.11	91.53	89.06	87.62	91.39	76.42	83.82	90.95	93.08
	$(Y_t-\hat{Y}_t)^2$	0.45	10.25	49.56	23.89	12.49	4.24	28.97	457.34	112.03	103.54	9.32	

（二）二次指数平滑法

与一次移动平均法类似，当预测变量的平稳模式发生改变时，一次指数平滑法同样不能及时地适应这种变化，存在滞后偏差，修正的方法与二次移动平均法类似，利用滞后偏差的规律建立直线趋势模式，这就是二次指数平滑法，其计算公式为：

$$S_t^{(1)}=\alpha Y_t+(1-\alpha)S_{t-1}^{(1)} \tag{5-25}$$

$$S_t^{(2)}=\alpha S_t^{(1)}+(1-\alpha)S_{t-1}^{(2)} \tag{5-26}$$

式(5-25)和式(5-26)中，$S_t^{(1)}$ 和 $S_t^{(2)}$ 分别为一次指数平滑值和二次指数平滑值。当时间序列 $Y_1,Y_2,\cdots,Y_i,\cdots,Y_n$ 从某时期开始具有直线趋势时，类似于二次移动平均法，可用直线趋势模型：

$$\hat{Y}_{t+T}=a_t+b_tT \tag{5-27}$$

至于如何求式(5-27)中参数 a_t 和 b_t，可以采用增量分析法进行确定，具体证明求解过程略。根据增量分析法可以确定参数 a_t 和 b_t 为：

$$\begin{cases}a_t=2S_t^{(1)}-S_t^{(2)}\\ b_t=\dfrac{\alpha}{1-\alpha}(S_t^{(1)}-S_t^{(2)})\end{cases} \tag{5-28}$$

【例 5-5】 某厂从 2008 年至 2020 年的商品销售额如表 5-6 的第 3 列所示，请用二次指数平滑法预测该厂 2021 年和 2022 年的销售额($\alpha=0.3$)。

解：一次指数平滑和二次指数平滑的初始值取前 3 期的均值，即

$$S_0^{(1)}=S_0^{(2)}=(388.67+400.57+437.29)/3=408.84$$

按照式(5-25)和式(5-26)分别计算一次指数平滑值和二次指数平滑值，具体计算结果见表 5-6 的第 4 列和第 5 列所示；再根据式(5-28)计算 a_{13} 和 b_{13}：

$$a_{13}=2S_{13}^{(1)}-S_{13}^{(2)}=1176.77$$

$$b_{13}=\frac{\alpha}{1-\alpha}(S_{13}^{(1)}-S_{13}^{(2)})=\frac{0.3}{0.7}(1011.92-847.08)=70.65$$

从而得到第 13 期的线性趋势预测模型为：

$$\hat{Y}_{13+T}=1176.77+70.65T$$

该厂 2021 年和 2022 年的商品销售额预测值分别为：

$$\hat{Y}_{13+T}=1176.77+70.65\times1=1247.42(\text{万元})$$

$$\hat{Y}_{13+T}=1176.77+70.65\times2=1318.07(\text{万元})$$

如果要想评估预测的精度，需要追溯过去各期的预测值，这可将式(5-28)代入式(5-27)，并令 $T=1$，从而能够追溯过去各期的预测值：

$$\hat{Y}_{t+1}=2S_t^{(1)}-S_t^{(2)}+\frac{\alpha}{1-\alpha}(S_t^{(1)}-S_t^{(2)})=\left(1+\frac{1}{1-\alpha}\right)S_t^{(1)}-\frac{1}{1-\alpha}S_t^{(2)} \tag{5-29}$$

对于本例题而言，$\hat{Y}_{t+1}=2.43S_t^{(1)}-1.43S_t^{(2)}$，令 $t=0,1,\cdots,12$，便可以得 2008 年至 2020 年各期的追溯预测值，具体结果见表 5-6 的第 7 列所示。再由表 5-6 的第 7 列可得到平均相对误差值 MRE：

$$\text{MRE}=\frac{1}{13}\sum_{t=1}^{13}\left|\frac{(Y_t-\hat{Y}_t)}{Y_t}\right|\times100\%=9.09\%$$

表 5-6 商品销售额二次指数平滑法和三次指数平滑法预测结果 (单位：万元)

年份	t	销售额	$S_t^{(1)}$	$S_t^{(2)}$	$S_t^{(3)}$	二次指数平滑预测值	二次指数平滑预测相对误差/(%)	三次指数平滑预测值	三次指数平滑预测相对误差/(%)
2007	0		408.84	408.84	408.84				
2008	1	388.67	402.79	407.02	408.30	408.84	5.1903	408.84	5.1903

续表

年份	t	销售额	$S_t^{(1)}$	$S_t^{(2)}$	$S_t^{(3)}$	二次指数平滑预测值	二次指数平滑预测相对误差/(%)	三次指数平滑预测值	三次指数平滑预测相对误差/(%)
2009	2	400.57	402.12	405.55	407.47	396.73	0.9593	390.68	2.4695
2010	3	437.29	412.67	407.69	407.54	397.22	9.1632	394.13	9.8685
2011	4	450.79	424.11	412.62	409.06	419.80	6.8759	429.65	4.6896
2012	5	520.53	453.04	424.74	413.77	440.55	15.3666	456.74	12.2552
2013	6	629.72	506.04	449.13	424.38	493.50	21.6319	528.83	16.0215
2014	7	742.69	577.04	487.50	443.31	587.42	20.9066	653.01	12.0749
2015	8	812.67	647.73	535.57	470.99	705.07	13.2408	797.57	1.8584
2016	9	882.14	718.05	590.32	506.79	808.11	8.3922	905.17	2.6103
2017	10	950.11	787.67	649.52	549.61	900.72	5.1982	990.91	4.2943
2018	11	1020.42	857.49	711.91	598.30	985.22	3.4491	1063.22	4.1947
2019	12	1089.09	926.97	776.43	651.74	1065.67	2.1498	1130.88	3.8380
2020	13	1210.15	1011.92	847.08	710.34	1142.24	5.6114	1194.98	1.2539
2021	14					1247.42		1304.78	
2022	15					1318.07		1409.84	

(三)三次指数平滑法

若时间序列的变动呈现二次曲线趋势，则需要采用三次指数平滑法进行预测。三次指数平滑是在二次指数平滑的基础上再进行一次指数平滑，其计算公式为：

$$\begin{cases} S_t^{(1)}=\alpha Y_t+(1-\alpha)S_{t-1}^{(1)} \\ S_t^{(2)}=\alpha S_t^{(1)}+(1-\alpha)S_{t-1}^{(2)} \\ S_t^{(3)}=\alpha S_t^{(2)}+(1-\alpha)S_{t-1}^{(3)} \end{cases} \tag{5-30}$$

式(5-30)中，$S_t^{(3)}$为三次指数平滑值。三次指数平滑法的具体预测模型为：

$$\hat{Y}_{t+T}=a_t+b_tT+c_tT^2 \tag{5-31}$$

式(5-31)中的参数 a_t、b_t和 c_t分别为：

$$\begin{cases} a_t=3S_t^{(1)}-3S_t^{(2)}+S_t^3 \\ b_t=\dfrac{\alpha}{2(1-\alpha)^2}\left[(6-5\alpha)S_t^{(1)}-2(5-4\alpha)S_t^{(2)}+(4-3\alpha)S_t^{(3)}\right] \\ c_t=\dfrac{\alpha^2}{2(1-\alpha)^2}(S_t^{(1)}-2S_t^{(2)}+S_t^{(3)}) \end{cases} \tag{5-32}$$

【例 5-6】 根据表 5-6 中的第 3 列商品销售额数据，请用三次指数平滑法预测该厂 2021 年和 2022 年的商品销售额($\alpha=0.3$)。

解：三次指数平滑值的初始值 $S_0^{(3)}$ 仍然取前三期的均值 408.84，再分别计算一次指数平滑值 $S_t^{(1)}$、二次指数平滑值 $S_t^{(2)}$ 和三次指数平滑值 $S_t^{(3)}$，具体见表 5-6 的第 4 列、第 5 列和第 6 列所示，从而由式(5-32)可得：

$$\begin{cases} a_{13}=1204.86 \\ b_{13}=97.32 \\ c_{13}=2.58 \end{cases}$$

当 $t=13$ 时的二次曲线预测模型为：

$$\hat{Y}_{13+T}=1204.86+97.32T+2.58T^2$$

该厂 2021 年和 2022 年的商品销售额预测值分别为：

$$\hat{Y}_{13+1}=1204.86+97.32\times1+2.58\times1^2=1304.76(\text{万元})$$

$$\hat{Y}_{13+2}=1204.86+97.32\times2+2.58\times2^2=1409.82(\text{万元})$$

为了评估预测的精度，与二次指数平滑法类似，将式(5-32)代入式(5-31)，并令 $T=1$，从而能够追溯过去各期的预测值：

$$\hat{Y}_{t+1}=3S_t^{(1)}-3S_t^{(2)}+S_t^{(3)}+\frac{\alpha}{2(1-\alpha)^2}[(6-5\alpha)S_t^{(1)}-2(5-4\alpha)S_t^{(2)}+(4-3\alpha)S_t^{(3)}]+\frac{\alpha^2}{2(1-\alpha)^2}[S_t^{(1)}-2S_t^{(2)}+S_t^{(3)}] \tag{5-33}$$

将上式进行化简，可以得到：

$$\hat{Y}_{t+1}=\left[1+\frac{1}{1-\alpha}+\frac{1}{(1-\alpha)^2}\right]S_t^{(1)}-\left[\frac{1}{1-\alpha}+\frac{2}{(1-\alpha)^2}\right]S_t^{(2)}+\frac{1}{(1-\alpha)^2}S_t^{(3)} \tag{5-34}$$

将本例题中的 $\alpha=0.3$ 代入式(5-34)中，从而得到：

$$\hat{Y}_{t+1}=4.47S_t^{(1)}-5.51S_t^{(2)}+2.04S_t^{(3)}$$

令 $t=0,1,2,\cdots,12$，可以得到各期的追溯预测值，具体见表 5-6 的第 9 列所示，再根据表 5-6 的第 10 列每期的相对误差，可以计算出三次指数平滑法预测的平均相对误差值 MRE：

$$\text{MRE}=\frac{1}{13}\sum_{t=1}^{n}\left|\frac{(Y_t-\hat{Y}_t)}{Y_t}\right|\times100\%=6.20\%$$

图 5-4 绘制了三种指数平滑法的预测结果。由图 5-4 明显可以看出，对于本例而言，二次指数平滑法和三次指数平滑法的预测效果明显好于一次指数平滑法，三次指数平滑法略微优于二次指数平滑法，而且从平均相对误差也可以证明三次指数平滑法要略微优于二次指数平滑法。需要说明的是，二次指数平滑法和三次指数平滑法都有多期的预测能力，而一次指数平滑法则只能进行一期的预测。

四、差分指数平滑法

当时间序列具有明显的上升或下降趋势时，一次指数平滑会存在滞后偏差，二次指数平滑预测法和三次指数平滑预测法可以对一次指数平滑法的这一缺陷进行改进。除了二次指数平滑预测法和三次指数平滑预测法的改进方法外，也可以采用差分指数平滑法对一次指数平滑法的缺陷进行改进。

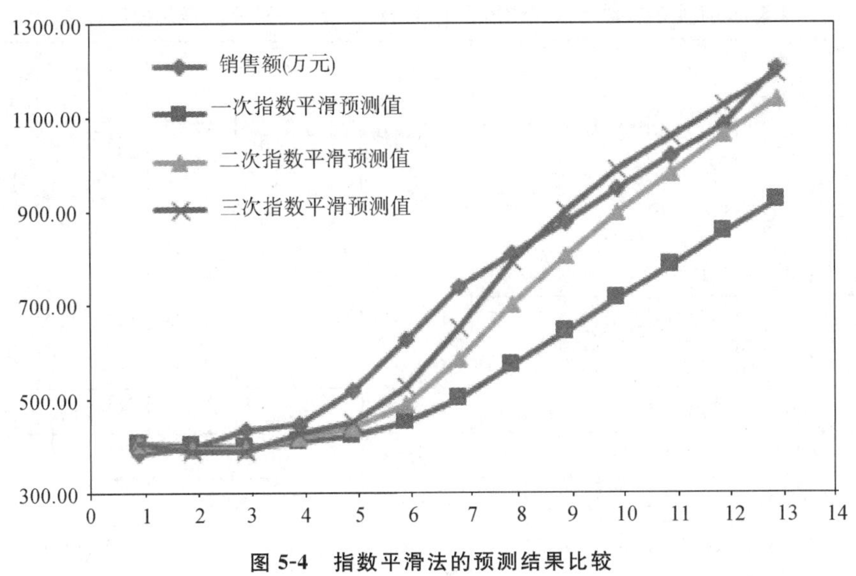

图 5-4　指数平滑法的预测结果比较

(一)一阶差分指数平滑法

如果时间序列呈直线上升或下降趋势,那么原始时间序列的增量应该接近于一个常数,或者说是围绕一个常数上下随机波动。虽然原始时间序列不满足平稳时间序列要求,但这个时间序列的增量能够满足平稳时间序列的条件,因此,可以对时间序列的增量即差分进行一阶指数平滑法预测,再将这个差分反过来加到第 t 期的原始时间序列上,便可以得到第 $t+1$ 期的预测值,这就是一阶差分指数平滑法的思想。同样假设原始时间序列为 $Y_1, Y_2, \cdots, Y_t, \cdots, Y_n$,则一阶差分指数平滑法的相关公式为:

$$\nabla Y_t = Y_t - Y_{t-1} \tag{5-35}$$

$$\nabla \hat{Y}_{t+1} = \alpha \nabla Y_t + (1-\alpha) \nabla \hat{Y}_t \tag{5-36}$$

$$\hat{Y}_{t+1} = \nabla Y_{t+1} + Y_t \tag{5-37}$$

其中,∇表示差分,其他符号意义不变。式(5-35)的目的是将原始时间序列进行一阶差分处理以便得到平稳时间序列;式(5-36)是仿照一阶指数平滑法对新序列的第 $t+1$ 期差分值进行预测;式(5-37)则是将第 $t+1$ 期的一阶差分后新序列预测值加上第 t 期的原始时间序列作为第 $t+1$ 期的预测值。

【例 5-7】　根据表 5-6 的商品销售额数据,请用一阶差分指数平滑法预测该厂 2021 年的商品销售额($\alpha=0.3$)。

解:根据式(5-35)可以计算出原始时间序列的一阶差分值,具体见表 5-7 的第 4 列,将一阶差分序列的前 3 期均值 20.71 作为第 1 期的差分指数平滑值,也就是第 2 期的差分预测值,从而根据式(5-36)可以得到第 3 期至第 14 期一阶差分预测值,具体见表 5-7 的第 6 列,再根据式(5-37)可以得到第 2 期至第 14 期的商品销售额预测值,具体见表 5-7 的第 7 列所示。由此可得,一阶差分指数平滑法预测的该厂 2021 年的商品销售额为 1295.47 万元。根据表 5-7 的第 8 列的一阶差分指数平滑法预测相对误差,可得平均相对误差为 3.59%,预测精度相对较高。

表 5-7 商品销售额一阶差分指数平滑法和二次差分指数平滑法预测结果

年份	t	销售额/万元	∇Y_t	$\nabla^2 Y_t$	$\nabla \hat{Y}_t$	一阶差分指数平滑法预测值 $\hat{Y}_t$	一阶差分指数平滑法预测相对误差/(%)	$\nabla^2 \hat{Y}_t$	二阶差分指数平滑法预测值 $\hat{Y}_t$	二阶差分指数平滑法预测相对误差/(%)
2008	1	388.67								
2009	2	400.57	11.90		20.71	409.38	2.20			
2010	3	437.29	36.72	24.82	18.07	418.64	4.27	19.28	431.75	1.27
2011	4	450.79	13.50	−23.22	23.66	460.95	2.25	20.94	494.95	9.80
2012	5	520.53	69.74	56.24	20.61	471.40	9.44	7.69	471.98	9.33
2013	6	629.72	109.19	39.45	35.35	555.88	11.73	22.26	612.53	2.73
2014	7	742.69	112.97	3.78	57.50	687.22	7.47	27.42	766.33	3.18
2015	8	812.67	69.98	−42.99	74.14	816.83	0.51	20.32	875.98	7.79
2016	9	882.14	69.47	−0.51	72.89	885.56	0.39	1.33	883.98	0.21
2017	10	950.11	67.97	−1.50	71.87	954.01	0.41	0.78	952.39	0.24
2018	11	1020.42	70.31	2.34	70.70	1020.81	0.04	0.09	1018.17	0.22
2019	12	1089.09	68.67	−1.64	70.58	1091.00	0.18	0.77	1091.50	0.22
2020	13	1210.15	121.06	52.39	70.01	1159.10	4.22	0.05	1157.81	4.33
2021	14				85.32	1295.47		15.75	1346.96	

(二)二阶差分指数平滑法

当时间序列呈现二次曲线增长时,可用二阶差分指数平滑模型来预测,其计算公式如下:

$$\nabla Y_t = Y_t - Y_{t-1} \tag{5-38}$$

$$\nabla^2 Y_t = \nabla Y_t - \nabla Y_{t-1} \tag{5-39}$$

$$\nabla^2 \hat{Y}_{t+1} = \alpha \nabla^2 Y_t + (1-\alpha)\nabla^2 \hat{Y}_t \tag{5-40}$$

$$\hat{Y}_{t+1} = \nabla^2 \hat{Y}_{t+1} + \nabla \hat{Y}_t + Y_t \tag{5-41}$$

其中,∇^2 表示二阶差分,其他符号意义不变。

【例 5-8】 根据表 5-6 的商品销售额数据,请用二阶差分指数平滑法预测该厂 2021 年的商品销售额。($\alpha=0.3$)

解:根据式(5-38)和式(5-39)可以分别计算出原始时间序列的一阶差分和二阶差分,具体结果见表 5-7 第 4 列和第 5 列所示,将二阶差分序列的前三期均值 19.28 作为第 2 期的二阶差分指数平滑值,也就是第 3 期的二阶差分预测值,从而根据式(5-40)可以得到第 4 期至第 14 期的二阶差分预测值$\nabla^2 \hat{Y}_t$,具体见表 5-7 的第 9 列,最后根据式(5-41)便可以得到第 3 期至第 14 期的预测值,具体见表 5-7 的第 10 列。由此可得,二阶差分指数平滑法预测的该厂 2021 年的商品销售额为 1346.96 万元,根据表 5-7 的第 11 列的二阶差分指数平滑法所得预测相对误差，可得平均相对误差为 3.57%，预测精度与一次指数平滑法相差不是太大。

第三节　趋势外推预测法

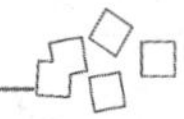

一、趋势外推预测法概述

（一）趋势外推预测法的概念

在现实世界中，很多事物的发展都是渐进性的。时间序列数据随着时间推移，往往具有一定的规律性。若预测对象变化无明显的季节波动，又能找到一条合适的函数曲线反映其变化趋势，即可建立其趋势模型。当有理由相信这种趋势可能会延伸到未来时，就可以将时间 t 看成是自变量，时间序列数值 Y_t 看成因变量，对于未来的某个时间 t 就可得到相应时序未来值 Y_t，这就是趋势外推预测法。时间序列能够采用趋势外推预测法进行预测要满足两个基本条件：一是时间序列变化属渐进式变化，而不能发生跳跃式变化；二是事物发展的因素，不但决定事物过去的发展，而且在很大程度上也决定事物的未来发展。

（二）趋势外推预测法的模型形式

趋势外推预测法本质就是找到某种符合实际时间序列数据的具体曲线方程，然后确定曲线方程的模型参数。在实际预测中，常见的预测模型包括多项式曲线模型、指数曲线模型、幂函数曲线模型、对数曲线模型、双曲线模型以及生长曲线模型。

1. 多项式曲线模型

多项式曲线模型的一般形式为：

$$\hat{Y}_t = a + b_1 t + b_2 t^2 + b_3 t^3 + b_4 t^4 + \cdots + b_k t^k \tag{5-42}$$

式(5-42)中，$\hat{Y}_t$ 为时间序列变量，t 为时间自变量，$a, b_1, b_2, \cdots, b_k$ 为多项式曲线模型中待估参数。

当 $k=1$ 时，式(5-42)就变成了线性趋势模型：

$$\hat{Y}_t = a + b_1 t \tag{5-43}$$

当 $k=2$ 时，式(5-42)就变成了二次曲线模型：

$$\hat{Y}_t = a + b_1 t + b_2 t^2 \tag{5-44}$$

当 $k=3$ 时，式(5-42)就变成了三次曲线模型：

$$\hat{Y}_t = a + b_1 t + b_2 t^2 + b_3 t^3 \tag{5-45}$$

在实际预测中，线性趋势模型应用得最多，二次曲线模型次之，三次及以上的曲线模型使用相对较少。

2. 指数曲线模型

常见的指数曲线模型包括一般指数曲线模型和修正指数曲线模型，一般指数曲线模型：

$$\hat{Y}_t = a\mathrm{e}^{bt} \text{ 或 } \hat{Y}_t = ab^t \tag{5-46}$$

修正指数曲线模型：

$$\hat{Y}_t = k + ab^t \tag{5-47}$$

式(5-46)和式(5-47)中，e 为自然对数的底，k 可以是一常数或待估参数，其他符号不变。

3. 幂函数曲线模型

幂函数曲线模型形式：

$$\hat{Y}_t = at^b \tag{5-48}$$

4. 对数曲线模型

对数曲线模型的一般形式：

$$\hat{Y}_t = a + b\ln t \tag{5-49}$$

5. 双曲线模型

双曲线模型的一般形式：

$$\hat{Y}_t = a + \frac{b}{t} \text{ 或 } \frac{1}{\hat{Y}_t} = a + \frac{b}{t} \tag{5-50}$$

6. 生长曲线模型

生长曲线趋势模型主要包括龚珀兹(Gompertz)曲线模型和逻辑斯蒂(Logistic)曲线模型，其中，龚珀兹曲线模型的一般形式为：

$$\hat{Y}_t = ka^{b^t} \tag{5-51}$$

逻辑斯蒂曲线模型的一般形式：

$$\hat{Y}_t = \frac{1}{k + ab^t} \text{ 或 } \hat{Y}_t = \frac{k}{1 + a\mathrm{e}^{-bt}} \tag{5-52}$$

逻辑斯蒂曲线模型最早是由比利时生物学家哈尔斯特(Verhulst)在 1838 年推导的，但直到 20 世纪 20 年代才被美国生物学家皮尔(Pearl)和里德(Reed)重新发现并应用于生物繁殖与生长过程，因此逻辑斯蒂曲线模型又称皮尔曲线模型。

(三)趋势外推预测法的模型选择

对于趋势外推预测法而言，选择合适的曲线模型形式至关重要。通常可以采用散点图法和差分法进行基本模型的选择。散点图是表示时间序列数值 Y_t 随时间 t 变化的大致趋势，据此可以选择合适的曲线模型对数据点进行拟合确定模型参数。散点图法优点是比较直观、简单，缺点是当几种模型曲线比较类似时，很难从散点图直接选择合适的预测模型形式，此时就必须同时对几种预测模型进行试算，根据预测精度选择最合适的预测模型。

为了根据历史数据精确选择模型，还可以利用差分法进行预测模型选择。时间序列的一阶差分和二阶差分计算公式见式(5-38)和(5-39)。通过计算时间序列的差分，并将其与各类模型差分特点进行比较，便可以选择合适的模型。对于式(5-43)的线性趋势模型而言，第 t 期的时间序列一阶差分为：

$$\nabla\hat{Y}_t=\hat{Y}_t-\hat{Y}_{t-1}=(a+b_1t)-[a+b_1(t-1)]=b_1 \tag{5-53}$$

由式(5-53)可知，线性趋势模型的时间序列一阶差分为一常数。因此，时间序列各期数值的一阶差分相等或大致相等，就可以选择线性趋势模型进行预测。对于式(5-44)的二次曲线模型而言，第 t 期的时间序列一阶差分和二阶差分分别为：

$$\nabla\hat{Y}_t=\hat{Y}_t-\hat{Y}_{t-1}=(a+b_1t+b_2t^2)-[a+b_1(t-1)+b_2(t-1)^2]=b_1+(2t-1)b_2 \tag{5-54}$$

$$\nabla^2\hat{Y}_t=(\hat{Y}_t-\hat{Y}_{t-1})-(\hat{Y}_{t-1}-\hat{Y}_{t-2})=b_1+(2t-1)b_2-[b_1+(2(t-1)-1)b_2]=2b_2 \tag{5-55}$$

由式(5-55)可知，二次曲线模型的时间序列二次差分为一常数。因此，时间序列各期数值的二阶差分相等或大致相等，就可以选择二次曲线模型进行预测。以此类推，如果时间序列各期数值的三阶差分相等或大致相等，就可以选择三次曲线模型进行预测。

对于式(5-46)的指数曲线模型，第 t 期的时间序列一阶比率(环比)为：

$$\frac{\hat{Y}_t}{\hat{Y}_{t-1}}=\frac{a\mathrm{e}^{bt}}{a\mathrm{e}^{b(t-1)}}=\mathrm{e}^b \text{ 或 } \frac{\hat{Y}_t}{\hat{Y}_{t-1}}=\frac{ab^t}{ab^{t-1}}=b \tag{5-56}$$

由式(5-56)可知，指数曲线模型的时间序列一阶比率为一常数。因此，时间序列各期数值的一阶比率相等或大致相等，就可以选择指数曲线模型进行预测。对于式(5-47)的修正指数曲线模型，第 t 期的时间序列一阶差分和一阶差分的一阶比率分别为：

$$\nabla^2\hat{Y}_t=\hat{Y}_t-\hat{Y}_{t-1}=(k+ab^t)-(k+ab^{t-1})=ab^{(t-1)}(b-1) \tag{5-57}$$

$$\frac{\nabla\hat{Y}_t}{\nabla\hat{Y}_{t-1}}=\frac{\hat{Y}_t-\hat{Y}_{t-1}}{\hat{Y}_{t-1}-\hat{Y}_{t-2}}=\frac{ab^{t-1}(b-1)}{ab^{t-2}(b-1)}=b \tag{5-58}$$

由式(5-58)可知，修正指数曲线模型的时间序列一阶差分的一阶比率为一常数。因此，时间序列各期数值的一阶差分的一阶比率相等或大致相等，就可以选择修正指数曲线模型进行预测。对于式(5-48)、(5-49)和(5-50)，可以通过变量替换变换成线性形式，对变换后的数据求一阶差分，如变换后时间序列为一常数或大致相等，则按变换后的线性趋势模型进行处理，得到变换后的预测值后再逆变换回去，从而得到原始时间序列的预测值。

对于式(5-51)的龚珀兹曲线模型而言，将等式两边取对数，可得：

$$\ln\hat{Y}_t=\ln k+b^t\ln a \tag{5-59}$$

对变换后的对数时间序列 $\ln\hat{Y}_t$ 求一阶差分即得：

$$\nabla\ln\hat{Y}_t=\ln\hat{Y}_t-\ln\hat{Y}_{t-1}=(\ln k+b^t\ln a)-[\ln k+b^{t-1}\ln a]=(b-1)b^{t-1}\ln a \tag{5-60}$$

将式(5-60)的对数一阶差分再求一阶比率，可得：

$$\frac{\nabla\ln\hat{Y}_t}{\nabla\ln\hat{Y}_{t-1}}=\frac{(b-1)b^{t-1}\ln a}{(b-1)b^{t-2}\ln a}=b \tag{5-61}$$

由式(5-61)可知，龚珀兹曲线模型的时间序列对数一阶差分的一阶比率为一常数。因此，如原始时间序列对数变换后的一阶差分的一阶比率为一常数或大致相等，则可以采用龚珀兹曲线模型。

对于式(5-52)的逻辑斯蒂曲线模型而言，将式(5-52)的第一个等式两边同时取倒数，可得：

$$\frac{1}{\hat{Y}_t}=k+ab^t \tag{5-62}$$

对变换后的倒数时间序列求一阶差分，即得：

$$\nabla\frac{1}{\hat{Y}_t}=\frac{1}{\hat{Y}_t}-\frac{1}{\hat{Y}_{t-1}}=(k+ab^t)-(k+ab^{t-1})=ab^{t-1}(b-1) \tag{5-63}$$

将式(5-63)的倒数一阶差分再求一阶比率,可得:

$$\frac{\nabla\frac{1}{\hat{Y}_t}}{\nabla\frac{1}{\hat{Y}_{t-1}}}=\frac{ab^{t-1}(b-1)}{ab^{t-2}(b-1)}=b \tag{5-64}$$

由式(5-64)可知,逻辑斯蒂曲线模型的时间序列倒数一阶差分的一阶比率为一常数。因此,如原始时间序列求倒数后的一阶差分的一阶比率为一常数或大致相等,则可以采用逻辑斯蒂曲线模型。表 5-8 汇总了各种趋势外推预测法的模型选择,以便查看。

表 5-8 趋势外推预测法的模型选择汇总

预测模型	模型形式	变量替换	特征	选择准则
线性趋势模型	$\hat{Y}_t=a+bt$	不需要	一阶差分为一常数	各期数值的一阶差分相等或大致相等
二次曲线模型	$\hat{Y}_t=a+b_1t+b_2t^2$	模型选择不需要变量替换,线性化需要变量替换	二阶差分为一常数	各期数值的二阶差分相等或大致相等
一般指数曲线模型	$\hat{Y}_t=ae^{bt}$	模型选择不需要变量替换,线性化需要变量替换	一阶比率为一常数	各期数值的一阶比率相等或大致相等
修正指数曲线模型	$\hat{Y}_t=k+ab^t$	模型选择不需要变量替换,线性化需要变量替换	一阶差分的一阶比率为一常数	各期数值的一阶差分的一阶比率相等或大致相等
幂函数曲线模型	$\hat{Y}_t=at^b$	等式两边取对数 $\ln\hat{Y}_t=\ln a+b\ln t$ 令 $\hat{Y}_t'=\ln\hat{Y}_t,a'=\ln a,t'=\ln t$,则:$\hat{Y}_t'=a'+bt'$	变换后的模型特征同线性趋势模型	变换后的模型选择准则同线性趋势模型
对数曲线模型	$\hat{Y}_t=a+b\ln t$	令 $t'=\ln t$,得 $\hat{Y}_t=a+bt'$	变换后的模型特征同线性趋势模型	变换后的模型选择准则同线性趋势模型
双曲线模型	(1)$\hat{Y}_t=a+\frac{b}{t}$ (2)$\frac{1}{\hat{Y}_t}=a+\frac{b}{t}$	(1)令 $t'=\frac{1}{t}$,得 $\hat{Y}_t=a+bt'$ (2)令 $\hat{Y}_t'=\frac{1}{\hat{Y}_t},t'=\frac{1}{t}$,得 $\hat{Y}_t=a+bt'$	变换后的模型特征同线性趋势模型	变换后的模型选择准则同线性趋势模型
龚珀兹曲线模型	$\hat{Y}_t=ka^{b^t}$	等式两边取对数 $\ln\hat{Y}_t=\ln k+b^t\ln a$	对数一阶差分的一阶比率为一常数	各期对数一阶差分的一阶比率相等或大致相等

续表

预测模型	模型形式	变量替换	特征	选择准则
逻辑斯蒂曲线模型	$\hat{Y}_t=\frac{1}{k+ab^t}$	等式两边取倒数，得：$\frac{1}{\hat{Y}_t}=k+ab^t$	倒数一阶差分的一阶比率为一常数	各期倒数的一阶差分的一阶比率相等或大致相等
	$\hat{Y}_t=\frac{k}{1+ae^{-bt}}$	等式两边取倒数，得：$\frac{1}{\hat{Y}_t}=\frac{1}{k}+\frac{1}{k}ae^{-bt}$	倒数一阶差分的一阶比率为一常数	各期倒数的一阶差分的一阶比率相等或大致相等

二、多项式曲线外推预测法

(一)线性趋势外推预测法

线性趋势外推预测法通常假定影响事物的过去、现在和将来的主要因素基本相同，因而只要将其趋势线性地外推，便可以预测未来的状况。线性趋势外推预测法的预测模型为：

$$\hat{Y}_t=a+bt \tag{5-65}$$

此模型表示，当时间 t 每过一个时期，$\hat{Y}_t$ 都有一个等量的增长或减少。线性趋势外推预测法适用于时间序列观察值数据呈直线上升或下降的情形。此时，该变量的长期趋势就可用一条直线来描述，并通过该直线趋势的向外延伸，估计其预测值。问题的关键是如何求式(5-65)中的参数 a 和 b。采用的方法是最小二乘法，该方法是通过时间序列数据拟合得到一条直线，使得该直线上的预测值与实际观测值之间的离差平方和最小，即：

$$\min Q=\min\sum_{t=1}^{n}e_t^{\ 2}=\min\sum_{t=1}^{n}(Y_t-\hat{Y}_t)^2=\min\sum_{t=1}^{n}(Y_t-a-bt)^2 \tag{5-66}$$

利用极值原理，为了使得 Q 最小，可分别对参数 a 和 b 求偏导，并令其等于0，则有：

$$\frac{\partial Q}{\partial a}=\frac{\partial Q}{\partial b}=0 \tag{5-67}$$

从而有：

$$\begin{cases}\dfrac{\partial Q}{\partial a}=-2\sum\limits_{t=1}^{n}(Y_t-a-bt)=0\\[2ex]\dfrac{\partial Q}{\partial b}=-2\sum\limits_{t=1}^{n}(Y_t-a-bt)t=0\end{cases} \tag{5-68}$$

通过求解式(5-68)，可得：

$$\begin{cases}a=\dfrac{1}{n}\sum\limits_{t=1}^{n}Y_t-b\dfrac{1}{n}\sum\limits_{t=1}^{n}t=\overline{Y}-b\bar{t}\\[2ex]b=\dfrac{n\sum\limits_{t=1}^{n}tY_t-\left(\sum\limits_{t=1}^{n}t\right)\left(\sum\limits_{t=1}^{n}Y_t\right)}{n\sum\limits_{t=1}^{n}t^2-\left(\sum\limits_{t=1}^{n}t\right)^2}=\dfrac{\sum\limits_{t=1}^{n}(t-\bar{t})(Y_t-\overline{Y})}{\sum\limits_{t=1}^{n}(t-\bar{t})^2}\end{cases} \tag{5-69}$$

式(5-69)中，$\bar{t}=\frac{1}{n}\sum_{t=1}^{n}t$，$\bar{Y}=\frac{1}{n}\sum_{t=1}^{n}Y_t$，其他符号意义不变。

【例 5-9】 已知某市 2009 年至 2020 年的地区生产总值数据如表 5-9 的第 3 列所示。请预测该市 2021 年的地区生产总值。

解：首先，绘制该市 2009 年至 2020 年的地区生产总值散点图，具体如图 5-5 所示。由图 5-5 可以看出，地区生产总值时间序列大致呈线性变化趋势。再根据表 5-9 的第 4 列的一阶差分序列，除了 2019 年的地区生产总值一阶差分稍大外，其余时期的地区生产总值一阶差分大致相等。综合以上分析，采用线性趋势外推预测法进行预测。其次，建立线性趋势预测模型。采用式(5-65)的线性趋势预测模型，并用最小二乘法确定参数 a 和 b，具体计算过程见表 5-10 所示。

表 5-9 某市 2009—2020 年地区生产总值

年份	t	地区生产总值 Y_t/亿元	一阶差分 $\nabla Y_t=Y_t-Y_{t-1}$
2009	1	9146.74	
2010	2	10640.67	1493.93
2011	3	12199.69	1559.02
2012	4	13194.69	995.00
2013	5	15050.40	1855.71
2014	6	16135.95	1085.55
2015	7	17347.37	1211.42
2016	8	18559.73	1212.36
2017	9	19871.67	1311.94
2018	10	21002.44	1130.77
2019	11	23844.69	2842.25
2020	12	25019.11	1174.42

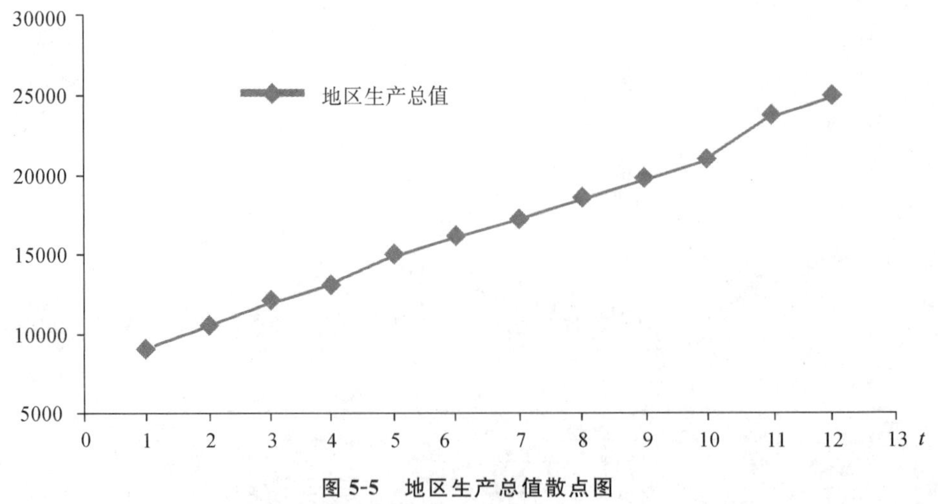

图 5-5 地区生产总值散点图

根据表 5-10 的数据,可得:

$$\bar{t}=\frac{1}{n}\sum_{t=1}^{n}t=\frac{78}{12}=6.5$$

$$\overline{Y}=\frac{1}{n}\sum_{t=1}^{n}Y_t=\frac{202013.15}{12}=16834.429$$

将有关数据代入式(5-69)可得:

$$\begin{cases}a=\overline{Y}-b\bar{t}=16834.429-1399.216\times6.5=7739.525\\ b=\dfrac{n\sum\limits_{t=1}^{n}tY_t-(\sum\limits_{t=1}^{n}t)(\sum\limits_{t=1}^{n}Y_t)}{n\sum\limits_{t=1}^{n}t^2-(\sum\limits_{t=1}^{n}t)^2}=\dfrac{12\times1513173.38-78\times202013.15}{12\times650-78^2}=1399.216\end{cases}$$

以上是手工计算参数 a 和 b 的值,有很多软件可以快速计算出参数 a 和 b 的值,比如 STATA 软件,将数据输入到 STATA 软件中,假设地区生产总值变量命名为 y,时间变量仍为 t,保存数据后,只需在命令栏输入命令:"regr y t",便可以得到图 5-6 结果。图 5-6 中的 Coef. 所在列就是参数 a 和 b 的值,其中,_cons 是参数 a 的值,t 则是参数 b 的值。由此可见,STATA 软件计算的结果与手工计算结果完全一样。至于 STATA 软件其他输出结果含义,后面章节再做介绍。

```
      Source |       SS           df       MS      Number of obs   =        12
-------------+----------------------------------   F(1, 10)        =   1500.51
       Model |   279966188         1   279966188   Prob > F        =    0.0000
    Residual |  1865811.56        10  186581.156   R-squared       =    0.9934
-------------+----------------------------------   Adj R-squared   =    0.9927
       Total |   281832000        11  25621090.9   Root MSE        =    431.95

------------------------------------------------------------------------------
           y |      Coef.   Std. Err.      t    P>|t|     [95% Conf. Interval]
-------------+----------------------------------------------------------------
           t |   1399.216   36.12151    38.74   0.000     1318.732      1479.7
       _cons |   7739.525   265.8471    29.11   0.000     7147.181    8331.869
```

图 5-6 STATA 软件最小二乘法输出结果

由此可得线性趋势预测模型为:

$$\hat{Y}_t=7739.525+1399.216t$$

最后将 $t=13$ 代入上式,便可以得到该市 2021 年地区生产总值的预测值为 25929.33 亿元。如要评估预测精度,可以将 $t=1,2,\cdots,12$ 分别代入上式,便可以得到各期地区生产总值的追溯预测值,具体追溯预测值结果见表 5-10 的第 6 列所示,再进一步计算各期的相对误差,具体相对误差见表 5-10 的第 7 列所示,由此可得平均相对误差为 1.68%。

表 5-10 地区生产总值线性趋势模型最小二乘法计算过程表

年份	t	Y_t	t^2	$t\cdot Y_t$	$\hat{Y}_t$	相对误差/(%)
2009	1	9146.74	1	9146.74	9138.740	0.09
2010	2	10640.67	4	21281.34	10537.956	0.97
2011	3	12199.69	9	36599.07	11937.172	2.15

续表

年份	t	Y_t	t^2	$t \cdot Y_t$	$\hat{Y}_t$	相对误差/(%)
2012	4	13194.69	16	52778.76	13336.388	1.07
2013	5	15050.40	25	75252.00	14735.604	2.09
2014	6	16135.95	36	96815.70	16134.820	0.01
2015	7	17347.37	49	121431.59	17534.036	1.08
2016	8	18559.73	64	148477.84	18933.252	2.01
2017	9	19871.67	81	178845.03	20332.468	2.32
2018	10	21002.44	100	210024.40	21731.684	3.47
2019	11	23844.69	121	262291.59	23130.900	2.99
2020	12	25019.11	144	300229.32	24530.116	1.95
求和	78	202013.15	650	1513173.38		20.20

最小二乘法是线性趋势模型参数估计的最常用方法，但该方法存在一个缺陷，即对近期的误差和远期误差同样对待。实际上，对于预测精度来说，近期的误差比远期的误差更为重要。在实践中，要按照时间先后，本着重今轻远的原则，对离差平方和进行加权，然后再按最小二乘法原理，使离差平方和达到最小，求出加权拟合直线方程，这种方法就是加权拟合直线。由近及远的离差平方和的权重分别为：$\alpha^0, \alpha^1, \alpha^2, \cdots, \alpha^{n-1}$。其中，$0<\alpha\leqslant 0$，$\alpha^0=1$，这说明对最近1期误差赋予最大权重为1，而后由近及远，按照指数衰减。各期误差权重衰减的速度取决于α值。α值越大，权重衰减的速度越慢，反之，α值越小权重衰减的速度越快。到底α取多少比较合适，通常需要选几个α进行比较，最终选择使得加权误差平方和最小所对应的α值。

与最小二乘法类似，加权拟合直线法就是使得加权误差平方和Q最小，即

$$\min Q = \min \sum_{t=1}^{n} \alpha^{n-t}(Y_t - \hat{Y}_t)^2 = \min \sum_{t=1}^{n} \alpha^{n-1}(Y_t - a - bt)^2 \tag{5-70}$$

将式(5-70)分别对参数a和b求偏导，并令其等于0，则有：

$$\begin{cases} \dfrac{\partial Q}{\partial a} = \sum\limits_{t=1}^{n} \alpha^{n-t} Y_t - a \sum\limits_{t=1}^{n} \alpha^{n-t} - b \sum\limits_{t=1}^{n} \alpha^{n-t} t = 0 \\ \dfrac{\partial Q}{\partial b} = \sum\limits_{t=1}^{n} \alpha^{n-t} t Y_t - a \sum\limits_{t=1}^{n} \alpha^{n-t} t - b \sum\limits_{t=1}^{n} \alpha^{n-t} t^2 = 0 \end{cases} \tag{5-71}$$

通过求解式(5-71)所示方程组可以解得a和b的表达式。由于a和b表达式比较复杂，如果是手工计算，通常先把式(5-71)中的部分数值计算出来，再求a和b会更加简单。

【例5-10】 根据表5-9某市2009年至2020年地区生产总值数据，请用加权拟合直线法预测该市2021年的地区生产总值($\alpha=0.95$)。

解：为了方便求出a和b的值，将中间计算所需数据列于表5-11中。将表5-11的有关数据代入式(5-71)得到方程组：

$$\begin{cases} 162591.5857 - 9.1928a - 65.3368b = 0 \\ 1306933.5424 - 65.3368a - 571.8635b = 0 \end{cases}$$

解得：

$$\begin{cases} a=7680.5105 \\ b=1407.8772 \end{cases}$$

同样可以采用 STATA 软件进行参数计算，将权重变量命名为 w 1，保存数据后，只要在 STATA 命令窗输入命令："regr　y　t [weight=w 1]"，便可以得到图 5-7 所示的结果。两者计算的结果相差很小。我们以手工计算结果为准，则最终的预测模型为：

$$\hat{Y}_t=7680.5105+1407.8772t$$

将 $t=13$ 代入上式，便可以得到该市 2021 年地区生产总值的预测值为 25982.91 亿元。如要评估预测精度，可以将 $t=1,2,\cdots,12$ 分别代入上式，便可以得到各期地区生产总值的追溯预测值，具体追溯预测值见表 5-11 的第 10 列所示，再进一步计算各期的相对误差，具体相对误差见表 5-11 的第 11 列所示，由此可得平均相对误差为 1.78%。我们发现，加权拟合直线法的预测误差还稍微高于未加权的结果，这是因为本例中 α 仅取了一个值，这个值未必是最优的。往往需要试算很多个 α 值，才能确定一个最优的 α 值。

表 5-11　地区生产总值加权拟合直线法计算过程表

年份	t	Y_t	$n-t$	α^{n-t}	$\alpha^{n-t}Y_t$	$\alpha^{n-t}tY_t$	$\alpha^{n-t}t$	$\alpha^{n-t}t^2$	$\hat{Y}_t$	相对误差/(%)
2009	1	9146.74	11	0.5688	5202.6666	5202.6666	0.5688	0.5688	9088.388	0.64
2010	2	10640.67	10	0.5987	6370.9622	12741.9244	1.1975	2.3949	10496.265	1.36
2011	3	12199.69	9	0.6302	7688.8474	23066.5423	1.8907	5.6722	11904.142	2.42
2012	4	13194.69	8	0.6634	8753.6269	35014.5077	2.6537	10.6147	13312.019	0.89
2013	5	15050.4	7	0.6983	10510.2556	52551.2782	3.4917	17.4584	14719.897	2.20
2014	6	16135.95	6	0.7351	11861.4060	71168.4360	4.4106	26.4633	16127.774	0.05
2015	7	17347.37	5	0.7738	13423.0642	93961.4496	5.4165	37.9153	17535.651	1.09
2016	8	18559.73	4	0.8145	15117.0161	120936.1287	6.5161	52.1284	18943.528	2.07
2017	9	19871.67	3	0.8574	17037.4731	153337.2576	7.7164	69.4474	20351.405	2.41
2018	10	21002.44	2	0.9025	18954.7021	189547.0210	9.0250	90.2500	21759.283	3.60
2019	11	23844.69	1	0.9500	22652.4555	249177.0105	10.4500	114.9500	23167.160	2.84
2020	12	25019.11	0	1.0000	25019.1100	300229.3200	12.0000	144.0000	24575.037	1.77
求和	78	202013.15	66	9.1928	162591.5857	1306933.5424	65.3368	571.8635	—	21.341

```
      Source |       SS           df       MS      Number of obs   =        12
-------------+----------------------------------   F(1, 10)        =   1291.31
       Model |   278116403         1   278116403   Prob > F        =    0.0000
    Residual |  2153759.45        10  215375.945   R-squared       =    0.9923
-------------+----------------------------------   Adj R-squared   =    0.9915
       Total |   280270163        11  25479105.7   Root MSE        =    464.09

------------------------------------------------------------------------------
           y |      Coef.   Std. Err.      t    P>|t|     [95% Conf. Interval]
-------------+----------------------------------------------------------------
           t |   1407.877    39.1787    35.93   0.000     1320.581    1495.172
       _cons |   7680.509   309.0098    24.86   0.000     6991.992    8369.025
```

图 5-7　STATA 软件加权拟合直线法输出结果

(二)二次曲线趋势外推预测法

二次曲线趋势外推预测法是研究时间序列数据随时间变动呈现一种由高到低再到高，或由低到高再到低的趋势变化的曲线外推预测法。二次曲线趋势外推预测法的预测模型为：

$$\hat{Y}_t = a + bt + ct^2 \tag{5-72}$$

与线性趋势外推预测法一样，二次曲线趋势外推预测法也是基于误差平方和最小的标准来确定待定系数，即：

$$\min Q = \min \sum_{t=1}^{n} e_t^2 = \min \sum_{t=1}^{n} (Y_t - \hat{Y}_t)^2 = \sum_{t=1}^{n} (Y_t - a - bt - ct^2)^2 \tag{5-73}$$

利用极值原理，为了使得 Q 最小，可分别对参数 a、b 和 c 求偏导，并令其等于 0，则有：

$$\begin{cases} \sum_{t=1}^{n} Y_t = na + b\sum_{t=1}^{n} t + c\sum_{t=1}^{n} t^2 \\ \sum_{t=1}^{n} tY_t = a\sum_{t=1}^{n} t + b\sum_{t=1}^{n} t^2 + c\sum_{t=1}^{n} t^3 \\ \sum_{t=1}^{n} t^2 Y_t = a\sum_{t=1}^{n} t^2 + b\sum_{t=1}^{n} t^3 + c\sum_{t=1}^{n} t^4 \end{cases} \tag{5-74}$$

为了简化计算，将时间 t 进行中心对称正负编号，例如时间序列有 5 期，则正负编号从第 1 期至第 5 期分别为 -2、-1、0、1 和 2。如果时间序列为偶数期，可以去掉一个最远期数据使之变成奇数期，也可以把间隔变成 2，比如时间序列有 4 期，则正负编号从第 1 期至第 4 期分别为 -3、-1、1 和 3。采用正负编号后，式(5-74)可以简化为：

$$\begin{cases} \sum_{t=1}^{n} Y_t = na + c\sum_{t=1}^{n} t^2 \\ \sum_{t=1}^{n} tY_t = b\sum_{t=1}^{n} t^2 \\ \sum_{t=1}^{n} t^2 Y_t = a\sum_{t=1}^{n} t^2 + c\sum_{t=1}^{n} t^4 \end{cases} \tag{5-75}$$

从而可以解得：

$$\begin{cases} a = \dfrac{\sum_{t=1}^{n} t^4 \sum_{t=1}^{n} Y_t - \sum_{t=1}^{n} t^2 \sum_{t=1}^{n} t^2 Y_t}{n\sum_{t=1}^{n} t^4 - \left(\sum_{t=1}^{n} t^2\right)^2} \\ b = \dfrac{\sum_{t=1}^{n} tY_t}{\sum_{t=1}^{n} t^2} \\ c = \dfrac{n\sum_{t=1}^{n} t^2 Y_t - \sum_{t=1}^{n} t^2 \sum_{t=1}^{n} Y_t}{n\sum_{t=1}^{n} t^4 - \left(\sum_{t=1}^{n} t^2\right)^2} \end{cases} \tag{5-76}$$

【例 5-11】 某企业 2011—2020 年的商品销售额 Y_t 如表 5-12 的第 3 列所示，试预测该公司 2021 年的销售额。

表 5-12　某企业 2011—2020 年商品销售额

年份	t	销售额 Y_t/万元	$\nabla Y_t = Y_t - Y_{t-1}$	$\nabla^2 Y_t = Y_t - Y_{t-1}$
2011	1	93.25	—	—
2012	2	104.75	11.50	
2013	3	125.42	20.67	9.18
2014	4	155.48	30.06	9.39
2015	5	194.96	39.48	9.42
2016	6	243.32	48.36	8.88
2017	7	300.82	57.50	9.14
2018	8	367.55	66.73	9.23
2019	9	444.08	76.53	9.81
2020	10	529.85	85.77	9.24

解：首先，根据表的 5-12 商品销售额 Y_t 时间序列绘制散点图，如图 5-8 所示。由图 5-8 可以看出，商品销售额沿曲线上升，形状类似二次抛物线。再计算商品销售额的时间序列一阶差分和二阶差分，具体见表 5-12 的第 4 列和第 5 列所示，结果发现，各期商品销售额数值的二阶差分大致相等，由此可以进一步确定适合采用二次曲线趋势外推预测法进行预测。

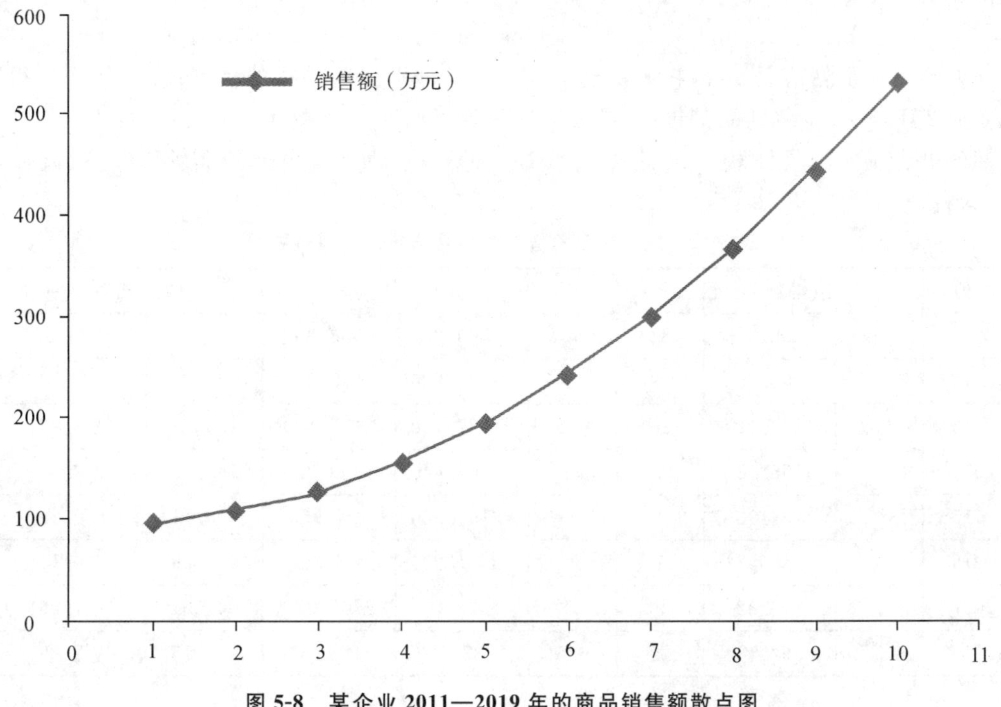

图 5-8　某企业 2011—2019 年的商品销售额散点图

其次，将时间 t 采用正负编号法重新进行编号，并基于表 5-13 的中间相关计算结果，按照式(5-76)计算参数 a、b 和 c 的值，可得：

$$\begin{cases} a = \dfrac{\sum\limits_{t=1}^{n} t^4 \sum\limits_{t=1}^{n} Y_t - \sum\limits_{t=1}^{n} t^2 \sum\limits_{t=1}^{n} t^2 Y_t}{n\sum\limits_{t=1}^{n} t^4 - \left(\sum\limits_{t=1}^{n} t^2\right)^2} = \dfrac{19338 \times 25599.477 - 330 \times 94232.85}{10 \times 19338 - 330^2} = 217.7832 \\ b = \dfrac{\sum\limits_{t=1}^{n} tY_t}{\sum\limits_{t=1}^{n} t^2} = \dfrac{7999.761}{330} = 24.2417 \\ c = \dfrac{n\sum\limits_{t=1}^{n} t^2 Y_t - \sum\limits_{t=1}^{n} t^2 \sum\limits_{t=1}^{n} Y_t}{n\sum\limits_{t=1}^{n} t^4 - \left(\sum\limits_{t=1}^{n} t^2\right)^2} = \dfrac{94232.85 \times 10 - 330 \times 2559.477}{10 \times 19338 - 330^2} = 1.1565 \end{cases}$$

上述计算结果可以采用多种软件计算得到，本例同样采用 STATA 软件进行参数计算，将正负对称编号后的 t、t^2 以及商品销售额导入到 STATA 软件中，分别将其变量命名为 t 1、t 2和 y，保存数据后，只要在 STATA 命令窗输入命令："regr y t1 t2"，便可以得到图 5-9 所示的结果，相当于将二次曲线模型转化为多元线性回归模型，计算结果完全一样。最终的预测模型为：

$$\hat{Y}_t = 217.7832 + 24.2417t + 1.1565t^2$$

最后，将 2021 年对应新编号的 t 值 11 代入上式，便可以得到该企业 2021 年商品销售额为：

$$\hat{Y}_t = 217.7832 + 24.2417 \times 11 + 1.1565 \times 11^2 = 624.378 (\text{万元})$$

如要评估预测精度，可以将 t＝－9，－7，…，9 分别代入最终的预测模型，便可以得到该企业 2011—2020 年商品销售额，具体追溯预测值见表 5-13 的第 8 列所示，再进一步计算各期的相对误差，具体相对误差见表 5-13 的第 9 列所示，由此可得平均相对误差为 8.05%。

表 5-13 地区生产总值加权拟合直线法计算过程表

年份	t	销售额/万元	t^2	t^4	ty_t	t^2y_t	预测值	相对误差/(%)
2011	－9	93.25	81	6561	－839.250	7553.250	126.49	35.65
2012	－7	104.75	49	2401	－733.229	5132.603	124.85	19.19
2013	－5	125.42	25	625	－627.100	3135.500	135.74	8.23
2014	－3	155.48	9	81	－466.440	1399.320	159.16	2.36
2015	－1	194.96	1	1	－194.960	194.960	195.11	0.08
2016	1	243.32	1	1	243.320	243.320	243.59	0.11
2017	3	300.82	9	81	902.460	2707.380	304.61	1.26
2018	5	367.55	25	625	1837.750	9188.750	378.15	2.89

续表

年份	t	销售额/万元	t^2	t^4	ty_t	t^2y_t	预测值	相对误差/(%)
2019	7	444.08	49	2401	3108.560	21759.920	464.23	4.54
2020	9	529.85	81	6561	4768.650	42917.850	562.85	6.23
求和	0	2559.477	330	19338	7999.761	94232.853	2694.78	80.53

```
      Source |       SS           df       MS      Number of obs   =        10
-------------+----------------------------------   F(2, 7)         >  99999.00
       Model |  205226.92          2   102613.46   Prob > F        =    0.0000
    Residual |  .278998477         7  .039856925   R-squared       =    1.0000
-------------+----------------------------------   Adj R-squared   =    1.0000
       Total |  205227.199         9  22803.0221   Root MSE        =    .19964

------------------------------------------------------------------------------
           y |      Coef.   Std. Err.      t    P>|t|     [95% Conf. Interval]
-------------+----------------------------------------------------------------
          t1 |    24.2417   .0109899  2205.81   0.000     24.21571    24.26769
          t2 |     1.1565   .0021721   532.44   0.000     1.151364    1.161636
       _cons |   217.7832    .095517  2280.05   0.000     217.5573    218.0091
------------------------------------------------------------------------------
```

图 5-9　STATA 软件多元回归输出结果

（三）可线性化的曲线外推预测法

在实际预测中经常会遇到比线性发展趋势更为复杂的问题，在某些情况下，可以通过适当的变量替换，将变量间的关系化为线性模型形式。常见的可以化为线性模型形式的曲线模型主要以下几种。

1. 多项式曲线模型

多项式曲线模型的一般形式为：

$$\hat{Y}_t=a+b_1t+b_2t^2+b_3t^3+b_4t^4+\cdots+b_kt^k \tag{5-77}$$

式(5-77)中，当 $k>1$ 时为曲线模型，可以令 $t_k=t^k$，变为如下的线性模型形式：

$$\hat{Y}_t=a+b_1t_1+b_2t_2+b_3t_3+b_4t_4+\cdots+b_kt_k \tag{5-78}$$

然后再用最小二乘法确定式(5-78)中的参数，便可以得到具体的预测模型。比如在二次曲线趋势外推预测法中采用 STATA 软件求模型参数时，本质上就是利用了变量替换，将 $t_1=t,t_2=t^2$，从而将二次曲线模型变为线性模型形式，进而采用最小二乘法估计参数。

2. 指数曲线模型

如前文所说，常见的指数曲线模型包括一般指数曲线模型和修正指数曲线模型，一般指数曲线模型为：

$$\hat{Y}_t=a\mathrm{e}^{bt} \text{ 或 } \hat{Y}_t=ab^t \tag{5-79}$$

对于式(5-79)中的第一个指数模型等式两边取对数，可得：

$$\hat{Y}_t=a\mathrm{e}^{bt}\Rightarrow \ln\hat{Y}_t=\ln a+bt \tag{5-80}$$

令 $\hat{Y}_t'=\ln\hat{Y}_t$，$a'=\ln a$，则式(5-80)可以变为：

$$\hat{Y}_t'=a'+bt \tag{5-81}$$

根据线性趋势模型的最小二乘法可得式(5-81)的参数 a'和 b 为：

$$\begin{cases} a' = \dfrac{1}{n}\sum_{t=1}^{n} Y_t{}' - b\,\dfrac{1}{n}\sum_{t=1}^{n} t \\ b = \dfrac{n\sum_{t=1}^{n} tY_t{}' - \left(\sum_{t=1}^{n} t\right)\left(\sum_{t=1}^{n} Y_t{}'\right)}{n\sum_{t=1}^{n} t^2 - \left(\sum_{t=1}^{n} t\right)^2} \end{cases} \xrightarrow{Y_t{}' = \ln Y_t} \begin{cases} a' = \dfrac{1}{n}\sum_{t=1}^{n} \ln Y_t - b\,\dfrac{1}{n}\sum_{t=1}^{n} t \\ b = \dfrac{n\sum_{t=1}^{n} t\ln Y_t - \left(\sum_{t=1}^{n} t\right)\left(\sum_{t=1}^{n} \ln Y_t\right)}{n\sum_{t=1}^{n} t^2 - \left(\sum_{t=1}^{n} t\right)^2} \end{cases} \tag{5-82}$$

因 $a=e^{a'}$，从而有

$$\begin{cases} a = e^{\frac{1}{n}\sum_{t=1}^{n}\ln Y_t - b\frac{1}{n}\sum_{t=1}^{n} t} \\ b = \dfrac{n\sum_{t=1}^{n} t\ln Y_t - \left(\sum_{t=1}^{n} t\right)\left(\sum_{t=1}^{n} \ln Y_t\right)}{n\sum_{t=1}^{n} t^2 - \left(\sum_{t=1}^{n} t\right)^2} \end{cases} \xrightarrow{t\text{ 为正负编号}} \begin{cases} a = e^{\frac{1}{n}\sum_{t=1}^{n}\ln Y_t} \\ b = \dfrac{n\sum_{t=1}^{n} t\ln Y_t}{n\sum_{t=1}^{n} t^2} \end{cases} \tag{5-83}$$

对于式(5-79)的第二个式子，同样将等号两边取对数，可得：

$$\ln\hat{Y}_t = \ln a + \ln b^t = \ln a + t\ln b \tag{5-84}$$

令 $\hat{Y}_t{}' = \ln\hat{Y}_t$，$a' = \ln a$，$b' = \ln b$，则式(5-84)可以变为：

$$\hat{Y}_t{}' = a' + b't \tag{5-85}$$

根据线性趋势模型的最小二乘法可得式(5-85)的参数 a'和 b'为：

$$\begin{cases} a' = \dfrac{1}{n}\sum_{t=1}^{n} Y'_t - b'\,\dfrac{1}{n}\sum_{t=1}^{n} t \\ b' = \dfrac{n\sum_{t=1}^{n} tY_t{}' - \left(\sum_{t=1}^{n} t\right)\left(\sum_{t=1}^{n} Y_t{}'\right)}{n\sum_{t=1}^{n} t^2 - \left(\sum_{t=1}^{n} t\right)^2} \end{cases} \xrightarrow{Y_t{}' = \ln Y_t} \begin{cases} a' = \dfrac{1}{n}\sum_{t=1}^{n} \ln Y_t - b'\,\dfrac{1}{n}\sum_{t=1}^{n} t \\ b' = \dfrac{n\sum_{t=1}^{n} t\ln Y_t - \left(\sum_{t=1}^{n} t\right)\left(\sum_{t=1}^{n} \ln Y_t\right)}{n\sum_{t=1}^{n} t^2 - \left(\sum_{t=1}^{n} t\right)^2} \end{cases} \tag{5-86}$$

因 $a=e^{a'}$，$b=e^{b'}$，从而有：

$$\begin{cases} a = e^{\frac{1}{n}\sum_{t=1}^{n}\ln Y_t - e^{b}\frac{1}{n}\sum_{t=1}^{n} t} \\ b = e^{\frac{n\sum_{t=1}^{n} t\ln Y_t - \left(\sum_{t=1}^{n} t\right)\left(\sum_{t=1}^{n} \ln Y_t\right)}{n\sum_{t=1}^{n} t^2 - \left(\sum_{t=1}^{n} t\right)^2}} \end{cases} \xrightarrow{t\text{ 为正负编号}} \begin{cases} a = e^{\frac{1}{n}\sum_{t=1}^{n}\ln Y_t} \\ b = e^{\frac{n\sum_{t=1}^{n} t\ln Y_t}{n\sum_{t=1}^{n} t^2}} \end{cases} \tag{5-87}$$

对于修正指数模型 $\hat{Y}_t = k + ab^t$，当增长上限 k 已知时，可以将其变为线性模型形式，具体转化方法要根据具体的图形形状确定。图 5-10 给出了两种情况下的修正指数模型曲线图。

对于图 5-10(1)中的情况，即

$$\hat{Y}_t = k + ab^t \qquad (k>0, a<0, 0<b<1) \tag{5-88}$$

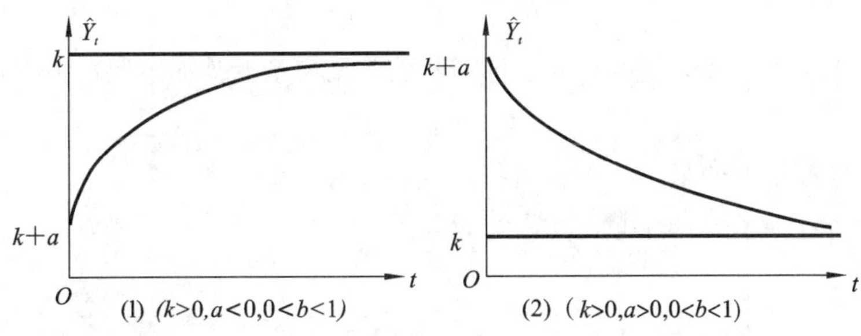

图 5-10　修正指数模型曲线图

可以将式(5-88)变为：

$$k-\hat{Y}_t=-ab^t \tag{5-89}$$

对式(5-89)两边取对数，可得：

$$\ln(k-\hat{Y}_t)=\ln(-ab^t)\Rightarrow\ln(k-\hat{Y}_t)=\ln(-a)+t\ln b \tag{5-90}$$

令 $\hat{Y}_t{}'=\ln(k-\hat{Y}_t)$，$a'=\ln(-a)$，$b'=\ln b$，则图 5-10 中图(1)修正指数模型可以化为如下线性模型形式：

$$\hat{Y}_t{}'=a'+b't \tag{5-91}$$

根据线性趋势模型的最小二乘法可得式(5-91)的参数 a' 和 b'：

$$\begin{cases} a'=\dfrac{1}{n}\sum\limits_{t=1}^{n}Y_t{}'-b'\dfrac{1}{n}\sum\limits_{t=1}^{n}t \\ b'=\dfrac{n\sum\limits_{t=1}^{n}tY_t{}'-\left(\sum\limits_{t=1}^{n}t\right)\left(\sum\limits_{t=1}^{n}Y_t{}'\right)}{n\sum\limits_{t=1}^{n}t^2-\left(\sum\limits_{t=1}^{n}t\right)^2} \end{cases}\xrightarrow{Y_t{}'=k-\ln Y_t}$$

$$\begin{cases} a'=\dfrac{1}{n}\sum\limits_{t=1}^{n}(k-\ln Y_t)-b'\dfrac{1}{n}\sum\limits_{t=1}^{n}t \\ b'=\dfrac{n\sum\limits_{t=1}^{n}t(k-\ln Y_t)-\left(\sum\limits_{t=1}^{n}t\right)\left(\sum\limits_{t=1}^{n}(k-\ln Y_t)\right)}{n\sum\limits_{t=1}^{n}t^2-\left(\sum\limits_{t=1}^{n}t\right)^2} \end{cases} \tag{5-92}$$

因 $a=-e^{a'}$，$b=e^{b'}$，从而有：

$$\begin{cases} a=-e^{\frac{1}{n}\sum\limits_{t=1}^{n}(k-\ln Y_t)-e^b\frac{1}{n}\sum\limits_{t=1}^{n}t} \\ b=e^{\frac{n\sum\limits_{t=1}^{n}t(k-\ln Y_t)-\left(\sum\limits_{t=1}^{n}t\right)\left[\sum\limits_{t=1}^{n}(k-\ln Y_t)\right]}{n\sum\limits_{t=1}^{n}t^2-\left(\sum\limits_{t=1}^{n}t\right)^2}} \end{cases}\xrightarrow{t\text{ 为正负编号}}\begin{cases} a=-e^{\frac{1}{n}\sum\limits_{t=1}^{n}(k-\ln Y_t)} \\ b=e^{\frac{n\sum\limits_{t=1}^{n}t(k-\ln Y_t)}{n\sum\limits_{t=1}^{n}t^2}} \end{cases} \tag{5-93}$$

对于图 5-10(2)中的情况修正指数模型可以采用类似的变量替代方法转化为线性模型形式，再利用线性趋势模型的最小二乘法求解参数。

3. 幂函数曲线模型

对于幂函数曲线模型 $\hat{Y}_t=at^b$，同样对等式两边取对数，可得：

$$\ln\hat{Y}_t=\ln a+b\ln t \tag{5-94}$$

令 $\hat{Y}_t{}'=\ln\hat{Y}_t$，$a'=\ln a$，$t'=\ln t$，可以将幂函数曲线模型变为如下线性模型形式：

$$\hat{Y}_t{}'=a'+bt' \tag{5-95}$$

根据线性趋势模型的最小二乘法可得式(5-95)的参数 a' 和 b 为：

$$\begin{cases} a'=\dfrac{1}{n}\sum_{t=1}^{n}Y_t{}'-b\dfrac{1}{n}\sum_{t=1}^{n}t' \\ b=\dfrac{n\sum_{t=1}^{n}t'Y_t{}'-\left(\sum_{t=1}^{n}t'\right)\left(\sum_{t=1}^{n}Y_t{}'\right)}{n\sum_{t=1}^{n}t'^2-\left(\sum_{t=1}^{n}t'\right)^2} \end{cases} \xrightarrow{Y_t{}'=\ln Y_t,\ t'=\ln t} \tag{5-96}$$

$$\begin{cases} a'=\dfrac{1}{n}\sum_{t=1}^{n}\ln Y_t-b\dfrac{1}{n}\sum_{t=1}^{n}\ln t \\ b=\dfrac{n\sum_{t=1}^{n}\ln t\ln Y_t-\left(\sum_{t=1}^{n}\ln t\right)\left(\sum_{t=1}^{n}\ln Y_t\right)}{n\sum_{t=1}^{n}(\ln t)^2-\left(\sum_{t=1}^{n}\ln t\right)^2} \end{cases}$$

因 $a=e^{a'}$，从而有：

$$\begin{cases} a=e^{\frac{1}{n}\sum_{t=1}^{n}\ln Y_t-b\frac{1}{n}\sum_{t=1}^{n}\ln t} \\ b=\dfrac{n\sum_{t=1}^{n}\ln t\ln Y_t-\left(\sum_{t=1}^{n}\ln t\right)\left(\sum_{t=1}^{n}\ln Y_t\right)}{n\sum_{t=1}^{n}(\ln t)^2-\left(\sum_{t=1}^{n}\ln t\right)^2} \end{cases} \tag{5-97}$$

4. 对数曲线模型

对于对数曲线模型 $\hat{Y}_t=a+b\ln(t)$，令 $t'=\ln t$，可以将对数曲线模型变为如下线性模型形式：

$$\hat{Y}_t=a+bt' \tag{5-98}$$

根据线性趋势模型的最小二乘法可得式(5-98)的参数 a 和 b 为：

$$\begin{cases} a=\dfrac{1}{n}\sum_{t=1}^{n}Y_t-b\dfrac{1}{n}\sum_{t=1}^{n}t' \\ b=\dfrac{n\sum_{t=1}^{n}t'Y_t-\left(\sum_{t=1}^{n}t'\right)\left(\sum_{t=1}^{n}Y_t\right)}{n\sum_{t=1}^{n}t'^2-\left(\sum_{t=1}^{n}t'\right)^2} \end{cases} \xrightarrow{t'=\ln t} \begin{cases} a=\dfrac{1}{n}\sum_{t=1}^{n}Y_t-b\dfrac{1}{n}\sum_{t=1}^{n}\ln t \\ b=\dfrac{n\sum_{t=1}^{n}\ln tY_t-\left(\sum_{t=1}^{n}\ln t\right)\left(\sum_{t=1}^{n}Y_t\right)}{n\sum_{t=1}^{n}(\ln t)^2-\left(\sum_{t=1}^{n}\ln t\right)^2} \end{cases} \tag{5-99}$$

5. 双曲线模型

对于双曲线模型形式 $\hat{Y}_t=a+\dfrac{b}{t}$，令 $t'=\dfrac{1}{t}$，可得：

$$\hat{Y}_t=a+bt' \tag{5-100}$$

根据线性趋势模型的最小二乘法可得式(5-100)的参数 a 和 b 为：

$$\begin{cases} a=\frac{1}{n}\sum_{t=1}^{n}Y_t-b\frac{1}{n}\sum_{t=1}^{n}t' \\ b=\frac{n\sum_{t=1}^{n}t'Y_t-\left(\sum_{t=1}^{n}t'\right)\left(\sum_{t=1}^{n}Y_t\right)}{n\sum_{t=1}^{n}t'^2-\left(\sum_{t=1}^{n}t'\right)^2} \end{cases}\xrightarrow{t'=\frac{1}{t}}\begin{cases} a=\frac{1}{n}\sum_{t=1}^{n}Y_t-b\frac{1}{n}\sum_{t=1}^{n}\frac{1}{t} \\ b=\frac{n\sum_{t=1}^{n}\frac{1}{t}Y_t-\left(\sum_{t=1}^{n}\frac{1}{t}\right)\left(\sum_{t=1}^{n}Y_t\right)}{n\sum_{t=1}^{n}\frac{1}{t^2}-\left(\sum_{t=1}^{n}\frac{1}{t}\right)^2} \end{cases} \tag{5-101}$$

对于双曲线模型形式$\frac{1}{\hat{Y}_t}=a+\frac{b}{t}$，令 $\hat{Y}_t{}'=\frac{1}{\hat{Y}_t}$，$t'=\frac{1}{t}$，可得：

$$\hat{Y}_t{}'=a+bt' \tag{5-102}$$

根据线性趋势模型的最小二乘法可得式(5－102)的参数 a 和 b 为：

$$\begin{cases} a=\frac{1}{n}\sum_{t=1}^{n}Y_t{}'-b\frac{1}{n}\sum_{t=1}^{n}t' \\ b=\frac{n\sum_{t=1}^{n}t'Y_t{}'-\left(\sum_{t=1}^{n}t'\right)\left(\sum_{t=1}^{n}Y_t{}'\right)}{n\sum_{t=1}^{n}t'^2-\left(\sum_{t=1}^{n}t'\right)^2} \end{cases}\xrightarrow{Y_t{}'=\frac{1}{Y_t},t'=\frac{1}{t}} \tag{5-103}$$

$$\begin{cases} a=\frac{1}{n}\sum_{t=1}^{n}\frac{1}{Y_t}-b\frac{1}{n}\sum_{t=1}^{n}\frac{1}{t} \\ b=\frac{n\sum_{t=1}^{n}\frac{1}{tY_t}-\left(\sum_{t=1}^{n}\frac{1}{t}\right)\left(\sum_{t=1}^{n}\frac{1}{Y_t}\right)}{n\sum_{t=1}^{n}\frac{1}{t^2}-\left(\sum_{t=1}^{n}\frac{1}{t}\right)^2} \end{cases}$$

【例 5-12】 某市 2009—2019 年的人民币贷款余额 Y_t 如表 5-14 的第 3 列所示，试预测该市 2020 年和 2021 年的人民币贷款余额。

解：首先，计算人民币贷款余额 Y_t 的时间序列一阶比率即环比发展速度，具体如表5-14的第 4 列所示。由此可知，各期人民币贷款余额的一阶比率比较接近于一个常数，根据指数曲线模型特征，可以选择指数曲线模型 $\hat{Y}_t=ae^{bt}$ 对该市 2020 年和 2021 年的人民币贷款余额进行预测。

其次，将计算指数曲线模型参数 a 和 b 所需要的有关数据列于表 5-14 的第 5 列至第 7 列，将有关数据代入式(5-83)的第一个公式，可得：

$$\begin{cases} a=e^{\frac{1}{n}\sum_{t=1}^{n}\ln Y_t-b\frac{1}{n}\sum_{t=1}^{n}t}=e^{\frac{1}{11}\times 10.6848-0.1249\times\frac{1}{11}\times 66}=e^{9.3129}=11080.0337 \\ b=\frac{n\sum_{t=1}^{n}t\ln Y_t-\left(\sum_{t=1}^{n}t\right)\left(\sum_{t=1}^{n}\ln Y_t\right)}{n\sum_{t=1}^{n}t^2-\left(\sum_{t=1}^{n}t\right)^2}=\frac{11\times 677.8445-66\times 110.6848}{11\times 506-66^2}=0.1249 \end{cases}$$

因此，可以得到该市人民币贷款余额预测的指数曲线模型为：

$$\hat{Y}_t = 11080.0337e^{0.1249t}$$

最后，将 $t=12$ 和 $t=13$ 分别代入上式，便可以得到 2020 年和 2021 年该市人民币贷款余额的预测值分别为：

$$\hat{Y}_{12} = 11080.0337e^{0.1279\times 12} = 49597.713(\text{万元})$$

$$\hat{Y}_{13} = 11080.0337e^{0.1279\times 13} = 56195.952(\text{万元})$$

表 5-14 某市 2009—2019 年人民币贷款余额

年份	t	人民币贷款余额 Y_t/亿元	Y_t/Y_{t-1}	t^2	$\ln Y_t$	$t\ln Y_t$
2009	1	12598.16		1	9.4413	9.4413
2010	2	14987.73	1.19	4	9.6150	19.2300
2011	3	16333.43	1.09	9	9.7010	29.1029
2012	4	18023.02	1.10	16	9.7994	39.1976
2013	5	20172.97	1.12	25	9.9121	49.5605
2014	6	22688.33	1.12	36	10.0296	60.1776
2015	7	26136.95	1.15	49	10.1711	71.1977
2016	8	28885.54	1.11	64	10.2711	82.1688
2017	9	33312.73	1.15	81	10.4137	93.7233
2018	10	39764.44	1.19	100	10.5907	105.9073
2019	11	46155.78	1.16	121	10.7398	118.1376
求和	66	—	—	506	110.6848	677.8445

三、有增长上限的曲线外推预测法

有增长上限的曲线模型一般包括修正指数曲线模型、龚珀兹曲线模型和逻辑斯蒂曲线模型。

（一）修正指数曲线模型

采用指数曲线模型进行预测时，随着时间 t 不断增大，预测值也是无限变大或变小，有时这与客观实际情况不相符，因为任何事物的发展都有一个极限，不可能无限发展下去。因此，当变量的变动规律是初期增长较快，随后增长速度逐渐放慢，最后趋向某一正常极限时，可用图 5-10(1)所示的修正指数曲线来描述；当变量初期减少较快，随后减少速度逐渐放慢，最后趋向某一正常极限时，可用图 5-10(2)所示的修正指数曲线来描述。

对于修正的指数曲线模型 $\hat{Y}_t = k + ab^t$，当 k 已知时，可采用将曲线模型化为线性模型形式进行参数估计。但当 k、a 和 b 均未知时，无法进行线性化，也就无法采用最小二乘法进行模型参数估计。此种情况可用三点法来估计参数。设时间序列数据有 N 个，同时假设 $N=3n$，具体数据如表 5-15 所示。

表 5-15　三点法的时间序列表示

t	1	2	…	n	$n+1$	$n+2$	…	$2n$	$2n+1$	$2n+2$	…	$3n$
Y_t	Y_1	Y_2	…	Y_n	Y_{n+1}	Y_{n+2}	…	Y_{2n}	Y_{2n+1}	Y_{2n+2}	…	Y_{3n}

把序列$\{Y_t\}$平均分成三段，每段含有 n 个数据，对各段求和，可得：

$$\sum\nolimits_1 Y_t = \sum_{t=1}^{n} Y_t = nk + ab(b^0 + b^1 + \cdots + b^{n-1}) = nk + ab\,\frac{b^n - 1}{b - 1} \tag{5-104}$$

$$\sum\nolimits_2 Y_t = \sum_{t=n+1}^{2n} Y_t = nk + ab^{n+1}(b^0 + b^1 + \cdots + b^{n-1}) = nk + ab^{n+1}\,\frac{b^n - 1}{b - 1} \tag{5-105}$$

$$\sum\nolimits_3 Y_t = \sum_{t=n+1}^{3n} Y_t = nk + ab^{n+1}(b^0 + b^1 + \cdots + b^{n-1}) = nk + ab^{2n+1}\,\frac{b^n - 1}{b - 1} \tag{5-106}$$

将式(5-106)与式(5-105)相减，可得：

$$\sum\nolimits_3 Y_t - \sum\nolimits_2 Y_t = ab^{n+1}\,\frac{(b^n - 1)^2}{b - 1} \tag{5-107}$$

将式(5-105)与式(5-104)相减，可得：

$$\sum\nolimits_2 Y_t - \sum\nolimits_1 Y_t = ab\,\frac{(b^n - 1)^2}{b - 1} \tag{5-108}$$

将式(5-107)除以式(5-108)，并开 n 次方可得：

$$b = \sqrt[n]{\frac{\sum\nolimits_3 Y_t - \sum\nolimits_2 Y_t}{\sum\nolimits_2 Y_t - \sum\nolimits_1 Y_t}} \tag{5-109}$$

将式(5-109)的 b 代入式(5-108)，可得：

$$a = \left(\sum\nolimits_2 Y_t - \sum\nolimits_1 Y_t\right)\frac{b - 1}{b(b^n - 1)^2} \tag{5-110}$$

最后将 a 和 b 代入式(5-104)，可得：

$$k = \frac{1}{n}\left(\sum\nolimits_1 Y_t - ab\,\frac{b^n - 1}{b - 1}\right) \tag{5-111}$$

【例 5-13】 某企业 2020 年的 1—12 月商品销售额 Y_t 如表 5-16 的第 2 列所示，试预测该企业 2021 年第 1 个月的销售额。

解：计算销售额的一阶差分的一阶比率，具体见表 5-16 的第 4 列所示。据此可以看出，销售额的一阶差分的一阶比率相差不大，近似于一个常数，因此可以选用修正指数曲线模型进行预测。将相关数据代入式(5-109)、式(5-110)和式(5-110)，可得：

$$b = \sqrt[n]{\frac{\sum\nolimits_3 Y_t - \sum\nolimits_2 Y_t}{\sum\nolimits_2 Y_t - \sum\nolimits_1 Y_t}} = \sqrt[4]{\frac{63.35 - 61.57}{61.57 - 57.79}} = 0.8242$$

$$\begin{aligned} a &= \left(\sum\nolimits_2 Y_t - \sum\nolimits_1 Y_t\right)\frac{b - 1}{b(b^n - 1)^2} \\ &= (61.57 - 57.79) \times \frac{0.8284 - 1}{0.8284 \times (0.8284^4 - 1)^2} = -2.7973 \end{aligned}$$

$$k = \frac{1}{n}\left(\sum\nolimits_1 Y_t - ab\,\frac{b^n - 1}{b - 1}\right) = \frac{1}{4} \times \left(57.79 + 2.7973 \times 0.8284 \times \frac{0.8284^4 - 1}{0.8284 - 1}\right) = 16.2336$$

由此可得，该企业销售额预测的修正指数曲线模型为：

$$\hat{Y}_t = 16.2336 - 2.7973 \times 0.8284^t$$

将 $t=13$ 代入上式，便可以得该企业 2021 年第 1 个月的销售额预测值为：

$$\hat{Y}_t = 16.2336 - 2.7973 \times 0.8284^{13} = 15.992(\text{万元})$$

同时将 $t=1,2,\cdots,12$ 代入上述预测模型，可以得到各期追溯预测值，具体见表 5-16 的第 6 列所示，再根据第 7 列的各期相对误差，可以计算出平均相对误差为 0.1%。

表 5-16 商品销售额的修正指数曲线模型计算过程表

t	销售额 Y_t/万元	$Y_t - Y_{t-1}$	$\frac{Y_t - Y_{t-1}}{Y_{t-1} - Y_{t-2}}$	三段和	$\hat{Y}_t$	相对误差/(%)
1	13.97				13.916	0.38
2	14.32	0.35			14.314	0.04
3	14.61	0.29	0.83		14.643	0.23
4	14.89	0.28	0.97	57.79	14.916	0.18
5	15.14	0.25	0.89		15.142	0.02
6	15.33	0.19	0.76		15.330	0.00
7	15.48	0.15	0.79		15.485	0.03
8	15.62	0.14	0.93	61.57	15.613	0.04
9	15.73	0.11	0.79		15.720	0.07
10	15.82	0.09	0.82		15.808	0.08
11	15.88	0.06	0.67		15.881	0.01
12	15.92	0.04	0.67	63.35	15.941	0.13

(二)龚珀兹曲线模型

修正指数曲线尽管考虑了变量增加或减少的极限问题，但没有考虑曲线模型斜率变化速度。在实际中有很多时间序列具有如下特征：开始阶段增长缓慢，随后增长加快，达到一定程度后，增长速度又变得很慢，最后达到饱和状态的过程，用图形表示即为图 5-11 所示的 S 形曲线。这类曲线存在一个拐点，即增长速度由上升突变为下降的点；另外还具有一个增长的极限。修正指数曲线模型对于存在拐点的生物生长的特性值无法进行有效的预测，此时需要采用龚珀兹曲线模型或逻辑斯蒂曲线模型进行预测分析。

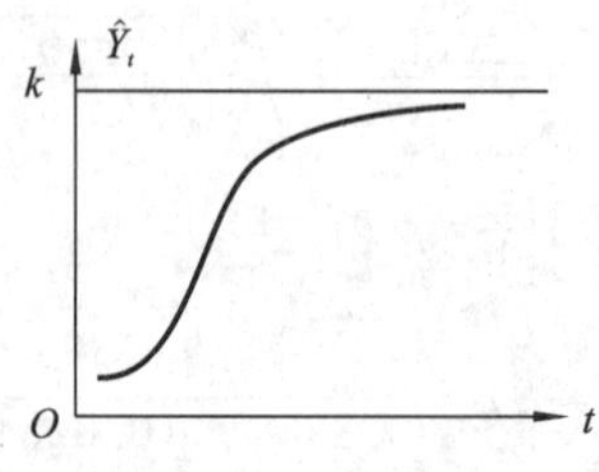

图 5-11 龚伯兹曲线模型图

龚珀兹曲线模型的一般形式如下：

$$\hat{Y}_t = ka^{b^t} \tag{5-112}$$

参数 a、b 和 c 取不同的值，龚珀兹曲线会有不同的形状和变化趋势，图 5-11 只是其中的一种形式。将式(5-112)等号两边取对数，可得：

$$\ln\hat{Y}_t = \ln k + b^t \ln a \tag{5-113}$$

令 $\hat{Y}_t{}' = \ln\hat{Y}_t$，$k' = \ln k$，$a' = \ln a$，则上式可变为：

$$\hat{Y}_t{}' = k' + a'b^t \tag{5-114}$$

变换后的模型恰恰是修正指数模型。可以仿照修正指数模型的参数估计方法，采用三点估计法估计模型参数，可得：

$$\begin{cases} b = \sqrt[n]{\dfrac{\sum_3 \ln Y_t - \sum_2 \ln Y_t}{\sum_2 \ln Y_t - \sum_1 \ln Y_t}} \\ a = \mathrm{e}^{\left(\sum_2 \ln Y_t - \sum_1 \ln Y_t\right)\frac{b-1}{b(b^n-1)^2}} \\ k = \mathrm{e}^{\frac{1}{n}\left(\sum_1 \ln Y_t - \ln a \frac{b(b^n-1)}{b-1}\right)} \end{cases} \tag{5-115}$$

【例 5-14】 某企业 2009—2020 年的商品销售额 Y_t 如表 5-17 的第 3 列所示，试预测该企业 2021 年的商品销售额。

解：首先，计算各期商品销售额对数的一阶差分的一阶比率，具体见表 5-17 的第 6 列所示。据此可知，该数值近似一个常数，再结合龚珀兹曲线模型的特征，可以选择龚珀兹曲线模型进行预测。

其次，将表 5-17 的相关数据代入式(5-115)中可以得出：

$$\begin{cases} b = \sqrt[n]{\dfrac{\sum_3 \ln Y_t - \sum_2 \ln Y_t}{\sum_2 \ln Y_t - \sum_1 \ln Y_t}} = \sqrt[4]{\dfrac{18.511 - 17.110}{17.110 - 12.10}} = 0.727 \\ a = \mathrm{e}^{\left(\sum_2 \ln Y_t - \sum_1 \ln Y_t\right)\frac{b-1}{b(b^n-1)^2}} = \mathrm{e}^{(17.110-12.10)\times\frac{0.727-1}{0.727\times(0.727^4-1)^2}} = 0.027 \\ k = \mathrm{e}^{\frac{1}{n}\left[\sum_1 \ln Y_t - \ln a \frac{b(b^n-1)}{b-1}\right]} = \mathrm{e}^{\frac{1}{4}\left[12.10+3.618\times\frac{0.727\times(0.727^4-1)}{0.727-1}\right]} = 117.212 \end{cases}$$

于是，可以得到商品销售额的龚珀兹曲线预测模型为：

$$\hat{Y}_t = 117.212 \times 0.027^{0.727t}$$

最后，将 $t=13$ 代入上式可以得到该企业 2021 年的商品销售额为 110.633 万元。再将 $t=1,2,\cdots,12$ 代入上式，便可以得到该企业历年商品销售额的追溯预测值，具体见表 5-17 的第 8 列所示。再根据表 5-17 的第 9 列各期相对误差，可得到平均相对误差为 4.56%，其预测精度比较高。

表 5-17　商品销售额的龚珀兹曲线模型计算过程表

年份	t	销售额 Y_t/万元	$\ln Y_t$	$\ln Y_t - \ln Y_{t-1}$	$\dfrac{\ln Y_t - \ln Y_{t-1}}{\ln Y_{t-1} - \ln Y_{t-2}}$	三段和	$\hat{Y}_t$	相对误差/(%)
2009	1	10.95	2.393				8.483	22.53
2010	2	16.98	2.832	0.439			17.270	1.71

续表

年份	t	销售额 Y_t/万元	$\ln Y_t$	$\ln Y_t-\ln Y_{t-1}$	$\frac{\ln Y_t-\ln Y_{t-1}}{\ln Y_{t-1}-\ln Y_{t-2}}$	三段和	$\hat{Y}_t$	相对误差/(%)
2011	3	25.85	3.252	0.420	0.958		29.107	12.60
2012	4	37.61	3.627	0.375	0.892	12.10	42.551	13.14
2013	5	55.17	4.010	0.383	1.022		56.089	1.66
2014	6	68.29	4.224	0.213	0.557		68.570	0.41
2015	7	81.05	4.395	0.171	0.803		79.361	2.08
2016	8	88.29	4.481	0.086	0.499	17.110	88.262	0.03
2017	9	95.26	4.557	0.076	0.888		95.358	0.10
2018	10	100.72	4.612	0.056	0.734		100.876	0.15
2019	11	105.16	4.655	0.043	0.774		105.089	0.07
2020	12	108.49	4.687	0.031	0.723	18.511	108.263	0.21

（三）逻辑斯蒂曲线模型

逻辑斯蒂曲线最早由比利时生物数学家维哈尔斯特于1838年为研究人口增长过程而导出，但直至20世纪20年代才被美国生物学家及人口统计学家皮尔和里德重新发现并应用于生物繁殖和生长过程。所以逻辑斯蒂曲线又通常被称为皮尔生长曲线（Pearl-reed growth curve），目前该曲线已被广泛应用于多领域的模拟研究。逻辑斯蒂曲线模型有不同的表达形式，本书主要讨论以下形式的逻辑斯蒂曲线模型：

$$\hat{Y}_t=\frac{1}{k+ab^t} \tag{5-116}$$

将式(5-116)等号两边取倒数，并令 $\hat{Y}_t{}'=1/\hat{Y}_t$，则式(5-116)可以变为：

$$\hat{Y}_t{}'=k+ab^t \tag{5-117}$$

由此可见，逻辑斯蒂曲线模型的倒数也恰恰是修正指数曲线模型形式。因此，同样可以仿照修正指数模型参数估计方法，采用三点法估计逻辑斯蒂曲线模型的参数，可得：

$$\begin{cases} b=\sqrt[n]{\dfrac{\sum_3 \frac{1}{Y_t}-\sum_2 \frac{1}{Y_t}}{\sum_2 \frac{1}{Y_t}-\sum_1 \frac{1}{Y_t}}} \\ a=\left(\sum_2 \frac{1}{Y_t}-\sum_1 \frac{1}{Y_t}\right)\dfrac{b-1}{b(b^n-1)^2} \\ k=\dfrac{1}{n}\left(\sum_1 \frac{1}{Y_t}-ab\,\dfrac{b^n-1}{b-1}\right) \end{cases} \tag{5-118}$$

【例5-15】 某企业2009—2020年的商品销售额 Y_t 如表5-18的第3列所示，试预测该企业2021年的商品销售额。

解：首先，计算各期商品销售额倒数的一阶差分的一阶比率，具体见表 5-18 的第 6 列所示。据此可知，该数值近似为一个常数，再结合逻辑斯蒂曲线模型的特征，可以选择逻辑斯蒂曲线模型进行预测。

其次，将表 5-18 的相关数据代入式(5-118)中可以得到：

$$\begin{cases} b=\sqrt[n]{\dfrac{\sum_3 \dfrac{1}{Y_t}-\sum_2 \dfrac{1}{Y_t}}{\sum_2 \dfrac{1}{Y_t}-\sum_1 \dfrac{1}{Y_t}}}=\sqrt[4]{\dfrac{0.0148-0.0306}{0.0306-0.0748}}=0.7732 \\ a=\left(\sum_2 \dfrac{1}{Y_t}-\sum_1 \dfrac{1}{Y_t}\right)\dfrac{b-1}{b(b^n-1)^2}=(0.0306-0.0748)\times\dfrac{0.7732-1}{0.7732\times(0.7732^4-1)^2} \\ \quad =0.0314 \\ k=\dfrac{1}{n}\left(\sum_1 \dfrac{1}{Y_t}-ab\dfrac{b^n-1}{b-1}\right)=\dfrac{1}{4}\left(0.0748-0.0314\times0.7732\times\dfrac{0.7732^4-1}{0.7732-1}\right)=0.0015 \end{cases}$$

于是，可以得到商品销售额的逻辑斯蒂曲线预测模型：

$$\hat{Y}_t=\frac{1}{0.0015+0.0314\times0.7732^t}$$

最后，将 $t=13$ 代入上式可以得到该企业 2021 年的商品销售额为 383.367 万元。再将 $t=1,2,\cdots,12$ 代入上式，便可以得到该企业历年商品销售额的追溯预测值，具体见表 5-18 的第 8 列所示。再根据表 5-18 的第 9 列各期相对误差，可得到平均相对误差为 4.60%，其预测精度比较高。

表 5-18 商品销售额的逻辑斯蒂曲线模型计算过程表

年份	t	销售额 Y_t /万元	$\dfrac{1}{Y_t}$	$\nabla\dfrac{1}{Y_t}=\dfrac{1}{Y_t}-\dfrac{1}{Y_{t-1}}$	$\nabla\dfrac{1}{Y_t}/\nabla\dfrac{1}{Y_{t-1}}$	三段和	$\hat{Y}_t$	相对误差 /(%)
2009	1	40.58	0.0246				38.792	4.41
2010	2	48.65	0.0206	−0.0041			49.329	1.40
2011	3	59.7	0.0168	−0.0038	0.9307		62.443	4.59
2012	4	77.9	0.0128	−0.0039	1.0286	0.0748	78.600	0.90
2013	5	101.93	0.0098	−0.0030	0.7733		98.257	3.60
2014	6	124.76	0.0080	−0.0018	0.5932		121.812	2.36
2015	7	145.46	0.0069	−0.0011	0.6354		149.529	2.80
2016	8	170.02	0.0059	−0.0010	0.8706	0.0306	181.452	6.72
2017	9	201.95	0.0050	−0.0009	0.9364		217.326	7.61
2018	10	247.47	0.0040	−0.0009	0.9794		256.542	3.67
2019	11	312.74	0.0032	−0.0008	0.9259		298.140	4.67
2020	12	389.47	0.0026	−0.0006	0.7470	0.0148	340.877	12.48

第四节 灰色预测法

一、灰色预测法的基本知识

(一)灰色预测的概念和类型

从掌握系统信息的程度而言,系统可以分为白色系统、黑色系统和灰色系统。白色系统是指,一个系统的内部特征是完全已知的,即系统的信息是完全充分的;黑色系统是指,一个系统的内部信息对外界来说是一无所知的,只能通过它与外界的联系来加以观测研究;灰色系统内的一部分信息是已知的,另一部分信息是未知的,系统内各因素间有不确定的关系。1982 年,我国学者邓聚龙教授提出的灰色系统理论,是一种研究少数据、贫信息不确定问题的新方法。灰色系统理论以“部分信息已知,部分信息未知”“小样本”“贫信息”不确定系统为研究对象,主要通过对部分已知信息的生成、开发,提取有价值的信息,实现对系统行为、演化规律的预测与控制。灰色预测法是一种对含有不确定性有价值的信息因素的系统进行预测的方法,就是对在一定范围内变化且与时间有关的灰色过程进行预测。灰色预测法主要分为灰色时间序列预测、灾变预测、拓扑预测和系统预测。灰色时间序列预测就是利用观测到的反映预测对象时间序列数据来构造灰色预测模型,以预测将来某个时刻的特征量;灾变预测就是通过灰色预测模型预测异常值出现的时刻,预测异常值什么时候出现在特定时间内;拓扑预测就是通过灰色预测模型预测事物未来变动的轨迹;系统预测是对系统行为特征指标建立一组相互关联的灰色预测理论模型,在预测系统整体变化的同时,预测系统各个环节的变化。

(二)生成序列

灰色系统理论认为,尽管客观表象复杂,但总是有整体功能的,因此必然蕴含某种内在规律。关键在于如何选择适当的方式去挖掘和利用它。灰色系统是通过对原始数据的整理来寻求其变化规律,这是一种就数据寻求数据的现实规律的途径。将原始数据列中的数据按照某种方法进行处理后的时间序列就是生成序列。一切灰色序列都能通过某种生成弱化其随机性,显现其规律性。数据生成的常用算子有累加生成算子、累减生成算子和加权累加生成算子。

1. 累加生成

累加生成是将原始时间序列的第一个数值作为生成序列的第一个数据,将原始时间序列的第二个数值作为第二个数据加到原始时间序列的第一个数值上,其和作为生成序列的第二个数据,再将原始时间序列的第三个数据加到生成序列的第二数据上,其和作为生成序列的第三个数据,如此继续进行下去,便可以得到累加生成序列。累加生成是使灰色过程由灰变白的一种重要方法，通过累加生成使得杂乱无章的原始时间序列数据隐含的积分特性或规律展现出来。假设原始时间序列为 $X^{(0)}=(X^{(0)}(1),X^{(0)}(2),\cdots,X^{(0)}(n))$，上标的“0”表示的是原始值，累加生成的序列记作 $X^{(1)}=(X^{(1)}(1),X^{(1)}(2),\cdots,X^{(1)}(n))$，其中：

$$X^{(1)}(t)=\sum_{i=1}^{t}X^{(0)}(i)=X^{(1)}(t-1)+X^{(0)}(t),\quad (t=1,2,\cdots,n) \tag{5-119}$$

式(5-119)中 $X^{(1)}(t)$的上标“1”表示一次累加，同理，可以做 r 次累加：

$$X^{(r)}(t)=\sum_{i=1}^{t}X^{(r-1)}(i),\quad (t=1,2,\cdots,n;r\geqslant 1) \tag{5-120}$$

对于非负的原始时间序列，累加的次数越多，随机性弱化越明显，时间序列的规律性就越强。通常情况下，非负时间序列经过一定次数的累加生成后，都会减少随机性，呈现出近似指数曲线形状。对于原始时间序列数据有负数的情况，累加生成会出现正负抵消的情况，可能出现累加生成后的数据更无规律可言，因此，对于有负数的原始时间序列数据，可以将原始时间序列先进行整体平移，使得平移后的数据都大于等于 0，再进行累加生成。

【例 5-16】 某企业 2020 年 1 月至 9 月的商品销售额 X_t 如表 5-19 的第 2 行所示，请计算一次累加生成序列。

解：由题意可知，$X^{(0)}=(4.02,4.73,4.61,5.28,8.67,7.36,9.66,9.48,8.32)$，可按以下步骤计算出一次累加生成序列。

$$t=1,\quad X^{(1)}(1)=X^{(0)}(1)=4.02$$

$$t=2,X^{(1)}(2)=\sum_{i=1}^{2}X^{(0)}(i)=X^{(0)}(1)+X^{(0)}(2)=4.02+4.73=8.75$$

$$\begin{aligned}t=3,X^{(1)}(3)&=\sum_{i=1}^{3}X^{(0)}(i)=X^{(1)}(t-1)+X^{(0)}(t)\\&=X^{(1)}(2)+X^{(0)}(3)=8.75+4.61=13.36\end{aligned}$$

$$\vdots$$

$$\begin{aligned}t=9,X^{(1)}(9)&=\sum_{i=1}^{9}X^{(0)}(i)=X^{(1)}(t-1)+X^{(0)}(t)\\&=X^{(1)}(8)+X^{(0)}(9)=53.81+8.32=62.13\end{aligned}$$

具体的累加生成序列计算结果见表 5-19 的第 3 行所示。

表 5-19 某企业的商品销售额时间序列及一次累加生成序列

t	1	2	3	4	5	6	7	8	9
销售额 $X^{(0)}(t)$/万元	4.02	4.73	4.61	5.28	8.67	7.36	9.66	9.48	8.32
累加生成 $X^{(1)}(t)$/万元	4.02	8.75	13.36	18.64	27.31	34.67	44.33	53.81	62.13

2. 累减生成序列

将时间序列前后相邻的两个数据依次相减所得的时间序列称为累减生成序列。实际上，累减生成运算过程是累加生成过程的逆运算。之所以需要对时间序列进行累减生成运算，是因为利用累加生成可以使原始时间序列具有一定的规律可遵循，从而可用某种曲线模型进行拟合。但累加生成所得到的预测值并非真正的预测值，而是累加生成值，此时就需要把累加生成值还原回去，还原的方法就是累减生成。假设时间序列为 $X^{(1)}=(X^{(1)}(1),X^{(1)}(2),\cdots,X^{(1)}(n))$，则令：

$$X^{(0)}(t)=X^{(1)}(t)-X^{(1)}(t-1),\quad (t=1,2,\cdots,n) \tag{5-121}$$

式(5-121)中，规定 $X^{(1)}(0)=0$，便可以得到累减生成序列 $X^{(0)}=(X^{(0)}(1),X^{(0)}(2),\cdots,X^{(0)}(n))$。从这里的记号可以看到，从原始时间序列 $X^{(0)}$ 得到新时间序列 $X^{(1)}$，再通过累减生成可以还原出原始时间序列 $X^{(0)}$。在实际预测中，根据累加生成时间序列预测出 $\hat{X}^{(1)}$，再通过累减生成得到预测数列 $X^{(0)}$。

【例 5-17】 请将表 5-20 的第 2 行时间序列 $X^{(1)}$ 转化为累减生成序列。

解：由题意可知，$X^{(1)}=(4.02,8.75,13.36,18.64,27.31,34.67,44.33,53.81,62.13)$，可按以下步骤计算累减生成序列 $X^{(0)}(t)$：

$$t=0,X^{(1)}(0)=0$$

$$t=1,X^{(0)}(1)=X^{(1)}(1)-X^{(1)}(0)=X^{(1)}(1)=4.02$$

$$t=2,X^{(0)}(2)=X^{(1)}(2)-X^{(1)}(1)=8.75-4.02=4.73$$

$$\vdots$$

$$t=9,X^{(0)}(9)=X^{(1)}(9)-X^{(1)}(8)=62.13-53.81=8.32$$

具体的累减生成序列计算结果见表 5-20 的第 3 行与表 5-19 的第 2 行数据完全相同。

表 5-20 累减生成序列计算结果

t	1	2	3	4	5	6	7	8	9
$X^{(1)}(t)$	4.02	8.75	13.36	18.64	27.31	34.67	44.33	53.81	62.13
$X^{(0)}(t)$	4.02	4.73	4.61	5.28	8.67	7.36	9.66	9.48	8.32

3. 加权邻值生成

对于原始时间序列 $X^{(0)}=(X^{(0)}(1),X^{(0)}(2),\cdots,X^{(0)}(n))$，将 $Z^{(0)}(t)$ 和 $Z^{(0)}(t-1)$ 分别称为时间序列的前向邻值和后向邻值，则令：

$$Z^{(0)}(t)=\alpha X^{(0)}(t)+(1-\alpha)X^{(0)}(t-1),\quad (t=2,3,n) \tag{5-122}$$

式(5-122)中，α 是加权系数，$\alpha\in[0,1]$，由此得到的时间序列 $Z^{(0)}(t)$ 称为加权邻值生成序列。特殊情况下，当 $\alpha=0.5$ 时，$Z^{(0)}(t)=0.5X^{(0)}(t-1)+0.5X^{(0)}(t-1)$，$t=2,3,\cdots,n$；$Z^{(0)}(t)$ 为均值生成序列。

（三）灰色关联度

对于两个时间序列而言，如何衡量这两个时间序列的接近程度？在灰色系统理论中，可以用灰色关联度衡量两个时间序列的接近程度。灰色关联度的本质是比较两个数据序列的几何形状的相似性，几何形状越接近，关联程度也就越大。假设参考的时间序列为 $X^{(0)}=(X^{(0)}(1),(X^{(0)}(2),\cdots,(X^{(0)}(n))$，比较的时间序列为 $X^{(i)}=(X^{(i)}(1),X^{(i)}(2),\cdots,X^{(i)}(n))$，则时间序列 $X^{(0)}$ 和 $X^{(i)}$ 在时间 t 点的灰色关联系数为：

$$\gamma(X^0(t),X^i(t))=\frac{\min_j\min_t|X^{(0)}(t)-X^{(j)}(t)|+\xi\max_j\max_t|X^0(t)-X^j(t)|}{|X^0(t)-X^i(t)|+\xi\max_j\max_t|X^0(t)-X^j(t)|} \tag{5-123}$$

式(5-123)中，$|X^{(0)}(t)-X^{(i)}(t)|$是 t 点 $X^{(i)}$ 对于 $X^{(0)}$ 的差异化信息；$\min\limits_{j}\min\limits_{t}|X^{(0)}(t)-X^{(j)}(t)|$为两级绝对值最小差，其中，$\min\limits_{t}|X^{(0)}(t)-X^{(j)}(t)|$表示第一级绝对值最小差即各时间序列 X_j 上找出各点与 X_0 之差绝对值最小；$\min\limits_{j}\min\limits_{t}|X^{(0)}(t)-X^{(j)}(t)|$为第二级绝对值最小差，即在一级序列最小差的基础上找出所有序列中最小差；$\max\limits_{j}\max\limits_{t}|X^{(0)}(t)-X^{(j)}(t)|$为两级绝对值最大差，其含义与绝对值最小差相似。$\xi$ 为分辨系数，ξ 的大小可以调整 $\max\limits_{j}\max\limits_{k}|X^{(0)}(t)-X^{(j)}(t)|$对灰色关联系数的影响，通常情况下，$\xi$ 取 0.5。

灰色关联系数是比较序列与参考序列在某时点关联程度的大小，由于各个时刻都有一个关联系数，因此，不便于比较。为了从总体上了解时间序列之间的关联程度，可以求出灰色关联系数的平均值作为整体上接近程度指标即灰色关联度。

$$\gamma(X^{(0)},X^{(i)})=\frac{1}{n}\sum_{t=1}^{n}\gamma(X^{0}(t),X^{i}(t)) \tag{5-124}$$

二、GM(1,1)模型

灰色模型(grey model,GM)是灰色预测理论中最基本的模型，通常可用 GM(m,n)表示，m 表示 m 阶方程，n 表示有 n 个变量，m 和 n 越大，预测模型就越复杂。本书仅介绍灰色预测模型中最常用的 GM(1,1)模型，该模型仅包含一个变量的一阶方程。其他 GM(m,n)模型均是以此 GM(1,1)模型为基础拓展而来。

根据原始时间序列 $X^{(0)}=(X^{(0)}(1),X^{(0)}(2),\cdots,X^{(0)}(n))$的一次累加生成序列 $X^{(1)}$ 以及 $X^{(1)}$ 的均值生成序列 $Z^{(1)}$，GM(1,1)模型的灰色微分方程模型为：

$$X^{(0)}(t)+aZ^{(1)}(t)=b \tag{5-125}$$

式(5-125)中：$Z^{(1)}(t)=0.5X^{(1)}(t)+0.5X^{(1)}(t-1)$；$t=2,3,\cdots,n$；$a$ 和 b 为待估参数。令 $\hat{\boldsymbol{\alpha}}=(a,b)^{\mathrm{T}}$为待估参数向量，利用最小二乘法求解，可得：

$$\hat{\boldsymbol{\alpha}}=(\boldsymbol{B}^{\mathrm{T}}\boldsymbol{B})^{-1}\boldsymbol{B}^{\mathrm{T}}\boldsymbol{Y} \tag{5-126}$$

其中：

$$\boldsymbol{B}=\begin{bmatrix}-Z^{(1)}(2) & 1\\ -Z^{(1)}(3) & 1\\ \vdots & \vdots\\ -Z^{(1)}(n) & 1\end{bmatrix},\boldsymbol{Y}=\begin{bmatrix}X^{(0)}(2)\\ X^{(0)}(3)\\ \vdots\\ X^{(0)}(n)\end{bmatrix}$$

式(5-125)的灰色微分方程对应的白化方程为：

$$\frac{\mathrm{d}X^{(1)}(t)}{\mathrm{d}t}+aX^{(1)}(t)=b \tag{5-127}$$

如上所述，则

①白化方程$\frac{\mathrm{d}X^{(1)}(t)}{\mathrm{d}t}+aX^{(1)}(t)=b$ 的解也称为时间响应函数，其为：

$$\hat{X}^{(1)}(t+1)=\left(X^{(1)}(0)-\frac{b}{a}\right)\mathrm{e}^{-at}+\frac{b}{a} \tag{5-128}$$

②GM(1,1)灰色微分方程 $X^{(0)}(t)+aZ^{(1)}(t)=b$ 的时间响应序列为：

$$\hat{X}^{(1)}(t+1)=\left(X^{(1)}(0)-\frac{b}{a}\right)\mathrm{e}^{-at}+\frac{b}{a} \tag{5-129}$$

③取 $X^{(1)}(0)=X^{(0)}(1)$，有

$$\hat{X}^{(1)}(t+1)=\left(X^{(0)}(1)-\frac{b}{a}\right)\mathrm{e}^{-at}+\frac{b}{a} \tag{5-130}$$

④预测模型为：

$$\hat{X}^{(0)}(t+1)=\hat{X}^{(1)}(t+1)-\hat{X}^{(1)}(t) \tag{5-131}$$

三、GM(1,1)模型的检验

在预测之前需要对 GM(1,1)进行检验，若在允许的范围之内，则可用所建立的模型进行预测，否则需要对模型进行修正。GM(1,1)模型的检验一般包括残差检验、关联度检验和后验差检验。

(一)残差检验

残差检验是对模型预测值与实际值的残差进行逐点检验。首先按照模型计算 $\hat{X}^{(1)}(t+1)$，再将 $\hat{X}^{(1)}(t+1)$ 累减生成 $\hat{X}^{(0)}(t)$，最后计算原始时间序列 $X^{(0)}=(X^{(0)}(1),X^{(0)}(2),\cdots,X^{(0)}(n))$ 与预测值时间序列的 $\hat{X}^{(0)}=(\hat{X}^{(0)}(1),\hat{X}^{(0)}(2),\cdots,\hat{X}^{(0)}(n))$ 绝对残差序列 $\varepsilon^{(0)}(t)$ 和相对残差序列 $\varphi(t)$：

$$\varepsilon^{(0)}(t)=\left|X^{(0)}(t)-\hat{X}^{(0)}(t)\right| \tag{5-132}$$

$$\varphi(t)=\frac{\varepsilon^{(0)}(t)}{X^{(0)}(t)} \tag{5-133}$$

从而计算平均相对残差：

$$\bar{\varphi}=\frac{1}{n}\sum_{t=1}^{n}\varphi(t) \tag{5-134}$$

对于预先设定的精度要求，只要 $\bar{\varphi}$ 和 $\varphi(t)$ 均小于或等于预先设定的精度，则预测模型的残差检验合格。通常而言，预先设定的精度一般取 0.1、0.05 和 0.01，所对应的模型分别为勉强合格、合格和优。

(二)灰色关联度检验

灰色关联度检验是指对预测模型得出的预测值时间序列与原始时间序列的相似程度进行检验。根据前述的灰色关联度计算方法，计算出原始时间序列 $X^{(0)}=(X^{(0)}(1),X^{(0)}(2),\cdots,X^{(0)}(n))$ 与预测模型得出的预测值时间序列 $\hat{X}^{(0)}=(\hat{X}^{(0)}(1),\hat{X}^{(0)}(2),\cdots,\hat{X}^{(0)}(n))$ 的灰色关联度 γ。如果这个灰色关联度大于给定的值，就认为预测模型检验通过。一般而言，灰色关联度大于 0.9 时，模型为优；灰色关联度大于 0.8 时，模型为合格；灰色关联度大于0.6，模型勉强合格；灰色关联度小于 0.6，模型不合格。

(三)后验差检验

后验差检验是对残差分布的统计特征进行检验。原始时间序列 $X^{(0)}=(X^{(0)}(1),X^{(0)}(2),\cdots,X^{(0)}(n))$ 的均值和标准差分别为：

$$\overline{X}=\frac{1}{n}\sum_{t=1}^{n}X^{(0)}(t),S_1=\sqrt{\frac{1}{n-1}\sum_{t=1}^{n}(X^{(0)}(t)-\overline{X})^2} \tag{5-135}$$

预测残差 $\varepsilon^{(0)}(t)$ 的均值和标准差分别为：

$$\bar{\varepsilon}=\frac{1}{n}\sum_{t=1}^{n}\varepsilon^{(0)}(t),S_2=\sqrt{\frac{1}{n-1}\sum_{t=1}^{n}(\varepsilon^{(0)}(t)-\bar{\varepsilon})^2} \tag{5-136}$$

计算标准差比 $C=S_2/S_1$，对于给定的标准差比 C_0，当 $C<C_0$ 时，称预测模型通过标准差比合格检验。通常而言，标准差比小于0.35时，模型为优；标准差比小于0.5时，模型合格；标准差比小于0.65时，模型勉强合格；标准差比大于0.65时，模型不合格。再计算小残差概率 P，$P=\{|\varepsilon^{(0)}(t)-\bar{\varepsilon}|\leqslant 0.6745S_1\}$。对于给定小残差概率 P_0，当 P 大于 P_0 时，称模型为小残差概率合格模型。一般而言，P 大于0.95，模型为优；P 大于0.8，模型为合格；P 大于0.7，模型勉强合格；P 小于0.7，模型不合格。

四、GM(1,1)模型的建模步骤

针对原始时间序列 $\boldsymbol{X}^{(0)}=(X^{(0)}(1),X^{(0)}(2),\cdots,X^{(0)}(n))$，则GM(1,1)模型的建模步骤如下。

第一步：构造累加生成序列 $\boldsymbol{X}^{(1)}=(X^{(1)}(1),X^{(1)}(2),\cdots,X^{(1)}(n))$。

第二步：构造数据矩阵 $\boldsymbol{B}$ 和数据向量 $\boldsymbol{Y}$，计算参数 $\hat{\boldsymbol{\alpha}}(a,b)^{\mathrm{T}}$，从而构造预测模型。

第三步：对模型进行残差检验、关联度检验和后验差检验。

第四步：进行预测。

【例5-18】　某企业2016—2020年的商品销售额如表5-21所示，试预测该企业2021年的商品销售额。

解：由表5-21可知，该预测问题是典型“少数据”预测问题，为此建立GM(1,1)预测模型对该企业2021年的商品销售额进行预测。表5-21的商品销售额时间序列为 $\boldsymbol{X}^{(0)}=(27.21,32.99,33.97,35.83,35.69,38.51)$。

表5-21　某企业2015—2020年的商品销售额

年份	2015	2016	2017	2018	2019	2020
t	1	2	3	4	5	6
销售额 $X^{(0)}(t)$/万元	27.21	32.99	33.97	35.83	35.69	38.51

第一步，利用 $X^{(0)}$ 构造累加生成序列 $\boldsymbol{X}^{(1)}$：

$$\boldsymbol{X}^{(1)}=\{27.21,60.2,94.17,130,165.69,204.2\}$$

第二步，构造数据矩阵 $\boldsymbol{B}$ 和数据向量 $\boldsymbol{Y}$：

$$\boldsymbol{B}=\begin{bmatrix}-\frac{1}{2}[X^{(1)}(1)+X^{(1)}(2)] & 1\\ -\frac{1}{2}[X^{(1)}(2)+X^{(1)}(3)] & 1\\ -\frac{1}{2}[X^{(1)}(3)+X^{(1)}(4)] & 1\\ -\frac{1}{2}[X^{(1)}(4)+X^{(1)}(5)] & 1\\ -\frac{1}{2}[X^{(1)}(5)+X^{(1)}(6)] & 1\end{bmatrix}=\begin{bmatrix}-43.705 & 1\\ -77.185 & 1\\ -112.085 & 1\\ -147.845 & 1\\ -184.945 & 1\end{bmatrix},\boldsymbol{Y}=\begin{bmatrix}X^{(0)}(2)\\ X^{(0)}(3)\\ X^{(0)}(4)\\ X^{(0)}(5)\\ X^{(0)}(6)\end{bmatrix}$$

将上述数据输入到 matlab 软件中，只需要在命令框里输入 inv(B′*B)*B′*Y，便可以计算出参数 $\hat{\boldsymbol{\alpha}}(a,b)^{\mathrm{T}}=(\boldsymbol{B}^{\mathrm{T}}\boldsymbol{B})^{-1}\boldsymbol{B}^{\mathrm{T}}\boldsymbol{Y}=(-0.0362,31.3013)$，从而构造出白化方程：

$$\frac{\mathrm{d}X^{(1)}(t)}{\mathrm{d}t}-0.362X^{(1)}(t)=31.3013$$

上述白化方程的时间响应函数为：

$$\begin{aligned}\hat{X}^{(1)}(t+1)&=\left(X^{(0)}(1)-\frac{b}{a}\right)\mathrm{e}^{-at}+\frac{b}{a}\\&=891.8868\mathrm{e}^{0.0362t}-864.6768\end{aligned}$$

从而得到最终的预测模型为：

$$\begin{aligned}\hat{X}^{(0)}(t+1)&=\hat{X}^{(1)}(t+1)-\hat{X}^{(1)}(t)\\&=891.8868\mathrm{e}^{0.0362t}-891.8868\mathrm{e}^{0.362(t-1)}\end{aligned}$$

第三步，对模型进行残差检验、灰色关联度检验和后验差检验。

(一)残差检验

(1)根据白化方程的时间响应函数，可以计算出 $\hat{X}^{(1)}$：

$$\hat{X}^{(1)}=\{27.21,60.09,94.18,129.52,166.17,204.17\}$$

(2)计算累减生成序列 $\hat{X}^{(0)}$：

$$\hat{X}^{(0)}=\{27.21,32.88,34.09,35.35,36.65,38.00\}$$

(3)计算绝对残差和相对残差：

$$\varepsilon^{(0)}(t)=\{0,0.1122,0.1198,0.4836,0.9594,0.5096\}$$

$$\phi(t)=\{0,0.0034,0.0035,0.0135,0.0269,0.0132\}$$

则平均相对残差为 0.0101，此值小于 0.05，预测精度较高，预测模型合格。

(二)灰色关联度检验

(1)根据绝对残差序列 $\varepsilon^{(0)}=\{0,0.1122,0.1198,0.4836,0.9594,0.5096\}$，找出最小值 0 和最大值 0.9594。

(2)计算灰色关联系数。由于只有两个序列，其中一个是参考序列，一个是被比较序列，没有第二级最小值和最大值，因此，灰色关联系数可简写为：

$$\gamma(\hat{X}^{(0)}(t),X^{(0)}(t))=\frac{\min\limits_{t}|\hat{X}^{(0)}(t)-X^{(0)}(t)|+\xi\max\limits_{t}|\hat{X}^{(0)}(t)-X^{(0)}(t)|}{|\hat{X}^{(0)}(t)-X^{(0)}(t)|+\xi\max\limits_{t}|\hat{X}^{(0)}(t)-X^{(0)}(t)|}$$

ε 取 0.5，则 $\gamma(\hat{X}^{(0)}(1),X^{(0)}(1))=1$，$\gamma(\hat{X}^{(0)}(2),X^{(0)}(2))=0.8104$，$\gamma(\hat{X}^{(0)}(3),X^{(0)}(3))=0.8002$，$\gamma(\hat{X}^{(0)}(4),X^{(0)}(4))=0.4980$，$\gamma(\hat{X}^{(0)}(5),X^{(0)}(5))=0.3333$，$\gamma(\hat{X}^{(0)}(6),X^{(0)}(6))=0.4849$。

(3)计算灰色关联度。

$$\gamma(\hat{X}^{(0)},X^{(0)})=\frac{1}{n}\sum_{t=1}^{n}\gamma(\hat{X}^{(0)}(t),X^{(0)}(t))=0.6545$$

可见，ε 取 0.5 时，灰色关联度大于 0.6 的最低标准要求，说明模型合格。

（三）后验差检验

分别计算原始时间序列 $X^{(0)}$ 和绝对残差时间序列的 $\varepsilon^{(0)}(t)$ 的标准差分别为 $S_1=3.8383$ 和 $S_2=0.3593$，标准差比 $C=S_2/S_1=0.3593/3.8383=0.0936<0.35$，模型为优。

再计算小残差概率 P，$P=p\{|\varepsilon^{(0)}(t)-\bar{\varepsilon}|\leqslant 0.6745S_1\}$。$0.6745S_1=0.6745\times 3.8383=2.5889$，再根据 $|\varepsilon^{(0)}(t)-\bar{\varepsilon}|$，可求得：

$$|\varepsilon^{(0)}(1)-\bar{\varepsilon}|=0.3641,|\varepsilon^{(0)}(2)-\bar{\varepsilon}|=0.2519,|\varepsilon^{(0)}(3)-\bar{\varepsilon}|=0.2443$$

$$|\varepsilon^{(0)}(4)-\bar{\varepsilon}|=0.1195,|\varepsilon^{(0)}(5)-\bar{\varepsilon}|=0.5953,|\varepsilon^{(0)}(6)-\bar{\varepsilon}|=0.1455$$

可见，$P=p\{|\varepsilon^{(0)}(t)-\bar{\varepsilon}|\leqslant 0.6745S_1\}=1>0.95$，故模型为优。

综合以上残差检验、关联度检验和后验差检验，本例所建立的预测模型达到预测精度要求，可以进行预测。

第四步，进行预测。

令 $t=6$ 代入预测模型公式，可得 2021 年该企业的销售额预测值为：

$$\begin{aligned}\hat{X}^{(0)}(6+1)&=\hat{X}^{(1)}(6+1)-\hat{X}^{(1)}(6)\\&=891.8868e^{0.0362\times 6}-891.8868e^{0.0362\times(6-1)}\\&=39.4013(\text{万元})。\end{aligned}$$

第五节　回归分析预测法

一、回归分析的相关概念

在现实生活中，各种现象之间存在着各种各样的有机联系，一种现象的存在与发展必然受到与之相联系的其他现象的存在和发展变化的制约与影响。在很多情况下需要定量研究这些现象之间的依存关系，如果这些现象可以用一些变量进行刻画，则这些变量之间的关系可以分为：确定的函数关系和不确定的相关关系。函数关系反映的是变量之间存在的严格数量依存关系。比如正方形的面积和边长的关系，只要给出任意一个正方形边长 a，就可以很精确地计算出正方形的面积为 $s=a^2$。这里的变量 s 和 a 都是确定性变量，回归分析中不研究这种函数关系。相关关系研究变量之间存在的非严格、不确定的依存关系。也就是说，变量在客观上确实存在关系，一个变量增加，另一个变量随之增加或减少，但变量之间的关系不能用确切的函数进行表达，一个变量的取值不能由另一个变量唯一确定，具有一定的随机性。比如粮食产量与施肥量的关系，这两者在客观上肯定存在关系，但给定一个施肥量，并不能精确得出一个固定的粮食亩产量。针对变量间这种不确定的相关关系研究，统计学上主要采用相关分析和回归分析。相关分析是研究两个或两个以上变量之间相互依存关系的密切程度，相关分析的密切程度通常可以用相关系数或相关指数进行衡量。对于存在线性关系的变量而言，相关系数 r 在 -1 与 1 之间取值。当 $-1\leqslant r<0$ 时，

变量之间的关系为负相关关系，而且 r 越小变量之间的负相关关系越强，$r=-1$ 时，变量之间的关系为完全负相关；当 $0<r\leqslant 1$ 时，变量之间的关系为正相关关系，而且 r 越大变量之间的正相关关系越强，$r=1$ 时，变量之间的关系为完全正相关；当 $r=0$ 时，变量之间不存在线性相关关系。对于变量间存在非线性的相关关系则用相关指数进行衡量。回归分析是研究某一随机变量与其他一个或多个确定性变量之间的数量关系。由回归分析求出的关系式称为回归模型。根据回归模型中自变量个数的多少，可以将回归模型分为一元回归模型和多元回归模型；根据回归模型是否具有线性特征，可以将回归模型分为线性回归模型和非线性回归模型；根据回归模型是否含虚拟变量，回归模型可以分为普通回归模型和带虚拟变量的回归模型；根据回归模型数据类型，回归模型可以分为截面回归和面板回归。相关分析和回归分析存在一定的区别和联系。相关关系具有对称性，即变量 x 与 y 之间的相关系数和 y 与 x 之间的相关系数相等；相关系数 r 值大小与 x 和 y 原点及尺度无关，即改变 x 和 y 的数据原点及计量尺度，并不改变相关系数 r 值大小；相关系数 r 等于 0，只表示变量之间不存在线性相关关系，并不说明变量之间没有任何关系。相关分析研究一个变量对另一个或一些变量的统计依赖关系，但它们并不意味着一定有因果关系；相关分析对称地对待任何（两个）变量，两个变量都被看作是随机的。回归分析对变量的处理方法存在不对称性，即区分因变量和自变量：前者是随机变量，后者是确定性变量。

二、一元线性回归分析预测法

（一）一元线性回归模型形式与假设条件

一元线性回归模型可表示为：

$$Y_i=\beta_0+\beta_1 X_i+u_i,\quad (i=1,2,\cdots,n) \tag{5-137}$$

式(5-137)中，Y_i 是被解释变量（因变量或应变量），X_i 是解释变量（自变量），u_i 为随机误差项，i 为观测值的下标，β_0 和 β_1 为模型待估参数，n 为样本容量。式(5-137)表明，被解释变量 Y_i 是 X_i 的线性函数部分加上随机误差项 u_i，随机误差项反映了除 X_i 和 Y_i 之间的线性关系之外的随机因素对 Y_i 的影响。回归分析的主要目的是要通过样本回归函数尽可能准确地估计总体回归函数，并通过解释变量的已知或设定值，去估计或预测被解释变量的总体均值。参数估计方法有多种，其中最广泛使用的是普通最小二乘法（ordinary least squares，OLS）。为保证参数估计量具有良好的性质，通常对模型提出若干基本假设。这些假设包括以下几点：解释变量 X_i 是确定性变量，不是随机变量；随机误差项 u_i 具有零均值、同方差和非序列相关性；随机误差项 u_i 与解释变量 X_i 之间不相关；随机误差项 u_i 服从零均值、同方差、零协方差的正态分布。以上这些假设条件称为一元线性回归模型的经典假设条件。在满足上述假设条件的基础上，通过样本观测值（X_i，Y_i）就可以估计模型的参数。

（二）一元线性回归模型的参数估计

总体回归参数 β_0 和 β_1 是未知的，必须利用样本数据去估计。当用样本数据估计得到统计量 $\hat{\beta}_0$ 和 $\hat{\beta}_1$ 代替回归方程中的未知参数 β_0 和 β_1 时，此时就得到了估计的回归方程。

估计回归方程为：

$$\hat{Y}_i=\hat{\beta}_0+\hat{\beta}_1 X_i \tag{5-138}$$

式(5-138)中，$\hat{\beta}_0$ 是估计的回归直线在 Y 轴上的截距；$\hat{\beta}_1$ 是回归直线的斜率，表示 X 每变动一个单位时，Y 的平均变动值。对于给定的一组样本观测值$(X_i,Y_i)(i=1,2,\cdots,n)$，要求样本回归函数尽可能好地拟合这组值。根据普通最小二乘法原理，在给定的样本观测值下，选择出 $\hat{\beta}_0$ 和 $\hat{\beta}_1$ 使得 Y_i 与 $\hat{Y}_i$ 之差的平方和 Q 最小，即：

$$\min Q=\min\sum_{i=1}^{n} e_i{}^2=\min\sum_{i=1}^{n}(Y_i-\hat{Y}_i)^2=\min\sum_{i=1}^{n}(Y_i-\hat{\beta}_0-\hat{\beta}_1 X_i)^2 \tag{5-139}$$

由于 Q 是关于 $\hat{\beta}_0$ 和 $\hat{\beta}_1$ 的二次非负函数，所以它的极小值一定存在。根据高等数学的极值原理，当 Q 对 $\hat{\beta}_0$ 和 $\hat{\beta}_1$ 一阶导数等于 0 时，Q 达到最小，即：

$$\begin{cases}\dfrac{Q(\hat{\beta}_0-\hat{\beta}_1)}{\partial\hat{\beta}_0}=-2\sum\limits_{i=1}^{n}(Y_i-\hat{\beta}_0-\hat{\beta}_1 X_i)=0\\[2ex]\dfrac{Q(\hat{\beta}_0-\hat{\beta}_1)}{\partial\hat{\beta}_1}=-2\sum\limits_{i=1}^{n}(Y_i-\hat{\beta}_0-\hat{\beta}_1 X_i)X_i=0\end{cases}\Rightarrow\begin{cases}\sum\limits_{i=1}^{n}(Y_i-\hat{\beta}_0-\hat{\beta}_1 X_i)=0\\[2ex]\sum\limits_{i=1}^{n}(Y_i-\hat{\beta}_0-\hat{\beta}_1 X_i)X_i=0\end{cases} \tag{5-140}$$

解方程组(5-140)可得 $\hat{\beta}_0$ 和 $\hat{\beta}_1$ 的估计值为：

$$\begin{cases}\hat{\beta}_0=\dfrac{1}{n}\left(\sum\limits_{i=1}^{n}Y_i-\hat{\beta}_1\sum\limits_{i=1}^{n}X_i\right)\\[2ex]\hat{\beta}_1=\dfrac{n\sum\limits_{i=1}^{n}X_iY_i-\sum\limits_{i=1}^{n}X_i\sum\limits_{i=1}^{n}Y_i}{n\sum\limits_{i=1}^{n}X_i^2-\left(\sum\limits_{i=1}^{n}X_i\right)^2}\end{cases} \tag{5-141}$$

为了化简 $\hat{\beta}_0$ 和 $\hat{\beta}_1$ 的表达式，简化计算量，令：

$$\overline{X}=\frac{1}{n}\sum_{i=1}^{n}X_i,\overline{Y}=\frac{1}{n}\sum_{i=1}^{n}Y_i,x_i=X_i-\overline{X},y_i=Y_i-\overline{Y}$$

上式中，$\overline{X}$ 和 $\overline{Y}$ 为样本观测值的均值，x_i 为 X_i 与均值 $\overline{X}$ 的离差，y_i 为 Y_i 与均值 $\overline{Y}$ 的离差。因为：

$$\hat{\beta}_1=\frac{\sum\limits_{i=1}^{n}X_iY_i-\dfrac{1}{n}\sum\limits_{i=1}^{n}X_i\sum\limits_{i=1}^{n}Y_i}{\sum\limits_{i=1}^{n}X_i^2-\dfrac{1}{n}\left(\sum\limits_{i=1}^{n}X_i\right)^2}=\frac{\sum\limits_{i=1}^{n}X_iY_i-\dfrac{1}{n}\times n\overline{X}\cdot n\overline{Y}}{\sum\limits_{i=1}^{n}X_i^2-\dfrac{1}{n}(n\overline{X})^2}=\frac{\sum\limits_{i=1}^{n}X_iY_i-n\overline{X}\,\overline{Y}}{\sum\limits_{i=1}^{n}X_i^2-n\overline{X}^2}$$

$$\begin{aligned}\sum_{i=1}^{n}x_iy_i&=\sum_{i=1}^{n}(X_i-\overline{X})(Y_i-\overline{Y})\\&=\sum_{i=1}^{n}(X_iY_i-X_i\overline{Y}-\overline{X}Y_i+\overline{X}\,\overline{Y})\\&=\sum_{i=1}^{n}(X_iY_i)-\overline{Y}\sum_{i=1}^{n}X_i-\overline{X}\sum_{i=1}^{n}Y_i+n\overline{X}\,\overline{Y}\\&=\sum_{i=1}^{n}(X_iY_i)-\overline{Y}\cdot n\overline{X}-\overline{X}\cdot n\overline{Y}+n\overline{X}\,\overline{Y}\end{aligned}$$

$$= \sum_{i=1}^{n}(X_iY_i) - n\overline{X}\,\overline{Y}$$

$$\sum_{i=1}^{n}x_i^2 = \sum_{i=1}^{n}(X_i - \overline{X})^2 = \sum_{i=1}^{n}(X_1^2 - 2X_i\overline{X} + \overline{X}^2) = \sum_{i=1}^{n}X_i^2 - n\overline{X}^2$$

所以，式(5-141)可以简化为：

$$\begin{cases} \hat{\beta}_0 = \overline{Y} - \hat{\beta}_1\overline{X} \\ \hat{\beta}_1 = \dfrac{\sum\limits_{i=1}^{n}x_iy_i}{\sum\limits_{i=1}^{n}x_i^2} \end{cases} \tag{5-142}$$

式(5-142)为最小二乘法估计量的离差形式。最小二乘法估计量 $\hat{\beta}_0$ 和 $\hat{\beta}_1$ 具有线性、无偏性和有效性三种重要统计性质。线性是指估计量 $\hat{\beta}_0$ 和 $\hat{\beta}_1$ 分别是观测值 Y_i 的线性组合；无偏性是指估计量 $\hat{\beta}_0$ 和 $\hat{\beta}_1$ 的数学期望分别等于总体模型参数 $\hat{\beta}_0$ 和 $\hat{\beta}_1$；有效性是指估计量 $\hat{\beta}_0$ 和 $\hat{\beta}_1$ 在所有线性无偏估计量中具有最小方差。

由于最小二乘法估计量 $\hat{\beta}_0$ 和 $\hat{\beta}_1$ 分别是 Y_i 的线性组合，因此，$\hat{\beta}_0$ 和 $\hat{\beta}_1$ 的概率分布取决于 Y 的分布特征。在随机误差项 u 是正态分布的假设下，Y 也是正态分布，因此

$$\hat{\beta}_0 \sim N\left(\beta_0, \frac{\sum\limits_{i=1}^{n}X_i^2}{n\sum\limits_{i=1}^{n}x_i^2}\sigma^2\right), \hat{\beta}_1 \sim N\left(\hat{\beta}_1, \frac{\sigma^2}{\sum\limits_{i=1}^{n}x_i^2}\right)$$

上式中，σ^2 是随机误差项 u_i 的方差。由于 u_i 无法观测，只能从 u_i 的估计值(即残差 e_i)为依据进行估计。可以证明：

$$\hat{\sigma}^2 = \frac{\sum\limits_{i=1}^{n}e_i^2}{n-2} = \frac{\sum\limits_{i=1}^{n}y_i^2 - \hat{\beta}_1^2\sum\limits_{i=1}^{n}x_i^2}{n-2} \tag{5-143}$$

(三)一元线性回归模型的检验

得到了回归模型的参数估计量，一元线性回归模型就基本建立了。要进行预测，还需要进一步进行相关的检验，以确定研究变量之间的关系。一元线性回归模型的检验主要包括经济意义检验、统计检验和计量经济检验三种。

1. 经济意义检验

经济意义检验是最基本的检验，如果经济意义检验没有通过，统计检验和计量经济检验结果再好，也没有实际意义。经济意义检验重点看参数估计量的符号和大小有没有违反经济社会客观规律或常识，比如研究钢产量与耗电量之间的关系，其中，钢产量是被解释变量，耗电量是解释变量，如果耗电量的系数估计量负数，意味着耗电量越少，钢产量就越大，这显然不符合常识。

2. 统计检验

统计检验的目的是检验模型的统计学性质，重在考察已建立的一元线性回归模型是否符合变量之间的客观规律，变量之间是否具有显著的线性相关关系等。常用的统计检验包

括拟合优度检验、线性关系检验与参数的显著性检验(t 检验)及其置信区间估计等。

第一,拟合优度检验。

拟合优度检验是对样本回归直线与样本观测值之间拟合程度的检验。根据给定的一组样本观测值$(X_i,Y_i)(i=1,2,\cdots,n)$,采用最小二乘法可以得到样本回归直线 $\hat{Y}_i=\hat{\beta}_0+\hat{\beta}_1X_i$,根据这一方程可以根据自变量 X_i 的取值来估计和预测被解释变量 $\hat{Y}_i$。但这种预测的实际效果如何将取决于回归直线对观测数据的拟合程度。如果样本观测点都落在样本回归直线上,那么这条直线对数据拟合得非常好,反之,拟合得就不好。回归直线与各观测点的接近程度称为回归直线对观测数据的拟合优度。度量拟合优度的指标是判定系数或称可决系数 R^2。在一元线性回归模型中,被解释变量 Y_i 的数值会发生波动,这种波动被称为离差。离差来源两个方面:一是由于自变量 X_i 的取值不同造成的,二是除 X_i 以外的其他因素的影响。为了分析这两方面的影响,需要对总离差进行分解。

对于每一个观测值来说,离差的大小可用观测值 Y_i 与算术平均值 $\overline{Y}$ 的离差 $Y_i-\overline{Y}$ 来表示,而所有的 n 个观测值的总离差可由这些离差的平方和表示:

$$\text{TSS}=\sum_{i=1}^{n}(Y_i-\overline{Y})^2 \tag{5-144}$$

因为,

$$\begin{aligned}\text{TSS}&=\sum_{i=1}^{n}(Y_i-\overline{Y})^2=\sum_{i=1}^{n}[(Y_i-\hat{Y}_i)+(\hat{Y}_i-\overline{Y})]^2\\&=\sum_{i=1}^{n}(Y_i-\hat{Y}_i)^2+\sum_{i=1}^{n}(\hat{Y}_i-\overline{Y})^2+2\sum_{i=1}^{n}(Y_i-\hat{Y}_i)(\hat{Y}_i-\overline{Y})\end{aligned}$$

可以证明,$2\sum_{i=1}^{n}(Y_i-\hat{Y}_i)(\hat{Y}_i-\overline{Y})=0$,因此,总离差平方和可以分解两个部分,即

$$\begin{aligned}\text{TSS}&=\sum_{i=1}^{n}(Y_i-\overline{Y})^2=\sum_{i=1}^{n}(\hat{Y}_i-\overline{Y})^2+\sum_{i=1}^{n}(Y_i-\hat{Y}_i)^2\\&=\text{ESS}+\text{RSS}\end{aligned} \tag{5-145}$$

式(5-145)中,TSS 为总平方和(total sum of squares),反映被解释变量的 n 个观察值与其均值的总误差;ESS 为回归平方和(explained sum of squares),反映自变量 X_i 的变化对因变量 Y_i 取值变化的影响,也称为可解释的平方和;RSS 为残差平方和(residual sum of squares),反映除 X_i 以外的其他因素对 Y_i 取值的影响,也称为不可解释的平方和或剩余平方和。在给定样本中,TSS 不变,如果实际观测点离样本回归线越近,则 ESS 在 TSS 中所占的比重越大。因此,可用回归平方和 ESS 占 Y_i 的总离差平方和 TSS 的比例来判断样本回归线与样本观测值的拟合优度,从而可以构建如下的拟合优度指标 R^2:

$$R^2=\frac{\text{ESS}}{\text{TSS}}=1-\frac{\text{RSS}}{\text{TSS}} \tag{5-146}$$

称 R^2 为可决系数,其取值范围是$[0,1]$,R^2 越接近 1,说明实际观测点离样本线越近,拟合优度越高。在实际计算中,可以推导出 R^2 的具体计算公式为:

$$R^2=\frac{\hat{\beta}_1{}^2\sum_{i=1}^{n}x_i^2}{\sum_{i=1}^{n}y_i^2}=\frac{\hat{\beta}_1{}^2\sum_{i=1}^{n}x_i^2-n\overline{X}^2}{\sum_{i=1}^{n}Y_i^2-n\overline{Y}^2} \tag{5-147}$$

第二,线性关系检验。

线性关系检验是检验自变量 X 和因变量 Y 之间线性关系是否显著,也就是说,它们之间能否用一个线性模型来表示,其实就是检验 β_1 是否显著不为 0,可提出如下原假设和备择假设:

$$H_0:\beta_1=0 \qquad H_1:\beta_1\neq 0$$

为了检验两个变量之间的线性关系是否显著,需要构造用于检验的统计量。该统计量的构造是以回归平方和 ESS 和残差平方和 RSS 为基础,将回归平方和 ESS 和残差平方和 RSS 相除,如果这个比值较大,则 X 对 Y 的解释程度高,可认为存在线性关系,反之可能不存在线性关系。因此,可通过该比值的大小对总体线性关系进行推断。根据数理统计学中的知识,在原假设 H_0 成立的条件下,统计量:

$$F=\frac{\text{ESS}/1}{\text{RSS}/(n-k-1)}\sim F(1,n-k-1) \tag{5-148}$$

服从自由度为$(k,n-k-1)$的 F 分布。给定显著性水平 α,可得到临界值 $F_\alpha(k,n-k-1)$,再由样本求出统计量 F 的数值,进而通过 $F>F_\alpha(k,n-k-1)$ 或 $F\leqslant F_\alpha(k,n-k-1)$ 来拒绝或接受原假设 H_0,以判定原方程的线性关系是否显著成立。实际计算中,常采用如下公式计算统计量 F 的数值:

$$F=\frac{\hat{\beta}_1{}^2\sum_{i=1}^{n}x_i^2\Big/1}{\left(\sum_{i=1}^{n}y_i^2-\hat{\beta}_1{}^2\sum_{i=1}^{n}x_i^2\right)\Big/(n-k-1)} \tag{5-149}$$

第三,参数的显著性检验(t 检验)及其置信区间估计。

在一元线性回归模型中,变量的显著性检验重点是回归系数 β_1 是否为 0 的显著性检验。如果 β_1 显著为 0,就说明 Y 和 X 之间不存在线性关系,也就失去了建模的意义。在一元回归模型中,当然,除了对 β_1 是否为 0 进行显著性检验以外,有时还对 β_0 是否为 0 进行显著性检验。对于一元线性回归方程的参数 β_0 和 β_1 而言,可构造如下的 t 统计量进行显著性检验:

$$t=\frac{\hat{\beta}_0-\beta_0}{S_{\hat{\beta}_0}}\sim t(n-2) \tag{5-150}$$

$$t=\frac{\hat{\beta}_1-\beta_1}{S_{\hat{\beta}_1}}\sim t(n-2) \tag{5-151}$$

式(5-150)和式(5-151)中,$S_{\hat{\beta}_0}=\sqrt{\hat{\sigma}^2\sum_{i=1}^{n}X_i^2\Big/n\sum_{i=1}^{n}x_i^2}$,$S_{\hat{\beta}_1}=\sqrt{\hat{\sigma}^2\Big/\sum_{i=1}^{n}x_i^2}$,具体的检验步骤如下。

首先,对估计参数提出假设。

$$H_0:\beta_j=0 \qquad H_1:\beta_j\neq 0(j=0,1)$$

其次,以原假设 H_0 构造 t 统计量,并由观测样本计算其值。

$$t=\frac{\hat{\beta}_j}{S_{\hat{\beta}_j}} \qquad (j=0,1) \tag{5-152}$$

最后,查 t 显著性分布表,进行判断。给定显著性水平 α,查 t 显著性分布表得临界值

$t_{\alpha/2}(n-2)$，若$|t|>t_{\alpha/2}(n-2)$则拒绝 H_0，接受 H_1；若$|t|\leqslant t_{\alpha/2}(n-2)$，则拒绝 H_1，接受 H_0。

回归分析希望通过样本所估计出的参数 $\hat{\beta}_1$ 来代替总体的参数 β_1，假设检验可以通过一次抽样的结果检验总体参数是否为零进行检验，但它并没有指出在一次抽样中样本参数值到底离总体参数的真值有多贴近。要判断样本参数的估计值在多大程度上可以"近似"地替代总体参数的真值，往往需要通过构造一个以样本参数的估计值为中心的"区间"来考察它以多大的可能性包含着真实的参数值。这种方法就是参数检验的置信区间估计，可以证明参数 β_0 和 β_1 的置信区间为：

$$\hat{\beta}_j \pm t_{\alpha/2}(n-2)S_{\hat{\beta}_j} \qquad (j=0,1) \tag{5-153}$$

3. 计量经济学检验

计量经济学检验主要是对放宽经典假设条件后对模型所进行的检验，主要包括随机误差项的异方差和序列相关性，以及其他一些计量经济学性质。由于此部分内容已经超出了经典回归模型的范畴，本书对计量经济学检验不做介绍。

（四）一元线性回归模型的预测

对总体回归模型 $Y_i=\beta_0+\beta_1X_i+u_i$ 而言，当给定解释变量 X 的一个特定值 X_0，则预测值的真实值 Y_0 和 $E(Y_0)$分别为：

$$Y_0=\beta_0+\beta_1X_0+u_0$$
$$E(Y_0)=\beta_0+\beta_1X_0$$

根据样本回归方程 $\hat{Y}_i=\hat{\beta}_0+\hat{\beta}_1X_i$，当 $X_i=X_0$ 时，$\hat{Y}_0=\hat{\beta}_0+\hat{\beta}_1X_0$。可见，$\hat{Y}_0$ 就是真实值 Y_0 的 $E(Y_0)$的点预测值。

利用回归模型进行预测，一般都会存在误差，因而预测值不一定刚好等于真实值。所以，不仅要对 Y_i 进行点预测，还要知道预测结果的波动范围，这个波动范围就是预测区间，这就是区间预测。回归模型的预测区间包括均值 $E(Y_0)$的预测区间和个别值 Y_0 的预测区间。可以证明，若给定显著水平 α，则在 $1-\alpha$ 的置信度下，$E(Y_0)$的预测区间为：

$$[\hat{Y}_0-t_{\alpha/2}(n-2)S_{\hat{Y}_0},\hat{Y}_0+t_{\alpha/2}(n-2)S_{\hat{Y}_0}] \tag{5-154}$$

式(5-154)中 $S_{\hat{Y}_0}=\hat{\sigma}\sqrt{\dfrac{1}{n}+\dfrac{(X_0-\overline{X})^2}{\sum\limits_{i=1}^{n}x_i^2}}$，而 $\hat{\sigma}=\sqrt{\dfrac{\sum\limits_{i=1}^{n}e_i^2}{n-2}}=\sqrt{\dfrac{\sum\limits_{i=1}^{n}y_i^2-\hat{\beta}_1^2\sum\limits_{i=1}^{n}x_i^2}{n-2}}$。

同样可以证明，在 $1-\alpha$ 的置信度下，Y_0 的预测区间为：

$$[\hat{Y}_0-t_{\sigma/2}(n-2)S_{Y_0-\hat{Y}_0},\hat{Y}_0+t_{\sigma/2}(n-2)S_{Y_0-\hat{Y}_0}]$$

上式中，$S_{Y_0-\hat{Y}_0}=\hat{\sigma}\sqrt{1+\dfrac{1}{n}+\dfrac{(X_0-\overline{X})^2}{\sum\limits_{i=1}^{n}x_i^2}}$，而 $\hat{\sigma}=\sqrt{\dfrac{\sum\limits_{i=1}^{n}e_i^2}{n-2}}=\sqrt{\dfrac{\sum\limits_{i=1}^{n}y_i^2-\hat{\beta}_1^2\sum\limits_{i=1}^{n}x_i^2}{n-2}}$。

【例 5-19】　某市 2010 年至 2019 年的每年的居民人均收入和人均消费支出情况如表 5-22 的第 2 列和第 3 列所示，请建立回归模型预测居民人均全年收入为 6.8 万元时个人消费支出额($\alpha=0.05$)。

表 5-22　某市 2010 年至 2019 年居民人均收入和人均消费支出情况及一元回归计算过程表

年份	消费支出 Y_i	收入 X_i	x_i	y_i	$x_i y_i$	x_i^2	y_i^2	X_i^2	Y_i^2
2010	2.5012	3.0658	−1.5968	−1.0215	1.6311	2.5498	1.0435	9.3991	6.2560
2011	2.821	3.4438	−1.2188	−0.7017	0.8552	1.4855	0.4924	11.8598	7.9580
2012	3.049	3.8054	−0.8572	−0.4737	0.4061	0.7348	0.2244	14.4811	9.2964
2013	3.3157	4.2049	−0.4577	−0.2070	0.0947	0.2095	0.0428	17.6812	10.9939
2014	3.3385	4.2955	−0.3671	−0.1842	0.0676	0.1348	0.0339	18.4513	11.1456
2015	3.5753	4.6735	0.0109	0.0526	0.0006	0.0001	0.0028	21.8416	12.7828
2016	3.8398	5.0941	0.4315	0.3171	0.1368	0.1862	0.1006	25.9499	14.7441
2017	4.0637	5.54	0.8774	0.5410	0.4747	0.7698	0.2927	30.6916	16.5137
2018	4.2181	5.9982	1.3356	0.6954	0.9288	1.7838	0.4836	35.9784	17.7924
2019	4.5049	6.5052	1.8426	0.9822	1.8098	3.3952	0.9647	42.3176	20.2941
求和	35.2272	46.6264	—	—	6.4054	11.2494	3.6813	228.6515	127.7769
均值	3.5227	4.6626	—	—	0.6405	1.1249	0.3681	22.8652	12.7777

解：

第一步，用 Y 表示人均消费支出，X 表示人均可支配收入，绘制 Y 与 X 的散点图，如图 5-12 所示。由图 5-12 可知，Y 与 X 之间呈线性关系，可以建立一元回归模型 $Y_i = \beta_0 + \beta_1 X_i + u_i$ 进行个人消费支出额预测。

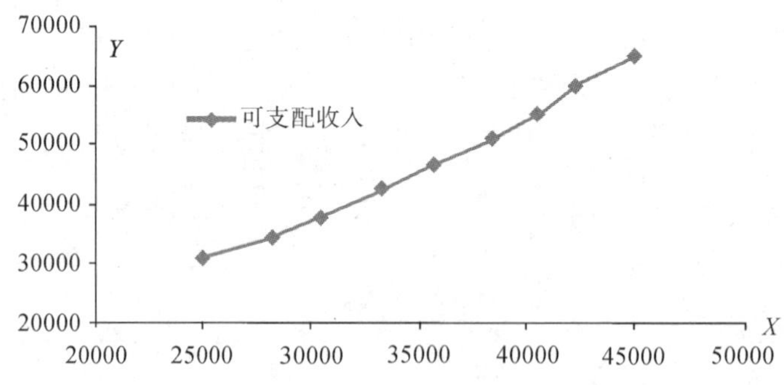

图 5-12　个人消费支出与可支配收入的散点图

第二步，对回归模型的参数进行估计，求得样本回归方程。

根据表 5-22 的中间计算结果数据，可得：

$$\overline{X} = \frac{1}{10}\sum_{i=1}^{10} X_i = \frac{1}{10} \times 46.6264 = 4.6626, \overline{Y} = \frac{1}{10}\sum_{i=1}^{10} Y_i = \frac{1}{10} \times 35.2272 = 3.5227$$

$$\sum_{i=1}^{10} x_i y_i = 6.4054, \sum_{i=1}^{10} x_i^2 = 11.2494$$

从而可得：

$$\begin{cases}\hat{\beta}_0 = \overline{Y} - \hat{\beta}_1\overline{X} = 3.5227 - 0.5694 \times 4.6626 = 0.8678 \\ \hat{\beta}_1 = \dfrac{\sum_{i=1}^{n} x_i y_i}{\sum_{i=1}^{n} x_i^2} = \dfrac{6.4054}{11.2494} = 0.5694\end{cases}$$

当然,手工计算模型估计参数比较麻烦,将数据输入到 STATA 软件中,变量名称不变,只需要在 STATA 命令框输入命令"regr Y　X"便可以得到图 5-13 所示的结果。在图 5-13 中,Coef. 所在的列就是模型参数 $\hat{\beta}_0$ 和 $\hat{\beta}_1$ 的值,其中,_cons 是 $\hat{\beta}_0$ 的值,X 是 $\hat{\beta}_1$ 的值,保留 4 位小数点后,STATA 软件和手工计算的结果完全一样。据此可得样本回归方程为:

$$\hat{Y}_i = \hat{\beta}_0 + \hat{\beta}_1 X_i = 0.8678 + 0.5694 X_i$$

Source	SS	df	MS			
				Number of obs	=	10
				F(1, 8)	=	856.85
Model	3.64726082	1	3.64726082	Prob > F	=	0.0000
Residual	.034052901	8	.004256613	R-squared	=	0.9907
				Adj R-squared	=	0.9896
Total	3.68131372	9	.409034857	Root MSE	=	.06524

Y	Coef.	Std. Err.	t	P>|t|	[95% Conf.	Interval]
X	.5694009	.0194521	29.27	0.000	.5245442	.6142575
_cons	.8678088	.0930152	9.33	0.000	.6533154	1.082302

图 5-13　STATA 软件输出结果

第三步,模型检验。

(1)经济意义检验。

根据相关经济理论和实际经验,个人消费支出与个人可支配收入是有关系的,而且可支配的收入越多,那么消费支出就可能越多。解释变量 X 的系数为 0.5694,说明人均可支配收入每增加 1 个单位,人均消费支出增加 0.5694 个单位,这与实际情况比较相符,没有违背相关经济理论。

(2)拟合优度检验。

根据拟合优度的计算公式,可得:

$$R^2 = \frac{\hat{\beta}_1^2 \sum_{i=1}^{n} x_i^2}{\sum_{i=1}^{n} y_i^2} = \frac{0.5694^2 \times 11.2394}{3.6813} = 0.9907$$

R^2 等于 0.9907,与图 5-13 中 STATA 软件输出的 R-squared 完全相等,说明模型的拟合优度非常高。

(3)线性关系检验。

计算检验统计量 F,可得:

$$F=\frac{\hat{\beta}_1^2\sum_{i=1}^{n}x_i^2\Big/1}{\left(\sum_{i=1}^{n}y_i^2-\hat{\beta}_1^2\sum_{i=1}^{n}x_i^2\right)\Big/(n-k-1)}$$
$$=\frac{(0.5694^2\times 11.2494)/1}{(3.6813-0.5694^2\times 11.2494)/(10-1-1)}=856.6502$$

根据设定的显著性水平 $\alpha=0.05$，本例 F 统计量的分子自由度为1，分母自由度为8，查 F 分布表，或在 Excel 电子表格中输入"=FINV(0.05,1,8)"便可以得到相应的临界值 $F_{0.05}(1,8)=5.318$。由于 $F>F_{0.05}(1,8)$，拒绝原假设 $\beta_1=0$，表明个人消费支出与个人可支配收入线性关系是显著的。实际上，在大部分计量经济学软件中，通常会给出检验统计量 F 对应的 P 值，将该 α 值与设定的 α 进行比较。如果 $P\leqslant\alpha$，则拒绝原假设；如果 $P>\alpha$，则接受原假设。在图 5-13 中输出了检验统计量 $F=856.85$（和手工计算结果稍微有点误差）对应的 P 值为 0，该值小于设定的 $\alpha=0.05$，同样应该拒绝原假设。所得结论与将 F 统计量和 F 的临界值比较的判定结果一致。

(4)对参数 $\hat{\beta}_0$ 和 $\hat{\beta}_1$ 的显著性 t 检验。

$$\hat{\sigma}^2=\frac{\sum_{i=1}^{n}e_i^2}{n-2}=\frac{\sum_{i=1}^{n}y_i^2-\hat{\beta}_1^2\sum_{i=1}^{n}x_i^2}{n-2}=\frac{3.6812-0.5694^2\times 11.2494}{10-2}=0.0043$$

$$S_{\hat{\beta}_0}=\sqrt{\hat{\sigma}^2\sum_{i=1}^{n}X_i^2\Big/n\sum_{i=1}^{n}x_i^2}=\sqrt{0.0043\times 228.6515/10\times 11.2494}=0.0930$$

$$S_{\hat{\beta}_1}=\sqrt{\hat{\sigma}^2\Big/\sum_{i=1}^{n}x_i^2}=\sqrt{0.0043\times 11.2494}=0.0195$$

则对参数 $\hat{\beta}_0$ 和 $\hat{\beta}_1$ 的显著性 t 检验统计量分别为：

$$t_0=\frac{\hat{\beta}_0}{S_{\hat{\beta}_0}}=\frac{0.8678}{0.0930}=9.33$$

$$t_1=\frac{\hat{\beta}_1}{S_{\hat{\beta}_1}}=\frac{0.5694}{0.0195}=29.20$$

根据设定的显著性水平 $\alpha=0.05$，查自由度为 $n-2$ 的 t 分布表，或者在 Excel 电子表格中输入"=TINV(0.05,8)"均可以得到 $t_{0.025}(8)=2.306$。显然 t_0 和 t_1 均大于 $t_{0.025}(8)$，因此都拒绝原假设，认为参数 $\hat{\beta}_0$ 和 $\hat{\beta}_1$ 均显著不为 0，t 检验通过。在实际应用中，大部分的计量经济学软件都会给出 t 检验统计量对应 P 值。检验时可以直接将 P 值与设定的 α 值进行比较。如果 $P\leqslant\alpha$，则拒绝原假设；如果 $P>\alpha$，则接受原假设。在图 5-13 中，Std. Err 所在的列对应的是参数 $\hat{\beta}_0$ 和 $\hat{\beta}_1$ 的标准差，保留四位小数点后，计算结果与手工计算结果一致，紧随其后的 t 所在的列便是参数 $\hat{\beta}_0$ 和 $\hat{\beta}_1$ 的显著性 t 检验统计量，t_0 和 t_1 分别为9.33 和 29.27，t_1 与手工计算稍微有一点出入，这与手工计算过程小数点保留位数有关。$P>|t|$ 所在的列是 t 检验统计量对应 P 值，参数 $\hat{\beta}_0$ 和 $\hat{\beta}_1$ 的显著性 t 检验统计量对应的 P 值均为 0，显著小于 $\alpha=0.05$，从而拒绝原假设。所得结论与将 t 统计量与临界值比较的判定结果一致。这说明，截距项 $\hat{\beta}_0$ 显著不为 0，$\hat{\beta}_1$ 显著不为 0。$\hat{\beta}_1$ 显著不为 0 说明个人消费支出

与个人可支配收入线性关系是显著的。

由于在一元线性回归模型中，解释变量只有一个，F 检验和参数 β_0 的 t 检验是等价的。换句话说，如果原假设 $\beta_1=0$ 被 t 检验拒绝，同样也会被 F 检验拒绝。因此，在一元线性回归模型中通常只做 t 检验。

另外，在本例中，对于给定 α，可得 β_0 和 β_1 的置信区间分别为(0.6533,1.0823)和(0.5244,0.6144)。图 5-13 的 STATA 软件输出结果中 95% conf Interval 所在的列 β_0 和 β_1 就是置信区间，和手工计算的数值基本一样。

第四步，进行预测。

将个人可支配收入为 6.8 万元代入回归方程，可得：

$$\hat{Y}_0=0.8678+0.5694X_0=0.8678+0.5694\times 6.8=4.7697(\text{万元})$$

由于 $\hat{\sigma}^2=0.0043$，$t_{0.05}(8)=2.306$，再将其他相关数据代入 $E(Y_0)$ 的预测区间计算公式，可以得到 $E(Y_0)$ 预测区间上下限分别为：

$$\hat{Y}_0-t_{\alpha/2}(n-2)S_{\hat{Y}_0}=4.7397-2.306\times\sqrt{0.0043}\times\sqrt{\frac{1}{10}+\frac{(6.8-4.6626)^2}{11.2494}}=4.6327$$

$$\hat{Y}_0+t_{\alpha/2}(n-2)S_{\hat{Y}_0}=4.7397+2.306\times\sqrt{0.0043}\times\sqrt{\frac{1}{10}+\frac{(6.8-4.6626)^2}{11.2494}}=4.8467$$

因此，$E(Y_0)$在 95%的置信水平下预测区间为(4.6327,4.8468)。在 STATA 软件中只需要输入命名“adjust X=6.8，ci”便可以得到该预测区间。

点预测值 Y_0 的预测区间上下限为：

$$\hat{Y}_0-t_{\alpha/2}(n-2)S_{\hat{Y}_0}=4.7397-2.306\times\sqrt{0.0043}\times\sqrt{1+\frac{1}{10}+\frac{(6.8-4.6626)^2}{11.2494}}=4.5550$$

$$\hat{Y}_0+t_{\alpha/2}(n-2)S_{\hat{Y}_0}=4.7397+2.306\times\sqrt{0.0043}\times\sqrt{1+\frac{1}{10}+\frac{(6.8-4.6626)^2}{11.2494}}=4.9244$$

因此，Y_0 在 95%的置信水平下的点预测区间为(4.5550,4.9244)。

三、多元线性回归分析预测法

(一)多元线性回归模型形式与基本假设

被解释变量通常会受到多种因素的影响，仅用一元回归模型难以解决这种受多种因素影响的问题。如果回归函数描述了一个被解释变量与多个解释变量之间的线性关系，就是多元线性回归模型。多元线性回归模型的一般形式为：

$$Y_i=\beta_0+\beta_1X_{1i}+\beta_2X_{2i}+\cdots+\beta_kX_{ki}+u_i\quad(i=1,2,\cdots,n)\tag{5-155}$$

式(5-155)中，k 为解释变量的个数，β_0 为截距项，$\beta_j(j=1,2,\cdots,k)$为偏回归系数，表示在其他解释变量保持不变的情况下，X_j 每变化一个单位时，Y 的均值 $E(Y)$的变化；或者说 X_j 给出了 X_j 的单位变化对 Y 均值的“直接”或“净”(不含其他变量)影响。其他变量和符号意义同一元线性回归模型。

将 n 个观测样本$(Y_i,X_{1i},X_{2i},\cdots,X_{ki})$代入式(5-155)，可得：

$$Y_1=\beta_0+\beta_1X_{11}+\beta_2X_{21}+\cdots+\beta_kX_{k1}+u_1$$

$$Y_2=\beta_0+\beta_1 X_{12}+\beta_2 X_{22}+\cdots+\beta_k X_{k2}+u_2$$
$$\vdots$$
$$Y_n=\beta_0+\beta_1 X_{1n}+\beta_2 X_{2n}+\cdots+\beta_k X_{kn}+u_n$$

上式可以写成如下的矩阵形式：

$$\begin{bmatrix} Y_1 \\ Y_2 \\ \vdots \\ Y_n \end{bmatrix}=\begin{bmatrix} 1 & X_{11} & X_{21} & \cdots & X_{k1} \\ 1 & X_{12} & X_{22} & \cdots & X_{k2} \\ \vdots & \vdots & \vdots & \vdots & \vdots \\ 1 & X_{1n} & X_{2n} & \cdots & X_{kn} \end{bmatrix}\begin{bmatrix} \beta_0 \\ \beta_1 \\ \vdots \\ \beta_k \end{bmatrix}+\begin{bmatrix} u_1 \\ u_2 \\ \vdots \\ u_n \end{bmatrix}$$

进一步可以简写为：

$$\boldsymbol{Y}=\boldsymbol{X}\boldsymbol{\beta}+\boldsymbol{U} \tag{5-156}$$

式(5-156)中，

$$\boldsymbol{Y}=\begin{bmatrix} Y_1 \\ Y_2 \\ \vdots \\ Y_n \end{bmatrix},\boldsymbol{X}=\begin{bmatrix} 1 & X_{11} & X_{21} & \cdots & X_{k1} \\ 1 & X_{12} & X_{22} & \cdots & X_{k2} \\ \vdots & \vdots & \vdots & \vdots & \vdots \\ 1 & X_{1n} & X_{2n} & \cdots & X_{kn} \end{bmatrix},\boldsymbol{\beta}=\begin{bmatrix} \beta_0 \\ \beta_1 \\ \vdots \\ \beta_k \end{bmatrix},\boldsymbol{U}=\begin{bmatrix} u_1 \\ u_2 \\ \vdots \\ u_n \end{bmatrix}。$$

需要注意的是，矩阵 $\boldsymbol{X}$ 具有 n 行 $k+1$ 列，每一行代表一个样本，每一列代表一个解释变量。由于习惯上，把截距项看成为一虚变量的系数，该虚变量 X_{0i} 的样本观测值始终取1。于是，模型中解释变量的数目为$(k+1)$。

用来估计总体回归函数的样本回归函数为：

$$\hat{Y}_i=\hat{\beta}_0+\hat{\beta}_1 X_{1i}+\hat{\beta}_2 X_{2i}+\cdots+\hat{\beta}_k X_{ki} \tag{5-157}$$

其随机表示式为：

$$Y_i=\hat{\beta}_0+\hat{\beta}_1 X_{1i}+\hat{\beta}_2 X_{2i}+\cdots+\hat{\beta}_k X_{ki}+e_i \tag{5-158}$$

式(5-158)中，e_i 称为残差(residuals)，可看成是总体回归函数中随机扰动项 u_i 的近似替代。由此，样本回归函数的矩阵表达可写成：

$$\hat{\boldsymbol{Y}}+\boldsymbol{X}\hat{\boldsymbol{\beta}}\text{ 或者 }\hat{\boldsymbol{Y}}+\boldsymbol{X}\hat{\boldsymbol{\beta}}+\boldsymbol{e}$$

以上多元线性回归模型通常要满足6个基本假设条件：①解释变量 $X_1,X_2,\cdots,X_k$ 是非随机变量，且各 $\boldsymbol{X}$ 之间互不相关(无多重共线性)；②随机误差项具有零均值、同方差及非序列相关性；③解释变量与随机误差项不相关；④随机项满足正态分布；⑤样本容量趋于无穷时，各解释变量的方差趋于有界常数；⑥回归模型的设定是正确的。

(二)多元线性回归模型的参数估计

与一元线性回归模型的参数估计一样，同样采用最小二乘法进行参数估计。真实的 $\beta_0,\beta_1,\beta_2,\cdots,\beta_k$ 通过有限样本是无法求得的，只能通过式(5-157)的样本回归函数对 $\beta_0,\beta_1,\beta_2,\cdots,\beta_k$ 进行推断。根据最小二乘法可知，要求出总体回归系数的最佳估计量，应使残差平方和 Q 最小。Q 的表达式为：

$$Q=\sum_{i=1}^{n}e_i^2=\sum_{i=1}^{n}(Y_i-\hat{Y}_i)^2=\sum_{i=1}^{n}[Y_i-(\hat{\beta}_0+\hat{\beta}_1 X_{1i}+\hat{\beta}_2 X_{2i}+\cdots+\hat{\beta}_k X_{ki})]^2$$

根据多元函数的极值原理，分别对上式中

$\hat{\beta}_0,\hat{\beta}_1,\hat{\beta}_2,\cdots,\hat{\beta}_k$ 求偏导，并令其等于 0，解该方程组便可以得到 $\hat{\beta}_0,\hat{\beta}_1,\cdots,\hat{\beta}_k$ 的解，即

$$\begin{cases}\dfrac{\partial Q}{\partial\hat{\beta}_0}=2\sum\limits_{i=1}^{n}(Y_i-\hat{\beta}_0-\hat{\beta}_1X_{1i}-\hat{\beta}_2X_{2i}-\cdots-\hat{\beta}_kK_{ki})\times(-1)=0\\ \dfrac{\partial Q}{\partial\hat{\beta}_1}=2\sum\limits_{i=1}^{n}(Y_i-\hat{\beta}_0-\hat{\beta}_1X_{1i}-\hat{\beta}_2X_{2i}-\cdots-\hat{\beta}_kK_{ki})\times(-X_{1i})=0\\ \qquad\vdots\\ \dfrac{\partial Q}{\partial\hat{\beta}_k}=2\sum\limits_{i=1}^{n}(Y_i-\hat{\beta}_0-\hat{\beta}_1X_{1i}-\hat{\beta}_2X_{2i}-\cdots-\hat{\beta}_kK_{ki})\times(-X_{ki})=0\end{cases}$$

将上述式子进行化简，可以得到如下形式：

$$\begin{cases}n\hat{\beta}_0+\hat{\beta}_1\sum\limits_{i=1}^{n}X_{1i}+\hat{\beta}_2\sum\limits_{i=1}^{n}X_{2i}+\cdots+\hat{\beta}_k\sum\limits_{i=1}^{n}X_{ki}=Y_1+Y_2+\cdots+Y_n\\ \hat{\beta}_0\sum\limits_{i=1}^{n}X_{1i}+\hat{\beta}_1\sum\limits_{i=1}^{n}X_{1i}X_{1i}+\hat{\beta}_2\sum\limits_{i=1}^{n}X_{2i}X_{1i}+\cdots+\hat{\beta}_k\sum\limits_{i=1}^{n}X_{ki}X_{1i}\\ =X_{11}Y_1+X_{12}Y_2+\cdots+X_{1n}Y_n\\ \hat{\beta}_0\sum\limits_{i=1}^{n}X_{2i}+\hat{\beta}_1\sum\limits_{i=1}^{n}X_{1i}X_{2i}+\hat{\beta}_2\sum\limits_{i=1}^{n}X_{2i}X_{2i}+\cdots+\hat{\beta}_k\sum\limits_{i=1}^{n}X_{ki}X_{2i}\\ =X_{21}Y_1+X_{22}Y_2+\cdots+X_{2n}Y_n\\ \qquad\vdots\\ \hat{\beta}_0\sum\limits_{i=1}^{n}X_{ki}+\hat{\beta}_1\sum\limits_{i=1}^{n}X_{1i}X_{ki}+\hat{\beta}_2\sum\limits_{i=1}^{n}X_{2i}X_{ki}+\cdots+\hat{\beta}_k\sum\limits_{i=1}^{n}X_{ki}X_{ki}\\ =X_{k1}Y_1+X_{k2}Y_2+\cdots+X_{kn}Y_n\end{cases}$$

写成矩阵形式为：

$$\begin{bmatrix}n & \sum\limits_{i=1}^{n}X_{1i} & \cdots & \sum\limits_{i=1}^{n}X_{ki}\\ \sum\limits_{i=1}^{n}X_{1i} & \sum\limits_{i=1}^{n}X_{1i}^2 & \cdots & \sum\limits_{i=1}^{n}X_{ki}X_{1i}\\ \vdots & \vdots & \vdots & \vdots\\ \sum\limits_{i=1}^{n}X_{ki} & \sum\limits_{i=1}^{n}X_{ki}X_{1i} & \cdots & \sum\limits_{i=1}^{n}X_{ki}^2\end{bmatrix}\begin{bmatrix}\hat{\beta}_0\\ \hat{\beta}_1\\ \vdots\\ \hat{\beta}_k\end{bmatrix}=\begin{bmatrix}1 & 1 & \cdots & 1\\ X_{11} & X_{12} & \cdots & X_{1n}\\ \vdots & \vdots & \vdots & \vdots\\ X_{k1} & X_{k2} & \cdots & X_{kn}\end{bmatrix}\begin{bmatrix}Y_1\\ Y_2\\ \vdots\\ Y_n\end{bmatrix}$$

进一步将上述矩阵形式进行化简，可改写成：

$$\begin{bmatrix}1 & 1 & \cdots & 1\\ X_{11} & X_{12} & \cdots & X_{1n}\\ \vdots & \vdots & \cdots & \vdots\\ X_{k1} & X_{k2} & \cdots & X_{kn}\end{bmatrix}\begin{bmatrix}1 & X_{11} & \cdots & X_{k1}\\ 1 & X_{12} & \cdots & X_{k2}\\ \vdots & \vdots & \cdots & \vdots\\ 1 & X_{1n} & \cdots & X_{kn}\end{bmatrix}\begin{bmatrix}\hat{\beta}_0\\ \hat{\beta}_1\\ \vdots\\ \hat{\beta}_k\end{bmatrix}=\begin{bmatrix}1 & 1 & \cdots & 1\\ X_{11} & X_{12} & \cdots & X_{1n}\\ \vdots & \vdots & \vdots & \vdots\\ X_{k1} & X_{k2} & \cdots & X_{kn}\end{bmatrix}\begin{bmatrix}Y_1\\ Y_2\\ \vdots\\ Y_n\end{bmatrix}$$ 即

$$\boldsymbol{X}'\boldsymbol{X}\hat{\boldsymbol{\beta}}=\boldsymbol{X}'\boldsymbol{Y} \tag{5-159}$$

再由模型的假设条件之一规定的解释变量 $X_1,X_2,\cdots,X_k$ 是非随机变量，且各 $\boldsymbol{X}$ 之间

互不相关(无多重共线性)。当观测样本确定后,此假设条件要求矩阵 $\boldsymbol{X}$ 为满秩,所以 $\boldsymbol{X}'\boldsymbol{X}$ 的逆矩阵存在,因此将式(5-159)等号两边同时乘以 $\boldsymbol{X}'\boldsymbol{X}$ 的逆矩阵 $(\boldsymbol{X}'\boldsymbol{X})^{-1}$,可得:

$$\hat{\boldsymbol{\beta}}=(\boldsymbol{X}'\boldsymbol{X})^{-1}\boldsymbol{X}'\boldsymbol{Y} \tag{5-160}$$

采用最小二乘法得到的多元线性回归模型的参数估计量同样具有线性、无偏性和有效性。

(三)多元线性回归模型的检验

1.经济意义检验

一元线性回归模型的经济意义检验主要检验参数估计量的符号和大小,而多元线性回归模型除了检验参数估计量的符号和大小外,还要检验参数之间的关系。

2.统计检验

与一元线性回归模型一样,统计检验主要包括拟合优度检验、回归方程总体线性关系检验、参数的显著性检验及其置信区间估计等。

第一,拟合优度检验。

拟合优度检验同一元线性回归模型一样,同样使用可决系数 R^2:

$$R^2=\frac{\text{ESS}}{\text{TSS}}=1-\frac{\text{RSS}}{\text{TSS}} \tag{5-161}$$

式(5-161)中,

$$\text{TSS}=\sum_{i=1}^{n}y_i^2=\sum_{i=1}^{n}(Y_i-\overline{Y})^2=\sum_{i=1}^{n}Y_i^2-n\overline{Y}^2=\boldsymbol{Y}'\boldsymbol{Y}-n\overline{Y}^2$$

$$\text{ESS}=\sum_{i=1}^{n}\hat{y}_i^2=\sum_{i=1}^{n}(\hat{Y}_i-\overline{Y})^2=\hat{\boldsymbol{\beta}}'\boldsymbol{X}'\boldsymbol{Y}-n\overline{Y}^2$$

$$\text{RSS}=\sum_{i=1}^{n}e_i^2=\text{TSS}-\text{ESS}=\boldsymbol{Y}'\boldsymbol{Y}-\hat{\boldsymbol{\beta}}'\boldsymbol{X}'\boldsymbol{Y}$$

因此,可决系数 R^2 的矩阵表达式为:

$$R^2=\frac{\hat{\boldsymbol{\beta}}'\boldsymbol{X}'\boldsymbol{Y}-n\overline{Y}^2}{\boldsymbol{Y}'\boldsymbol{Y}-n\overline{Y}^2} \tag{5-162}$$

由于随着模型中解释变量个数的增加,R^2 往往是增大的,但是由于增加解释变量导致的 R^2 增加往往与模型拟合好坏无关,因此需要消除解释变量个数对模型拟合优度的影响。在样本容量一定的情况下,增加解释变量必定使得自由度减少,所以调整的思路是:将残差平方和与总离差平方和分别除以各自的自由度,以剔除变量个数对拟合优度的影响。调整后的可决系数 R^2 用 $\overline{R}^2$ 表示,即

$$\overline{R}^2=1-\frac{\text{RSS}/(n-k-1)}{\text{TSS}/(n-1)} \tag{5-163}$$

式(5-163)中,$n-k-1$ 为残差平方和的自由度,$n-1$ 为总体平方和的自由度。将 $1-R^2=\text{RSS}/\text{TSS}$ 代入式(5-163)可得到 $\overline{R}^2$ 与 R^2 关系。

$$\overline{R}^2=1-(1-R^2)\times\frac{n-1}{n-k-1} \tag{5-164}$$

第二,回归方程总体线性关系检验。

回归方程的总体线性关系检验旨在对模型中被解释变量与解释变量之间的线性关系在总体上是否显著成立做出推断，使用的是 F 检验。

按照假设检验的原理，提出的原假设和备择假设分别为：

$$H_0: \hat{\beta}_1 = \hat{\beta}_2 = \cdots = \hat{\beta}_k = 0$$

$$H_0: \hat{\beta}_1 (j=1,2,\cdots,k) \text{不全是} 0$$

由于回归平方和 ESS 反映的是解释变量 $X_1, X_2, \cdots, X_k$ 对被解释变量 $\boldsymbol{Y}$ 的线性作用程度，残差平方和 RSS 反映的是随机误差项对被解释变量 $\boldsymbol{Y}$ 的影响，因此，考虑 ESS 与 RSS 比值。如果这个比值较大，则 $\boldsymbol{X}$ 的联合体对 $\boldsymbol{Y}$ 的解释程度高，可认为总体存在线性关系，反之总体上不存在线性关系。因此，可通过该比值的大小对总体线性关系进行推断。根据数理统计学中的知识，在原假设 H_0 成立的条件下，统计量

$$F = \frac{\text{ESS}/k}{\text{RSS}/(n-k-1)} = \frac{(\hat{\boldsymbol{\beta}}'\boldsymbol{X}'\boldsymbol{Y} - n\overline{Y}^2)/k}{(\boldsymbol{Y}'\boldsymbol{Y} - \hat{\boldsymbol{\beta}}'\boldsymbol{X}'\boldsymbol{Y})/(n-k-1)} \tag{5-165}$$

服从自由度为 $(k, n-k-1)$ 的 F 分布。给定显著性水平 α，可得到临界值 $F_\alpha(k, n-k-1)$，由样本求出统计量 F 的数值，若 $F \geqslant F_\alpha(k, n-k-1)$，则拒绝 H_0，接受 H_1，认为回归方程总体上的线性关系成立；若 $F < F_\alpha(k, n-k-1)$，则接受 H_0，拒绝 H_1，认为回归方程总体上的线性关系显著不成立。

第三，参数的显著性检验及其置信区间估计。

回归方程的总体线性关系显著并不代表每个解释变量对被解释变量的影响都是显著的。因此，必须对每个解释变量的系数进行显著性检验，以决定是否作为解释变量被保留在模型中。根据相关统计理论，可以构造如下的 t 统计量：

$$t = \frac{\hat{\beta}_j - \beta_j}{S_{\hat{\beta}_j}} = \frac{\hat{\beta}_j - \beta_j}{\hat{\sigma}\sqrt{c_{jj}}} \sim t(n-k-1) \tag{5-166}$$

式(5-166)中，$S_{\hat{\beta}_j} = \hat{\sigma}\sqrt{c_{jj}}$，$c_{jj}$ 表示矩阵 $(\boldsymbol{X}'\boldsymbol{X})^{-1}$ 主对角线上的第 j 个元素，$\hat{\sigma} = \sqrt{\dfrac{\sum\limits_{i=1}^{n} e_i^2}{n-k-1}} = \sqrt{\dfrac{\boldsymbol{Y}'\boldsymbol{Y} - \hat{\boldsymbol{\beta}}'\boldsymbol{X}'\boldsymbol{Y}}{n-k-1}}$。

按照假设检验的原理，提出的原假设和备择假设分别为：

$$H_0: \hat{\beta}_j = 0 \quad (j=0,1,2,\cdots,k)$$

$$H_1: \hat{\beta}_j \neq 0 \quad (j=0,1,2,\cdots,k)$$

给定显著性水平 α，可得到临界值 $t_{\alpha/2}(n-k-1)$，由样本求出统计量 t 的数值，如果 $|t| \geqslant t_{\alpha/2}(n-k-1)$，则拒绝 H_0，接受 H_1；如果 $|t| < t_{\alpha/2}(n-k-1)$，则接受 H_0，拒绝 H_1。

如果要想得到一次抽样当中，所得到的参数估计值与真实值的接近程度，以及以多大的概率达到指定的接近程度，就需要构造参数的置信区间。在 $1-\alpha$ 的置信水平下 β_j 的置信区间为：

$$\hat{\beta}_j \pm t_{\alpha/2}(n-k-1) S_{\hat{\beta}_j}$$

3. 计量经济学检验

同一元线性回归模型类似，计量经济学检验主要是对放宽经典假设条件后对模型所进行的检验，多元回归中计量经济学检验主要包括随机误差项的异方差、序列相关性以及多

重共线性等。本书对此部分内容不做介绍，感兴趣的读者可查阅专业的计量经济学书籍。

(四)多元线性回归模型的预测

给定样本以外的解释变量的观测值 $X_0=(1,X_{10},X_{20},\cdots,X_{k0})$，可以得到被解释变量的预测值：

$$\hat{Y}_0=X_0\hat{\beta}$$

$\hat{Y}_0$既可以是总体均值 $E(Y_0)$的预测值也可以是个别值 Y_0 预测值。但严格地说，这只是被解释变量的预测值的估计值，而不是预测值。为了进行科学预测，还需求出预测值的置信区间，包括 $E(Y_0)$和 Y_0 的置信区间。可以证明，在$(1-\alpha)$的置信水平下 $E(Y_0)$和 Y_0 的置信区间分别为：

$$\hat{Y}_0-t_{\alpha/2}\cdot\hat{\sigma}\sqrt{\boldsymbol{X}_0(\boldsymbol{X}'\boldsymbol{X})^{-1}\boldsymbol{X}'_0}<E(Y_0)<\hat{Y}+t_{\alpha/2}\cdot\hat{\sigma}\sqrt{\boldsymbol{X}_0(\boldsymbol{X}'\boldsymbol{X})^{-1}\boldsymbol{X}'_0}$$

$$\hat{Y}_0-\mathrm{t}_{\alpha/2}\cdot\hat{\sigma}\sqrt{1+\boldsymbol{X}_0(\boldsymbol{X}'\boldsymbol{X})^{-1}\boldsymbol{X}'_0}<\mathrm{Y}_0<\hat{\mathrm{Y}}+\mathrm{t}_{\alpha/2}\cdot\hat{\sigma}\sqrt{1+\boldsymbol{X}_0(\boldsymbol{X}'\boldsymbol{X})^{-1}\boldsymbol{X}'_0}$$

【例 5-20】 某市 2010 年至 2019 年每年的居民收入和人均消费支出情况如表 5-23 所示。假设消费支出不仅与当年收入有关系，还与上一年的消费支出有关。请建立回归模型预测居民收入为 6.8 万元，且上一年的消费为 5.5 万元时个人消费支出额($\sigma=0.05$)。

表 5-23 某市 2010 年至 2019 年居民配收入和人均消费支出情况

年份	2010	2011	2012	2013	2014	2015	2016	2017	2018	2019
消费支出 **Y**/万元	2.5012	2.8210	3.0490	3.3157	3.3385	3.5753	3.8398	4.0637	4.2181	4.5049
收入 **X**/万元	3.0658	3.4438	3.8054	4.2049	4.2955	4.6735	5.0941	5.5400	5.9982	6.5052

解：根据题意将消费支出 **Y** 作为被解释变量，收入 **X** 与滞后一期的消费支出 **Y** 作为解释变量，从而假设构建二元回归模型：

$$Y_i=\beta_0+\beta_1X_{1i}+\beta_2X_{2i}+u_i\quad(i=1,2,\cdots,n)$$

第一步：模型参数估计。

由于所给样本数据 2010 年的滞后一期消费支出 **Y** 没有数据，因此会少 1 期的数据，则被解释变量和解释变量的样本矩阵分别为：

$$\boldsymbol{Y}=\begin{bmatrix}2.8210\\3.0490\\3.3157\\3.3385\\3.5753\\3.8398\\4.0637\\4.2181\\4.5049\end{bmatrix},\boldsymbol{X}=\begin{bmatrix}1&3.4438&2.5012\\1&3.8054&2.8210\\1&4.2049&3.0490\\1&4.2955&3.3157\\1&4.6735&3.3385\\1&5.0941&3.5753\\1&5.5400&3.8398\\1&5.9982&4.0637\\1&6.5052&4.2181\end{bmatrix}$$

$$\boldsymbol{X}'\boldsymbol{X}=\begin{bmatrix}9.0000&43.5606&30.7223\\43.5606&219.2524&153.3144\\30.7223&153.3144&107.4828\end{bmatrix},(\boldsymbol{X}'\boldsymbol{Y})^{-1}=\begin{bmatrix}10.3420&4.8087&-9.8153\\4.8087&4.0108&-7.0956\\-9.8153&-7.0956&12.9360\end{bmatrix}$$

$$X'Y=\begin{bmatrix}32.7260\\162.9890\\114.2477\end{bmatrix}$$ 从而参数估计向量(最小二乘法)为：

$$\hat{\beta}=(X'X)^{-1}X'Y=\begin{bmatrix}10.3420 & 4.8087 & -9.8153\\4.8087 & 4.0108 & -7.0956\\-9.8153 & -7.0956 & 12.9360\end{bmatrix}\begin{bmatrix}32.7260\\162.9890\\114.2477\end{bmatrix}=\begin{bmatrix}0.8445\\0.4371\\0.1981\end{bmatrix}$$

上述参数估计向量计算结果在 Matlab 软件中只需输入命令："inv(X′ * X) * X′ * Y"便可以得到，在 STATA 软件只需输入命令："regr Y X1 X2"便可以得到相同的计算结果，其中 X1 是收入变量，X2 是滞后一期消费支出 Y，STATA 软件的输出结果见图 5-14 所示。如果保留 4 位小数点，计算结果完全一样。

```
      Source |       SS       df       MS              Number of obs =       9
-------------+------------------------------           F(2, 6)       =  612.22
       Model |  2.50956837     2  1.25478418           Prob > F      =  0.0000
    Residual |   .0122973      6   .00204955           R-squared     =  0.9951
-------------+------------------------------           Adj R-squared =  0.9935
       Total |  2.52186567     8  .315233208           Root MSE      =  .04527

------------------------------------------------------------------------------
           Y |      Coef.   Std. Err.      t    P>|t|     [95% Conf. Interval]
-------------+----------------------------------------------------------------
          X1 |   .4370785   .0906663     4.82   0.003     .2152262    .6589309
          X2 |   .1980858   .1628282     1.22   0.269    -.2003404     .596512
       _cons |   .8445496   .1455897     5.80   0.001     .4883045    1.200795
------------------------------------------------------------------------------
```

图 5-14　STATA 软件计算结果

第二步：模型检验。

(1)经济意义检验。

根据相关经济理论和实际经验，个人消费支出与个人可支配收入以及滞后一期的消费支出是有关系的，而且可支配的收入越多，那么消费支出就可能越多；消费往往具有惯性，在时间上往往呈现正相关。解释变量 X 的系数为 0.4371，说明人均可支配收入每增加 1 个单位，人均消费支出增加 0.4371 个单位，这与实际情况比较相符，没有违背相关经济理论；滞后一期的消费支出的系数为 0.1981 大于 0，说明消费支出具有动态性和累积效应。

(2)拟合优度检验。

$$R^2=\frac{\hat{\beta}'X'Y-n\overline{Y}^2}{Y'Y-n\overline{Y}^2}=0.9935$$

$$\overline{R}^2=1-(1-R^2)\times\frac{n-1}{n-k-1}=1-(1-0.9951)\times\frac{9-1}{9-2-1}=0.9935$$

可见，R^2 和$\overline{R}^2$ 都大于 0.9，说明模型对数据拟合程度较好。$\overline{R}^2$ 等于 0.9935，说明居民年均收入与上一年的消费支出对当年的消费支出的解释能力为 99.35%，只有 0.65%的其他因素影响。

(3)回归方程总体线性关系检验。

$$F=\frac{(\hat{\beta}'X'Y-n\overline{Y}^2)/k}{(Y'Y-\hat{\beta}'X'Y)/(n-k-1)}=612.2236$$

根据设定的显著性水平 α，本例 F 统计量的分子自由度为 2，分母的自由度为 6，查 F

分布表，或在 Excel 电子表格中输入“=FINV(0.05,2,6)”便可以得到相应的临界值 $F_{0.05}=5.1433$。由于 $F>F_{0.05}(2,6)$，拒绝原假设 $\beta_j=0(j=1,2,\cdots,k)$，表明个人消费支出与个人可支配收入以及滞后一期的个人消费支出的线性关系是显著的。同样，可以根据 F 统计量对应的 P 值和设定的 α 进行比较判定。图 5-14 中输出了检验统计量 $F=612.22$ 对应的 P 值为 0，该值小于设定的 $\alpha=0.05$，同样应该拒绝原假设。所得结论与将 F 统计量和 F 的临界值比较的判定结果一致。

(4)参数的显著性检验及其置信区间估计。

$$\hat{\sigma}=\sqrt{\frac{\sum_{i=1}^{n}e_i^2}{n-k-1}}=\sqrt{\frac{\boldsymbol{Y'Y}-\hat{\beta}'\boldsymbol{X'Y}}{9-2-1}}=0.0453$$

$$(\boldsymbol{X'X})^{-1}=\begin{bmatrix}C_{00} & & \\ & C_{11} & \\ & & C_{22}\end{bmatrix}=\begin{bmatrix}10.3420 & 4.8087 & -9.8153\\ 4.8087 & 4.0108 & -7.0956\\ -9.8153 & -7.0956 & 12.9360\end{bmatrix}$$

$$t_0=\frac{\hat{\beta}_0}{S_{\hat{\beta}_0}}=\frac{\hat{\beta}_0}{\hat{\sigma}\sqrt{c_{00}}}=\frac{0.8445}{0.0453\sqrt{10.3420}}=\frac{0.8445}{0.1457}=5.7962$$

$$t_1=\frac{\hat{\beta}_1}{S_{\hat{\beta}_1}}=\frac{\hat{\beta}_1}{\hat{\sigma}\sqrt{c_{11}}}=\frac{0.4371}{0.0453\sqrt{4.0108}}=\frac{0.4371}{0.0907}=4.8192$$

$$t_2=\frac{\hat{\beta}_2}{S_{\hat{\beta}_2}}=\frac{\hat{\beta}_2}{\hat{\sigma}\sqrt{c_{22}}}=\frac{0.1981}{0.0453\sqrt{12.936}}=\frac{0.1981}{0.1629}=1.2161$$

根据设定的显著性水平 $\alpha=0.05$，查自由度为 $n-k-1=9-2-1=6$ 的 t 分布表，或者在 Excel 电子表格中输入“=TINV(0.05,6)”均可以得到 $t_{0.05}(6)=2.4467$。显然 t_0 和 t_1 均大于 $t_{0.05}(6)$，因此都拒绝原假设 H_0，认为参数 $\hat{\beta}_0$ 和 $\hat{\beta}_1$ 均显著不为 0，t 检验通过；t_2 小于 $t_{0.05}(6)$，因此不能拒绝 H_0，t 检验未通过。同一元线性回归一样，可以通过 t 检验统计量对应 P 值与设定 α 进行比较判定接受和拒绝原假设。图 5-14 中，Std. Err. 所在的列分别对应的是参数 $\hat{\beta}_1$、$\hat{\beta}_2$ 和 $\hat{\beta}_0$ 标准差，保留四位小数点后，计算结果与手工计算结果基本一致，紧随其后的 t 所在的列便是参数 $\hat{\beta}_1$、$\hat{\beta}_2$ 和 $\hat{\beta}_0$ 显著性 t 检验统计量，t_1、t_2 和 t_0 分别为 4.82、1.22 和 5.80，与手工计算结果一致。$P>|t|$ 所在的列是 t 检验统计量对应 P 值，参数 $\hat{\beta}_0$ 和 $\hat{\beta}_1$ 的显著性 t 检验统计量对应的 P 值均为 0，显然小于 $\alpha=0.05$，从而拒绝原假设。所得结论与将 t 统计量与临界值比较的判定结果一致。这说明，截距项 $\hat{\beta}_0$ 显著不为 0，$\hat{\beta}_1$ 显著不为 0，说明个人消费支出与个人可支配收入线性关系是显著的。但参数 $\hat{\beta}_2$ 的显著性 t 检验统计量对应的 P 值为 0.269，显然大于 0.05，无法拒绝原假设。

对于给定 $\alpha=0.05$，可得 $\hat{\beta}_0$、$\hat{\beta}_1$ 和 $\hat{\beta}_2$ 置信区间分别为(0.4883,1.2008)、(0.2152,0.6589)和(−0.2003,0.5965)。图 5-14 的 STATA 软件输出结果中 95% conf Interval 所在的列就是 $\hat{\beta}_0$、$\hat{\beta}_1$ 和 $\hat{\beta}_2$ 的置信区间。

第三步：预测。

给定样本以外的解释变量的观测值 $\boldsymbol{X}_0=(1,6.8,5.5)$，可以得到被解释变量的预测值：

$$\hat{Y}_0=\boldsymbol{X}_0\hat{\boldsymbol{\beta}}=(1,6.8,5.5)\begin{pmatrix}0.8445\\0.4371\\0.1981\end{pmatrix}=4.9063$$

在95%的置信水平下 $E(Y_0)$ 和 Y_0 的置信区间分别为(4.4945,5.3181)和(4.4799,5.3327)。

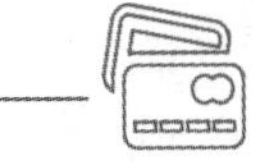

思考题

第五章思考题

第六章
系统综合评价

本章课件

学习目标

1. 掌握评价指标体系的构建方法，评价指标的标准化、权重确定以及综合的基本方法。

2. 掌握层次分析法、网络层次分析法、模糊综合评价法、灰色关联度综合评价法以及多元统计综合评价法的基本原理。

3. 了解数据包络分析法 C^2R 模型的构建过程。

学习重难点

1. 充分理解如何构建评价指标体系。

2. 深刻理解层次分析法、网络层次分析法、模糊综合评价法、灰色关联度综合评价法以及多元统计综合评价法的建模思路和基本步骤。

3. 能够综合运用各种系统综合评价方法针对实际问题开展系统综合评价工作。

第一节　系统综合评价概述

一、系统综合评价的概念

系统综合评价就是根据系统的预定目标，对评价对象依据所采集的数据资料，采用一定的方法和评价指标体系，给评价对象赋予一个评价值，再据此择优或排序。构成系统综合评价的要素包括评价目的、评价对象、评价者、评价指标体系、评价指标权重、评价指标综合方法以及评价结果分析。评价目的就是系统综合评价所要解决的问题和发挥的作用。系统综合评价的目的通常是希望能对若干评价对象，按一定顺序进行排序，从中挑出最优或最劣评价对象。对于每一个评价对象，通过综合评价和比较，可以找到自身的差距，也便于及时采取措施，进行改进。对评价对象开展系统综合评价，首先要明确为什么要综合评价，对评价对象哪一方面进行评价，有时尽管评价对象相同，但由于评价目的不同，所设计的评价指标体系和方法可能大相径庭，会导致评价结果存在很大差异。评价对象就是评价的客体，也就是对什么进行评价。评价对象可能是人，是方案，是事，是物，也可能是它们的组合。评价者是评价的主体，就是由谁来进行评价。评价者可以是某个人（专家）或某团体（专家小组）。评价指标是指根据研究的目的和评价对象，能够确定地反映评价对象某一方面情况的特征依据。所谓评价指标体系是指由一系列相互联系的指标所构成的整体，它能够根据评价的目的，综合反映评价对象各个方面的情况。评价指标权重是相对于评价目标而言，即评价指标之间的相对重要性。评价指标综合方法就是通过一定的数学模型将多个评价指标值“合成”为一个整体性的综合评价值。评价结果分析就是输出评价结果并对评价结果进行分析，进而依据评价结果进行系统决策。

二、评价指标体系的构建

（一）评价指标体系的构建原则

要对评价对象进行客观、科学的评价，必须对评价对象的各种影响因素进行全面的分析与衡量，选取科学、合理且认同度较高的评价指标体系，此项工作绝非易事，因为建立的评价指标体系不是随意地将一些评价指标进行简单的罗列。一方面，并非评价指标越多越好，但也不是越少越好，评价指标过多，存在重复性，评价指标过少，可能所选的评价指标缺乏足够的代表性，会产生片面性；另一方面，还要考虑评价指标间的内在联系，能否综合反映系统评价对象属性的本质内涵。因此，在建立评价指标体系时应遵循以下原则：①科学性原则。科学性原则主要体现在以下几个方面：第一，评价指标体系设计要具有一定的科学理论依据，各项评价指标的内涵与外延界定必须清晰，不能含糊不清，模棱两可，也不能重复其他评价指标的内容；第二，评价指标体系各项评价指标的覆盖面要广，且要保证各项评价指标间不能有太多的重叠，能够从不同角度全面反映评价对象的整体情况；第三，评价指标体系各项评价指标的数据来源必须准确可靠，以保证评价结果的精确性。②系统性原则。按照系统性原则，评价指标体系的建立必须按照一定的分类准则，分清评价系统的层次结构，建立目的明确、层次分明、结构合理以及突出整体性的评价指标体系。③可比性原则。可比性原则要求各项评价指标的统计口径和范围要一致，无论是对评价对象的横向比较还是纵向比较，如果各项评价指标的统计口径和范围不一致，无论选用何种评价方法，都无法保证评价结果的准确性，从而直接导致评价结果的无效性。④可操作性原则。可操作性原则就是构建的评价指标不要凭空产生，不要凭主观臆造，必须能够获取具体数据。⑤一致性原则。一致性原则要求评价指标体系要与评价目标保持一致，围绕系统评价目标逐层分解为具体指标。

（二）单项评价指标的构建方法

单项评价指标，即在评价系统中通常由若干因素构成，而这些因素的集合体现了评价对象的总体特征，所有这些单个因素就是单项评价指标。要构造科学、合理的评价指标体系，单项评价指标的构建至关重要，通常有以下几种方法可以产生评价指标体系的单项评价指标。

1. 文献分析法

文献分析法就是对待评价问题所涉及的相关评价指标进行文献检索、汇总，再结合待评价问题特征提出若干评价指标。

2. 头脑风暴法

头脑风暴法的目的主要是通过思维共振、相互启发来激发参与人员的创造性思维能力，以便能够提出更多、更好的解决现实问题的新见解或新方案。自从奥斯本提出头脑风暴法以来，头脑风暴法在各行各业得到了非常广泛的应用。作为一种创造性思维方法，头脑风暴法也可以用来生成评价指标体系的单项评价指标。

3. 德尔菲法

德尔菲法(Delphi method)最早是由赫尔默(Helmer)和戈登(Gordon)在 20 世纪 40 年提出的，起初该方法主要用于定性预测。随着德尔菲法在预测领域的成功运用，研究者们将德尔菲法进行各种改进并广泛应用于评价、决策和方案设计等领域。德尔菲法主要是通过对要预测、评价、决策以及方案设计等问题，采用匿名的方式将调查表或其他方式发给相关领域专家，然后将收集回来的专家意见进行汇总分析，再将整理好的专家意见反馈给专家，再次征求专家意见，经过反复几个轮回的征集、反馈与修正，最终得到组织方认为可以接受的结果。根据上述德尔菲法的基本思想，也可以采用德尔菲法产生评价指标体系的单项评价指标。

4. 统计分析法

文献分析法是根据前人研究成果进行比较分析进而提出单项评价指标，头脑风暴法和德尔菲法主要是根据专家经验知识确定评价指标体系的单项评价指标，本质上属于专家调查法。该类方法是靠熟悉业务知识、具有丰富经验和综合分析能力的专家，根据已掌握的行业知识和背景材料，运用个人的经验和分析判断能力。由于主要凭借专家的知识经验，因此，采用该类方法构造的单项评价指标往往比较主观，缺乏系统性和客观性。如果在统计资料比较丰富的情况下，可以采用统计分析法，该方法主要是运用统计分析工具诸如均值、方差等对相关文献资料进行定量统计分析，选取频数比较大的评价指标作为备选单项评价指标。

5. 目标手段分析法

根据系统目标要求，对将要达到的目标和所需手段按照系统展开，一级手段等于二级目标，二级手段等于三级目标，依次类推，便产生了层次分明、相互联系又逐渐具体化的分层目标系统。目标子集按照目标的性质进行分类，把同一类目标划分在一个目标子集内。根据目标手段分析法对系统目标进行分解，直到分解到可以测度最底层指标为止，这些最底层的指标就是单项评价指标。

(三)评价指标体系的初步构建方法

采用上述方法可以构建评价指标体系的单项评价指标，但某个单项评价指标，只反映评价对象的某一方面的情况，不能全面、综合地反映评价对象的总体情况。因此，要对评价

对象进行综合评价，就必须按照一定的层次结构构建评价指标体系。研究者在系统评价实践中提出了设计评价指标体系的一些方法。

1. 理论模型构建法

理论模型构建法就是评价者在准确把握评价问题的本质内涵基础上，全面分析评价目标各构成要素之间的内在逻辑关系（主次关系、支撑关系、平行关系、补充关系和先后关系），进而提出评价指标体系的理论模型。通常有以下几种常见的理论模型：一是同心圆模型，该模型下的评价指标体系各项评价指标之间存在一个"核心模块"，其他各模块只是这个核心模块的展开或深化；二是多边形模型，该模型下的各项评价指标体系的各个评价指标之间没有主次之分，而是呈现平等关系；三是多向支撑模型结构，该模型下的评价指标体系存在一个基本模块，其他模块则附属于该模块之下。

2. 解释结构模型法

解释结构模型在第四章进行过详细的介绍。该方法主要利用人们的实践经验和知识，将复杂的社会经济系统所涉及的有关问题分解成若干个子系统要素，将一开始模糊不清的思想、看法逐渐清晰化，进而明确内部关系，从而构造一个多层次的递阶系统。解释结构模型法自提出以来在各类社会经济系统有着广泛的应用，而且该方法在评价指标体系设计中也具有很强的实用性和针对性，因为解释结构模型法的最终输出结果是多级递阶有向图，该多级递阶有向图与评价指标体系的多层级结构非常类似。学者殷克东运用解释结构模型法构建了中国沿海地区海洋强省（市）综合实力指标体系，并取得了很好的应用效果。因此，解释结构模型法也可以用来构建评价指标体系。

3. 目标手段法

目标手段法既是产生单项评价指标的方法，也是构建评价指标体系的方法。一级目标属于待评价系统的最高级别，在这一层次中只有一个要素，通常是待评价系统需要解决的问题的本质特征。因此，目标手段法实施的首要条件是评价者对待评价系统要解决的问题有一个明确的定义，否则很难进行进一步的目标分解。在最顶层和最底层之间包括了待评价问题所涉及的中间层次，它可由若干个层级组成，包括所需要考虑的准则、子准则以及子子准则等，所以，有时候中间层也称为准则层。最底层就是能够直接观测的各单项评价指标，这些最底层评价指标隶属于不同的上一层级评价准则。在评价指标体系设计的目标分解过程中，要注意使分解的各分目标与总目标保持一致。

4. KJ 法

运用 KJ 方法构建评价指标体系，可以将各种单项评价指标写在卡片上，并将卡片平摊在桌子上，让研究小组专家对卡片上的各单项评价指标进行分析，根据各单项评价指标的内涵以及相关性，逐渐将各单项评价指标进行分组，进而形成评价指标体系。

5. 因子分析法

因子分析的主要目的是寻求一组变量的潜在结构，即用少数几个潜变量（公共因子）代替原始所有观测变量的信息，从而达到降维的目的，使得原有变量之间的关系更加清晰。因子分析主要分为探索性因子分析和验证性因子分析。探索性因子分析事先不知道潜变量（公共因子）与原始观测变量之间的关系，而通过主成分方法进行提取潜变量，提取的潜变量的数目由累积方差贡献率决定。验证性因子分析在假定潜变量与原始观测变量关系是知道的，但不知道潜变量与原始变量之间的关系紧密程度，通过验证性因子分析可以检验理论模型结构的准确性。根据以上分析，因子分析在建立评价指标体系时，首先采集所有单项评价指标的数据，然后运用探索性因子分析提取潜变量（公共因子），视评价问题的复杂程度可以对提取的潜变量再次进行探索性因子分析，从而提出初步的评价指标体系，如果想进一步检验评价指标体系的合理性，可以对评价指标体系进行验证性因子分析。

6. 聚类分析法

评价指标体系构建的聚类分析就是根据评价指标之间的相似性程度大小，将一些相似性程度高的评价指标聚为一类，另一些相似程度高的评价指标聚为另一类，关系比较密切的评价指标归为一个较小的集合，而关系比较疏远的评价指标归为一个大的分类集合，在具体操作上可以采用 R 型聚类，从而形成评价指标体系。

以上 6 种评价指标体系的设计方法归纳起来是三大类方法：分析法、综合法以及分析法和综合法的融合分析法。从逻辑思维角度看，分析法是在思维中把研究对象整体分解为构成的部分、单元、要素后加以研究。从分析法的定义看，理论模型构建法和目标手段法均属于此类，也可以称为自上而下的分析法。综合法则是分析法的反向思维，是通过认识、把握事物、对象各组成部分的内在联系，形成对该事物、对象的整体认识。因此，解释结构模型法、KJ 法和因子分析法均属于综合法，也可以称为自下而上的综合法。评价指标体系建立的聚类分析法采用 R 型聚类，按照具体过程又可以分为凝聚法和分解法两种。凝聚法是将参与聚类的每个评价指标都看成是一类，然后根据每两类之间的距离或相似性，逐层合并直至合并成一大类为止；分解法是将所有评价指标都先看成一大类，然后根据距离或相似性逐层分解，直到参与聚类的每个评价指标自成一类为止。由此可见，R 型聚类的两种分析过程其实是分析法和综合法两个方向相反的操作过程。因此，可以将评价指标体系构建的聚类分析法看成是分析法和综合法的融合分析法。

（四）评价指标体系的精简方法

在建立了初步的评价指标体系之后，往往还需要对评价指标体系进行进一步的精简。评价指标体系的精简主要包括单项评价指标精简和评价指标体系结构精简两个方面。其中，单项评价指标精简主要是对整个评价指标体系的各单项评价指标的可测性、正确性、真实性、一致性、必要性和完备性进行检测；评价指标体系结构精简主要对评价指标体系的层级数、每层的评价指标个数以及评价指标总个数进行检验。常用的评价指标体系精简方法主要包括以下几种。

1. 专家咨询法

专家咨询法是最常用的一种评价指标体系优化方法，该种方法可以借助相关领域专家的行业经验知识，对评价指标体系的各个方面进行综合判定。一方面，请专家对各项评价指标的可测性、正确性、真实性、一致性、必要性和完备性进行逐一审查。可测性就是看各项评价指标是否能够准确地获取；正确性则是看各项评价指标的计算方法和计算内容是否科学；真实性就是看各项评价指标是否能够测量评价对象想要测量的特征；一致性就是要看各项评价指标是否从不同侧面共同反映评价对象的总体特征，各项评价指标间不能有自相矛盾的情况；必要性就是看各项评价指标有没有明显的重复测量；完备性就是看有没有漏掉一些反映评价对象重要特征的评价指标；完备性查看各项评价指标的可测性、正确性、真实性的数据能否可以准确地测量以及测量方法和测量范围是否科学。另一方面，请专家对评价指标的结构层次进行优化，主要看评价指标体系的层级数设置得是否合理、每一层级包含的评价指标数是否适宜以及整个评价指标体系结构是否完整。

2. 标准差法

标准差法主要是用来检测评价指标体系的单项评价指标的区分度。所谓区分度是指评价指标将评价对象进行区分的能力，如果某项评价指标在所有的评价对象上得分都一样，说明该项评价指标对评价对象没有任何区分能力，显然该评价指标就没有存在的必要；如果某项评价指标在所有评价对象上的得分差异较大，说明该项评价指标对评价对象的区分能力较强，就应该保留。如果原始数据的测量尺度以及量纲一样，或者原始数据经过标准化处理，可以采用标准差法剔除区分度比较小的评价指标，已达到精简评价指标的目的。第 j 项评价指标的标准差计算公式如下：

$$s_j = \sqrt{\frac{1}{n-1}\sum_{i=1}^{n}(x_{ij}-\overline{x}_j)^2} \quad (j=1,2,\cdots,m) \tag{6-1}$$

式(6-1)中：s_j 和 $\overline{x}_j$ 分别为第 j 项评价指标的标准差和均值，x_{ij} 为第 i 评价对象第 j 项评价指标数值，n 为评价对象个数。可以根据需要保留的评价指标数目，设置评价指标的标准差最小临界值作为删除评价指标的基准，凡是小于标准差基准值所对应的评价指标均可以考虑删除。

3. 变异系数法

变异系数法主要也是用来检测评价指标体系的单项评价指标的区分度。在统计学上，经常用标准差来衡量变量的差异程度，但标准差的大小和数据测量尺度以及量纲有关系，直接采用标准差对评价指标进行区分度检验，适用的条件是原始数据的测量尺度以及量纲一样，或者原始数据经过标准化后，否则不能直接采用标准差进行评价指标的区分度检验。变异系数法可以消除评价指标的测量尺度以及量纲的影响。变异系数是通过某项评价指标的均方差与其平均数的比值计算得出的，具体计算公式为：

$$\mathrm{CV}_j = \frac{s_j}{\overline{x}_j} = \frac{\sqrt{\frac{1}{n-1}\sum_{i=1}^{n}(x_{ij}-\overline{x}_j)^2}}{\overline{x}_j} \quad (j=1,2,\cdots,m) \tag{6-2}$$

式(6-2)中：CV_i 为第 j 项评价指标的变异系数，其他符号意义不变。变异系数取值范围在 0～1 之间，变异系数越小，说明该项评价指标的区分度越小，变异系数越大，说明该项评价指标的区分度越大。到底变异系数小到什么程度，才应该把对应的评价指标删除，通常可以取所有评价指标的平均变异系数值作为参考，小于该平均变异系数值所对应的评价指标可以考虑删除。

4. 相关系数法

科学、合理的评价指标体系中每一个评价指标都应能从不同侧面反映评价对象的不同特征，如果各分项评价指标在测量的内容上重复，就会使得某一方面反复测量，从而导致其他方面的重要特征被弱化了，显然这会扭曲评价结果。为了使评价指标体系能够比较全面地测量评价对象的各方面特征，需要对同一维度下的评价指标进行优化，剔除冗余部分。

通常，采用相关系数衡量评价指标之间的相关程度，如果两个评价指标之间的相关系数大，说明评价指标在测量的内容上重复度较高，应当进行取舍；如果两个评价指标之间的相关系数小，说明评价指标在测量的内容上重复度较低，说明这两项评价指标不能互相代替，应该保留。在具体操作上，可以先计算同一维度下的各项评价指标的相关系数，然后根据每个维度下需要保留评价指标的个数确定相关系数临界值，凡是大于相关系数临界值所对应的评价指标需要进行删减。

5.粗集约简法

针对初步构建的评价指标体系：首先，进行数据转换。针对原始评价数据给出数据表形式的知识表达系统，表的每一行表示论域中的一个成员，每一列表示评价指标及评价指标数值。其次，简化决策表。检查有无重复的行和列，观察决策表是否为一致表。再其次，按照数据分析法，求出核属性，并得出核属性集。最后，求出相对最小约简。此时所得的条件属性子集就是最优条件属性子集，即得到了约简后的评价指标体系。

除了以上提及的各种评价指标体系的精简方法外，还有条件广义方差极小化法、典型相关性分析法、极大极小离差法等。

三、评价指标的标准化

评价指标的标准化就是要对原始评价指标数据进行无量纲化和一致化处理。无量纲化就是消除评价指标单位和数量级不同对评价结果的影响；一致化就是将评价指标转化为同一趋向，要么越大越好，要么越小越好。只有进行了评价指标的标准化处理，才能采用某种综合方法进行进一步的评价指标综合计算。评价指标标准化有很多种方法，从数学函数转换的角度看主要可以归结为线性函数型标准化方法、折线型标准化方法和曲线型标准化方法。假设在评价中有 n 个评价对象和 m 个评价指标，第 $i(i=1,2,\cdots,n)$ 个评价对象第 $j(j=1,2,\cdots,m)$ 项评价指标原始评价数值记作 x_{ij}，评价指标 x_{ij} 标准化后的值记作为 y_{ij}，则以上三种评价指标标准化方法汇总如下。

（一）线性函数型标准化方法

线性标准化方法就是采用线性函数将原始评价指标数值 x_{ij} 转化为评价指标数值 y_{ij}，相当于将原始评价指标数值 x_{ij} 进行一定比例的线性缩放。由于评价指标有的要求越大越好，比如效益型评价指标，而有的要求越小越好，如成本型评价指标。显然要把评价指标化为同一变化方向才能进行汇总。我们把越大越好评价指标称为正向评价指标，而把越小越好评价指标称为逆向评价指标。线性函数型标准化方法主要有以下几种。

1.极值标准化方法

极值标准化方法就是将评价指标原始数值与极大值、极小值进行比较以达到评价指标标准化的方法。极值标准化方法主要形式包括：

$$y_{ij}=\begin{cases}\dfrac{x_{ij}}{\max\limits_{1\leqslant i\leqslant n}(x_{ij})} & \text{正向评价指标}\\[2ex] \dfrac{\max\limits_{1\leqslant i\leqslant n}(x_{ij})+\min\limits_{1\leqslant i\leqslant n}(x_{ij})-x_{ij}}{\max\limits_{1\leqslant i\leqslant n}(x_{ij})} & \text{逆向评价指标}\end{cases} \tag{6-3}$$

$$y_{ij}=\begin{cases}\dfrac{x_{ij}-\min\limits_{1\leqslant i\leqslant n}(x_{ij})}{\max\limits_{1\leqslant i\leqslant n}(x_{ij})-\min\limits_{1\leqslant i\leqslant n}(x_{ij})} & \text{正向评价指标}\\[2ex] \dfrac{\max\limits_{1\leqslant i\leqslant n}(x_{ij})-x_{ij}}{\max\limits_{1\leqslant i\leqslant n}(x_{ij})-\min\limits_{1\leqslant i\leqslant n}(x_{ij})} & \text{逆向评价指标}\end{cases} \tag{6-4}$$

$$y_{ij}=\begin{cases}a+\dfrac{x_{ij}-\min\limits_{1\leqslant i\leqslant n}(x_{ij})}{\max\limits_{1\leqslant i\leqslant n}(x_{ij})-\min\limits_{1\leqslant i\leqslant n}(x_{ij})}\times b & \text{正向评价指标}\\[2ex] a+\dfrac{\max\limits_{1\leqslant i\leqslant n}(x_{ij})-x_{ij}}{\max\limits_{1\leqslant i\leqslant n}(x_{ij})-\min\limits_{1\leqslant i\leqslant n}(x_{ij})}\times b & \text{逆向评价指标}\end{cases} \tag{6-5}$$

上述各式中，$\max\limits_{1\leqslant i\leqslant n}(x_{ij})$和 $\min\limits_{1\leqslant i\leqslant n}(x_{ij})$分别为第 j 个原始评价指标原始数值在所有评价对象中的最大值和最小值，a 和 b 为事先指定的常数，a 表示评价指标基础值，b 表示放大量，其他符号意义不变。式(6-3)也称线性比例法，式(6-4)也称极差变化法，式(6-5)也称功效系数法。在极值标准化方法中，式(6-3)中的正向评价指标值标准化结果只与评价指标原始数值和极大值有关；式(6-3)中的逆向评价指标值以及(6-4)中的评价指标标准化结果则与评价指标原始数值、极大值和极小值都有关；式(6-5)的评价指标标准化结果不仅与评价指标原始数值、极大值和极小值都有关，而且还与 a 和 b 有关。式(6-3)评价指标标准化结果取值范围为$\left[\dfrac{\min\limits_{1\leqslant i\leqslant n}(x_{ij})}{\max\limits_{1\leqslant i\leqslant n}(x_{ij})},1\right]$；式(6-4)评价指标标准化结果取值范围为$[0,1]$；式(6-5)的评价指标标准化结果取值范围为$[a,a+b]$，这一公式最大优点是可以人为将评价结果控制在一定的得分范围内，比如要想将评价结果控制在 60 到 100 之间，可以将 a 设置为 60，而将 b 设置为 40。

2.标准值标准化方法

标准值标准化方法就是将实际评价指标值与给定标准值进行比较以达到评价指标标准化的方法。标准值可以是满意值、均值、第一个样本值等。对于纵向比较而言，尤其在采用指数方法进行评价时，标准值通常将某一时点的评价指标值作为标准。采用该标准值的优点是可以比较评价指标相对于参照时点的标准值变化趋势。标准值方法的常用公式如下：

$$y_{ij}=\begin{cases}\dfrac{x_{ij}}{x_{\text{标准值}}} & \text{正向评价指标}\\[2ex] \dfrac{\max\limits_{1\leqslant i\leqslant n}(x_{ij})-x_{ij}}{x_{\text{标准值}}} & \text{逆向评价指标。}\end{cases} \tag{6-6}$$

3.z 分数标准化方法

z 分数标准化方法就是用评价指标的原始数值减去评价指标原始数值的均值再除以评价指标原始数值的标准差，具体公式为：

$$y_{ij}=\frac{x_{ij}-\overline{x}_j}{s_j}=\frac{x_{ij}-\overline{x}_j}{\sqrt{\dfrac{1}{n-1}\sum\limits_{i=1}^{n}(x_{ij}-\overline{x}_j)^2}} \tag{6-7}$$

式(6-7)中,$\overline{x}_j$ 和 s_j 分别为第 j 项评价指标原始数值的均值和标准差,其他符合意义不变。该种方法的评价指标标准化结果取值与评价指标每一个评价对象数值都有关,优点是标准化后的评价指标数值符合标准的正态分布,缺点是会出现负值,这一点有时让人感觉不符合习惯,因此,有时也将统计标准化方法进行改进,比如采用如下形式:

$$y_{ij}=60+\frac{x_{ij}-\overline{x}_j}{10s_j}\times 100=60+\frac{x_{ij}-\overline{x}_j}{s_j}\times 10 \tag{6-8}$$

该种改进的好处是,评价指标原始数值高于平均值被标准化为 60 以上,而评价指标原始数值低于平均值被标准化为 60 以下,不过评价指标个别数值可能会不在[0,100]范围内。还可以采用如下公式对统计标准化方法进行改进:

$$y_{ij}=100\Phi\left(\frac{x_{ij}-\overline{x}_j}{s_j}\right) \tag{6-9}$$

式(6-9)中,$\Phi(x)$ 为计算标准正态分布函数的函数值。式(6-9)的计算结果能保证评指标标准化结果取值范围在[0,100]之间。统计标准化方法主要适用于正向评价指标,如果对于逆向评价指标,为了将评价指标化为正向,可以将式(6-7)取负号。

4. 向量或比重标准化方法

向量或比重标准化方法就是用评价指标的原始数值除以评价指标原始数值的和或除以评价指标原始数值平方和的二次方根,其实就是将评价指标原始数值转化为在评价指标原始数值总和或评价指标原始数值平方和的二次方根中所占比例,具体公式为:

$$y_{ij}=\begin{cases}\dfrac{x_{ij}}{\sum\limits_{i=1}^{n}x_{ij}} & \text{正向评价指标}\\[2ex] 1-\dfrac{x_{ij}}{\sum\limits_{i=1}^{n}x_{ij}} & \text{逆向评价指标}\end{cases} \tag{6-10}$$

$$y_{ij}=\begin{cases}\dfrac{x_{ij}}{\sqrt{\sum\limits_{i=1}^{n}x_{ij}^2}} & \text{正向评价指标}\\[2ex] 1-\dfrac{x_{ij}}{\sqrt{\sum\limits_{i=1}^{n}x_{ij}^2}} & \text{逆向评价指标}\end{cases} \tag{6-11}$$

式(6-10)适用于评价指标原始数值为正向的情况,而式(6-11)适用于评价指标原始数值有逆向的情况。

【例 6-1】 假设一个评价问题只有两个评价指标 x_1 和 x_2,x_1 为正向评价指标,x_2 为逆向评价指标,评价对象有 4 个,分别为 A、B、C 和 D,4 个评价对象的两个评价指标的原始数值如表 6-1 的第 2 列和第 3 列所示。请用各种线性标准化方法对评价指标进行标准化处理。功效系数法中,a 取 60,b 取 40;标准值标准化方法中的两个评价指标 x_1 和 x_2,其标准值 $x_{标准值}$ 分别取第一个评价对象对应的评价指标原始数值。

解:根据各种线性标准化方法的计算公式可以得到表 6-1 的第 4 列到第 15 列的标准化结果。

表 6-1　各种线性标准化方法计算结果

			极值标准化方法						标准值标准化方法		统计标准化方法		比重标准化方法	
	x_1	x_2	式(6-3)		式(6-4)		式(6-5)						式(6-10)	
A	2	5	0.06	1.00	0.00	1.00	60.00	100.00	1	3	−0.81	0.71	0.04	0.88
B	34	20	1.00	0.25	1.00	0.00	100.00	60.00	17	0	1.44	−1.41	0.63	0.50
C	12	5	0.35	1.00	0.31	1.00	72.50	100.00	6	3	−0.11	0.71	0.22	0.88
D	6	10	0.18	0.75	0.13	0.67	65.00	86.67	3	2	−0.53	0.00	0.11	0.75

(二)折线型标准化方法

线性函数型标准化方法假设事物发展变化始终呈线性变化趋势，但在现实评价中，有时在不同的发展阶段评价指标值对事物总体发展的影响可能并非一成不变。要精确反映评价指标值在不同区间对评价对象的不同影响程度，可以采用折线型的标准化方法，该方法其实就是分段的线性函数型标准化方法，只不过将原始评价指标数值分成不同的区间进行标准化。常见的折线型标准化方法主要分为两折型、三折型和四折型。两折型又可以分为凸折型和凹折型，凸折型标准化方法中的评价指标原始数值在较小时的变化被转化为较大的评价值增量，而在较大时的变化被转化为较小的评价值增量。为叙述便利，这里均以正向评价指标为例进行说明，凸折型标准化函数曲线如图 6-1 所示，横轴表示评价指标原始数值 x_{ij}，纵轴表示评价指标标准化后的数值 y_{im}。

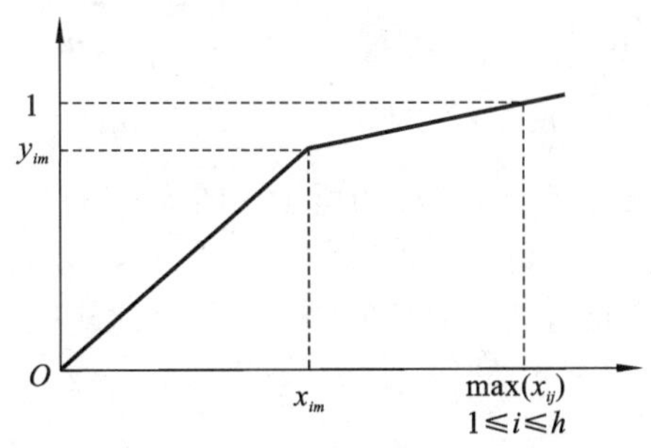

图 6-1　凸折型标准化函数曲线

如果采用极值标准化方法，那么可以构造如下的凸折型标准化公式：

$$y_{ij}=\begin{cases}\dfrac{x_{ij}}{x_{im}}y_{im}, & 0\leqslant x_{ij}\leqslant x_{im}\\[2ex] y_{im}+\dfrac{x_{ij}-x_{im}}{\max\limits_{1\leqslant i\leqslant n}(x_{ij})-x_{im}}(1-y_{im}), & x_{ij}>x_{im}\end{cases}\tag{6-12}$$

式(6-12)中，x_{im} 为转折点的评价指标原始数值，y_{im} 为 x_{im} 标准化后的数值。

凹折型标准化方法中的评价指标原始数值在较小时的变化被转化为较小的评价值增量，而在较大时的变化被转化为较大的评价值增量，凹折型标准化函数曲线如图 6-2 所示。采用极值标准化方法构造的凹折型标准化公式，与凸折型标准化公式(6-12)一样，只是标准化函数曲线凸凹存在差别。

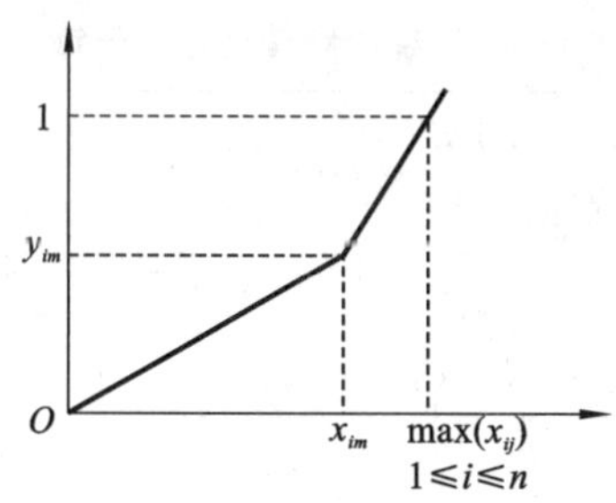

图 6-2 凹折型标准化函数曲线

三折型标准化函数曲线通常由图 6-3 的(a)和(b)两种函数曲线形状。图 6-3(a)适用于要求评价指标值在某个区间内变化,评价指标值对评价对象的总体水平产生影响,而不在该区间内,评价指标数值的增加对评价对象的总体水平不产生影响;图 6-3(b)则适用于评价指标数值在某个区间内变化时其增量对评价对象的总体水平不产生影响,而在该区间之外的评价指标值的变化对评价对象的总体水平产生影响。

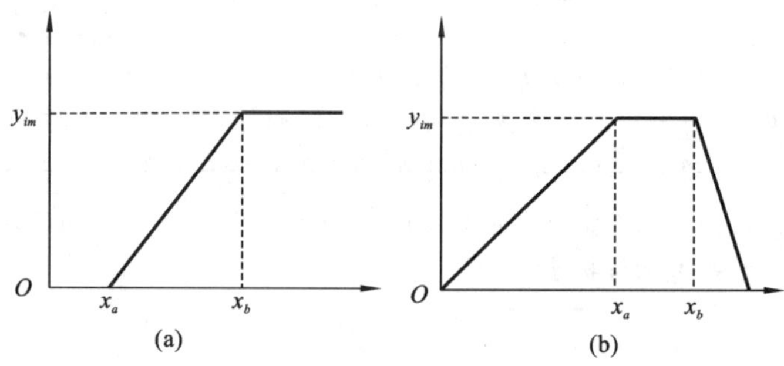

图 6-3 三折型标准化函数曲线

四折型标准化函数曲线通常如图 6-4 的所示。图 6-4 适用于评价指标数值取较小值或在某个区间内变化时其增量对评价对象的总体水平不产生影响,而在以上两个区间之外的取值范围内评价指标值的变化对评价对象的总体水平产生影响。

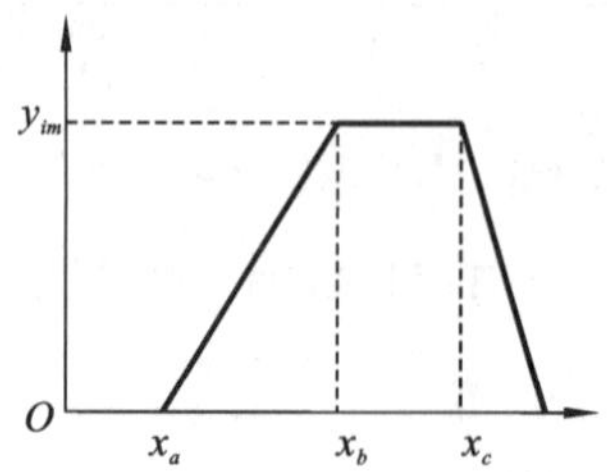

图 6-4 四折型标准化函数曲线

(三)曲线型标准化方法

在线性标准化方法中,评价指标标准化后的数值与评价指标原始数值之间是线性关系,而在折线型标准化方法中,评价指标标准化后的数值与评价指标原始数值之间是分段线性关系。理论上讲,折线型标准化方法比线性标准化方法更贴近实际情况。有时,评价指标对评价对象的影响可能是非线性的,这种情况下,曲线型标准化方法比以上两种方法更加精确，该方法假设评价指标数值在任何区间对评价对象的影响都不是等比例的，表现在几何图形上就是曲线形状，即采用某种非线性的函数将评价指标原始数值 x_{ij} 转换为标准化数值 y_{ij}，通常采用的曲线型函数主要包括升半 Γ 型分布函数、升半正态型分布函数、升半柯西型分布函数、升半凹凸型分布函数以及升半岭型分布函数等。理论上讲，折线型标准化方法和曲线型标准化方法更加贴合实际情况，但事先需要对评价问题的内在机理进行分析，进而选择相应的标准化方法，但有时很难探明待评价系统的内在机理，因此，线性标准化方法是实际评价中运用最多的评价方法。

四、评价指标的权重确定

要对评价指标进行综合计算，除了需要对评价指标进行标准化以外，还需要确定评价指标的权重，就是给评价指标分配一个重要性数值，用来反映其在评价结果中所起的作用大小。同样是一套评价指标体系，如果每一项评价指标权重不一样，评价结果也会千差万别。因此，找到适宜的评价指标权重确定方法，对于得出正确的评价结果相当重要。

（一）主观赋权法

主观赋权法主要是根据专家的知识和经验确定评价指标的权重。主观赋权法比较成熟，常见的主观赋权法包括专家咨询法、相对比较赋权法、连环比率法、序关系分析法以及判断矩阵法等。

1. 专家咨询法

专家咨询法可以采取多种形式，常见的形式有三种。第一种形式是分别请行业专家各自单独地给评价指标的相对重要性进行打分，然后将各专家打分的平均数作为评价指标的权重。表 6-2 是 6 个专家对 4 个评价指标的重要性评分，评分数值在 0 到 100 之间，数值越大说明该评价指标重要性越强。将 6 位专家的重要性评分值求平均，并进行归一化（转变成权重之和为 1）便可以得到 4 个评价指标（x_1、x_2、x_3 和 x_4）的权重分别为 0.41、0.27、0.19 和 0.13。该种形式的优点是专家打分时不受外界影响，没有心理压力，可以最大限度地发挥个人经验知识和创造能力。缺点是专家仅靠个人判断，易受专家知识深度与广度的影响，难免带有片面性。第二种是将专家集中起来以会议的形式进行集体讨论，最后以专家协商一致的评价指标权重为最终权重。该种形式优点是专家可以交换意见，相互启发，弥补个人之不足。缺点主要是易受权威和大多数人的意见左右。第三种是德尔菲法，专家不仅不见面，而且也不讨论，但要经过反复几个轮回的专家意见修正，直至专家的意见趋于一致，往往以最后一轮的专家打分为计算评价指标权重的依据。

表 6-2　6 个专家对 4 个评价指标的重要性评分

评价指标	专家						平均分	归一化
	A	B	C	D	E	F		
x_1	100	80	70	75	65	90	80.00	0.41
x_2	40	50	60	70	50	45	52.50	0.27
x_3	35	45	50	40	30	20	36.67	0.19
x_4	20	10	30	35	45	10	25.00	0.13

2. 相对比较赋权法

相对比较赋权法的思路如下：首先，将所有的评价指标 $x_j(j=1,2,\cdots,m)$ 分别按行和列排列，构成一个正方形数表；其次，根据三级比例标度（三级比例标度规则见式(6-13)所示，当然也可以使用别的规则评分）对任意两个评价指标的相对重要关系进行比较，并将比较的评分值填入相应的位置，从而得到评价指标的重要性评分矩阵 $\boldsymbol{Q}=(q_{jk})_{m\times m}$；再其次，将各个评价指标的评分值按行求和，得到各个评价指标的评分总和；最后，将各个评价指标的评分总和做归一化处理，求得评价指标的权重系数，见式(6-14)。

$$q_{jk}=\begin{cases}1 & \text{当 } X_j \text{ 比 } X_k \text{ 重要时} \\ 0.5 & \text{当 } X_j \text{ 与 } X_k \text{ 同样重要时} \\ 0 & \text{当 } X_j \text{ 比 } X_k \text{ 不重要时}\end{cases} \tag{6-13}$$

$$w_j=\frac{\sum\limits_{k=1}^{n}q_{jk}}{\sum\limits_{j=1}^{n}\sum\limits_{k=1}^{n}q_{jk}} \tag{6-14}$$

【例 6-2】 有 5 个评价指标，假设按照式(6-13)得到这 5 个评价指标的相对重要关系评分见表 6-3 所示，请用相对比较法确定评价指标的权重。

表 6-3　5 个评价指标的相对重要关系评分

评价指标	x_1	x_2	x_3	x_4	x_5
x_1	0.5	1.0	1.0	0.5	1.0
x_2	0.0	0.5	1.0	0.5	0.5
x_3	0.0	0.0	0.5	0.0	0.0
x_4	0.5	0.5	1.0	0.5	0.0
x_5	0.0	0.5	1.0	1.0	0.5

解：根据表 6-3 所示的数据，可以得到评分矩阵 $\boldsymbol{Q}=(q_{jk})_{m\times m}$：

$$\boldsymbol{Q}=\begin{bmatrix}0.5 & 1.0 & 1.0 & 0.5 & 1.0\\0.0 & 0.5 & 1.0 & 0.5 & 0.5\\0.0 & 0.0 & 0.5 & 0.0 & 0.0\\0.5 & 0.5 & 1.0 & 0.5 & 0.0\\0.0 & 0.5 & 1.0 & 1.0 & 0.5\end{bmatrix}$$

则评价指标的权重计算过程如下：

$$\boldsymbol{Q}=\begin{bmatrix}0.5 & 1.0 & 1.0 & 0.5 & 1.0\\0.0 & 0.5 & 1.0 & 0.5 & 0.5\\0.0 & 0.0 & 0.5 & 0.0 & 0.0\\0.5 & 0.5 & 1.0 & 0.5 & 0.0\\0.0 & 0.5 & 1.0 & 1.0 & 0.5\end{bmatrix}\xrightarrow{\text{按行相加}}\begin{bmatrix}4.0\\2.5\\0.5\\2.5\\3.0\end{bmatrix}\xrightarrow{\text{归一化}}\begin{bmatrix}0.32\\0.20\\0.04\\0.20\\0.24\end{bmatrix}$$

3. 连环比率法(古林法)

连环比率法做法如下。首先，将 m 个评价指标 $x_1,x_2,x_3,\cdots,x_m$ 以任意顺序进行排列，从上到下依次赋予相邻两个评价指标相对重要性比率 λ_j，该相对重要性比率也采用三级标度。三级标度分值为：同样重要，1 分；较为重要，2 分；与较为重要相反则取 0.5 分；重要，3 分；与重要相反则取 1/3 分。其次，根据最后一个评价指标事先指定的基准权重（通常为 1），依次从下到上对各评价指标的相对重要性比率 λ_j 进行修正，得到修正值 $\sigma_j=\lambda_j\sigma_{j+1}$。最后，将修正后的评分值进行归一化便可以得到各个评价指标的权重值 w_j。

【例 6-3】 有 5 个评价指标 x_1、x_2、x_3、x_4 和 x_5，假设按照 x_1、x_2、x_3、x_4 和 x_5 的顺序从评价指标的上方依次以其相邻近的下方评价指标为基础进行重要性比较，得到重要性比率 λ_j 如表 6-4 的第二列所示，请用连环比率法确定评价指标的权重。

解：根据连环比率法确定权重的计算过程可以得到表 6-4 第 3 列的修正值 σ_j 以及评价指标的权重 w_j。

表 6-4　5 个评价指标的相对重要性比率及权重

评价指标	λ_i	σ_j	w_j
x_1	3.0	9.0	0.60
x_2	2.0	3.0	0.20
x_3	3.0	1.5	0.10
x_4	0.5	0.5	0.03
x_5	—	1.0	0.07

4. *序关系分析法*

序关系分析法确定评价指标权重的思路如下。首先，确定序关系。按照某种评价规则确定评价指标重要性的优先排序。假设有 m 个评价指标 $x_1,x_2,x_3,\cdots x_m$，可以按照如下方法进行评价指标的重要性排序：评价者先从 m 个评价指标中选出一个认为最重要的评价指标，然后从剩余的 $m-1$ 个评价指标中再选出一个认为最重要的评价指标，按照此规则，依次类推，经过 $m-1$ 次比较选择后就只剩下最后一个评价指标，从而完成了 m 个评价指标序关系。其次，对重要性排序后的评价指标进行重要性打分。为了叙述方便，假设对排序后的评价指标下标进行重新编码，得到 $x_1^*,x_2^*,x_3^*,\cdots x_m^*$。假设专家对评价指标 x_{k-1}^* 与 x_k^* 的重要程度比较值为 r_k：

$$r_k=\frac{w_{k-1}}{w_k};\quad (k=m,m-1,\cdots,3,2) \tag{6-15}$$

r_k 的赋值可以按照表 6-5 的规则进行。

表 6-5　r_k 赋值表

r_k	定义
1.0	评价指标 x_{k-1} 与评价指标 x_k 同样重要
1.2	评价指标 x_{k-1} 与评价指标 x_k 稍微重要
1.4	评价指标 x_{k-1} 与评价指标 x_k 明显重要
1.6	评价指标 x_{k-1} 与评价指标 x_k 强烈重要
1.8	评价指标 x_{k-1} 与评价指标 x_k 极端重要

注：介于上述重要性之间的赋值可以是 1.1、1.3、1.5 和 1.7。

最后，按照以下公式计算评价指标权重：

$$w_m = \frac{1}{1+\sum_{k=2}^{m}\prod_{i=k}^{m} r_i} \tag{6-16}$$

之所以有式(6-16)的结论，这是因为 $\prod_{i=k}^{m} r_i = \frac{w_{k-1}}{w_m}$，对 k 从 2 到 m 对 $\prod_{i=k}^{m} r_i$ 求和，得到：

$$\sum_{k=2}^{m}\prod_{i=k}^{m} r_i = \sum_{k=2}^{m}\frac{w_{k-1}}{w_m} = \frac{w_1}{w_m}+\frac{w_2}{w_m}+\frac{w_{m-1}}{w_m} = \frac{1-w_m}{w_m} \Rightarrow w_m = \frac{1}{1+\sum_{k=2}^{m}\prod_{i=k}^{m} r_i}$$

$$w_{k-1}=w_k r_k,\quad (k=2,3,\cdots,m-1) \tag{6-17}$$

【例 6-4】 5 个评价指标 x_1、x_2、x_3、x_4 和 x_5，专家认为评价指标重要性排序为 $x_2 \succ x_4 \succ x_3 \succ x_1 \succ x_5$（符号$\succ$表示优先关系），$x_2$ 与 x_4 的重要性比较值为 1.3，x_4 与 x_3 的重要性比较值为 1.5，x_3 与 x_1 的重要性比较值为 1.7，x_1 与 x_5 的重要性比较值为 1.8，请用序关系分析法确定评价指标权重。

解：根据以上表述，对排序后的评价指标下标进行重新编码，得到 x_1^*、x_2^*、x_3^*、x_4^*、x_5^*：

$$x_2 \succ x_4 \succ x_3 \succ x_1 \succ x_5 \Rightarrow x_1^* \succ x_2^* \succ x_3^* \succ x_4^* \succ x_5^*$$

并且

$$r_2=\frac{w_1^*}{w_2^*}=1.3,r_3=\frac{w_2^*}{w_3^*}=1.5r_4=\frac{w_3^*}{w_4^*}=1.7,r_5=\frac{w_4^*}{w_5^*}=1.8$$

因为

$$r_2r_3r_4r_5=5.967,r_3r_4r_5=4.59,r_4r_5=3.06,r_5=1.8$$

$$r_2r_3r_4r_5+r_3r_4r_5+r_4r_5+r_5=15.417$$

由此可得：$w_5^*=\frac{1}{1+15.417}=0.061,w_4^*=w_5^*r_5=0.110,w_3^*=w_4^*r_4=0.187$

$$w_2^*=w_3^*r_3=0.281,w_1^*=w_2^*r_2=0.365$$

因此，5 个评价指标 x_1、x_2、x_3、x_4 和 x_5 对应的权重分别为 0.110、0.365、0.187、0.281 和 0.061。

5. 判断矩阵法

判断矩阵法从本质上讲是相对比较赋权法的一种改进。在相对比较赋权法中，评价指标的两两比较的重要性按照三级比例标度，很难对评价指标的重要性进行精确的区分。而判断矩阵法对评价指标的两两比较采用了更加细分的评分，对于拥有 m 个评价指标的评价系统，评价指标 x_i 与 x_j 评价指标的重要性标度值分为极端重要、强烈重要、明显重要、稍微重要、同样重要，分别赋予 9、7、5、3 和 1，介于以上相邻情况的标度值分别赋予 2、4、6 和 8，以上情况的反面则取上述数值的倒数。按照以上标度规则，通过对评价指标两两比较可以得到 1—9 判断矩阵，再通过和法、积法、最小平方法或者特征向量法获得评价指标的相对重要性权重。层次分析法就是基于判断矩阵的一种评价方法，具体的层次分析法原理后文再做介绍。

除了以上介绍的 5 种主观赋权方法以外，还包括 Patiern 法、集值迭代法、相容矩阵分析法以及 G_2 法等。

(二)客观赋权法

客观赋权法主要根据评价指标固有的信息,按照一定的准则进行赋权,目前常用的客观赋权法主要包括标准差赋权法、熵权法以及最优权法。

1. 标准差赋权法

在统计学上,标准差主要反映数据的离散程度,标准差为 0,则各个数据均相等。对于一个评价问题,如果某一个评价指标数据的标准差为 0,则说明该项评价指标对评价对象没有区分作用,因此,从能否有效区分评价对象的角度考虑,可以对评价指标数值标准差较大的评价指标赋予较大的权重,而对标准差较小的评价指标赋予较小的权重。标准差赋权法对第 j 项评价指标进行赋权的计算公式为:

$$w_j = \frac{s_j}{\sum_{j=1}^{n} s_j}, s_j = \sqrt{\frac{1}{n-1}\sum_{i=1}^{n}(x_{ij} - \bar{x}_j)^2}, \quad (i = 1,2,\cdots,n; j = 1,2,\cdots,m) \tag{6-18}$$

由式(6-18)可以看出,当第 j 项评价指标在各个评价对象上的评价值差异较大时,其对应的权重就会越大,反之其对应的权重就会越小。

除了标准差可以反映数据的离散程度,极差(极大、极小离差)、平均差以及离散系数或变异系数也是常用的反映数据的离散程度指标,因此,也可以采用极差、平均差以及离散系数来确定评价指标的权重。

极差赋权法公式为:

$$w_j = \frac{R_j}{\sum_{j=1}^{n} R_j}, R_j = \max(R_{ij}) - \min(R_{ij}), \quad (i = 1,2,\cdots,n; j = 1,2,\cdots,m) \tag{6-19}$$

式(6-19)中,R_i 为第 j 项评价指标数值的极差,$\max(R_{ij})$和 $\min(R_{ij})$分别为第 j 项评价指标数值在所有评价对象中的最大值和最小值,其他符号意义不变。

平均差赋权法公式为:

$$w_j = \frac{M_j}{\sum_{j=1}^{m} M_j}, M_j = \frac{\sum_{i=1}^{n} |x_{ij} - \bar{x}_j|}{n}, \quad (i = 1,2,\cdots,n; j = 1,2,\cdots,m) \tag{6-20}$$

式(6-20)中,M_j 为第 j 项评价指标数值的平均差,其他符号意义不变。

离散系数赋权法公式为:

$$w_j = \frac{V_j}{\sum_{j=1}^{m} V_j}, V_j = \frac{s_j}{\bar{x}_j}, \quad (i = 1,2,\cdots,n; j = 1,2,\cdots,m) \tag{6-21}$$

式(6-21)中,V_j 为第 j 项评价指标数值的离散系数,其他符号意义不变。

2. 熵权法

熵在统计物理学中用于描述分子运动无序状态的量度。1948 年,申农把此概念引入到信息论中,作为系统不确定性的量度,称为信息熵。申农定义的信息熵是一个独立于热力学熵的概念,但具有热力学熵的基本性质,如单值性、可加性和极值性,并且具有更为广泛和普遍的意义，所以也称为广义熵。当系统可能处于 n 种不同状态，每种状态出现的概率 $p_i(i=1,2,\cdots,n)$ 时，系统的熵为：

$$H=-\sum_{i=1}^{m} p_i \cdot \ln p_i \tag{6-22}$$

式(6-22)中：$0\leqslant p_i\leqslant 1,\sum_{i=1}^{m} p_i=1$。当所有 p_i 相等时，H 取得最大值。熵权法正是从熵的极值性来计算各评指标的权重。某个评价指标在各评价对象存在较大差异，此时说明该指标区分评价对象的能力强，该指标包含和传递的信息量大，因此该指标所占的权重就大。信息的增加对应熵减少，熵可以衡量这种信息量大小变化带来的差异，也就是说熵越大权重就越小，熵越小权重就越大。

对于一个有 n 个评价对象，m 个评价指标的评价问题，熵权法计算评价指标权重的过程如下。

第一步，原始评价指标的标准化。评价指标的标准化的方法有很多种，通常采用如下的标准化方法：

$$y_{ij}=\begin{cases}\dfrac{x_{ij}-\min\limits_{1\leqslant i\leqslant n}(x_{ij})}{\max\limits_{1\leqslant i\leqslant n}(x_{ij})-\min\limits_{1\leqslant i\leqslant n}(x_{ij})} & \text{正向评价指标}\\[2ex] \dfrac{\max\limits_{1\leqslant i\leqslant n}(x_{ij})-x_{ij}}{\max\limits_{1\leqslant i\leqslant n}(x_{ij})-\min\limits_{1\leqslant i\leqslant n}(x_{ij})} & \text{逆向评价指标}\end{cases} \tag{6-23}$$

第二步，计算第 j 个评价指标在第 i 个评价对象上所占的比重 f_{ij}：

$$f_{ij}=\frac{y_{ij}}{\sum\limits_{i=1}^{m} y_{ij}} \tag{6-24}$$

式(6-24)中，f_{ij} 为第 j 个评价指标在第 i 个评价对象上所占的比重，y_{ij} 为第 j 个评价指标在第 i 个评价对象上的标准化值。

第三步，计算第 j 个评价指标的熵值 H_j：

$$H_j=-\frac{1}{\ln n}\sum_{i=1}^{n} f_{ij}\cdot \ln f_{ij},(j=1,2,\cdots,m) \tag{6-25}$$

式(6-25)中，H_j 为第 j 个评价指标的熵值，并规定 $f_{ij}=0$ 时，$f_{ij}\cdot \ln f_{ij}=0$。

第四步，计算第 j 个评价指标的差异系数 G_j：

$$G_j=1-H_j,(j=1,2,\cdots,m) \tag{6-26}$$

式(6-26)中，G_j 为第 j 个评价指标的差异系数。

第五步，计算第 j 个评价指标的熵权：

$$W_j=\frac{G_j}{\sum\limits_{i=1}^{m} G_i} \tag{6-27}$$

式(6-27)中，W_j 第 j 个评价指标的熵权。

【例 6-5】 假设有 6 个评价对象 A_1、A_2、A_3、A_4、A_5 和 A_6，每个评价对象有 5 个评价指

标 x_1、x_2、x_3、x_4 和 x_5，其中，前 4 个指标为正向指标，第 5 个评价指标为逆向指标，各项评价指标数值如表 6-6 所示，请用熵权法确定各评价指标权重。

表 6-6　各评价对象的评价指标数值

评价对象	x_1	x_2	x_3	x_4	x_5
A_1	80	40	20	70	50
A_2	70	50	40	60	90
A_3	50	60	30	40	60
A_4	90	80	60	30	50
A_5	60	50	40	40	60
A_6	70	60	30	50	80

解：第一步，将原始评价指标数值按照式(6-23)进行标准化，具体结果如表 6-7 所示。

表 6-7　评价指标数值的标准化结果

评价对象	x_1	x_2	x_3	x_4	x_5
A_1	0.75	0.00	0.00	1.00	0.80
A_2	0.50	0.25	0.50	0.75	0.00
A_3	0.00	0.50	0.25	0.25	0.60
A_4	1.00	1.00	1.00	0.00	1.00
A_5	0.25	0.25	0.50	0.25	0.60
A_6	0.50	0.50	0.25	0.50	0.20

第二步，计算第 j 个评价指标在第 i 个评价对象上所占的比重，具体结果如表 6-8 所示。

表 6-8　评价指标数值所占比重

评价对象	x_1	x_2	x_3	x_4	x_5
A_1	0.2500	0.0000	0.0000	0.3636	0.2500
A_2	0.1667	0.1000	0.2000	0.2727	0.0000
A_3	0.0000	0.2000	0.1000	0.0909	0.1875
A_4	0.3333	0.4000	0.4000	0.0000	0.3125
A_5	0.0833	0.1000	0.2000	0.0909	0.1875
A_6	0.1667	0.2000	0.1000	0.1818	0.0625

第三步，根据表 6-8 计算第 j 个评价指标的熵值 H_j，其向量为：

$$\boldsymbol{H}=(0.8467,0.8209,0.8209,0.8194,0.8434)$$

第四步，计算第 j 个评价指标的差异系数，其向量为：

$$\boldsymbol{G}=(0.1533,0.1791,0.1791,0.1806,0.1566)$$

第五步，计算第 j 个评价指标的熵权，其权重向量为：

$$\boldsymbol{W}=(0.1806,0.2110,0.2110,0.2128,0.1746)。$$

3. 最优权法

最优权法就是根据优化理论通过建立优化模型或者其他建模思想确定评价指标的权重，像拉开档次法、逼近理想点法以及数据包络赋权法等，都属于该类方法。拉开档次法就是把评价指标权重向量看成是决策变量，将评价指标值的线性加权和作为目标函数，通过寻求一组评价指标权重向量值使得目标函数最大，此时的权重向量值就是评价指标最优权重；逼近理想点法是通过各个评价对象与假想的最优评价对象进行比较，将所有评价对象与假想的最优评价对象的各项评价指标进行加权求和，使得该求和最小的权重向量就是评价指标的最终权重。数据包络赋权法则是从效率角度出发构造目标函数，通过限定每个评价对象的效率评价值都不超过 1，然后最大限度地使待评价对象的效率值增加，能够使得待评价对象效率值增加到最大的权重向量就是评价指标的最优权重。

（三）主客观组合赋权法

顾名思义，主客观组合赋权法就是充分利用主客观两种赋权法的各自优点进行联合赋权。主客观赋权法实施的要点需要从主观赋权法和客观赋权法中各自找到能够互补的赋权方法，然后将两种赋权方法得到的权重进行加权，从而确定最终的评价指标权重。但主客观赋权又出现新的需要确定的权重，即主观权重和客观权重的各自所占的比重。为了简单起见，通常将两种权重所占比例各占一半。另外还有一种综合赋权方法称为组合赋权法，是更为广泛的一种组合赋权方法。组合赋权方法可以在主观赋权法内部进行组合，也可以在客观赋权法内部进行组合，还可以是主观和客观两种方法进行交叉组合，交叉组合就是上面提及的主客观赋权法。

五、评价指标综合的基本方法

评价指标综合就是通过一定的数学模型将多个评价指标值“合成”为一个整体性的综合评价值。

（一）加权平均法

加权平均法是最简单也是最常用的评价指标综合的基本方法，包括加法规则和乘法规则两种形式。假设评价对象有 n 个，评价指标有 m 个，第 i 个评价对象的第 j 个评价指标为 x_{ij}，对应标准化后的数值为 y_{ij}，则按照加法规则计算的评价指标综合评价值 z_i 为：

$$z_i=\sum_{j=1}^{m} w_j y_{ij} \quad (i=1,2,\cdots,n) \tag{6-28}$$

按照乘法规则计算的评价指标综合评价值 z_i 为：

$$z_i=\prod_{j=1}^{m} x_{ij}^{w_j} \quad (i=1,2,\cdots,n) \tag{6-29}$$

以上两种加权平均法的区别在于：加法规则是互补性的，而乘法规则是平衡性的。也就是说加法规则中的某项评价指标得分高低对综合值影响不大，只要其他评价指标数值高，综合值仍然可以很高；而乘法规则的某项评价得分高低对综合值影响很大，如果某项评价指标得分为0,其他评价指标数值再高,综合值仍然为0。加法规则适用于对单项评价指标数值高低无特别要求的情况,而乘法规则要求各项评价指标都尽量取得较好水平的情况。乘法规则的要求比较苛刻,实际应用中多采用加法规则,在加法规则中有时也会融入乘法规则的思想,比如全国高等学校硕士研究生招生考试,采用就是加法规则,同时每一考试科目有最低分要求,这样就保证了尽管不能像乘法规则那样各项评价指标都要求取得较高分数,但有了最低分限制,参与考试的每门科目也不能太差。

【例 6-6】 请根据【例 6-5】的原始数据采用加权平均法对各个方案的评价指标进行综合评价,评价指标权重向量 $\boldsymbol{W}=(0.1806,0.2110,0.2110,0.2128,0.1846)$。

解:原始评价指标数值的标准化及综合评价值见表 6-9 所示。

表 6-9　评价指标数值的标准化及综合值

评价对象	x_1	x_2	x_3	x_4	x_5	加法规则	乘法规则
A_1	0.75	0.00	0.00	1.00	0.80	0.4959	0.0000
A_2	0.50	0.25	0.50	0.75	0.00	0.4082	0.0000
A_3	0.00	0.50	0.25	0.25	0.60	0.3222	0.0000
A_4	1.00	1.00	1.00	0.00	1.00	0.7872	0.0000
A_5	0.25	0.25	0.50	0.25	0.60	0.3674	0.3401
A_6	0.50	0.50	0.25	0.50	0.20	0.3919	0.3647

由表 6-9 可知,乘法规则计算的前 4 个评价对象综合值都为 0,这显然不太合理,而加法规则计算结果比较合理,因此,在实际评价中,乘法规则很少使用。

(二)理想解法(TOPSIS)

TOPSIS(technique for order preference by similarity to an ideal solution),即理想解法。理想解法由 C. L. Hwang 和 K. Yoon 于 1981 年首次提出。基于归一化后的原始数据矩阵,找出有限方案中的最优方案(正理想解)和最劣方案(负理想解),然后分别计算各评价对象与最优方案和最劣方案间的距离,获得各评价对象与最优方案的相对接近程度,以此作为评价方案优劣的依据。正理想解是一个虚拟的最佳对象,其每个指标值都是所有评价对象中该指标的最好值;负理想解是一虚拟的最差对象,其每个评价指标值都是所有评价对象中该指标的最差值。

同样,假设评价对象有 n 个,评价指标有 m 个,第 i 个评价对象的第 j 个评价指标为 x_{ij},则原始数据矩阵为 $\boldsymbol{X}=(x_{ij})_{n\times m}$:

$$\boldsymbol{X}=\begin{bmatrix} x_{11} & x_{12} & \cdots & x_{1m} \\ x_{21} & x_{22} & \cdots & x_{2m} \\ \vdots & \vdots & \vdots & \vdots \\ x_{n1} & x_{n2} & \cdots & x_{nm} \end{bmatrix}_{n\times m}$$

针对以上原始数据矩阵,理想解法的实施步骤如下。

第一步:将原始评价指标数据进行标准化处理,即进行一致化和无量纲化处理,从而得到标准化矩阵 $\boldsymbol{Y}=(y_{ij})_{n\times m}$。

第二步：确定各项评价指标的正理想解 $S^+=(y_1^+,y_2^+,\cdots,y_m^+)$ 和负理想解 $S^-=(y_1^-,y_2^-,\cdots,y_m^-)$，其中，$y_j^+=\max(y_{1j},y_{2j},\cdots,y_{nj})$，$y_j^-=\min(y_{1j},y_{2j},\cdots,y_{nj})$。

第三步：计算各评价对象与正理想解和负理想解的距离 D^+ 和 D^-，则第 i 个评价对象的 D_i^+ 和 D_i^- 分别为：

$$D_i^+=\sqrt{\sum_{j=1}^{m}(y_{ij}-y_j^+)^2}\quad(i=1,2,\cdots,n) \tag{6-30}$$

$$D_i^-=\sqrt{\sum_{j=1}^{m}(y_{ij}-y_j^-)^2}\quad(i=1,2,\cdots,n) \tag{6-31}$$

式(6-30)和式(6-31)是在没有考虑权重的情况下计算的相对接近度，如果考虑评价指标的权重，则各评价对象与正理想解和负理想解的距离 D$^+$ 和 D$^-$ 计算公式应调整为：

$$D_i^+=\sqrt{\sum_{j=1}^{m}w_j(y_{ij}-y_j^+)^2}\quad(i=1,2,\cdots,n) \tag{6-32}$$

$$D_i^-=\sqrt{\sum_{j=1}^{m}w_j(y_{ij}-y_j^-)^2}\quad(i=1,2,\cdots,n) \tag{6-33}$$

式(6-32)和式(6-33)中，w_{ij} 为第 j 项评价指标权重。

第四步：计算各评价对象对理想解的相对接近度 C_i^+，然后根据此结果对评价对象进行排序。C_i^+ 计算公式为：

$$C_i^+=\frac{D_i^-}{D_i^++D_i^-}\quad(i=1,2,\cdots,n) \tag{6-34}$$

相对接近度 C_i^+ 在 0 与 1 之间取值，C_i^+ 愈接近 1，表示该评价对象越接近假想的最优评价对象水平；反之，愈接近 0，表示该评价对象越接近假想的最差评价对象水平。

【例 6-7】 请用【例 6-5】的原始数据，采用理想解法进行系统综合评价。

解：第一步，按照公式(6-4)极值标准化方法将原始评价指标数据进行标准化处理，结果如表 6-10 所示。

第二步，确定各项评价指标的正理想解 S$^+$=(1,1,1,1,1,1)和负理想解 S$^-$=(0,0,0,0,0,0)。

第三步，按照公式(6-30)和(6-31)计算各评价对象与正理想解和负理想解的距离 D^+ 和 D^-，则每个评价对象 D_i^+ 和 D_i^- 的计算结果如表 6-10 第 7 列和第 8 列所示。

第四步，根据公式(6-34)计算各评价对象对理想解的相对接近度 C_i^+，如表 6-10 第 9 列所示。

表 6-10 评价指标标准化及各评价对象对理想解的相对接近度

评价对象	x_1	x_2	x_3	x_4	x_5	D_i^+	D_i^-	C_i^+
A_1	0.75	0.00	0.00	1.00	0.80	1.4500	1.4841	0.5058
A_2	0.50	0.25	0.50	0.75	0.00	1.4577	1.0607	0.4212
A_3	0.00	0.50	0.25	0.25	0.60	1.5922	0.8573	0.3500
A_4	1.00	1.00	1.00	0.00	1.00	1.0000	2.0000	0.6667
A_5	0.25	0.25	0.50	0.25	0.60	1.4483	0.8930	0.3814

续表

评价对象	x_1	x_2	x_3	x_4	x_5	D_i^+	D_i^-	C_i^+
A_6	0.50	0.50	0.25	0.50	0.20	1.3973	0.9233	0.3979

(三)关联矩阵法

关联矩阵法是常用的系统评价方法,它主要用矩阵的形式来表示各替代方案的有关评价指标及其重要度,以及与具体评价指标的价值评定量之间的关系。假设 $A_1, A_2, \cdots, A_n$ 表示某评价对象的 n 个替代方案;$x_1, x_2, \cdots, x_m$ 表示 m 个评价指标,V_{ij} 表示评价对象 A_i 关于第 j 个评价指标的价值评定值,W_j 为第 j 个评价指标的权重,则相应的关联矩阵如表 6-11 所示。

关联矩阵法的思想是根据具体的评价问题,确定评价指标体系和评价指标的权重,然后根据评价主体给定的评价指标的评价尺度确定各方案关于评价指标的价值评定值,进而采用加权平均法计算各个替代方案的综合评价值。应用关联矩阵法的核心是确定评价指标权重和根据评价指标的评价尺度确定各方案关于评价指标的价值评定值。

表 6-11　关联矩阵表

方案	x_1	x_2	…	x_m	V_i
	W_1	W_2	…	W_m	
A_1	V_{11}	V_{12}	…	V_{1m}	$V_1 = \sum_{j=1}^{m} W_j V_{1j}$
A_2	V_{21}	V_{22}	…	V_{2m}	$V_2 = \sum_{j=1}^{m} W_j V_{2j}$
⋮	⋮	⋮	⋮	⋮	⋮
A_n	V_{n1}	V_{n2}	…	V_{nm}	$V_n = \sum_{j=1}^{m} W_j V_{nj}$

1. 逐对比较法

在关联矩阵法中确定评价指标权重常用方法是逐对比较法,也即前文提到的相对比较赋权法。根据相对比较赋权法确定评价指标权重后,再根据评价主体给定的各评价指标的评价尺度对各替代方案在不同评价指标下进行一一比较,从而得到评价指标的相应价值评定值,进而采用加法规则得到各方案的综合评价值。当然,逐对比较法的权重也不一定非要采用相对比较法确定不可,也可以采用其他方法进行确定。

【例 6-8】 某企业为生产一种紧俏产品制定了三个生产方案,它们是:A_1:自行设计一条新的生产线;A_2:从国外引进一条自动化程度较高的生产线;A_3:在原有设备的基础上改装一条生产线。通过权威部门及人士讨论决定评价指标为 5 项,它们分别是:①期望利润;②产品成品率;③市场占有率;④投资费用;⑤产品外观。这 5 项评价指标的权重依次为 0.40,0.30,0.20,0.05 和 0.05。根据预测和估计,实施这三种方案预期结果如表 6-12 所示,各评价指标的评价尺度如表 6-13 所示。请用关联矩阵法对这三种生产方案进行评价。

表 6-12 3 种方案实施结果

方案	期望利润/万元	产品成品率/(%)	市场占有率/(%)	投资费用/万元	产品外观
A_1	650	95	30	110	美观
A_2	730	97	35	180	比较美观
A_3	520	92	25	50	美观

表 6-13 评价指标的评价尺度

评价指标	5	4	3	2	1
期望利润/万元	800 以上	701～800	601～700	501～600	500 以下
产品成品率/(%)	97 以上	96～97	91～95	86～90	85 以下
市场占有率/(%)	40 以上	35～39	30～34	25～29	25 以下
投资费用/万元	20 以下	21～80	81～120	121～160	160 以上
产品外观	非常美观	美观	比较美观	一般	不美观

解：根据以上评价尺度，对备选方案打分，得到每一个评价指标上的各方案的得分如表 6-14 所示。综合以上各评价指标权重以及每一个评价指标的方案得分，建立关联矩阵表，计算备选方案的综合得分，具体计算结果见表 6-15 所示。

表 6-14 评价指标的价值评定值

方案	期望利润/万元	产品成品率/(%)	市场占有率/(%)	投资费用/万元	产品外观
A_1	3	3	3	3	4
A_2	4	4	4	1	3
A_3	2	3	2	4	4

表 6-15 3 种方案的综合得分

方案	期望利润/万元	产品成品率/(%)	市场占有率/(%)	投资费用/万元	产品外观	V_i
	0.40	0.30	0.20	0.05	0.05	
A_1	3	3	3	3	4	3.05
A_2	4	4	4	1	3	3.80
A_3	2	3	2	4	4	2.50

由表 6-15 的各方案的综合得分 V_i 可知，方案 $A_2 > A_1 > A_3$。

2. 连环比率法(古林法)

古林法是对逐对比较法的一种改进综合评价方法。古林法在确定评价指标权重时不需要像逐对比较法那样对每两个评价指标都要进行比较，因此，计算量就相对较少，同时也不需要事先给定评价指标的评价尺度(语言评语除外)来确定评价指标评定值。由于在前文的评价指标权重确定方法中已经介绍过古林法如何确定评价指标权重，因此，下面以【例 6-8】的数据重点说明古林法如何确定各方案在不同评价指标下的价值评定值计算过程。

【例 6-8】中的评价指标权重已经给出，因此，不需要采用古林法确定评价指标的权重。

如果事先没有指定评价指标权重，则需要先用古林法确定评价指标权重，再进行后续计算。可以按照前文介绍的古林法确定评价指标权重的方法计算在每一个评价指标上各个方案的评定值，具体方法是：自上而下，利用各替代方案的预计结果计算指标间的比例，在计算投资费用时，希望费用越小越好，故其比例取倒数；在计算产品外观时，利用由评定尺度得到的分数计算指标间的比例。我们以期望利润评价指标为例说明各方案在该评价指标上的价值评定值计算过程。由于 A_1、A_2 和 A_3 方案的期望利润指标值分别为 650、730 和 520，以 A_3 方案为参照基准，则 $R_{11}=650/730=0.8904$，$R_{21}=730/520=1.4038$，将 A_3 方案的期望利润参照基准值 K_{31} 设为 1，则 $K_{21}=1.4038\times1=1.4038$，$K_{11}=0.8904\times1.4038=1.2499$，再将 K_{11}、K_{21} 和 K_{31} 数值进行归一化便可以得到期望利润在 3 个方案上的价值评定值 V_{11}，V_{21} 和 V_{31}。同理，可以求得其他评价指标在各方案下的价值评价值，具体结果如表 6-16 所示。

表 6-16　古林法求得的各方案评价指标价值评定值

序号	评价指标	替代方案	R_{ij}	K_{ij}	V_{ij}
1	期望利润	A_1	0.8904	1.2499	0.3421
		A_2	1.4038	1.4038	0.3842
		A_3	—	1.000	0.2737
2	产品成品率	A_1	0.9794	1.0326	0.3345
		A_2	1.0543	1.0543	0.3415
		A_3	—	1.000	0.3239
3	市场占有率	A_1	0.8571	1.1999	0.3333
		A_2	1.4000	1.4000	0.3889
		A_3	—	1.000	0.2778
4	投资费用	A_1	1.6364	0.4546	0.2624
		A_2	0.2778	0.2778	0.1604
		A_3	—	1.0000	0.5772
5	产品外观	A_1	1.3333	1.0000	0.3636
		A_2	0.7500	0.7500	0.2727
		A_3	—	1.0000	0.3636

根据表 6-16 和给定的 5 项评价指标权重，可以计算出 3 个方案的各项评价指标综合评价值，具体见表 6-17 所示。

表 6-17　古林法求得的各方案评价指标价值评定值

方案	期望利润/万元	产品成品率/(%)	市场占有率/(%)	投资费用/万元	产品外观	V_i
	0.4	0.3	0.2	0.05	0.05	
A_1	0.3421	0.3345	0.3333	0.2624	0.3636	0.3352
A_2	0.3842	0.3415	0.3889	0.1604	0.2727	0.3556

续表

方案	期望利润/万元	产品成品率/(%)	市场占有率/(%)	投资费用/万元	产品外观	V_i
	0.4	0.3	0.2	0.05	0.05	
A_3	0.2737	0.3239	0.2778	0.5772	0.3636	0.3093

根据综合评价值,方案排序为 $A_2 > A_1 > A_3$。与逐对比较法评价结果一致。

(四)功效系数法

功效系数法又叫功效函数法,它是根据多目标规划原理,对每一项评价指标事先确定一个最满意值和最不满意值,然后以最满意值为上限,以最不满意值为下限构造功效系数函数确定各项评价指标的功效系数即实现满意值的程度,并以此功效系数值确定各评价指标的分数,再经过加权平均进行综合。假设系统有 m 项评价指标 $x_1, x_2, \cdots, x_m$,其中,k_1 项评价指标越大越好,k_2 项评价指标越小越好,其余 $m-k_1-k_2$ 项评价指标要求适中。现在需要构造功效系数函数 $d_i=\varphi_i(x)$ 确定各评价指标的功效系数值,$0 \leqslant d_i \leqslant 1$,其中,$d_i=0$ 表示最不满意,$d_i=1$ 表示最满意。对于不同的问题,$\varphi_i(x)$ 的函数形式并不相同,通常有图6-5所示的三种形式,其中,图 6-5(a)适用于评价指标值越大越好的情形,图 6-5(b)适用于评价指标值越小越好的情形,图 6-5(c)适用于评价指标值适中的情形。将评价指标 x_i 转化为 d_i 后,便可以得到一个总的功效系数:

$$D=\sqrt[m]{d_1 \times d_2 \times \cdots \times d_m} \tag{6-35}$$

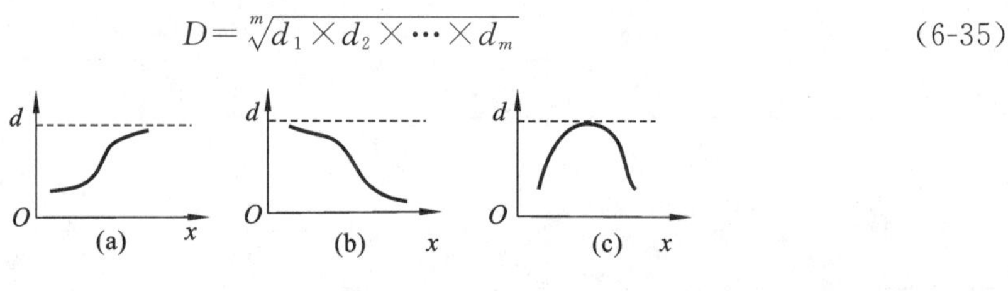

图 6-5 不同形式的 $\varphi_i(x)$

D 的综合性非常强,如果任意一项评价指标的功效系数值接近于 0,则总的功效系数值也趋近于 0;只有各项评价指标的功效系值都比较高时,总的功效系数值 D 才比较高。其实,总的功效系数 D 的计算公式就是所有评价指标权重都为 $1/m$ 时采用乘法规则的各评价指标的功效系数加权平均。功效系数法在实际使用时具有一定的局限性,一是需要确定各项评价指标的功效系数函数 $\varphi_i(x)$,这在实际操作中有时很难构造;二是要求比较苛刻,要求评价对象是全面发展型的,这通常也很难做到。

(五)效益成本法和罗马尼亚选择法

在系统评价中,可以将评价指标归结为两大类:一类是效益,一类是成本。将每一个方案的效益和成本分别计算后,再计算效益与成本的比值,就可以根据效益与成本的比值对方案进行比较选择。显而易见,效益与成本的比值越大,方案就越好,反之,方案则越差。上述效益成本法没有固定的方法步骤,根据评价问题不同,分析的内容和方法也不相同。为了使多评价指标问题的评价能够规范化,罗马尼亚人创造了罗马尼亚选择法。本质上,罗马尼亚选择法就是一种评价指标标准化方法,具体的计算公式为:

$$Y=\frac{99\times(C-B)}{A-B}+1 \tag{6-36}$$

式(6-36)中，A 为最好方案的评价指标值，B 为最差方案的评价指标值；C 为居中方案的评价指标值，Y 为居中方案的得分。经过该标准化后，再采用加权平均法确定各评价方案的总得分。

除了以上介绍的几种基本的评价指标综合方法，还有其他一些方法，比如比率法、主次兼顾法、关联树法、分层系列法以及指标规划法等。

第二节　层次分析法

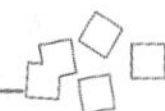

一、层次分析法的基本思想

层次分析法(analytic hierarchy process，AHP)是美国匹兹堡大学教授、运筹学家萨迪(Saaty)于 20 世纪 70 年代提出的、一种在处理复杂的决策问题中进行方案比较排序的方法。萨迪采用层次分析法，1971 年为美国国防部研究了“应急计划”问题，1972 年为美国国家科学基金会研究了电力在工业中的分配问题，1973 年为苏丹政府研究了苏丹运输规划问题。1977 年，萨迪在第一届国际数学建模会议上正式提出层次分析法。自此，层次分析法引起了学者的广泛关注，目前，层次分析法有着非常广泛的运用。层次分析法的基本思想是把一个复杂的问题分解为各个组成因素，并将这些因素按支配关系分组，从而形成一个有序的递阶层次结构。通过两两比较的方式确定层次中诸因素的相对重要性，然后综合人的主观判断以确定决策诸因素相对重要性的总排序。层次分析法是一种定性与定量相结合，将人的主观判断用数量形式表达和处理的方法。尽管层次分析法具有模型的特色，在操作过程中使用了线性代数的方法，数学原理严谨，但是它自身的柔性色彩仍十分突出。层次分析法十分适合于具有定性的，或定性定量兼有的决策分析，它是一种十分有效的系统分析和科学决策方法。

二、层次分析法的基本步骤

第一步：建立递阶层次结构。

运用层次分析法首先要根据问题性质，构造出一个递阶层次结构。所谓递阶层次结构就是由自上而下的支配关系形成的层次结构。在这个递阶层次结构下，研究问题被分解成不同的组成要素，并形成不同的层次。同一层次要素作为准则对下一层次的某些要素起支配作用，同时它又受上一层次要素的支配。这些层次要素可以归结为三大类：最高层、中间层和最底层。最高层是问题的预定目标或理想结果，也称目标层；中间层是为了实现预定目标所涉及的中间环节，也可以由若干层次组成，包括所考虑的准则、子准则，也称为准则层；最底层是实现目标的各种措施、决策方案等，也称为方案层。一般通用的递阶层次结构如图 6-6 所示。

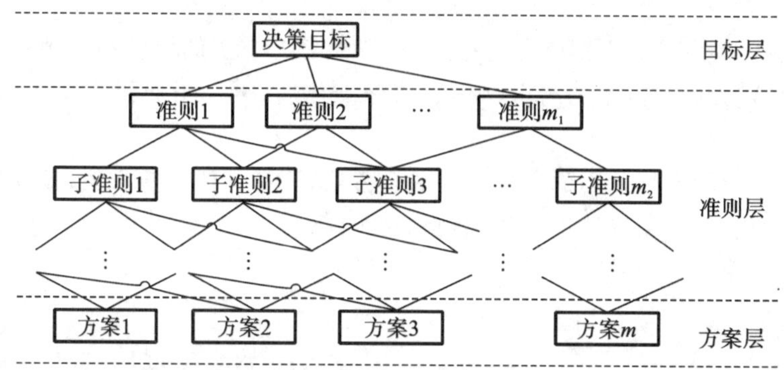

图 6-6 递阶层次结构图

上述各层次之间的支配关系不一定是完全的，也就是说可能存在上层要素仅支配下层某些要素。常见的递阶层次结构包括完全相关性结构、完全独立结构和混合结构。完全相关性结构是上层要素与下一层次的所有要素完全连接；完全独立结构是上一层要素各自有独立的、完全不同的下层要素；混合结构则是介于完全相关性结构和完全独立结构之间的一种结构形式。常见的递阶层次结构是完全相关性结构，比如购买一款满意手机，考虑的因素包括价格、功能、外观和品牌，备选的手机有三款，分别用手机 1、手机 2 和手机 3 表示，则购买一款满意手机的递阶层次结构如图 6-7 所示。

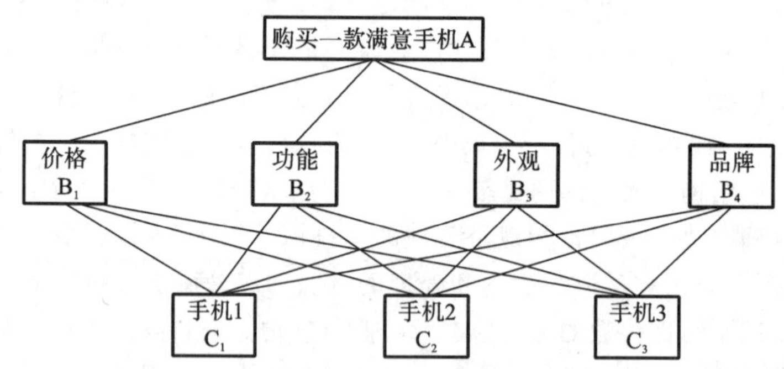

图 6-7 购买一款满意手机的递阶层次结构图

第二步：构造判断矩阵。

在建立了递阶层次结构后，上下层要素之间的隶属关系就已经确定，接下来就要根据要素之间的隶属关系，构造判断矩阵。假定对于某一高层要素 B 而言，其所支配的下层要素为 $C_1, C_2, \cdots, C_n$，构造判断矩阵就是根据这些要素相对于 B 而言进行两两比较确定其相对重要性，并按照表 6-18 的 1—9 标度规则进行赋值，从而形成一个 n 行 n 列的判断矩阵 $\mathbf{A}=(a_{ij})_{n\times n}$。

$$\mathbf{A}=\begin{bmatrix} a_{11} & a_{12} & \cdots & a_{1n} \\ a_{21} & a_{22} & \cdots & a_{2n} \\ \vdots & \vdots & \vdots & \vdots \\ a_{n1} & a_{n2} & \cdots & a_{nn} \end{bmatrix}_{n\times n}$$

上式中，a_{ij} 是表示要素 C_i 与要素 C_j 相对于 B 的重要性数值。显而易见，判断矩阵具有以下性质：

$$a_{ij}>0 \quad a_{ij}=\frac{1}{a_{ji}} \quad a_{ij}=1$$

通常将满足上述性质的判断矩阵称作正互反矩阵。由于判断矩阵具有上述性质，因此，对于构造一个 n 个要素的判断矩阵，只需要给出判断矩阵的上三角或下三角的 $n(n-1)/2$ 个数值即可。换句话说，只需要比较 $n(n-1)/2$ 次即可构造 n 个要素的判断矩阵。在决策者的判断能力非常强的情况下，判断矩阵中的元素之间的关系还应具有传递性，即满足如下等式：

$$a_{ij}=\frac{a_{ik}}{a_{jk}} \Rightarrow a_{ik}=a_{ij}\cdot a_{jk} \tag{6-37}$$

下面举一个简单例子说明传递性。例如，要素 C_i 与 C_j 相比，重要性比较数值为 4，而 C_j 与 C_k 相比，重要性数值为 2，那么 C_i 与 C_k 相比，重要性数值就应该是 8。表 6-18 为 1—9 标度规则。当式(6-37)对判断矩阵 **A** 的所有要素都成立时，将该判断矩阵称为一致性判断矩阵。当然，对于一个判断矩阵来说，完全满足一致性是很难实现的，尤其是当比较判断的要素规模较大时。为了保证层次分析法结果合理，需要对判断矩阵进行一致性检验，设定一个一致性标准，只要判断矩阵的一致性符合标准要求，就认为判断矩阵近似满足一致性。

表 6-18　1-9 标度规则

判断尺度	定义
1	表示两个要素相比，两者具有同样重要性
3	表示两个要素相比，前者比后者稍微重要
5	表示两个要素相比，前者比后者明显重要
7	表示两个要素相比，前者比后者强烈重要
9	表示两个要素相比，前者比后者极端重要
2、4、6、8	表示上述相邻判断的中间值
倒数	如果要素 C_i 与要素 C_j 的重要性比较值为 a_{ij}，则 C_j 与 C_i 的重要性比较值为 $1/a_{ij}$

对于上述购买一款满意手机的决策而言，最高层要素购买一款满意手机共支配下属 4 个准则要素，这就需要构造一个相对于购买一款满意手机而言，价格、功能、外观和品牌之间的相对重要性判断矩阵；另外，还需要分别构造在价格、功能、外观和品牌之下，三款备选手机两两比较的重要性。在这里我们假设，对于一个购买者而言，经过比较，得出表 6-19 和表 6-20 所示的 5 个判断矩阵。

表 6-19　判断矩阵 A

	B_1	B_2	B_3	B_4
B_1	1	2	5	4
B_2		1	4	2
B_3			1	1/3
B_4				1

表 6-20　判断矩阵 *B*

		C_1	C_2	C_3
B_1	C_1	1	1/4	1/6
	C_2		1	1/3
	C_3			1
B_2	C_1	1	1/3	1/5
	C_2		1	1/3
	C_3			1
B_3	C_1	1	4	5
	C_2		1	3
	C_3			1
B_4	C_1	1	3	6
	C_2		1	4
	C_3			1

第三步:单准则下要素相对重要性计算及一致性检验。

针对第二步构造的判断矩阵 **A** 而言,就需要求出 n 个要素对于上层某一要素的相对重要性权重 $w_1,w_2,\cdots,w_n$,可以将此权重写成向量形式 $\boldsymbol{W}=(w_1,w_2,\cdots,w_n)^{\mathrm{T}}$。对于单准则下要素相对重要性计算方法主要包括和法、方根法、特征根法、对数最小二乘法以及最小二乘法等,其中,特征根法是最早提出且应用最为广泛的一种方法,和法和方根法操作比较简单,下面主要介绍这三种方法。

(一)特征根法

假设有 n 个物体的重量分别为 $w_1,w_2,\cdots,w_n$,把这 n 个物体的重量两两比较可以得到一个 $n\times n$ 的矩阵:

$$\boldsymbol{A}=\begin{bmatrix} w_1/w_1 & w_1/w_2 & \cdots & w_1/w_n \\ w_2/w_1 & w_2/w_2 & \cdots & w_2/w_n \\ \vdots & \vdots & \vdots & \vdots \\ w_n/w_1 & w_n/w_2 & \cdots & w_n/w_n \end{bmatrix}=\begin{bmatrix} a_{11} & a_{12} & \cdots & a_{1n} \\ a_{21} & a_{22} & \cdots & a_{2n} \\ \vdots & \vdots & \vdots & \vdots \\ a_{n1} & a_{n2} & \cdots & a_{nn} \end{bmatrix} \tag{6-38}$$

上述矩阵显然具有如下特征:

$$a_{ij}=\frac{w_i}{w_j},a_{ii}=1,a_{ij}=\frac{1}{a_{ji}},a_{ij}=\frac{a_{ik}}{a_{jk}}。$$

现在用 $\boldsymbol{W}=(w_1,w_2,\cdots,w_n)^{\mathrm{T}}$ 右乘矩阵 **A**,可以得到:

$$\boldsymbol{AW}=\begin{bmatrix} w_1/w_1 & w_1/w_2 & \cdots & w_1/w_n \\ w_2/w_1 & w_2/w_2 & \cdots & w_2/w_n \\ \vdots & \vdots & \vdots & \vdots \\ w_n/w_1 & w_n/w_2 & \cdots & w_n/w_n \end{bmatrix}\begin{bmatrix} w_1 \\ w_2 \\ \vdots \\ w_n \end{bmatrix}=n\begin{bmatrix} w_1 \\ w_2 \\ \vdots \\ w_n \end{bmatrix} \tag{6-39}$$

式(6-39)可以写成：

$$AW=nW\Rightarrow(A-nI)W=0 \tag{6-40}$$

式(6-40)就是矩阵 **A** 的特征根方程，n 是其中的一个特征根，**W** 就是矩阵 A 的对应于特征根 n 的特征向量。于是，可以将物体重量用在求解要素的相对重要性上，通过求解判断矩阵 **A** 的特征根及特征向量的方法得到 **W**。当判断矩阵完全满足一致性时，此时的判断矩阵的最大特征根只有一个 n，其余特征根全为零；如果判断矩阵不满足一致性时，则 $\lambda_{max}>n$。当判断矩阵偏离一致性的程度越大时，则 λ_{max} 就越大于 n。因此，判断矩阵一致性检验可以通过比较判断矩阵的最大特征值 λ_{max} 与 n 的差异程度进行判定，如果 λ_{max} 与 n 相等，则判断矩阵满足完全一致性；如果最大特征值 λ_{max} 比 n 大得越多，则判断矩阵的一致性就越弱。通常用 $\lambda_{max}-n$ 的差值大小来检验一致性的程度，一般用 C. I. (consistency index)这一指标衡量一致性程度，C. I. 具体计算公式为：

$$\text{C. I.}=\frac{\lambda_{max}-n}{n-1} \tag{6-41}$$

C. I. 越小，说明判断矩阵一致性就越来越强。在实际操作过程中会发现，当 n 越大，判断矩阵的一致性就难达到。也就是说，不同阶数矩阵计算出来的 C. I. 不具有可比性，因此，需要对 C. I. 进行修正，萨迪提出用平均一致性指标 R. I. (random index)对 C. I. 进行修正。平均一致性指标 R. I. 是对不同阶数的判断矩阵随机重复 1000 次计算所得的 C. I. 的平均值，表 6-21 给出了 2 到 15 阶正互反矩阵计算 1000 次得到的平均随机一致性指标 R. I. 。针对待检验的判断矩阵，将其 C. I. 与平均随机一致性指标 R. I. 的比值作为判断矩阵一致性检验的修正指标，将该比值称为随机一致性比率，用 C. R. (consistency ratio)表示，即：

$$\text{C. R.}=\frac{\text{C. I.}}{\text{R. I.}}<0.1 \tag{6-42}$$

也就是说，当 C. R. 小于 0.1 时，判断矩阵的一致性才能被接受，否则就要重新调整判断矩阵，直到一致性检验通过为止。

6.21　平均一致性指标 R. I.

维数	3	4	5	6	7	8	9	10	11	12	13	14	15
R. I.	0.58	0.90	1.12	1.24	1.32	1.41	1.46	1.49	1.52	1.54	1.56	1.58	1.59

采用手工办法求解矩阵特征根和特征向量是比较麻烦的，尤其是当矩阵的阶数很大时，更是很难计算。Matlab 软件只需要输入命令："[V,D]=eig(A)"既可以求出矩阵 **A** 的特征根和特征向量，其中，**D** 为特征根构成的对角阵，每个特征根对应于矩阵 **V** 中特征向量，如果只有一个返回变量，则得到该矩阵特征根构成的列向量。对于表 6-19 的判断矩阵 **A** 补齐下三角数值后输入到 Matlab 里后，输入上述命令可以得到如下结果：

$$\boldsymbol{V}=\begin{bmatrix} 0.8381 & 0.9212 & 0.9212 & 0.5623 \\ 0.4635 & 0.0833+0.1809i & 0.0833-0.1809i & -0.7873 \\ 0.1206 & -0.0564-0.1411i & -0.0564+0.1411i & 0.0000 \\ 0.2613 & 0.2099+0.2111i & 0.2099-0.2111i & 0.2530 \end{bmatrix}$$

$$
\boldsymbol{D}=\begin{bmatrix} 4.0728 & 0.0000 & 0.0000 & 0.0000 \\ 0.0000 & 0.0364+0.5435i & 0.0000 & -0.0000 \\ 0.0000 & 0.0000 & -0.0364-0.5435i & 0.0000 \\ 0.0000 & 0.0000 & 0.0000 & 0.0000 \end{bmatrix}
$$

根据特征根法求解单准则下要素相对重要性的方法，购买一款满意手机的判断矩阵 $\boldsymbol{A}$ 的最大特征根为 4.0728，对应的特征向量为 $\boldsymbol{W}=[0.8381,0.4635,0.1206,0.2613]^{\mathrm{T}}$，将该特征向量进行归一化便可得到相对最上层要素购买一款满意手机而言，价格、功能、外观和品牌的相对重要性权重向量 $\boldsymbol{W}=[0.4978,0.2753,0.0716,0.1552]^{\mathrm{T}}$。一致性检验计算结果如下：

$$
\mathrm{C.I.}=\frac{\lambda_{\max}-n}{n-1}=\frac{4.0728-4}{4-1}=0.0243
$$

$$
\mathrm{C.R.}=\frac{\mathrm{C.I.}}{\mathrm{R.I.}}=\frac{0.0243}{0.9}=0.0270<0.1
$$

（二）和法

对于一个判断矩阵，它的每一列归一化后逐行求和就是近似的权重向量。和法就是将 n 列向量每列归一化后逐行求和的数值进行算术平均作为权重向量，具体实施过程如下。

(1)将判断矩阵 $\boldsymbol{A}$ 的数值按列归一化，可以得到如下矩阵：

$$
\begin{bmatrix} \frac{a_{11}}{\sum_{i=1}^{n} a_{i1}} & \frac{a_{12}}{\sum_{i=1}^{n} a_{i2}} & \cdots & \frac{a_{1n}}{\sum_{i=1}^{n} a_{in}} \\ \frac{a_{21}}{\sum_{i=1}^{n} a_{i1}} & \frac{a_{22}}{\sum_{i=1}^{n} a_{i2}} & \cdots & \frac{a_{2n}}{\sum_{i=1}^{n} a_{in}} \\ \vdots & \vdots & \vdots & \vdots \\ \frac{a_{n1}}{\sum_{i=1}^{n} a_{i1}} & \frac{a_{n2}}{\sum_{i=1}^{n} a_{i2}} & \cdots & \frac{a_{nn}}{\sum_{i=1}^{n} a_{in}} \end{bmatrix} \tag{6-43}
$$

(2)将归一化后的判断矩阵各行相加，得到如下矩阵

$$
\begin{bmatrix} \frac{a_{11}}{\sum_{i=1}^{n} a_{i1}} + \frac{a_{12}}{\sum_{i=1}^{n} a_{i2}} + \cdots + \frac{a_{1n}}{\sum_{i=1}^{n} a_{in}} \\ \frac{a_{21}}{\sum_{i=1}^{n} a_{i1}} + \frac{a_{22}}{\sum_{i=1}^{n} a_{i2}} + \cdots + \frac{a_{2n}}{\sum_{i=1}^{n} a_{in}} \\ \vdots \quad \vdots \quad \vdots \quad \vdots \\ \frac{a_{n1}}{\sum_{i=1}^{n} a_{i1}} + \frac{a_{n2}}{\sum_{i=1}^{n} a_{i2}} + \cdots + \frac{a_{nn}}{\sum_{i=1}^{n} a_{in}} \end{bmatrix} \tag{6-44}
$$

(3)将相加后的向量除以 n 即得到权重向量 $\boldsymbol{W}$。

$$\begin{bmatrix} \left(\dfrac{a_{11}}{\sum\limits_{i=1}^{n}a_{i1}}+\dfrac{a_{12}}{\sum\limits_{i=1}^{n}a_{i2}}+\cdots+\dfrac{a_{1n}}{\sum\limits_{i=1}^{n}a_{in}}\right)/n=w_1 \\ \left(\dfrac{a_{21}}{\sum\limits_{i=1}^{n}a_{i1}}+\dfrac{a_{22}}{\sum\limits_{i=1}^{n}a_{i2}}+\cdots+\dfrac{a_{2n}}{\sum\limits_{i=1}^{n}a_{in}}\right)/n=w_2 \\ \vdots \qquad \vdots \qquad \vdots \qquad \vdots \\ \left(\dfrac{a_{n1}}{\sum\limits_{i=1}^{n}a_{i1}}+\dfrac{a_{n2}}{\sum\limits_{i=1}^{n}a_{i2}}+\cdots+\dfrac{a_{nn}}{\sum\limits_{i=1}^{n}a_{in}}\right)/n=w_n \end{bmatrix} \tag{6-45}$$

(4)求得判断矩阵的权重向量 $\boldsymbol{W}$ 后，根据 $\boldsymbol{AW}=\lambda_{\max}\boldsymbol{W}$ 可以推导出判断矩阵的最大特征根 $\lambda_{\max}$，并进行一致性检验。

$$\lambda_{\max}=\frac{1}{n}\sum_{i=1}^{n}\frac{\sum\limits_{j=1}^{n}a_{ij}w_j}{w_i} \tag{6-46}$$

根据式(6-46)求得的判断矩阵最大特征根，便可以进行一致性检验。同样以表 6-19 判断矩阵 $\boldsymbol{A}$ 为例说明和法如何进行单准则下要素相对重要性权重计算及一致性检验。

$$\boldsymbol{A}=\begin{bmatrix} 1 & 2 & 5 & 4 \\ 1/2 & 1 & 4 & 2 \\ 1/5 & 1/4 & 1 & 1/3 \\ 1/4 & 1/2 & 3 & 1 \end{bmatrix} \xrightarrow{\text{按列归一化}} \begin{bmatrix} 0.5128 & 0.5333 & 0.3846 & 0.5457 \\ 0.2564 & 0.2667 & 0.9077 & 0.2729 \\ 0.1026 & 0.0667 & 0.0769 & 0.0455 \\ 0.1282 & 0.1333 & 0.2308 & 0.1364 \end{bmatrix}$$

$$\xrightarrow{\text{按行求和}} \begin{bmatrix} 1.9765 \\ 1.1036 \\ 0.2916 \\ 0.6287 \end{bmatrix} \xrightarrow{\text{归一化}} \begin{bmatrix} 0.4941 \\ 0.2759 \\ 0.0729 \\ 0.1572 \end{bmatrix}$$

$$\lambda_{\max}=\frac{1}{n}\sum_{i=1}^{n}\frac{\sum\limits_{j=1}^{n}a_{ij}w_j}{w_i}=4.0741$$

$$\text{C. I.}=\frac{\lambda_{\max}-n}{n-1}=\frac{4.0741-4}{4-1}=0.0247$$

$$\text{C. R.}=\frac{\text{C. I.}}{\text{R. I}}=\frac{0.0247}{0.9}=0.0274<0.1。$$

(三)方根法

方根法是将判断矩阵各个列向量进行几何平均，然后再归一化，便可以得到各要素的相对重要性权重向量。

(1)将判断矩阵 $\boldsymbol{A}$ 的每一行数值相乘，然后再开 n 次方，即

$$w'_i=\left(\prod_{j=1}^{n}a_{ij}\right)^{1/n},\quad (i=1,2,\cdots,n) \tag{6-47}$$

(2)将所得权重进行归一化后便可以得到要素相对重要性权重,即

$$w_i = \frac{w'_i}{\sum_{j=1}^{n} w'_j} \tag{6-48}$$

(3)同样按照式(6-46)求得判断矩阵最大特征根 $\lambda_{\max}$,并进行一致性检验。

同样以表 6-18 判断矩阵 $\boldsymbol{A}$ 为例说明方根法如何进行单准则下要素相对重要性权重计算及一致性检验。

$$\boldsymbol{A}=\begin{bmatrix} 1 & 2 & 5 & 4 \\ 1/2 & 1 & 4 & 2 \\ 1/5 & 1/4 & 1 & 1/3 \\ 1/4 & 1/2 & 3 & 1 \end{bmatrix} \xrightarrow{\text{按行相乘}} \begin{bmatrix} 40 \\ 4 \\ 0.0167 \\ 0.375 \end{bmatrix} \xrightarrow{\text{求 } n \text{ 次方根}} \begin{bmatrix} 2.5149 \\ 1.4142 \\ 0.3593 \\ 0.7825 \end{bmatrix} \xrightarrow{\text{归一化}} \begin{bmatrix} 0.4959 \\ 0.2789 \\ 0.0709 \\ 0.1543 \end{bmatrix}$$

$$\lambda_{\max} = \frac{1}{n}\sum_{i=1}^{n}\frac{\sum_{j=1}^{n} a_{ij} w_j}{w_i} = 4.0729$$

$$\text{C. I.} = \frac{\lambda_{\max} - n}{n-1} = \frac{4.0729-4}{4-1} = 0.0243$$

$$\text{C. R.} = \frac{\text{C. I.}}{\text{R. I}} = \frac{0.0243}{0.9} = 0.0270 < 0.1$$

由此可见,无论是权重向量还是一致性检验,特征根法、和法与方根法三种方法的计算结果相差不大。和法与方根法在计算精度要求不高时可以采用。

第四步:层次总排序及一致性检验。

单准则下要素相对重要性是递阶层次结构中各要素相对于上一层次中某要素的相对重要性权重。在单准则下要素重要性排序的基础上,需要计算出各层次的总排序,即要计算最底层的方案层中各方案相对于目标层总目标的相对重要性权重。这一过程是从最高层到最底层自上而下逐层进行的。表 6-22 给出了第 $k-1$ 层到第 k 层的计算过程,其他层次计算过程依此类推。

表 6-22 多准则下要素相对重要性综合权重计算

	B_1	B_2	…	B_m	k 层次要素组合权重
	w_1^{k-1}	w_2^{k-1}	…	w_m^{k-1}	
C_1	w_{11}^k	w_{12}^k	…	w_{1m}^k	$w_1^k = \sum_{i=1}^{m} w_i^{k-1} w_{1i}^k$
C_2	w_{21}^k	w_{22}^k	…	w_{2m}^k	$w_2^k = \sum_{i=1}^{m} w_i^{k-1} w_{2i}^k$
⋮	⋮	⋮	⋮	⋮	⋮
C_n	w_{n1}^k	w_{n2}^k	…	w_{nm}^k	$w_n^k = \sum_{i=1}^{m} w_i^{k-1} w_{mi}^k$

总排序的一致性指标检验同样是自上而下逐层进行的。假设第 $k-1$ 层上的要素 B_i 的一致性指标 C. I._i^k,平均随机一致性指标 R. I._i^k 以及随机一致性比率 C. R._i^k,$i=1,2,\cdots,m$,

则第 k 层的综合一致性检验指标 C. I._i^k，R. I._i^k 以及 C. R._i^k 应为：

$$\text{C. I.}^k = \sum_{i=1}^{m} \text{C. I.}_i^k w_i^{k-1} \tag{6-49}$$

$$\text{R. I.}^k = \sum_{i=1}^{m} \text{R. I.}_i^k w_i^{k-1} \tag{6-50}$$

$$\text{C. R.}^k = \frac{\text{C. I.}^k}{\text{R. I}^k} \tag{6-51}$$

当 C. R.^k 小于 0.1 时，就认为递阶层次结构在 k 层以上的所有判断具有整体的可以接受的一致性。

【例 6-9】 请根据图 6-7 购买一款满意手机的递阶层次结构图，以及表 6-19 和表 6-20 的判断矩阵，对三款手机进行优先排序。

解：采用最常用的特征根法进行单准则下各要素的重要性权重计算，采用 Matlab 软件的命令“[V,D]=eig(A)”实现判断矩阵最大特征根和特征向量的计算，同时对特征向量进行归一化，并进行一致性检验，单准则下各要素的重要性权重及一致性检验如表 6-23 和表 6-24 所示，综合评价结果如表 6-25 所示。

表 6-23　判断矩阵 *A*

评价指标	B_1	B_2	B_3	B_4	权重	一致性检验
B_1	1	2	5	4	0.4978	$\text{C. I.}=\frac{4.0728-4}{4-1}=0.0243$
B_2		1	4	2	0.2753	
B_3			1	1/3	0.0716	$\text{C. R.}=\frac{0.0243}{0.9}=0.0270<0.1$
B_4				1	0.1552	

表 6-24　判断矩阵 *B*

项目		C_1	C_2	C_3	优劣次序值	一致性检验
B_1	C_1	1	1/4	1/6	0.0852	$\text{C. I.}=\frac{3.0536-3}{3-1}=0.0268$
	C_2		1	1/3	0.2706	
	C_3			1	0.6442	$\text{C. R.}=\frac{0.0268}{0.58}=0.0462<0.1$
B_2	C_1	1	1/3	1/5	0.1047	$\text{C. I.}=\frac{3.0385-3}{3-1}=0.0193$
	C_2		1	1/3	0.2583	
	C_3			1	0.6370	$\text{C. R.}=\frac{0.0193}{0.58}=0.0333<0.1$
B_3	C_1	1	4	5	0.6738	$\text{C. I.}=\frac{3.0858-3}{3-1}=0.0429$
	C_1		1	3	0.2255	
	C_2			1	0.1007	$\text{C. R.}=\frac{0.0429}{0.58}=0.0740<0.1$
B_4	C_1	1	3	6	0.6442	$\text{C. I.}=\frac{3.0536-3}{3-1}=0.0268$
	C_2		1	4	0.2706	
	C_3			1	0.0852	$\text{C. R.}=\frac{0.0268}{0.58}=0.0462<0.1$

表 6-25 三款备选手机综合评价值

备选手机	总目标				方案层总排序
	价格	功能	外观	品牌	
	0.4978	0.2753	0.0716	0.1552	
C_1	0.0852	0.1047	0.6738	0.6442	0.2195
C_2	0.2706	0.2583	0.2255	0.2706	0.2640
C_3	0.6442	0.6370	0.1007	0.0852	0.5165

进一步进行总体一致性检验，结果显示，总体一致性指标 C. R. 等于 0.0446，其数值小于 0.1，达到一致性要求。

$$\text{C. I.} = 0.0268\times0.4978+0.0193\times0.2753+0.0429\times0.0716+0.0268\times0.1552=0.0259$$

$$\text{R. I.} = 0.58\times0.4978+0.58\times0.2753+0.58\times0.0716+0.58\times0.1552=0.58$$

$$\text{C. R.} = \frac{\text{C. I.}}{\text{R. I.}} = \frac{0.0259}{0.58} = 0.0446$$

三、层次分析法的进一步讨论

（一）基于层次分析法的群决策评价指标权重计算

由于在现实的评价问题中，往往邀请的专家并非一人，如果有多个专家，就会出现同一准则下多个专家所给的判断矩阵合成问题。通常有两种思路，一种思路是对不同专家的判断矩阵按照某种计算规则合成一个判断矩阵再对该合成判断矩阵计算各要素的相对重要性权重；另一种思路是先计算各单个专家所给的判断矩阵中的各要素相对重要性权重，然后按照某种计算规则对各单个权重进行合成。这里按照第二种思路采用加权几何平均群排序向量法确定如何由多个决策者的偏好形成的群偏好问题。设有 t 个决策者，因素有 m 个，对于每个决策者所给出的系列判断矩阵，先按层次分析法分别求得每个决策者的各要素的相对重要性权重向量 $\boldsymbol{W}_k=(w_{1k},w_{2k},\cdots,w_{mk})^{\mathrm{T}}$，$k=1,2,3,\cdots,t$。然后，按下式计算加权平均群排序向量得到各要素的相对权向量 $\bar{\boldsymbol{\omega}}=(\bar{\omega}_1,\bar{\omega}_2,\cdots,\bar{\omega}_m)^{\mathrm{T}}$：

$$\bar{\omega}_j = \frac{\theta_j}{\sum_{i=1}^{n}\theta_i},\quad (j=1,2,\cdots,m) \tag{6-52}$$

$$\theta_j = (w_{jl})^{\lambda_1}\cdot(w_{j2})^{\lambda_2}\cdot\cdots\cdot(w_{jt})^{\lambda_t} \tag{6-53}$$

式中：$\lambda_1,\lambda_2,\cdots,\lambda_t$ 是决策者的权重系数，满足 $\sum_{k=1}^{t}\lambda_k=1$。很多学者提出了各种确定群决策权重系数的不同方法，特殊情况下，$\lambda_1=\lambda_2=\cdots=\lambda_t=\dfrac{1}{t}$。最后计算 $\bar{\omega}_j$ 的标准差：

$$\sigma_j = \sqrt{\frac{1}{t-1}\sum_{k=1}^{t}(w_{jk}-\bar{\omega}_j)^2} \tag{6-54}$$

当 $\sigma_i<0.5$，认为群判断可以接受，并将每个决策者的要素权重向量反馈给决策者，供

其参考，若多个决策者都接受该权重向量，则计算结束，否则，请决策者提出修改判断意见，如此重复多次，直到诸决策者获得满意权重向量。

（二）改进的层次分析法

运用层次分析时，构造的判断矩阵必须满足一致性检验。实际运用中，有时满意的一致性难以满足，此时就要人为地调整判断矩阵，这就可能造成错误的判断结果。为了尽量不修正判断矩阵，学者程乾生提出了一种改进的层次分析法，即 AHM（analytic hierarchical model），AHM 继承了层次分析法的优点，同时比层次分析法在计算和运用上更加便捷。AHM 比层次分析法的最大改进之处在于放宽了一致性检验要求。在 AHM 中的一致性要求很低，只要甲比乙强、乙比丙强，则甲比丙强，至于强多少没有具体要求。一般来说，在层次分析法中的一致性不被满足时，对应到 AHM 时的一致性却经常可以被满足，并且一致性可以从层次分析法中的 1～9 判断矩阵 $\boldsymbol{A}=(a_{ij})_{n\times n}$ 经过转化后直接观察得到检验。

AHM 中的比较判断矩阵 $\boldsymbol{C}=(c_{ij})_{n\times n}$ 通常是难以求出的，但可由层次分析法中的比较判断矩阵 $\boldsymbol{A}=(a_{ij})_{n\times n}$ 中导出，转模公式为：

$$C_{ij}=\begin{cases}\dfrac{\beta k}{\beta k+1} & a_{ij}=k\\[2mm] \dfrac{1}{\beta k+1} & a_{ij}=\dfrac{1}{k}\\[2mm] 0.5\quad a_{ij}=1 & i\neq j\\ 0\quad a_{ij}=1 & i=j\end{cases}\tag{6-55}$$

式(6-55)中，β 为大于或等于 1 的常数，k 为大于或等于 2 的正整数。如果 β 取 2，则式(6-55)变为：

$$C_{ij}=\begin{cases}\dfrac{2k}{2k+1} & a_{ij}=k\\[2mm] \dfrac{1}{2k+1} & a_{ij}=\dfrac{1}{k}\\[2mm] 0.5\quad a_{ij}=1 & i\neq j\\ 0\quad a_{ij}=1 & i=j\end{cases}\tag{6-56}$$

式(6-56)中，a_{ij} 是按照 1～9 标度理论得出的第 i 要素比第 j 要素的相对重要值，当 $k=9$，$C_{ij}=0.9474$，这相当于极端强；$k=6$，$C_{ij}=0.923$，特别强；$k=5$，$C_{ij}=0.909$，明显强；$k=3$，$C_{ij}=0.857$，稍强；$k=2$，$C_{ij}=0.8$，微强；$k=1$，$C_{ij}=0.5$，一样强。

AHM 法计算确定要素相对重要性权重的主要步骤如下。

(1)根据 1～9 标度理论构造两两比较矩阵，即判断矩阵 $\boldsymbol{A}=(a_{ij})_{n\times n}$；

(2)根据式(6-56)转模公式构造 AHM 的判断矩阵，并逐行检验一致性；

(3)将判断矩阵的每一列正规化，即

$$\overline{C}_{ij}=\frac{C_{ij}}{\sum_{k=1}^{n}C_{kj}}\quad(i,j=1,2,\cdots,n)\tag{6-57}$$

(4)求出判断矩阵 c 的每一行各元素之和,即

$$\overline{w}_i = \sum_{j=1}^{n} \overline{C}_{ij} \quad (i = 1,2,\cdots,n) \tag{6-58}$$

(5)对应权重向量归一化,即

$$w_i = \frac{\overline{w}_i}{\sum_{j=1}^{n} \overline{w}_j} \quad (i = 1,2,\cdots,n) \tag{6-59}$$

则 $\boldsymbol{w}_i$ 即为所求要素的相对重要性权重向量,即本层次各因素对上一层某要素的相对权重向量。

【例 6-10】 请根据 AHM 法的计算步骤确定表 6-26 中 3 个要素的相对重要性权重。

表 6-26 AHP 判断矩阵

指标	u_1	u_2	u_3
u_1	1	3	5
u_2	1/3	1	2
u_3	1/5	1/2	1

解:按照式(6-56)的转模公式把表 6-26 的判断矩阵转换成 AHM 的判断矩阵,结果见表 6-27 所示。

表 6-27 AHM 判断矩阵

指标	u_1	u_2	u_3	W(权重)
u_1	0.000	0.857	0.909	0.589
u_2	0.143	0.000	0.800	0.314
u_3	0.091	0.200	0.000	0.097

表 6-27 的比较判断矩阵显然满足一致性检验。

(三)层次分析法的应用

自层次分析法被提出以来得到了非常广泛的应用。层次分析法可以用来单独确定要素相对重要性权重,也可以在一个评价问题中,既确定要素的相对重要性权重,同时对待比较对象或方案进行优先排序。目前,层次分析法应用最多的是和其他评价方法结合起来使用,比如层次分析法和模糊综合评价和灰色关联度评价相结合等。在实际运用层次分析方法的过程中,可以采用手工计算,也可以采用半手工计算,比如 Matlab 软件的求特征根和特征向量命令,或者自己编程实现,当然也可以采用更加便捷的专业性软件,比如 MCE、yaahp 以及网页版的在线计算平台等。

第三节　网络层次分析法

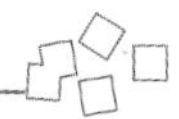

一、网络层次分析法的基本原理

层次分析法仅考虑了递阶层次结构中的上层要素对下层要素的支配作用，同时假定在同一层中的各要素之间是相互独立的，即同层次要素之间不存在影响关系，而且还假定下层要素不对上层要素产生影响。然而，在现实决策中，大部分决策问题在要素组之间以及要素组内部要素之间都存在着相互作用，存在着内部依赖性和外部依赖性。对于这类问题的建模分析，层次分析法就显得无能为力。因此，20 年代 90 年代，萨迪(Saaty)在层次分析法的基础上提出了网络层次分析法(analytic network process，ANP)。网络层次分析法将系统内各要素的关系用类似网络结构表示，而不再是简单的递阶层次结构，网络层中的要素可能相互影响和相互支配。网络层次分析法将层次分析法中递阶层次结构扩展到网络结构，非常适合于解决要素之间存在相互影响的决策问题。

网络层次分析法考虑到递阶层次结构内部循环及其存在的依赖性和反馈性，将系统要素划分为两大部分，即控制层和网络层。第一部分控制层，包括问题决策目标和决策准则，所有的决策准则均被认为是彼此独立的，且受目标要素支配。控制要素中可以没有决策准则，但至少有一个决策目标，控制层中的每个准则的权重均可由传统的 AHP 获得。第二部分网络层，它是由所有受控制层支配的要素组成的，其内部是互相影响的网络结构，图 6-8是一个典型的 ANP 结构。网络层次分析法与层次分析法的基本原理类似，就是根据建立的 ANP 结构图，根据各准则对系统要素组或要素的重要性或优先序进行两两比较判断，

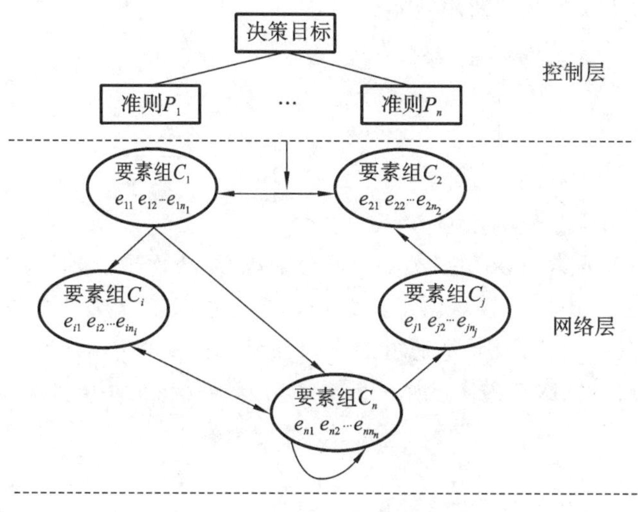

图 6-8　典型的 ANP 结构图

评分准则依然是1－9评分规则，再经过一系列的计算从而获得系统要素组或要素的相对重要性排序以及待选方案的优先顺序。

二、网络层次分析法的基本步骤

第一步：问题分析。

将待决策的问题进行系统分析，重点确定待决策问题的决策目标、决策准则、子准则、要素组以及要素，判定各要素是否存在依赖和反馈关系，进而根据各要素之间的关系确定要素组之间的影响关系，只要一个要素组内部任意一个要素对其他要素组中任意一个要素有影响关系，那么该要素组就对其他要素组有影响关系，这通常采用专家调查或小组讨论形式最终确定各要素以及要素组之间的影响关系。

第二步：建立 ANP 结构图。

根据第一步确定的决策目标、决策准则、子准则、要素组、要素以及它们之间相互关系，建立 ANP 结构图。ANP 结构图比层次分析法中的递阶层次结构图更加灵活，可以是只有要素组组成的网络结构，也可以是递阶层次与网络结构的融合，极端情况下可以简化成递阶层次结构。一个典型的 ANP 结构图包括控制层和网络层两个部分。在建立 ANP 结构图时，先确定控制层，这与层次分析法的递阶层次结构完全一样，从上到下依次包括决策目标、决策准则以及子准则等。在极端情况下，控制层只有一个决策准则，这其实就是最高层决策目标，此时的 ANP 结构图只有网络层没有控制层。控制层的决策准则权重确定方法与层次分析法完全一样。确定控制层之后，就要构建网络层次结构，这就需要借助第一步分析结果，确定网络层次结构。一般的网络层次结构是要素组内、外不独立，既有内部依存，又有循环的网络层次结构，如图 6-8 所示。

第三步：构建要素组权重矩阵。

根据 ANP 结构图要素组之间的指向关系或者要素组中的要素之间统计的关系确定需要进行比较的要素组，然后根据某个主准则 $P_s(s=1,2,\cdots,m)$ 和次准则 $C_j(j=1,2,\cdots,n)$，对要素组进行两两比较构造判断矩阵 a_j：

$$a_j=\begin{array}{c} \\ C_1 \\ C_2 \\ \vdots \\ C_n \end{array}\begin{array}{c} \begin{array}{cccc} C_1 & C_2 & \cdots & C_n \end{array} \\ \begin{bmatrix} a_{11}^j & a_{12}^j & \cdots & a_{1n}^j \\ a_{21}^j & a_{22}^j & \cdots & a_{2n}^j \\ \vdots & \vdots & \vdots & \vdots \\ a_{n1}^j & a_{n2}^j & \cdots & a_{nn}^j \end{bmatrix} \end{array} \xrightarrow{\text{计算权重向量}} \begin{bmatrix} a_{1j} \\ a_{1j} \\ \vdots \\ a_{nj} \end{bmatrix} \tag{6-60}$$

如果系统有 n 个要素组，在主准则 P_s 下分别以 C_j 为次准则，共需要构造 n 个判断矩阵，按照层次分析方法中计算权重向量的方法确定权重向量以及一致性检验，便可得到在主准则 P_s 和要素组 C_j 次准则下要素组的重要性特征向量 $(a_{1j},a_{2j},\cdots,a_{nj})^{\mathrm{T}}$，从而得到主准则 P_s 下 n 个要素组依次作为次准则的各要素组归一化权重矩阵 $\boldsymbol{A}_s$：

$$\boldsymbol{A}_s=\begin{bmatrix} a_{11} & a_{12} & \cdots & a_{1n} \\ a_{21} & a_{22} & \cdots & a_{2n} \\ \vdots & \vdots & \vdots & \vdots \\ a_{n1} & a_{n2} & \cdots & a_{nn} \end{bmatrix} \tag{6-61}$$

式(6-61)中,$\boldsymbol{A}_s$ 是一个列和为 1 的非负矩阵,其中的数字格值有可能为 0,如果 ANP 结构图中控制层有 m 个准则,则就存在 m 个类似的 $\boldsymbol{A}_s$ 的矩阵;如果 ANP 结构图中没有控制层,则这样的要素组权重矩阵就只有一个。

第四步:构建无加权超矩阵。

无加权超矩阵是由要素组各要素在某准则下通过两两比较计算出的重要性归一化特征向量构成的矩阵。假设要素组 C_i 中有要素 $e_{i1},e_{i2},\cdots,e_{in_i}$,$i=1,2,\cdots,n$ 那么,以控制层 $P_s(s=1,2,\cdots,m)$ 为准则,以 C_j 的某要素 $e_{jl}=(l=1,2,\cdots,n_j)$ 为次准则,分别将要素组 C_i 中的要素按其对 e_{jl} 的影响力大小进行间接优势度比较,从而构造在 P_s 准则下的 C_i 要素组各子要素重要性判断矩阵,具体见表 6-28 所示。

表 6-28　各组要素对准则 e_{jl} 的影响力大小间接优势度比较

e_{jl}	e_{i1}　e_{i2}　$\cdots$　e_{in_i}	归一化特征向量
e_{i1} e_{i2} $\vdots$ e_{in_i}	判断矩阵	w_{i1}^{jl} w_{i2}^{jl} $\vdots$ $w_{in_i}^{jl}$

如此反复,可以得到以 P_s 为主准则,依次将 C_j 的要素为次准则下的各要素组要素之间的内外关系进行比较,最终可以得到无加权超矩阵 $\boldsymbol{W}_s$:

$$\boldsymbol{W}_s=\begin{array}{c c} & \begin{array}{cccc} C_1 & C_2 & \cdots & C_n \\ e_{11}e_{12}\cdots e_{1n_1} & e_{21}e_{22}\cdots e_{2n_2} & & e_{n1}e_{n2}\cdots e_{nn_n} \end{array} \\ \begin{array}{c c} C_1 & \begin{array}{c} e_{11}\\ e_{12}\\ \vdots \\ e_{1n_1}\end{array} \\ C_2 & \begin{array}{c} e_{21}\\ e_{22}\\ \vdots \\ e_{2n_2}\end{array} \\ \vdots & \vdots \\ C_n & \begin{array}{c} e_{n1}\\ e_{n2}\\ \vdots \\ e_{nn_n}\end{array} \end{array} & \begin{bmatrix} W_{11} & W_{12} & \cdots & W_{1n} \\ W_{21} & W_{22} & \cdots & W_{2n} \\ \vdots & \vdots & & \vdots \\ W_{n1} & W_{n2} & \cdots & W_{nn} \end{bmatrix} \end{array} \tag{6-62}$$

式(6-62)中,$\boldsymbol{W}_{ij}$ 的表达式如下:

$$\boldsymbol{W}_{ij}=\begin{bmatrix} w_{i1}^{j1} & w_{i1}^{j2} & \cdots & w_{i1}^{jn_j} \\ w_{i2}^{j1} & w_{i2}^{j2} & \cdots & w_{i2}^{jn_j} \\ \vdots & \vdots & \vdots & \vdots \\ w_{in_i}^{j1} & w_{in_i}^{j2} & \cdots & w_{in_i}^{jn_j} \end{bmatrix} \tag{6-63}$$

式(6-62)这样的无加权超矩阵共有 m 个,当然当控制层只有一个决策准则时,此时只有一个无加权超矩阵。需要说明的是,在该无加权超矩阵中,各列并不是归一化的,只有分块子矩阵 $\boldsymbol{W}_{ij}$ 的各列是归一化的;如果要素组 C_i 对 C_j 没有影响,即 $a_{ij}=0$,那么对应在无加权超矩阵中 $\boldsymbol{W}$ 中的 $\boldsymbol{W}_{ij}$ 也应等于 0。

第五步:计算加权超矩阵。

要素组权重矩阵构造了要素组之间的相互影响程度,无加权超矩阵构造了要素组下各要素之间的相互影响程度,那么存在从属和反馈关系的 ANP 结构中要素之间实际影响关系度就可以通过加权超矩阵 $\overline{\boldsymbol{W}}$ 来反映,具体计算公式为:

$$\overline{\boldsymbol{W}}_s=\boldsymbol{A}_s\boldsymbol{W}_s \tag{6-64}$$

该加权超矩阵$\overline{\boldsymbol{W}}_s$ 各列和为 1。

第六步:计算极限加权超矩阵。

由于在 ANP 结构中,各要素存在从属和反馈关系,这使得要素的相对重要性排序变得复杂,两个要素既可以进行直接重要性比较,也可以进行间接重要性比较。将加权超矩阵 $\overline{\boldsymbol{W}}_s$ 进行相乘得到二步优势度矩阵$\overline{\boldsymbol{W}}_s^2$,如此反复,可以得到 t 步优势度矩阵,ANP 结构中要素之间的复杂间接关系可以通过加权超矩阵的迭代相乘反映出来。也就是说,在网络层次分析法中,通过求极限加权超矩阵可以确定要素的优先权,即

$$\overline{\boldsymbol{W}}_s^{\infty}=\min_{t\to\infty}\overline{\boldsymbol{W}}_s^t \tag{6-65}$$

$\overline{\boldsymbol{W}}_s^{\infty}$ 的第 j 列就是在主准则 P_s 下网络层中各要素相对于要素 j 的极限的相对排序向量,通常情况下,可以直接将其作为各要素在网络层中权重。

第七步:确定控制层决策准则权重以及方案排序。

对于控制层各决策准则 P_s 的相对重要性权重确定方法与层次分析法完全一样。在确定了控制层各决策准则 P_s 的权重之后,可以用该权重对备选方案在各个准则下的权重向量进行加权合成,便可以得到最终的备选方案优先排序结果。如果控制层的决策准则只有一个,则直接将第六步的备选方案优先次序作为最终的方案优先排序结果。

三、网络层次分析法应用

【例 6-11】 应急桥梁设计方案评估

第一步:问题分析。

在设计某一座应急桥梁时,施工周期、桥梁长度、通行的荷载、车行道宽度、车道中间的中央分隔带、桥下通航净空是一定的。要比较的要素主要有以下几点。

(1)安全性(S)。桥梁的安全性包括桥梁结构强度(S1)、刚度(S2)和稳定性(S3)。结构强度、刚度和稳定性存在相互依赖性。应急桥梁高强度一定高刚度但未必高稳定性;高稳定性一定有高强度和高刚度;高刚度一定保证应急桥梁的高强度和高稳定性。

(2)经济性(E)。经济性与安全性是一对矛盾。经济性越高,安全性就会降低;安全性越高,经济性就越低。桥梁材料费用和使用维护费用具有一定的依赖性。若采用性能很好的桥梁材料(同时材料费用也高),则能降低桥梁使用维护费用。桥梁的经济性包括所采用的桥梁材料费用(E1)、制造费用(E2)、安装费用(E3)和使用维护费用(E4)。

(3)耐久性(D)。耐久性与经济性、安全性存在相互依赖关系。若桥梁耐久性大大超过施工周期，则桥梁的安全性是有保证的，而经济性就较差了；反之，若桥梁耐久性达不到施工周期的时间，则桥梁的经济性是好了，而安全性得不到保证了。桥梁的耐久性就是桥梁的使用寿命(D1)。一定要保证应急桥梁具有与施工周期相对应的耐久性。

(4)可制造性(M)。所设计的应急桥梁一定要具有良好的可制造性，因为应急桥梁制造周期很短，如果制造周期长了，则势必影响主桥的施工进度。可制造性包括良好的制造工艺(M1)、方便的现场安装(M2)。良好的制造工艺、方便的现场安装可降低工厂制造费用和现场安装费用。为了保证桥梁整体质量，现场连接应采用销连接或螺栓连接，应尽量避免焊接，若要焊接，也应减少现场焊接的数量，因为现场焊接质量往往受外界要素的影响较大。

安全性和经济性是一对矛盾。若要保证较高的安全性，如施工周期是 3 年，要保证 6 年的安全性，则材料费用就会高，制造性要求也高，但经济性差；若要保证较高的经济性，如施工周期是 3 年，仅保证 3 年的安全性，则材料费用就会低，制造性要求不高，但安全性差。

耐久性与安全性是依存的，与经济性是矛盾的。耐久性好，则安全性好，但经济性差；安全性好，则耐久性好。

桥梁设计方案集合用 A 表示，具体的桥梁设计方案有 3 个，分别用 A1、A2 和 A3 表示。再加上上述安全性(S)、经济性(E)、耐久性(D)和可制造性(M)4 个要素组，共有 5 个要素组。本案例控制层只有一个决策准则，即选择应急桥梁设计方案。接下来需要对要素间的影响关系进行判定。经过专家讨论，可以得到如表 6-29 所示的应急桥梁设计方案各要素之间的关联情况。

表 6-29　应急桥梁设计方案各要素关联情况

影响要素		应急桥梁设计方案(A)			耐久性(D)	经济性(E)				可制造性(M)		安全性(S)		
		A1	A2	A3	D1	E1	E2	E3	E4	M1	M2	S1	S2	S3
桥梁设计方案(A)	A1	0	0	0	1	1	1	1	1	1	1	1	1	1
	A2	0	0	0	1	1	1	1	1	1	1	1	1	1
	A3	0	0	0	1	1	1	1	1	1	1	1	1	1
耐久性(D)	D1	1	1	1	0	1	1	1	1	0	0	1	1	1
经济性(E)	E1	1	1	1	0	1	1	1	1	0	0	1	1	1
	E2	1	1	1	1	1	0	1	1	1	0	0	0	0
	E3	1	1	1	0	1	1	0	0	0	1	0	0	0
	E4	1	1	1	0	1	0	0	0	0	0	0	0	0
可制造性(M)	M1	1	1	1	0	1	1	1	0	0	0	0	0	0
	M2	1	1	1	0	0	0	1	0	0	0	0	0	0
安全性(S)	S1	1	1	1	1	1	0	0	0	0	0	0	1	0
	S2	1	1	1	1	1	1	1	1	0	1	1	0	1
	S3	1	1	1	1	1	0	0	0	0	0	1	1	0

注：列要素为被影响要素，行元素是可能影响列要素的要素，每格中 1 表示有影响关系，0 表示无影响关系。

第二步：建立 ANP 结构图。

根据第一步确定的应急桥梁设计方案选择确定的 5 个要素组以及各要素组内部各要素内外之间的影响关系情况，同时考虑控制层只有一个决策准则，此时的应急桥梁设计方案评估的 ANP 结构图只有网络层没有控制层，具体的 ANP 结构如图 6-9 所示。应急桥梁设计方案选择的要素影响网络如图 6-10 所示。

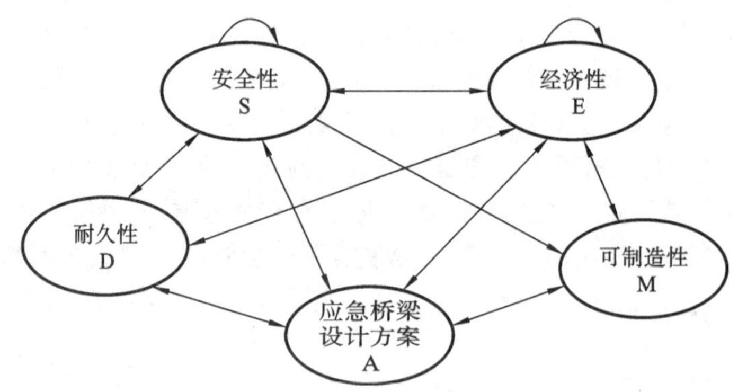

图 6-9　应急桥梁设计方案评估的 ANP 结构图

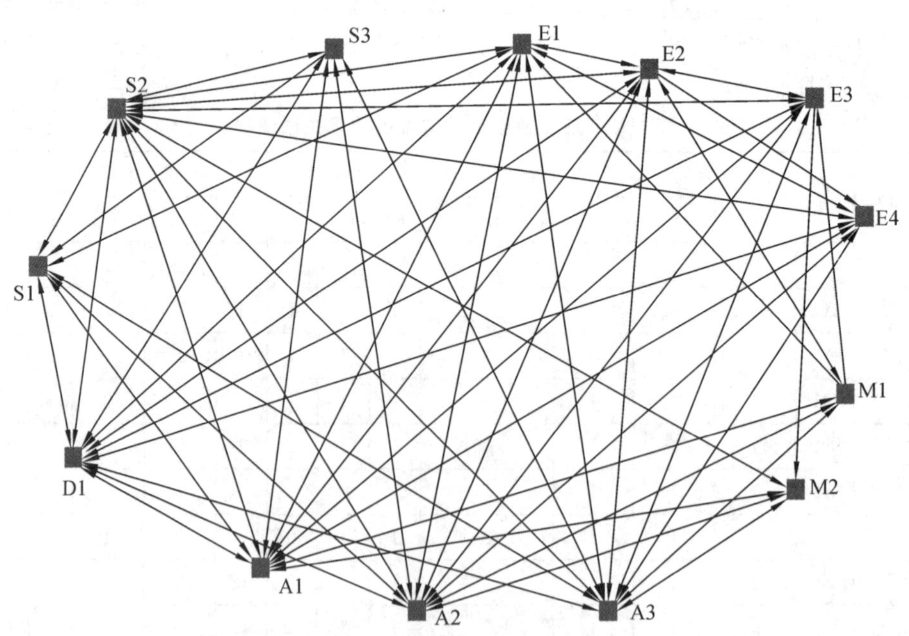

图 6-10　应急桥梁设计方案选择的要素影响网络

由于网络层次分析法计算量比较大，手工计算基本不可取，很有必要借助软件完成复杂的计算工作。美国 Expert Choice 公司开发了一款专门针对网络层次分析法的软件"Super Decisions"，翻译成中文即超级决策软件。将应急桥梁设计方案选择的要素组、要素以及要素间的关系输入到超级决策软件中，可以得到图 6-11 所示的超级决策软件绘制的应急桥梁设计方案选择的 ANP 结构图。

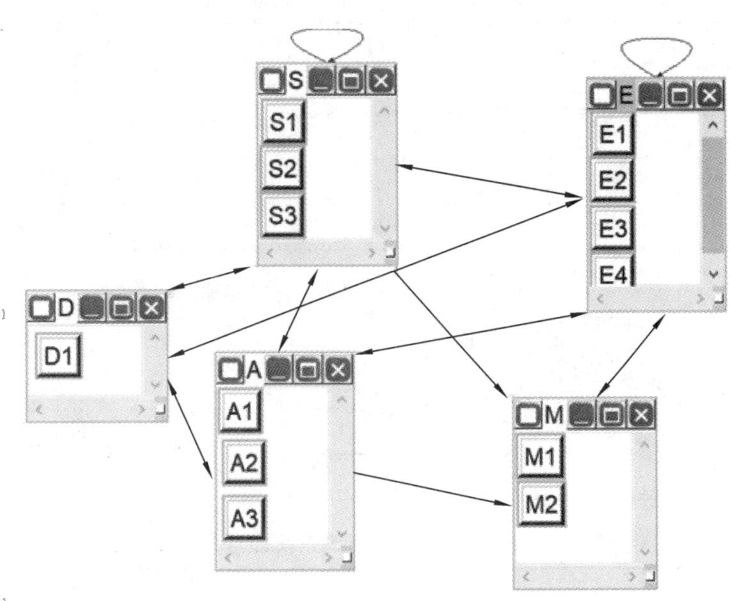

图 6-11　超级决策软件绘制的应急桥梁设计方案选择的 ANP 结构图

第三步：构建要素组权重矩阵。

表 6-30 罗列了应急桥梁设计方案选择的要素关联情况统计。在该表中将作为影响要素的所有要素组对应的要素中标有 1 的被影响要素进行计数汇总。在表 6-30 中，只要相应计数大于 0，就需要依次将行要素组作为准则构建对应所在行中不为 0 计数所对应列要素的两两比较判断矩阵。由表 6-30 可知，依次需要构造在应急桥梁设计方案(A)准则下耐久性(D)、经济性(E)、可制造性(M)和安全性(S)的两两比较；耐久性(D)准则下应急桥梁设计方案(A)、经济性(E)和安全性(S)的两两比较；经济性(E)准则下应急桥梁设计方案(A)、耐久性(D)、经济性(E)、可制造性(M)和安全性(S)的两两比较；可制造性(M)准则下应急桥梁设计方案(A)和经济性(E)两两比较；安全性(S)准则下应急桥梁设计方案(A)、耐久性(D)、经济性(E)、可制造性(M)和安全性(S)的两两比较。超级决策软件以 1～9 标度为基准打分规则，打分的灵活性比较大，可以出现诸如 1.1、1.25 此类带有整数和小数的评分，按照此打分规则，以上各准则下的要素组两两比较矩阵见表 6-31 至表 6-35 所示。

表 6-30　应急桥梁设计方案评估要素关联情况

影响要素	应急桥梁设计方案(A)	耐久性(D)	经济性(E)	可制造性(M)	安全性(S)
应急桥梁设计方案(A)		3	12	6	9
耐久性(D)	3		4		3
经济性(E)	12	1	10	2	3
可制造性(M)	6		3		
安全性(S)	9	3	6	1	5

表 6-31　关于 A 的两两比较矩阵

A	D	E	M	S	权重	C. R.
D	1	1/3	5	1/4	0.1413	0.0658
E	3	1	5	1/3	0.2619	
M	1/5	1/5	1	1/9	0.0447	
S	4	3	9	1	0.5521	

表 6-32　关于 D 的两两比较矩阵

D	A	E	S	权重	C. R.
A	1	3	2	0.5278	0.0516
E	1/3	1	1/3	0.1397	
S	1/2	3	1	0.3325	

表 6-33　关于 E 的两两比较矩阵

E	A	D	E	M	S	权重	C. R.
A	1	4	3	9	2	0.4097	0.0525
D	1/4	1	1/3	5	1/4	0.0911	
E	1/3	3	1	5	1/3	0.1575	
M	1/9	1/5	1/5	1	1/9	0.0307	
S	1/2	4	3	9	1	0.3111	

表 6-34 关于 M 的两两比较矩阵

M	A	E	权重	C. R
A	1	5	0.8333	0
E	1/5	1	0.1667	

表 6-35　关于 S 的两两比较矩阵

S	A	D	E	M	S	权重	C. R.
A	1	3	6	9	3	0.4837	0.0983
D	1/3	1	1/3	5	1/2	0.1068	
E	1/6	3	1	5	1/3	0.1412	
M	1/9	1/5	1/5	1	1/9	0.0293	
S	1/3	2	3	9	1	0.2391	

将表 6-31 至 6.35 的比较矩阵输入到超级决策软件中，便可以计算出对应的权重向量以及一致性检验指标 C. R.，具体结果见表 6-31 至 6-35 的后两列所示，一致性检验值 C. R. 均小于 0.1，一致性在接受范围之内。

第四步：构建无加权超矩阵。

根据表6-29应急桥梁设计方案评估的要素之间关系进行技术统计，将作为影响要素的标有1的被影响要素进行计数，最终得到表6-36的应急桥梁设计方案评估的要素关联情况表。根据表6-36要素之间的关联情况的计数统计，构建要素之间的两两比较矩阵，只要计数统计大于1，就需要建立两两比较矩阵，具体的比较矩阵如表6-37至6-65所示，共计29个比较矩阵。

表6-36　应急桥梁设计方案评估的要素关联情况

影响要素		应急桥梁设计方案(A)	耐久性(D)	经济性(E)	可制造性(M)	安全性(S)
应急桥梁设计方案(A)	B1		1	4	2	3
	B2		1	4	2	3
	B3		1	4	2	3
耐久性(D)	D1	3		4		3
经济性(E)	E1	3		4		3
	E2	3	1	3	1	
	E3	3		2	1	
	E4	3		1		
可制造性(M)	M1	3		2		
	M2	3		1		
安全性(S)	S1	3	1	1		1
	S2	3	1	4	1	2
	S3	3	1	1		2

表6-37　关于A1在经济性各要素比较

A1	E1	E2	E3	E4	权重	C. R.
E1	1	3	9	6	0.6083	0.0824
E2		1	3	4	0.2311	
E3			1	3	0.1007	
E4				1	0.0599	

表6-38　关于A1在可制造性各要素比较

A1	M1	M2	权重	C. R.
M1	1	8	0.8889	0
M2		1	0.1111	

表6-39　关于A1在安全性各要素比较

A1	S1	S2	S3	权重	C. R.
S1	1	3	2	0.5480	0.0036
S2		1	0.8	0.1941	
S3			1	0.2578	

表 6-40 关于 A2 在经济性各要素比较

A2	E1	E2	E3	E4	权重	C. R.
E1	1	4	6	3	0.5710	0.0972
E2		1	2	3	0.2090	
E3			1	2	0.1216	
E4				1	0.0984	

表 6-41 关于 A2 在可制造性各要素比较

A2	M1	M2	权重	C. R.
M1	1	6	0.8571	0
M2		1	0.1429	

表 6-42 关于 A2 在安全性各要素比较

A2	S1	S2	S3	权重	C. R.
S1	1	1.5	1.2	0.3929	0.0237
S2		1	0.5	0.2240	
S3			1	0.3830	

表 6-43 关于 A3 在经济性各要素比较

A3	E1	E2	E3	E4	权重	C. R.
E1	1	3	5	5	0.5358	0.0944
E2		1	4	5	0.2893	
E3			1	3	0.1127	
E4				1	0.0623	

表 6-44 关于 A3 在可制造性各要素比较

A3	M1	M2	权重	C. R.
M1	1	6	0.8571	0
M2		1	0.1429	

表 6-45 关于 A3 在安全性各要素比较

A3	S1	S2	S3	权重	C. R.
S1	1	2	0.5	0.3108	0.0516
S2		1	0.5	0.1958	
S3			1	0.4934	

表 6-46　关于 D1 各方案比较

D1	A1	A2	A3	权重	C. R.
A1	1	2	3.1	0.5481	0.0001
A2		1	1.6	0.2769	
A3			1	0.1749	

表 6-47　关于 D1 在经济性各要素比较

D1	E1	E2	E3	E4	权重	C. R.
E1	1	2	5	8	0.4935	0.0605
E2		1	8	6	0.3759	
E3			1	2	0.0788	
E4				1	0.0518	

表 6-48　关于 D1 在安全性各要素比较

D1	S1	S2	S3	权重	C. R.
S1	1	5	3	0.6370	0.0370
S2		1	1/3	0.1047	
S3			1	0.2583	

表 6-49　关于 E1 各方案比较

E1	A1	A2	A3	权重	C. R.
A1	1	1/3	1/4	0.1257	0.0516
A2		1	1.5	0.4752	
A3			1	0.3991	

表 6-50　关于 E1 的经济性各要素比较

E1	E1	E2	E3	E4	权重	C. R.
E1	1	2	5	8	0.4935	0.0605
E2		1	8	6	0.3759	
E3			1	2	0.0788	
E4			1	1	0.0518	

表 6-51　关于 E1 的安全性各要素比较

E1	S1	S2	S3	权重	C. R.
S1	1	3.35	4.5	0.6575	0
S2		1	1.35	0.1966	
S3			1	0.1459	

表 6-52 关于 E2 各方案比较

E2	A1	A2	A3	权重	C. R.
A1	1	1/5	1/3	0.1095	0.003
A2		1	2	0.5816	
A3			1	0.3090	

表 6-53 关于 E2 在经济性各要素比较

E2	E1	E2	E4	权重	C. R.
E1	1	7.3	2.2	0.6286	0
E3		1	0.3	0.0863	
E4			1	0.2852	

表 6-54 关于 E3 各方案比较

E3	A1	A2	A3	权重	C. R.
A1	1	0.5	1.5	0.2727	0
A2		1	3	0.5455	
A3			1	0.1818	

表 6-55 关于 E3 在经济性各要素比较

E3	E1	E2	权重	C. R.
	E1	1	5	0
	E2		1	

表 6-56 关于 E4 各方案比较

E4	A1	A2	A3	权重	C. R.
A1	1	5	3	0.6592	0
A2		1	1.5	0.1789	
A3			1	0.1619	

表 6-57 关于 M1 各方案比较

M1	A1	A2	A3	权重	C. R.
A1	1	5/4	5/3	0.4169	0
A2		1	4/3	0.3330	
A3			1	0.2500	

表 6-58　关于 M1 在经济性各要素比较

M1	E1	E2	E3	权重	C. R.
E1	1	2.2	8.13	0.6335	0
E2		1	3.73	0.2888	
E3			1	0.0777	

表 6-59　关于 M2 各方案比较

E4	A1	A2	A3	权重	C. R.
E1	1	1/2	1	0.2500	0
E2		1	2	0.5000	
E3			1	0.2500	

表 6-60　关于 S1 各方案比较

S1	A1	A2	A3	权重	C. R.
E1	1	1	1.8	0.3962	0.0068
E2		1	1.4	0.3644	
E3			1	0.2394	

表 6-61　关于 S2 各方案比较

S2	A1	A2	A3	权重	C. R.
A1	1	1	3.5	0.4443	0.0025
A2		1	3	0.4221	
A3			1	0.1336	

表 6-62　关于 S2 的经济性各要素比较

S2	E1	E2	E3	E4	权重	C. R.
E1	1	0.6	3.08	4.34	0.3131	0
E2		1	4.92	6.95	0.5113	
E3			1	1.41	0.1028	
E4				1	0.0729	

表 6-63　关于 S2 的安全性各要素比较

S2	S1	S3	权重	C. R.
S1	1	1	0.5000	0
S3		1	0.5000	

表 6-64 关于 S3 各方案比较

S3	A1	A2	A3	权重	C. R.
A1	1	0.8	3	0.4213	0.0904
A2		1	1.5	0.3881	
A3			1	0.1906	

表 6-65 关于 S3 在经济性各要素比较

E3	S1	S2	权重	C. R.
S1	1	2	0.6667	0
S2		1	0.3333	

将上述比较矩阵依次输入到超级决策软件中，可以得到表 6-66 所示的未加权超矩阵。

表 6-66 未加权超矩阵

	A1	A2	A3	D1	E1	E2	E3	E4	M1	M2	S1	S2	S3
A1	0	0	0	0.5481	0.1257	0.1095	0.2727	0.6592	0.4169	0.2500	0.3962	0.4443	0.4213
A2	0	0	0	0.2770	0.4752	0.5816	0.5455	0.1789	0.3330	0.5000	0.3644	0.4221	0.3881
A3	0	0	0	0.1749	0.3991	0.3090	0.1818	0.1619	0.2500	0.2500	0.2394	0.1336	0.1906
D1	1	1	1	0	0	1	0	0	0	0	1	1	1
E1	0.6083	0.5710	0.5358	0.4935	0.4935	0.6286	0.1667	1.0000	0.6335	0	1	0.3131	1
E2	0.2311	0.2090	0.2893	0.3759	0.3759	0.0000	0.8333	0.0000	0.2888	0	0	0.5113	0
E3	0.1007	0.1216	0.1127	0.0788	0.0788	0.0863	0	0	0.0777	1	0	0.1028	0
E4	0.0599	0.0984	0.0623	0.0518	0.0518	0.2852	0	0	0	0	0	0.0729	0
M1	0.8889	0.8571	0.8571	0	0	1	0	0	0	0	0	0	0
M2	0.1111	0.1429	0.1429	0	0	0	1	0	0	0	0	1	0
S1	0.5480	0.3930	0.3108	0.6370	0.5537	0	0	0	0	0	0	0.5000	0.6667
S2	0.1941	0.2240	0.1958	0.1047	0.1658	0	0	0	0	0	1	0	0.3333
S3	0.2579	0.3830	0.4934	0.2583	0.2805	0	0	0	0	0	0	0.5000	0

第五步：计算加权超矩阵。

按照前文介绍的加权超矩阵计算方法，超级决策软件会给出加权超矩阵 $\overline{W}$，具体如表 6-67 所示。

表 6-67 加权超矩阵

	A1	A2	A3	D1	E1	E2	E3	E4	M1	M2	S1	S2	S3
A1	0	0	0	0.2893	0.0586	0.0651	0.1869	0.4762	0.3474	0.2083	0.1974	0.2149	0.2100
A2	0	0	0	0.1462	0.2217	0.3458	0.3738	0.1293	0.2775	0.4167	0.1816	0.2042	0.1934
A3	0	0	0	0.0923	0.1862	0.1838	0.1246	0.1169	0.2084	0.2083	0.1193	0.0646	0.0950

续表

	A1	A2	A3	D1	E1	E2	E3	E4	M1	M2	S1	S2	S3
D1	0.1413	0.1413	0.1413	0	0	0.1323	0	0	0	0	0.1100	0.1068	0.1100
E1	0.1593	0.1495	0.1403	0.0689	0.0885	0.1437	0.0439	0.2777	0.1056	0	0.1454	0.0442	0.1454
E2	0.0605	0.0547	0.0757	0.0525	0.0674	0.0000	0.2195	0	0.0481	0	0	0.0722	0
E3	0.0264	0.0319	0.0295	0.0110	0.0141	0.0197	0	0	0.0130	0.1667	0	0.0145	0
E4	0.0157	0.0258	0.0163	0.0072	0.0093	0.0652	0	0	0	0	0	0.0103	0
M1	0.0397	0.0383	0.0383	0	0	0.0445	0	0	0	0	0	0	0
M2	0.0050	0.0064	0.0064	0	0.0000	0	0.0513	0	0	0	0	0.0293	0
S1	0.3026	0.2170	0.1716	0.2118	0.1962	0	0	0	0	0	0	0.1195	0.1642
S2	0.1072	0.1237	0.1081	0.0348	0.0587	0	0	0	0	0	0.24628	0	0.0821
S3	0.1424	0.2115	0.2724	0.0859	0.0994	0	0	0	0	0	0	0.1195	0

第六步：计算极限加权超矩阵。

通过加权超矩阵自乘的方法进行到每行数字都一样时，就得到了极限加权超矩阵，这可以通过超级决策软件实现，最终的极限加权超矩阵如表 6-68 所示。

表 6-68　极限加权超矩阵

	A1	A2	A3	D1	E1	E2	E3	E4	M1	M2	S1	S2	S3
A1	0.1240	0.1240	0.1240	0.1240	0.1240	0.1240	0.1240	0.1240	0.1240	0.1240	0.1240	0.1240	0.1240
A2	0.1371	0.1371	0.1371	0.1371	0.1371	0.1371	0.1371	0.1371	0.1371	0.1371	0.1371	0.1371	0.1371
A3	0.0813	0.0813	0.0813	0.0813	0.0813	0.0813	0.0813	0.0813	0.0813	0.0813	0.0813	0.0813	0.0813
D1	0.0924	0.0924	0.0924	0.0924	0.0924	0.0924	0.0924	0.0924	0.0924	0.0924	0.0924	0.0924	0.0924
E1	0.1221	0.1221	0.1221	0.1221	0.1221	0.1221	0.1221	0.1221	0.1221	0.1221	0.1221	0.1221	0.1221
E2	0.0454	0.0454	0.0454	0.0454	0.0454	0.0454	0.0454	0.0454	0.0454	0.0454	0.0454	0.0454	0.0454
E3	0.0162	0.0162	0.0162	0.0162	0.0162	0.0162	0.0162	0.0162	0.0162	0.0162	0.0162	0.0162	0.0162
E4	0.0125	0.0125	0.0125	0.0125	0.0125	0.0125	0.0125	0.0125	0.0125	0.0125	0.0125	0.0125	0.0125
M1	0.0153	0.0153	0.0153	0.0153	0.0153	0.0153	0.0153	0.0153	0.0153	0.0153	0.0153	0.0153	0.0153
M2	0.0056	0.0056	0.0056	0.0056	0.0056	0.0056	0.0056	0.0056	0.0056	0.0056	0.0056	0.0056	0.0056
S1	0.1526	0.1526	0.1526	0.1526	0.1526	0.1526	0.1526	0.1526	0.1526	0.1526	0.1526	0.1526	0.1526
S2	0.0952	0.0952	0.0952	0.0952	0.0952	0.0952	0.0952	0.0952	0.0952	0.0952	0.0952	0.0952	0.0952
S3	0.1002	0.1002	0.1002	0.1002	0.1002	0.1002	0.1002	0.1002	0.1002	0.1002	0.1002	0.1002	0.1002

第七步：最优方案选择。

图 6-12 的后两列给出了两种优先等级，即“Normalized by Cluster”和“Limiting”，前者是按组归一化的优先等级，后者是极限矩阵的值。对于 A1，A2 和 A3 三个应急桥梁设计方案而言，按组归一化的优先数值分别为 0.3621，0.4004 和 0.2376（保留四位小数点），A2 为最优方案。

Super Decisions Main Window: bridge.sd...

Here are the priorities.

Icon	Name	Normalized by Cluster	Limiting
No Icon	A1	0.36208	0.123968
No Icon	A2	0.40036	0.137073
No Icon	A3	0.23756	0.081334
No Icon	D1	1.00000	0.092370
No Icon	E1	0.62226	0.122137
No Icon	E2	0.23135	0.045409
No Icon	E3	0.08248	0.016190
No Icon	E4	0.06391	0.012544
	M1	0.73133	0.015317
No Icon	M2	0.26867	0.005627
No Icon	S1	0.43837	0.152568
No Icon	S2	0.27360	0.095223
No Icon	S3	0.28802	0.100242

图 6-12　方案排序结果

（案例来源：孙宏才，田平，王莲芬. 网络层次分析法与决策科学[M]. 北京：国防工业出版社，2011. 本书进行了改编）

第四节　模糊综合评价法

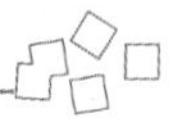

一、模糊数学的基础知识

（一）模糊集合

在客观世界中，存在着许多不确定的现象，这种不确定性主要表现为随机性和模糊性。随机性是事件是否发生的不确定性，它造成的不确定性是因为对事物的因果规律认识不够，也就是说对事件发生的条件无法严格控制，以致一些偶然因素使试验结果产生了不确定性，但事物本身确实有明确的内涵，随机性的特征是结果具有不可预测性。模糊性则是事物本身状态的不确定性，它是指某些事物或者概念的边界不清楚，这种边界不清楚，不是由于人的主观认识达不到客观实际而造成的，而是事物的一种客观属性，是事物之间存在着中间过渡过程的结果。在客观世界中，存在着大量的模糊概念和模糊现象。一个概念和与其对立的概念无法划出一条明确的分界，他们是随着量变逐渐过渡到质变的。例如年轻和年老、高与矮、胖与瘦、美与丑等没有确切界限的一些对立概念都是所谓的模糊概念。凡涉及模糊概念的现象被称为模糊现象。现实生活中的绝大多数现象，存在着中间状态，并非非此即彼，表现出亦此亦彼，存在着许多，甚至无穷多的中间状态。模糊数学着重研究“认知不确定”一类的问题，其研究对象具有“内涵明确，外延不明确”的特点。模糊数学就是试图利用数学工具解决模糊事物方面的问题。模糊数学的产生把数学的应用范围，从精确现象扩大到模糊现象的领域，从而处理复杂的系统问题。

1965 年美国加州大学扎德（L. A. Zadeh）教授发表 *Fuzzy Sets* 一文，标志模糊数学的诞生。扎德第一次提出了模糊集合的概念,这与传统的普通集合有着本质的不同。传统的普通集合里,任意一个元素归属于一个集合的判断是明确的,一个元素要么属于一个集合,要么不属于一个集合,任意一个元素归属具有非此即彼的性质。但是,对于模糊集合有时就很难明确界定某一元素是否完全隶属于或不隶属一个集合,比如老年人集合,有时很难明确回答59岁是否属于老年人这一集合,因为从中年到老年是一逐步过渡的过程,而不应该进行一刀切,将60岁作为老年人的绝对划分界限,比较合理的结果是59岁某种程度上有中年人集合的隶属性,也有一定老年人集合的隶属性。扎德的模糊集合理论恰恰是通过建立适当的隶属函数,通过模糊集合的有关运算和变换,对模糊对象进行分析,从而构建了模糊数学框架体系。

（二）隶属函数与隶属度

在普通的集合论中,一个集合完全可以通过特征函数进行描述。一个元素 x 和一个集合 A 的关系只能是 $x\in A$ 或 $x\notin A$,集合可通过特征函数 $\lambda_A(x)$ 来进行刻画,其定义为:

$$\lambda_A(x)=\begin{cases}1, x\in A\\0, x\notin A\end{cases}\tag{6-66}$$

$\lambda_A(x)$ 表示 x 对集合 A 隶属程度即隶属度。在普通的集合论中,隶属度只能取0或1,其数值反映了 x 绝对隶属于 A 或绝对不属于 A,因此只能反映非此即彼的关系。模糊集合则放宽了对隶属度只能为0或1的限制,将其拓展到可以在0到1之间任意取值。假设给定的论域 U 上的一个模糊子集 $\underset{\sim}{A}$,则对于任意一个 $u\in U$ 都指定一个数 $\gamma_{\underset{\sim}{A}}(u)\in[0,1]$,称作 u 对 $\underset{\sim}{A}$ 的隶属度,$\gamma_{\underset{\sim}{A}}(u)$ 称为 $\underset{\sim}{A}$ 的隶属函数。模糊集合 $\underset{\sim}{A}$ 完全由隶属函数所刻画,极端情况下,当 $\gamma_{\underset{\sim}{A}}(u)$ 取[0,1]两个端点值0和1时,模糊集合 $\underset{\sim}{A}$ 退化为普通集合,隶属函数也就变为特征函数。与普通集合在表述上不同的是,模糊集合不是说某个元素属于还是不属于哪个集合,而是说某个元素隶属于某个集合的程度即隶属度。至于说,如何构造隶属函数,至今无统一方法可以遵循,通常要在厘清事物客观发展规律的基础上,在经过人为主观的综合分析、加工改造构造符合客观规律的隶属函数,具体构造隶属函数方法包括五点法、三分法、模糊分布法、模糊统计法以及其他方法等。

（三）模糊集合的表示

论域 U 上的任意一个元素 u,其函数值 $\gamma_{\underset{\sim}{A}}(u)$ 表示元素 u 属于模糊集合 $\underset{\sim}{A}$ 的程度,通常用 $\frac{\gamma_{\underset{\sim}{A}}(u)}{u}$ 表示,通常把在论域 U 上模糊集合定义为 $\underset{\sim}{A}=\int_{u\in U}\frac{\gamma_{\underset{\sim}{A}}(u)}{u}$,这里的积分号不表示积分,也不表示普通的求和运算,而是表示各个元素与其隶属度的对应关系的总体概括,一般情况下模糊集合有以下三种表示方法。

(1)Zadeh 表示法:$\underset{\sim}{A}=\frac{\gamma_{\underset{\sim}{A}}(u_1)}{u_1}+\frac{\gamma_{\underset{\sim}{A}}(u_2)}{u_1}+\cdots+\frac{\gamma_{\underset{\sim}{A}}(u_n)}{u_n}$,其中,分母是论域 U 中元素,即 $U=\{u_1,u_2,\cdots,u_n\}$,分子则是分母元素对应的隶属度。

(2)序偶法:$\underset{\sim}{A}=\{(u_1,\gamma_{\underset{\sim}{A}}(u_1)),(u_2,\gamma_{\underset{\sim}{A}}(u_2)),\cdots,(u_n,\gamma_{\underset{\sim}{A}}(u_n))\}$,序偶对中的前者是论域中的元素,后者是该元素对应的隶属度。

(3)向量法：$\underset{\sim}{A}=(\gamma_{\underset{\sim}{A}}(u_1),\gamma_{\underset{\sim}{A}}(u_2),\cdots,\gamma_{\underset{\sim}{A}}(u_n))$。

二、模糊综合评价的基本原理

在现实的评价问题中，往往需要用多个评价指标刻画评价问题的本质与特征，而且人们对一个事物的评价又往往不是简单的好与不好，而是采用模糊语言分为不同程度的评语。由于评价等级之间的关系是模糊的，没有绝对明确的界限，因此具有模糊性。显而易见，对于这类模糊评价问题，利用经典的评价方法存在着不合理性。应用模糊集合论方法对决策活动所涉及的人、物、事、方案等进行多因素、多目标的评价和判断，就是模糊综合评价。具体而言，模糊综合评价就是以模糊数学为基础，应用模糊关系合成的原理，将一些边界不清、不易定量的因素定量化，从多个因素对被评价事物隶属等级状况进行综合性评价的一种方法。其基本原理是：首先确定被评价对象的因素（评价指标）集和评价（等级）集；再分别确定各个因素的权重及它们的隶属度向量，获得模糊评价矩阵；最后把模糊评价矩阵与因素的权重向量进行模糊运算，得到模糊评价综合结果。假设 $\boldsymbol{U}=\{U_1,U_2,\cdots,U_m\}$ 为刻画评价对象的 m 个因素，$\boldsymbol{V}=\{v_1,v_2,\cdots,v_n\}$ 为刻画每一个因素所处状态的 n 种评价等级。接下来需要构造两个模糊集合，一个是根据 m 个因素的相对重要性确定这 m 个因素的模糊权重向量集 $\underset{\sim}{\boldsymbol{A}}=(a_1,a_2,\cdots,a_m)$，在实际评价中，模糊权重向量集可以用一般的权重向量代替；另一个是构造各因素在各个评语等级上的模糊关系集 $\underset{\sim}{\boldsymbol{R}}=(r_{ij})_{m\times n}$，再对这两类集合施加某种运算便得到 V 上的一个模糊子集 $\underset{\sim}{\boldsymbol{B}}=(b_1,b_2,\cdots,b_n)$。由此可以看出，模糊综合评价就是确定模糊权重向量 $\underset{\sim}{\boldsymbol{A}}=(a_1,a_2,\cdots,a_m)$，以及一个从 U 到 V 模糊变换，据此构造模糊关系矩阵 $\underset{\sim}{\boldsymbol{R}}=(r_{ij})_{m\times n}$，进而采用模糊关系运算得到 $\underset{\sim}{\boldsymbol{B}}=\underset{\sim}{\boldsymbol{A}}\circ\underset{\sim}{\boldsymbol{R}}$ 即模糊综合评价结果。

三、模糊综合评价法的基本步骤

（一）一级模糊综合评价步骤

第一步：确定评价问题的评价因素集 $\boldsymbol{U}=\{U_1,U_2,\cdots,U_m\}$ 和评价等级 $\boldsymbol{V}=\{v_1,v_2,\cdots,v_n\}$。评价等级一般取 3 到 7 个等级，而且评语等级取奇数居多，比如取 3、5 或 7，具体的评语等级可以是诸如 $V=\{$差，较差，一般，较好，好$\}$的形式。

第二步：进行单因素评价，从而构建模糊关系矩阵 $\underset{\sim}{\boldsymbol{R}}=(r_{ij})_{m\times n}$。

需要对每一个评价对象的每一个因素进行量化，先从各单因素来考虑评价对象对各评语等级隶属度，具体的隶属度构造可以采用前面提到的五点法、三分法、模糊分布法、模糊统计法以及其他方法等，进而得到模糊关系矩阵 $\underset{\sim}{\boldsymbol{R}}=(r_{ij})_{m\times n}$。

$$\underset{\sim}{\boldsymbol{R}}=\begin{bmatrix}\underset{\sim}{R}_{u_1}\\ \underset{\sim}{R}_{u_2}\\ \vdots\\ \underset{\sim}{R}_{u_m}\end{bmatrix}=\begin{bmatrix}r_{11} & r_{12} & \cdots & r_{1n}\\ r_{21} & r_{22} & \cdots & r_{2n}\\ \vdots & \vdots & \vdots & \vdots\\ r_{m1} & r_{m2} & \cdots & r_{mn}\end{bmatrix} \tag{6-67}$$

式(6-67)中，$\underset{\sim}{\boldsymbol{R}}$ 的第 i 行第 j 列元素 r_{ij} 表示被评价对象从因素 u_i 来看对 v_j 等级模糊子集的隶属度。

第三步：确定评价因素的模糊权重向量 $\underset{\sim}{\boldsymbol{A}}=(a_1,a_2,\cdots,a_m)$。

在模糊综合评价中，评价因素的权重向量本质上是反映因素 u_i 对模糊子集的隶属度，因此，理论上应该采用模糊方法确定因素权重向量，不过在实际评价中，经常采用一般的确定评价因素权重的方法确定，比如前面提及的序关系法、相对比较法、连环比率法、专家打分法以及层次分析法等。需要说明的是，第二步和第三步的处理顺序没有绝对的先后，两者的顺序可以颠倒。

第四步：进行综合运算，确定各评价对象的模糊综合评价结果向量 $\underset{\sim}{\boldsymbol{B}}=(b_1,b_2,\cdots,b_n)$。

$\underset{\sim}{\boldsymbol{R}}$ 中的不同行反映了被评价对象从不同的单因素来看对各等级模糊子集的隶属程度。采用模糊权重向量 $\underset{\sim}{\boldsymbol{A}}=(a_1,a_2,\cdots,a_m)$将不同行进行综合便可以得到某个评价对象从总体上看对各等级模糊子集的隶属程度，即模糊综合评价结果向量 $\underset{\sim}{\boldsymbol{B}}=(b_1,b_2,\cdots,b_n)$。具体的模糊综合评价模型如下：

$$\begin{aligned}\underset{\sim}{\boldsymbol{B}} &=(b_1,b_2,\cdots,b_n)=\underset{\sim}{\boldsymbol{A}}\circ\underset{\sim}{\boldsymbol{R}} \\ &=(a_1,a_2,\cdots,a_m)\circ\begin{bmatrix} r_{11} & r_{12} & \cdots & r_{1n} \\ r_{21} & r_{22} & \cdots & r_{2n} \\ \vdots & \vdots & \vdots & \vdots \\ r_{m1} & r_{m2} & \cdots & r_{mn}\end{bmatrix}\end{aligned} \tag{6-68}$$

式(6-68)中，符号“∘”表示模糊算子，常用的模糊合成算子有以下四种。

①$M(\wedge,\vee)$算子：

$$b_j=\bigvee_{i=1}^{m}(a_i\wedge r_{ij})=\max_{1\leqslant i\leqslant m}\{\min(a_i,r_{ij})\}\quad(j=1,2,\cdots,n) \tag{6-69}$$

②$M(\cdot,\vee)$算子：

$$b_j=\bigvee_{i=1}^{m}(a_i\cdot r_{ij})=\max_{1\leqslant i\leqslant m}\{a_i,r_{ij}\}\quad(j=1,2,\cdots,n) \tag{6-70}$$

③$M(\wedge,\oplus)$算子：

$$\begin{aligned}b_j &= (a_1\wedge r_{1j})\oplus(a_2\wedge r_{2j})\oplus\cdots\oplus(a_m\wedge r_{mj}) \\ &= \min\left\{1,\sum_{1\leqslant i\leqslant m}^{m}\min(a_i,r_{ij})\right\}\quad(j=1,2,\cdots,n)\end{aligned} \tag{6-71}$$

④$M(\cdot,+)$算子：

$$b_j=\sum_{i=1}^{m}(a_i\cdot r_{ij})\quad(j=1,2,\cdots,n) \tag{6-72}$$

算子①的评价结果只考虑了主要因素，忽略了其他因素，属于主因素突出性，综合程度比较弱，没有充分利用 $\underset{\sim}{R}$ 的评价信息，也没有体现因素权重的加权作用；算子②和算子③与算子①比较相似，只是在算子①基础上进行了细化，这两个算子不仅突出了主因素，也兼顾了其他次要因素，在具体的模糊综合评价问题中，如果权重最大的因素起主导作用，就可以考虑优先选择这 3 种算子。算子④对各因素进行了综合兼顾，评价结果体现了被评价对象的整体特征，比较适合于兼顾整体因素的综合评价，该算子也是实际评价中使用最多的算子。

第五步：对评价结果进行排序与分析。

模糊综合评价的结果是被评价对象的各等级模糊子集的隶属度，一般是一个模糊向量，而不是一个点值，因此，如对多个评价对象进行比较并排序，就需要计算每个评价对象的综合得分值，按其大小排序。通常有以下几种方法可以得到评价对象的综合得分值。一是最大隶属度方法。针对某个评价对象的模糊综合评价向量结果 $\underset{\sim}{\boldsymbol{B}}=(b_1,b_2,\cdots,b_n)$，若 $b_k=\max\limits_{1\leqslant j\leqslant n}\{b_j\}$，则该评价对象总体上而言隶属于第 k 个等级。该种方法操作比较简单，缺点是损失的信息比较多，甚至有时会得出不合理的结果。二是加权平均方法。该方法是将各评语等级看成一种相对位置，为了使其能进行量化处理，不妨对 n 个评语等级依次赋 1，2，…，n个数值，将其称为各评语等级的秩。然后用 $\underset{\sim}{\boldsymbol{B}}=(b_1,b_2,\cdots,b_n)$ 中的各分量与各等级秩进行加权求和，便可以得到评价对象的相对位置 D，具体公式为：

$$D=\frac{\sum\limits_{j=1}^{n}b_j^k\cdot j}{\sum\limits_{j=1}^{n}b_j^k} \tag{6-73}$$

式(6-73)中，k 为待定系数，通常取 1 或 2，主要目的是控制较大 b_j 所起的作用。当 k 趋于正无穷时，加权平均方法就是最大隶属度方法。三是模糊向量单值化。这与第二种方法比较类似，区别在于该种方法是对 n 个评语等级依次赋予一个分数 $c_1,c_2,\cdots,c_n$，而且各分数间距相等，模糊向量单值化公式为：

$$D=\frac{\sum\limits_{j=1}^{n}b_j^k\cdot c_j}{\sum\limits_{j=1}^{n}b_j^k} \tag{6-74}$$

式(6-74)中的 k 含义与式(6-73)相同。

以上 3 种方法，如果只是给出模糊综合评价结果，不需要对评价对象进行精确排序，可以采用方法一；如果需要对评价对象进行排序，尽量少损失评价信息，则可以选用后两种方法。

（二）多级模糊综合评价的步骤

在复杂系统中，由于要考虑的因素很多，并且各因素之间往往还有层次之分，在这种复杂的情况下，必须首先把这些因素集合 U 按某些属性分成几级，先对每一级做综合评价，然后再对评判结果进行“级别”之间的高层次的综合。如果因素集分成两级，则称为二级模糊综合评价，还可以继续分为三级或更多级的模糊综合评价。将二级及以上的模糊综合评价称为多级模糊综合评价。以下是二级模糊综合评价的步骤，更高级的模糊综合评价步骤与二级模糊综合评价类似。

第一步：把评价因素论域按照某种属性分成 s 个子集。

设评价因素集合 $\boldsymbol{U}=\{u_1,u_2,\cdots,u_s\}$，其中，$\boldsymbol{U}_i=\{u_{i1},u_{i2},\cdots,u_{ip_i}\}$，评语等级 $\boldsymbol{V}=\{v_1,v_2,\cdots,v_n\}$，$i=1,2,\cdots,s$；$u_i$ 中含有 p_i 个因素。

第二步：对每一个 u_i 进行单级模糊综合评价。

设 u_i 中的各因素重要性程度模糊子集为 $\underset{\sim}{\boldsymbol{A}}_i=\{a_{i1},a_{i2},\cdots,a_{ip_i}\}$，且 $a_{i1}+a_{i2}+\cdots+a_{ip_i}=1$，$a_i$ 下的 p_i 个因素的单级模糊综合评价结果为矩阵为 $\underset{\sim}{\boldsymbol{B}}_i$，$\underset{\sim}{\boldsymbol{B}}_i$ 的具体计算公式为：

$$\underset{\sim}{\boldsymbol{B}}_i=\underset{\sim}{\boldsymbol{A}}_i\circ\underset{\sim}{\boldsymbol{R}}_i=(b_{i1},b_{i2},\cdots,b_{in}),\quad(i=1,2,\cdots,s)\tag{6-75}$$

第三步：进行二级模糊综合评价。

将 u_i 看作是一个综合因素，用 $\boldsymbol{B}_i$ 作为它的单因素模糊综合评价结果，可得到模糊关系矩阵：

$$\underset{\sim}{\boldsymbol{R}}=\begin{bmatrix}\boldsymbol{B}_1\\\boldsymbol{B}_2\\\vdots\\\boldsymbol{B}_s\end{bmatrix}=\begin{bmatrix}\underset{\sim}{\boldsymbol{A}}_1\circ\underset{\sim}{\boldsymbol{R}}_1\\\underset{\sim}{\boldsymbol{A}}_2\circ\underset{\sim}{\boldsymbol{R}}_2\\\vdots\\\underset{\sim}{\boldsymbol{A}}_s\circ\underset{\sim}{\boldsymbol{R}}_s\end{bmatrix}=\begin{bmatrix}b_{11}&b_{12}&\cdots&b_{1n}\\b_{21}&b_{22}&\cdots&b_{2n}\\\vdots&\vdots&\vdots&\vdots\\b_{s1}&b_{s2}&\cdots&b_{sn}\end{bmatrix}\tag{6-76}$$

设评价因素集合 $\boldsymbol{U}=\{u_1,u_2,\cdots,u_s\}$ 各因素的重要性模糊权重向量为 $\underset{\sim}{\boldsymbol{A}}=(a_1,a_2,\cdots,a_s)$，则二级模糊综合评级结果为：

$$\underset{\sim}{\boldsymbol{B}}=\underset{\sim}{\boldsymbol{A}}\circ\underset{\sim}{\boldsymbol{R}}\tag{6-77}$$

可以仿照二级模糊综合评价步骤，根据具体的评价问题性质，建立层级更高的模糊综合评价模型。

四、模糊综合评价法的应用

【例 6-12】网络课程质量模糊综合评价

随着计算机技术与多媒体技术的飞速发展，尤其是近几年受新冠肺炎疫情的影响，网络课程的数量也在迅速增加，在数量猛增的同时也出现了很多低水平的网络课程。因此很有必要对网络课程的质量进行有效的监控和管理。早在 2002 年，教育部教育信息化技术标准委员会就发布了《网络课程评价规范 CELTS-22.1》，该规范通过一套特定的评价指标体系来评价网络课程的质量特性，成为网络课程评价和建设的重要标准。但是该规范只能定性地对影响网络课程质量的单个因素进行评价，没有给出具体的网络课程整体评价方法，于是陆续有很多学者提出了网络课程的众多评价方法，其中，层次分析法和模糊综合评价法最受关注，不过，这两种方法各有优缺点。层次分析法由于是通过两两比较评价对象的相对重要性进而进行综合评价，所以，层次分析法在确定评价指标的权重时很有优势，其缺点是要进行判断矩阵的一致性检验；而模糊综合评价法则主要使用模糊数学的基本理论和方法，对现实世界中广泛存在的模糊的、不确定的事物进行量化，因而在处理语言评价值诸如“优”“良”“中”“差”等评语时特别适用，但模糊综合评价中的评价指标权重一般是凭专家的经验给出，缺乏一定的科学性。在实际的网络课程评价中，往往涉及多因素、多层次的评价指标体系，再加上专家通常喜欢习惯用语言评价值比如“优”“良”“中”“差”来衡量网络课程的优劣。因此，结合层次分析法和模糊综合评价法的各自优势，采用模糊综合评判法来评价网络课程的质量，而用改进的层次分析法即属性层次模型（analytic hierarchical model，AHM）来确定网络课程评价指标权重，从而达到层次分析法和模糊综合评价法的优势互补。

（一）网络课程评价指标体系构建与评价指标权重确定

网络课程评价是一个综合的、多准则的、多因素的复杂问题，因此，需要通过构建一套特定的评价指标体系从多个维度评价网络课程的质量。在参考已有文献研究的基础上构建图 6-13 所示的网络课程质量评价指标体系。该评价指标体系由课程内容、教学设计、界面设计和技术性四个一级评价指标和 32 个二级评价指标组成。

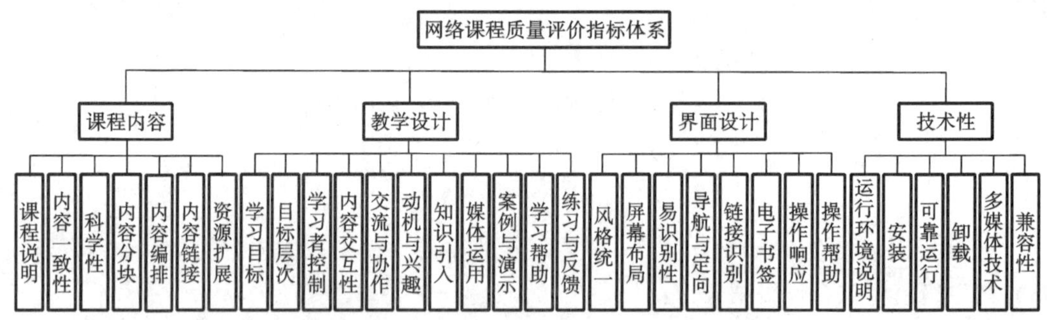

图 6-13　网络课程质量评价指标体系

在进行网络课程评价时，确定评价指标的权重是一项非常重要的工作。目前，层次分析法是确定网络课程评价指标权重的最有效方法，但运用层次分析法的最大问题是必须要检验判断矩阵的一致性，在实际问题中判断矩阵的一致性却经常不能满足要求，这就需要调整判断矩阵使其满足一致性的要求，有时要经过多次调整，使用起来非常麻烦。而 AHM 模型的一致性要求却很低，比如在比较甲、乙、丙的重要性时，只要甲比乙强、乙比丙强，则甲就比丙强，至于强多少，AHM 模型没有像层次分析法那样严格的要求。因此，在层次分析法中判断矩阵一致性不被满足时，对应到 AHM 模型的一致性却经常可以被满足，并且一致性可以从 AHM 模型的比较判断矩阵中进行直接观察，因此，AHM 模型使用起来非常方便。

假设 AHM 模型的比较判断矩阵为 $\boldsymbol{C}=(C_{ij})_{n\times n}$，而 $\boldsymbol{C}=(C_{ij})_{n\times n}$ 通常是难以求出的，但可以通过层次分析法中的比较判断矩阵 $\boldsymbol{A}=(C_{ij})_{n\times n}$ 中间接导出，具体转换公式为：

$$c_{ij}=\begin{cases}\dfrac{2k}{2k+1}, & (a_{ij}=k)\\ \dfrac{1}{2k+1}, & (a_{ij}=\dfrac{1}{k})\\ 0.5, & (a_{ij}=1, i\neq j)\\ 0, & (a_{ij}=1, i=j)\end{cases} \tag{6-78}$$

上式中，a_{ij} 是在层次分析法中按照 1—9 标度理论得出的网络课程第 i 项评价指标比第 j 项评价指标的相对重要性值，具体的第 i 项评价指标比第 j 项评价指标重要性等级及赋值如表 6-69 所示。

表 6-69　网络课程质量评价指标两两比较重要性等级及赋值

序号	重要性等级	a_{ij}
1	i、j 两指标同样重要	1
2	i 比 j 指标稍重要	3
3	i 比 j 指标明显重要	5

续表

序号	重要性等级	a_{ij}
4	i 比 j 指标强烈重要	7
5	i 比 j 指标极端重要	9
6	i 比 j 指标稍不重要	1/3
7	i 比 j 指标稍明显不重要	1/5
8	i 比 j 指标强烈不重要	1/7
9	i 比 j 指标极端不重要	1/9

另外，$a_{ij}=\{2,4,6,8,1/2,1/4,1/6,1/8\}$表示重要性等级介于 $a_{ij}=\{1,3,5,7,9,1/3,1/5,1/7,1/9\}$相应值之间时的赋值。

在 AHM 模型的比较判断矩阵 $\boldsymbol{C}=(C_{ij})_{n\times n}$中，根据转换公式(6-78)，当 $k=9$ 时，则 $c_{ij}=0.9474$，这相当于第 i 项评价指标比第 j 项评价指标极端重要；当 $k=1$ 时，则 $c_{ij}=0.5$ $(i\neq j)$，这相当于第 i 项评价指标与第 j 项评价指标一样强，其他对应关系均可以通过公式(6-78)求得。

AHM 模型在确定评价指标权重的主要步骤如下：

第一步：根据 1-9 标度理论构造评价指标两两比较矩阵，即判断矩阵 $\boldsymbol{A}=(C_{ij})_{n\times n}$；

第二步：根据(6-78)转换公式构造 AHM 模型的判断矩阵 $\boldsymbol{C}=(C_{ij})_{n\times n}$，并逐行检验一致性；

第三步：将 AHM 模型的比较判断矩阵 $\boldsymbol{C}=(C_{ij})_{n\times n}$每一列归一化，即：

$$\bar{c}_{ij}=\frac{c_{ij}}{\sum_{k=1}^{n}c_{kj}}\quad(i,j=1,2,\cdots,n)\tag{6-79}$$

第四步：求出判断矩阵 $\bar{\boldsymbol{C}}=(\bar{c}_{ij})_{n\times n}$的每一行各元素之和，得到向量 $\bar{\boldsymbol{w}}=(\bar{w}_1,\bar{w}_2,\cdots,\bar{w}_n)$，即：

$$\bar{w}_i=\sum_{j=1}^{n}\bar{c}_{ij}\quad(i=1,2,\cdots,n)\tag{6-80}$$

第五步：将向量 $\bar{w}$ 进行归一化得到评价指标权重向量 $w=(w_1,w_2,\cdots,w_n)$，即：

$$w_i=\frac{\bar{w}_i}{\sum_{j=1}^{n}\bar{w}_j}\quad(i=1,2,\cdots,n)\tag{6-81}$$

w 就是所求的评价指标权重向量，即本层次各指标对上一层某评价指标的相对重要性权重。

(二)网络课程质量二级模糊综合评价原理

在网络课程质量评价中，由于要考虑的评价指标很多，并且各评价指标之间往往还有层次之分，在这种情况下，必须首先把这些评价指标集合 U 按某些属性分成几类，先对每一类做综合评价，然后再对评价结果进行“类”之间的高层次的综合评价。由图 6-13 可知，网络课程质量评价指标集分成两级，所以称为二级模糊综合评价。网络课程质量的二级模糊综合评价具体原理如下：

首先，划分评价指标集 $\boldsymbol{U}$

对网络课程质量评价指标划分成 n 个子集，用 $\boldsymbol{U}=\{U_1,U_2,\cdots,U_n\}$ 表示，其中 $\boldsymbol{U}_i=\{u_{i1},u_{i2},\cdots,u_{ik_i}\}$，$i=1,2,\cdots,n$，即一级评价指标 $\boldsymbol{U}_i$ 中含有 k_i 个二级评价指标。

其次，对每个一级评价指标 $\boldsymbol{U}_i$ 进行单级模糊综合评价

设评语等级域为 $\boldsymbol{V}=\{v_1,v_2,\cdots,v_p\}$，其中 p 为评语等级数，U_i 中各评价指标的权重向量为 $\boldsymbol{w}_i=(u_{i1},u_{i2},\cdots,u_{ik_i})$，则 U_i 的单级评价结果为：

$$\boldsymbol{B}_i=w_i\circ\boldsymbol{R}_i=(w_{i1},w_{i2},\cdots,w_{ik_i})\circ\begin{pmatrix} r_{11}^i & r_{12}^i & \cdots & r_{1p}^i \\ r_{21}^i & r_{22}^i & \cdots & r_{2p}^i \\ \vdots & \vdots & \vdots & \vdots \\ r_{k_i1}^i & r_{k_i2}^i & \cdots & r_{k_ip}^i \end{pmatrix}=(b_{i1},b_{i2},\cdots,b_{ip}) \tag{6-82}$$

式(6-82)中 R_i 为第 i 个一级评价指标下的各二级指标模糊隶属函数值，$\boldsymbol{B}_i$ 为 $\boldsymbol{U}_i$ 的单因素评价结果。

最后，对每个一级评价指标 U_i 进行二级模糊综合评价

设一级评价指标 $U=\{U_1,U_2,\cdots,U_n\}$ 的权重向量 $\boldsymbol{w}=(w_1,w_2,\cdots,w_n)$，则网络课程质量二级模糊综合评价结果为：

$$\boldsymbol{B}=\boldsymbol{W}\circ\begin{pmatrix} B_1 \\ B_2 \\ \vdots \\ B_n \end{pmatrix}=(w_1,w_2,\cdots,w_n)\circ\begin{pmatrix} b_{11} & b_{12} & \cdots & b_{1p} \\ b_{21} & b_{22} & \cdots & b_{2p} \\ \vdots & \vdots & \vdots & \vdots \\ b_{n1} & b_{n2} & \cdots & b_{np} \end{pmatrix} \tag{6-83}$$

此时就可以得到网络课程质量二级模糊综合评价结果。

（三）算例计算

为了验证网络课程评价模型的实用性，针对某网络课程，有 15 名专家对该网络课程质量进行观摩评分。按照上述 AHM 模型确定的网络课程质量评价指标权重的步骤，以课程内容、教学设计、界面设计和技术性四项一级评价指标为例来说明其权重的计算过程。首先，按照 1－9 标度规则，邀请专家对四项一级评价指标的重要性进行两两比较，经过协商，大家认为四项一级指标的两两比较重要性判断矩阵 A 如下：

$$\boldsymbol{A}=\begin{bmatrix} 1 & 1/2 & 2 & 3 \\ 2 & 1 & 2 & 5 \\ 1/2 & 1/2 & 1 & 4 \\ 1/3 & 1/5 & 1/4 & 1 \end{bmatrix}$$

按照(6-78)的转换公式把上述判断矩阵 **A** 转换成 AHM 模型下的判断矩阵 $\boldsymbol{C}$：

$$\boldsymbol{C}=\begin{bmatrix} 0.0000 & 0.2000 & 0.8000 & 0.8571 \\ 0.8000 & 0.000 & 0.8000 & 0.9091 \\ 0.2000 & 0.2000 & 0.0000 & 0.8889 \\ 0.1429 & 0.0909 & 0.1111 & 0.0000 \end{bmatrix}$$

上述判断矩阵 $\boldsymbol{C}$ 显然满足一致性检验，然后分别按照公式(6-79)、(6-80)、(6-81)对判断矩阵 $\boldsymbol{C}$ 进行进一步的计算，便可以得到课程内容、教学设计、界面设计和技术性四个一级评价指标的权重向量 $\boldsymbol{w}=(0.2994,0.3775,0.2293,0.0938)$。按照同样的方法可以得到表6-70 的其他二级评价指标的权重。

对图 6-13 的 32 个分项评价指标，确定评语等级域 $\boldsymbol{V}$ 为 4 个等级即“优”、“良”、“中”和“差”，用如下符号表示：

$$\boldsymbol{V}=\{v_1,v_2,v_3,v_4\}$$

针对 15 名专家的评分，首先进行单项评价指标评价，对于课程说明单项评价指标而言，经统计有 73.33％的人认为课程说明的质量为“优”，13.33％的人认为是“良”，6.67％的人认为是“中”，6.67％的人认为是“差”。则对于课程说明的模糊综合评价隶属关系可以表示为：

$$\boldsymbol{r}_1{}^1=(0.7333,0.1333,0.0667,0.0667)$$

同理，经统计其余的各二级评价指标的模糊评价隶属关系见表 6-70 所示。采用常规矩阵乘法规则按照公式(6-82)对 U_i 进行单级模糊综合评价，计算结果如下：

$$\boldsymbol{B}_1=(0.7170,0.1041,0.1184,0.0605)\quad \boldsymbol{B}_2=(0.6008,0.2628,0.0711,0.0654)$$

$$\boldsymbol{B}_3=(0.7784,0.1687,0.0335,0.0194)\quad \boldsymbol{B}_4=(0.7878,0.1100,0.0667,0.0355)$$

再按照式(6-83)可以得到二级模糊综合评价结果：

$$\boldsymbol{B}=\boldsymbol{W}\circ\begin{bmatrix}\boldsymbol{B}_1\\ \boldsymbol{B}_2\\ \vdots\\ \boldsymbol{B}_n\end{bmatrix}=(0.2994,0.3775,0.2293,0.0938)\circ\begin{bmatrix}0.7170,0.1041,0.1184,0.0605\\ 0.6008,0.2628,0.0711,0.0654\\ 0.7784,0.1687,0.0335,0.0194\\ 0.7878,0.1100,0.0667,0.0355\end{bmatrix}$$

$$=(0.6938,0.1794,0.0762,0.0506)$$

由此可见，15 名专家认为该门课程为“优”的满意程度是 0.6938，认为该门课程为“良”的满意程度是 0.1794，认为该门课程为“中”的满意程度是 0.0762，认为该门课程为“差”的满意程度是 0.0506。根据最大隶属度原则，则该门课程的总体评价结果为“优”。

表 6-70 网络课程质量评价汇总表

一级指标及其权重	二级指标及其权重	模糊关系			
		优(v_1)	良(v_2)	中(v_3)	差(v_4)
课程内容(0.2994)	课程说明(0.1013)	0.7333	0.1333	0.0667	0.0667
	内容一致性(0.1474)	0.6667	0.1333	0.1333	0.0667
	科学性(0.2232)	0.7333	0.0667	0.1333	0.0667
	内容分块(0.2028)	0.6000	0.1333	0.2000	0.0667
	内容编排(0.2328)	0.8000	0.0667	0.0667	0.0667
	内容链接(0.0558)	0.8667	0.0667	0.0667	0.0000
	资源扩展(0.0367)	0.6667	0.2667	0.0667	0.0000

续表

一级指标及其权重	二级指标及其权重	模糊关系			
		优(v_1)	良(v_2)	中(v_3)	差(v_4)
教学设计(0.3775)	学习目标(0.0658)	0.6000	0.3333	0.0667	0.0000
	目标层次(0.0802)	0.5333	0.3333	0.0667	0.0667
	学习者控制(0.0654)	0.5333	0.3333	0.0667	0.0667
	内容交互性(0.1241)	0.6000	0.2667	0.0667	0.0667
	交流与协作(0.1713)	0.5333	0.3333	0.0667	0.0667
	动机与兴趣(0.1753)	0.6667	0.2667	0.0667	0.0000
	知识引入(0.0658)	0.7333	0.0667	0.1333	0.0667
	媒体选用(0.0303)	0.7333	0.1333	0.0667	0.0667
	案例与演示(0.1115)	0.6667	0.1333	0.0667	0.1333
	学习帮助(0.0402)	0.4667	0.3333	0.0667	0.1333
	练习与反馈(0.0701)	0.5333	0.2667	0.0667	0.1333
界面设计(0.2293)	风格统一(0.1476)	0.7333	0.1333	0.0667	0.0667
	屏幕布局(0.1438)	0.8000	0.0667	0.0667	0.0667
	易识别性(0.0443)	0.8667	0.0667	0.0667	0.0000
	导航与定向(0.2587)	0.9333	0.0667	0.0000	0.0000
	链接识别(0.0567)	0.7333	0.2667	0.0000	0.0000
	电子书签(0.0786)	0.6000	0.3333	0.0667	0.0000
	操作响应(0.1828)	0.7333	0.2667	0.0000	0.0000
	操作帮助(0.0875)	0.6000	0.3333	0.0667	0.0000
技术性(0.0938)	运行环境说明(0.0597)	0.8000	0.0667	0.0667	0.0667
	安装(0.0597)	0.7333	0.1333	0.0667	0.0667
	可靠运行(0.3348)	0.8667	0.0667	0.0667	0.0000
	卸载(0.0597)	0.7333	0.1333	0.0667	0.0667
	多媒体技术(0.3535)	0.8000	0.0667	0.0667	0.0667
	兼容性(0.1326)	0.6000	0.3333	0.0667	0.0000

本案例将层次分析法和模糊综合评价法进行结合来评价网络课程的质量，并引入了AHM模型对层次分析法进行修正，这样做可以充分发挥层次分析法和模糊综合评价法的各自长处，回避其各自的缺点。

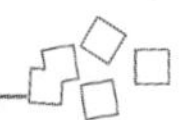

第五节　灰色关联度综合评价法

一、灰色关联度分析

灰色系统理论(grey system theory)是华中科技大学邓聚龙教授在1982年首次提出的,该理论以部分信息已知、部分信息未知(少数据)的不确定性系统为研究对象,主要通过对少数据不确定信息进行开发挖掘,获得潜在的有价值信息,进而对系统的内部结构、功能、行为和演化规律进行建模分析。经过诸多研究者30多年的不懈努力,灰色系统理论已逐步形成较为完善的理论体系,其核心理论包括灰数、灰生成、灰色关联度、灰色预测、灰色评估、灰色决策以及灰色控制等,其中,灰色关联度是应用最为广泛的分析方法之一。灰色关联度通常是反映各因素变化特征(大小、方向、速度、趋势)的数据序列曲线的几何形状相似性或紧密程度,如果样本数据序列特征一致,则它们的灰色关联度就大,否则它们的灰色关联度就小。灰色关联度分析的核心是计算灰色关联度,下面通过表6-71的数据来说明灰色关联度的计算方法。

表6-71　某地区2010—2019年地区生产总值及构成(单位:亿元)

年份	地区生产总值	产值构成		
		第一产业	第二产业	第三产业
2010	45944.62	2199.60	22917.43	20827.59
2011	53072.79	2553.17	26161.08	24358.54
2012	57007.74	2711.32	27346.12	26950.30
2013	62503.41	2876.42	29342.97	30284.02
2014	68173.03	3038.71	31930.37	33203.95
2015	74732.44	3189.76	33913.76	37628.92
2016	82163.22	3500.49	35499.24	43163.49
2017	91648.73	3611.44	38536.61	49500.68
2018	99945.22	3836.40	41398.45	54710.37
2019	107671.07	4351.26	43546.43	59773.38

根据表6-71的数据,确定该地区哪一个产业与地区生产总值的变化趋势比较一致。下面采用灰色关联度分析法进行分析。

首先,采用式(6-4)极值标准化方法进行数据预处理,当然也可以采用别的标准化方法,表6-72为极值标准化方法处理结果。

表 6-72 某地区 2010—2019 年地区生产总值及构成标准化结果

年份	产值构成			
	地区生产总值	第一产业	第二产业	第三产业
	$x_0(k)$	$x_1(k)$	$x_2(k)$	$x_3(k)$
2010	0.0000	0.0000	0.0000	0.0000
2011	0.1155	0.1643	0.1572	0.0907
2012	0.1792	0.2378	0.2147	0.1572
2013	0.2683	0.3146	0.3115	0.2428
2014	0.3601	0.3900	0.4369	0.3178
2015	0.4664	0.4602	0.5331	0.4314
2016	0.5868	0.6046	0.6099	0.5735
2017	0.7404	0.6562	0.7571	0.7362
2018	0.8748	0.7607	0.8959	0.8700
2019	1.0000	1.0000	1.0000	1.0000

其次，用标准化后的各期对应的地区生产总值与各产业产值的绝对差值反映两列数据的变化趋势，如果对应点的绝对差值小，则两个序列的变化趋势一致性就强，反之，一致性就弱。各产业产值与地区生产总值的绝对差值见表 6-73 所示。

表 6-73 某地区 2010—2019 年地区生产总值与各产业产值绝对差值

年份	$\Delta_{01}k=\lvert x_0(k)-x_1(k)\rvert$	$\Delta_{02}k=\lvert x_0(k)-x_2(k)\rvert$	$\Delta_{03}k=\lvert x_0(k)-x_3(k)\rvert$
2010	0.0000	0.0000	0.0000
2011	0.0488	0.0418	0.0248
2012	0.0586	0.0355	0.0220
2013	0.0463	0.0432	0.0255
2014	0.0299	0.0768	0.0423
2015	0.0062	0.0667	0.0350
2016	0.0178	0.0231	0.0132
2017	0.0843	0.0167	0.0042
2018	0.1141	0.0210	0.0048
2019	0.0000	0.0000	0.0000

再次，对表 6-73 的数据进行一次规范化，进一步缩小数据之间数量差异。令 $\Delta(\min)=\min\limits_{i}\min\limits_{k}\lvert x_0(k)-x_i(k)\rvert$，$\Delta(\max)=\max\limits_{i}\max\limits_{k}\lvert x_0(k)-x_i(k)\rvert$，$i=1,2,3$；$k=2010,2011,\cdots,2019$。其实，$\Delta(\min)$和 $\Delta(\max)$分别是表 6-73 中的 $\Delta_{0i}(k)$的最小值和最大值，则有：

$$0\leqslant\Delta(\min)\leqslant\Delta_{0i}(k)\leqslant\Delta(\max) \tag{6-84}$$

也即

$$0 \leqslant \frac{\Delta(\min)}{\Delta(\max)} \leqslant \frac{\Delta_{0i}(k)}{\Delta(\max)} \leqslant 1 \tag{6-85}$$

可见，$\frac{\Delta_{0i}(k)}{\Delta(\max)}$越大，则说明两组数据序列 $x_i(k)$和 $x_0(k)$的变化趋势一致性越弱，反过来，一致性就越强。因此，可以考虑将$\frac{\Delta_{0i}(k)}{\Delta(\max)}$取倒数，取倒数后的数值越大，则说明两组数据数据序列 $x_i(k)$和 $x_0(k)$的变化趋势一致性越强；同时为了使数据转换为[0,1]范围内，在$\frac{\Delta_{0i}(k)}{\Delta(\max)}$取倒数的基础上分子再乘以$\frac{\Delta(\min)}{\Delta(\max)}$，即变为：

$$\frac{\frac{\Delta(\min)}{\Delta(\max)}}{\frac{\Delta_{0i}(k)}{\Delta(\max)}} \tag{6-86}$$

由于 $\Delta_{0i}(k)$可能为 0，这导致$\frac{\Delta(\min)}{\Delta(\max)}$无法与 0 相除，为了避免出现此种情况，将式(6-86)中的分子和分母加上一个不为 0 的数 ξ，ξ 在 0 到 1 之间进行取值，将 ξ 称为分辨系数，因为 ξ 的取值大小可以控制 $\Delta(\max)$对计算结果的影响，从而式(6-86)变为：

$$\gamma(x_0(k),x_i(k)) = \frac{\frac{\Delta(\min)}{\Delta(\max)}}{\frac{\Delta_{0i}(k)}{\Delta(\max)}} = \frac{\frac{\Delta(\min)}{\Delta(\max)}+\xi}{\frac{\Delta_{0i}(k)}{\Delta(\max)}+\xi} = \frac{\Delta(\min)+\xi\Delta(\max)}{\Delta_{0i}(k)+\xi\Delta(\max)} \tag{6-87}$$

将 $\gamma(x_0(k))$、$(x_i(k))$称为序列 $x_i(k)$和 $x_0(k)$在第 k 期的灰色关联系数。利用式(6-87)对表 6-73 计算灰色关联系数，ξ 取 0.5，具体计算结果见表 6-74 所示。

表 6-74　灰色关联系数计算结果

年份	$\gamma(x_0(k),x_1(k))$	$\gamma(x_0(k),x_2(k))$	$\gamma(x_0(k),x_3(k))$
2010	1.0720	1.0720	1.0720
2011	0.6344	0.6743	0.7938
2012	0.5866	0.7143	0.8177
2013	0.6482	0.6657	0.7886
2014	0.7539	0.5142	0.6709
2015	0.9858	0.5521	0.7176
2016	0.8563	0.8079	0.9031
2017	0.4895	0.8673	1.0120
2018	0.4104	0.8265	1.0035
2019	1.0720	1.0720	1.0720

最后，分别对各产业产值与地区生产总值的灰色关联系数序列进行算术平均值计算，从而得到灰色关联度 $\gamma(x_0,x_1)$，$\gamma(x_0,x_2)$和 $\gamma(x_0,x_3)$。

$$\gamma(x_0,x_1)=0.7509, \gamma(x_0,x_2)=0.7766, \gamma(x_0,x_3)=0.8851$$

由于 $\gamma(x_0,x_3)>\gamma(x_0,x_2)>\gamma(x_0,x_1)$，可见，第三产业产值与地区生产总值关联度最大，其次是第二产业和第一产业产值。

二、灰色关联度综合评价法的基本步骤

灰色关联度综合评价法就是以灰色关联度作为比较基准，用来比较各评价对象或方案的优劣次序，具体而言，将被评价对象的各评价指标值构成的序列看作比较序列，将理想的最优方案各评价指标值构成的序列看作参考序列，进而计算各评价对象与理想的最优方案的接近程度即灰色关联度。灰色关联度越大，说明评价对象与理想的最优方案越接近，则该评价对象就越优，据此可以对评价对象进行优劣排序。灰色关联度综合评价法的基本步骤如下。

第一步：根据评价目的确定评价对象以及评价指标体系，进而收集评价数据。假设有 n 个评价对象，m 个评价指标，从而可以生成如下数据矩阵：

$$(\boldsymbol{X}_1',\boldsymbol{X}_2',\cdots,\boldsymbol{X}_n')=\begin{pmatrix} X_1'(1) & X_2'(1) & \cdots & X_n'(1) \\ X_1'(2) & X_2'(2) & \cdots & X_n'(2) \\ \vdots & \vdots & \vdots & \vdots \\ X_1'(m) & X_2'(m) & \cdots & X_n'(m) \end{pmatrix} \tag{6-88}$$

式(6-88)中，$\boldsymbol{X}_1',\boldsymbol{X}_2',\cdots,\boldsymbol{X}_n'$代表一个评价对象的原始数据序列，$X_i'(j)$表示 i 个评价对象第 j 项评价指标值。

第二步：确定参考数据列。参考数据列应该是一个理想的比较标准，可以以各评价指标的最优值或最劣值构成参考数据列，也可根据评价目的选择其他参照值，该参考序列记作：

$$\boldsymbol{X}_0'=(X_0'(1),X_0'(2),\cdots,X_0'(m))^{\mathrm{T}} \tag{6-89}$$

第三步：对原始数据进行标准化。数据标准化本章第一节已经罗列了很多方法，比如极值标准化方法、标准值标准化方法、z 分数标准化方法以及比重标准化方法等，除了这些标准化方法之外，灰色理论也有独特的标准化方法，比如初值化方法，即将所有数据均除以第一个数据，得到一个新的数列，这个新的数列即是各不同数据点值相对于第一个数据点值的百分比。标准化后的评价指标数据为：

$$(X_0,X_1,X_2,\cdots,X_n)=\begin{pmatrix} x_0(1) & x_1(1) & x_2(1) & \cdots & x_n(1) \\ x_0(2) & x_1(2) & x_2(2) & \cdots & x_n(2) \\ \vdots & \vdots & \vdots & \vdots & \vdots \\ x_0(m) & x_1(m) & x_2(m) & \cdots & x_n(m) \end{pmatrix} \tag{6-90}$$

第四步：逐个计算每个被评价对象的各评价指标值即比较序列与参考序列对应因素的绝对差值，得到如下矩阵：

$$\begin{aligned} &(|X_0-X_1|,|X_0-X_2|,\cdots,|X_0-X_n|) \\ =&\begin{pmatrix} |x_0(1)-x_1(1)| & |x_0(1)-x_2(1)| & \cdots & |x_0(1)-x_n(1)| \\ |x_0(2)-x_1(2)| & |x_0(2)-x_2(2)| & \cdots & |x_0(2)-x_n(2)| \\ \vdots & \vdots & \vdots & \vdots \\ |x_0(m)-x_1(m)| & |x_0(m)-x_2(m)| & \cdots & |x_0(m)-x_n(m)| \end{pmatrix} \end{aligned} \tag{6-91}$$

第五步：计算灰色关联系数。参考序列和评价对象的比较序列构建灰色关联映射集 $\boldsymbol{\Gamma}$，当且仅当 $\boldsymbol{\Gamma}$ 满足规范性、整体性、偶对对称性和接近性，此时称 $(x,\boldsymbol{\Gamma})$ 为灰色关联空间，其中，规范性说明系统中任何两个评价指标数据序列都不可能是严格无关联的，整体性说明环境对灰色关联比较的影响，偶对对称性说明当灰色关联因子集中只有两个数据序列时，两两比较满足对称性，接近性是对关联度量化的约束。以式(6-91)为基础计算出每个评价对象与最优指标集的对应指标的灰色关联系数：

$$\gamma(x_0(k),x_i(k))=\frac{\min\limits_i\min\limits_k\Delta_{0i}(k)+\xi\max\limits_i\max\limits_k\Delta_{0i}(k)}{\Delta_{0i}(k)+\xi\max\limits_i\max\limits_k\Delta_{0i}(k)} \tag{6-92}$$

式(6-92)中，$\Delta_{0i}(k)=|x_0(k)-x_i(k)|$ 是第 k 点 x_i 对于 x_0 的差异化信息，ξ 为分辨系数，ξ 的大小可以调整 $\max\limits_i\max\limits_k\Delta_{0i}(k)$ 对灰色关联系数的影响。按照式(6-92)计算的灰色关联系数可以生成一个灰色关联系数矩阵 $\boldsymbol{R}$：

$$\boldsymbol{R}=\begin{bmatrix}\gamma(x_0(1),x_1(1)) & \gamma(x_0(1),x_2(1)) & \cdots & \gamma(x_0(1),x_n(1))\\ \gamma(x_0(1),x_1(2)) & \gamma(x_0(1),x_2(2)) & \cdots & \gamma(x_0(1),x_n(2))\\ \vdots & \vdots & \vdots & \vdots\\ \gamma(x_0(1),x_1(m)) & \gamma(x_0(1),x_2(m)) & \cdots & \gamma(x_0(1),x_n(m))\end{bmatrix} \tag{6-93}$$

第六步：计算灰色关联度综合评价值。如果不考虑评价指标的权重，则采用算术平均值计算每个评价对象灰色关联度综合，如式(6-94)所示；如果考虑评价指标的权重，则采用线性加权计算每个评价对象灰色关联度综合，如式(6-95)所示。根据第 i 个评价对象与最优值参考序列的灰色关联度大小便可以对评价对象进行排序。

$$\gamma(\boldsymbol{X}_0,\boldsymbol{X}_i)=\frac{1}{m}\sum_{k=1}^{n}\gamma(x_0(k),x_i(k)) \tag{6-94}$$

$$\gamma(\boldsymbol{X}_0,\boldsymbol{X}_i)=\sum_{k=1}^{n}w_k\times\gamma(x_0(k),x_i(k)) \tag{6-95}$$

三、灰色关联度综合评价法的应用

【例 6-13】　灰色关联度综合评价法在招投标中的应用。

设参加某体育馆工程项目投标的有 A、B、C 三个建筑公司，各公司投标方案的技术经济指标如表 6-75 所示。7 个指标的权重系数 $\boldsymbol{A}=\{0.35,0.15,0.1,0.1,0.1,0.15,0.05\}$。

表 6-75　技术经济指标表

指标	标度及上下浮动限值	A 公司	B 公司	C 公司
报价/万元	1120 1064～1177	1061	1015	1125
工期/月	24 21.6～25.2	22	22	23
钢材用量/吨	1341 1300～1377.039	1349	1402	1234
木材用量/立方米	1032 1001～1061	1074	968	1010

续表

指标	标度及上下浮动限值	A公司	B公司	C公司
水泥用量/吨	4000 3880～4120	4061	4022	4362
施用技术措施	15.0	12.8	11.2	11
社会信誉	5.0	5.0	4.8	4.7

注：施用技术措施和社会信誉两项，是根据若干名专家打分后取平均值得到；施用技术措施最高分为15分，社会信誉最高分为5分。

(1)确定参考数据列或最优指标集。

前5个指标为成本型指标，即越小越好，后两个指标为越大越好。因此，参考序列$\boldsymbol{X}_0'=(1064,21.6,1300,1001,3880,15.5,5.0)^{\mathrm{T}}$，则参考数据列和各评价对象的指标构成的原始数据矩阵为：

$$(\boldsymbol{X}_0',\boldsymbol{X}_1',\boldsymbol{X}_2',\boldsymbol{X}_3')=\begin{bmatrix}1064 & 1061 & 1015 & 1125\\ 21.6 & 22.0 & 22.0 & 23.0\\ 1300 & 1349 & 1402 & 1234\\ 1001 & 1074 & 968 & 1010\\ 3880 & 4061 & 4022 & 4362\\ 15.0 & 12.8 & 11.2 & 11.0\\ 5.0 & 5.0 & 4.8 & 4.7\end{bmatrix}$$

(2)数据的标准化。

采用式(6-6)标准值标准化方法对数据进行标准化处理，标准值取每一个评价指标的均值，标准化结果如下：

$$(\boldsymbol{X}_0,\boldsymbol{X}_1,\boldsymbol{X}_2,\cdots,\boldsymbol{X}_n)=\begin{pmatrix}0.9979 & 0.9951 & 0.9519 & 1.0551\\ 0.9752 & 0.9932 & 0.9932 & 1.0384\\ 0.9839 & 1.0210 & 1.0611 & 0.9340\\ 0.9879 & 1.0600 & 0.9553 & 0.9968\\ 0.9507 & 0.9950 & 0.9855 & 1.0688\\ 1.2000 & 1.0240 & 0.8960 & 0.8800\\ 1.0256 & 1.0256 & 0.9846 & 0.9641\end{pmatrix}$$

(3)针对标准化后的数据，以最优指标集为参考序列，3个公司的7个指标为比较序列，计算3个公司各指标值与参考序列对应元素的绝对差值，得到绝对差值矩阵：

$$(|\boldsymbol{X}_0-\boldsymbol{X}_1|,|\boldsymbol{X}_0-\boldsymbol{X}_2|,|\boldsymbol{X}_0-\boldsymbol{X}_3|,|\boldsymbol{X}_0-\boldsymbol{X}_4|)=\begin{bmatrix}0.0028 & 0.0460 & 0.0572\\ 0.0181 & 0.0181 & 0.0632\\ 0.0371 & 0.0772 & 0.0500\\ 0.0720 & 0.0326 & 0.0500\\ 0.0443 & 0.0348 & 0.1181\\ 0.1760 & 0.3040 & 0.3200\\ 0.0000 & 0.0410 & 0.0615\end{bmatrix}$$

(4)针对绝对差值矩阵,利用式(6-92)计算灰色关联系数矩阵($\xi=0.5$):

$$\boldsymbol{R}=\begin{bmatrix}0.9827 & 0.7769 & 0.7366\\0.8986 & 0.8986 & 0.7168\\0.8118 & 0.6745 & 0.7621\\0.6895 & 0.8309 & 0.9474\\0.7830 & 0.8214 & 0.5753\\0.4762 & 0.3448 & 0.3333\\1.0000 & 0.7959 & 0.7222\end{bmatrix}$$

(5)计算灰色关联度综合评价值。按照式(6-95)计算出各投标单位的灰色关联度综合评价值:

$$\gamma(\boldsymbol{X}_0,\boldsymbol{X}_1)=\sum_{k=1}^{m}w_k\cdot\gamma(x_0(k),x_1(k))=0.8266$$

$$\gamma(\boldsymbol{X}_0,\boldsymbol{X}_2)=\sum_{k=1}^{m}w_k\cdot\gamma(x_0(k),x_2(k))=0.7309$$

$$\gamma(\boldsymbol{X}_0,\boldsymbol{X}_3)=\sum_{k=1}^{m}w_k\cdot\gamma(x_0(k),x_3(k))=0.6799$$

由评价结果可知,相比B公司和C公司,A公司比其他两家公司更接近于最优指标集,所以A公司应为中标单位。

第六节　多元统计综合评价法

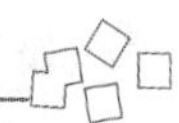

多元统计分析方法就是根据评价指标间的关系,通过分组、分类找出评价对象或评价指标间的内在联系与规律。多元统计分析方法有很多种,但应用于评价研究的主要是主成分分析和因子分析方法。

一、主成分分析综合评价法

(一)主成分分析的基本原理

主成分分析的目的就是通过原始变量的少数几个线性组合来解释原始变量的绝大部分信息,当第一个线性组合不能提取到要求的信息时,再提取第二个线性组合,持续该过程直到提取到信息量与原始数据信息相差不大时为止。主成分分析的核心思想是降维,在尽量少损失原始数据信息的前提下把多个变量转化为少数几个综合变量。主成分分析中的信息是指变量的变异性,一般用标准差或方差衡量。假设有 m 个变量,n 个样本或观测数据,具体的数据样式见表6-76所示。

表 6-76　主成分分析的变量数据样式

样本	变量			
	x_1	x_2	…	x_m
1	x_{11}	x_{12}	…	x_{1m}
2	x_{21}	x_{22}	…	x_{2m}
⋮	⋮	⋮	⋮	⋮
n	x_{n1}	x_{n2}	…	x_{nm}

主成分分析的数学模型可以表示为：

$$\begin{cases} y_1 = e_{11}x_1 + e_{12}x_2 + \cdots + e_{1m}x_m \\ y_2 = e_{21}x_1 + e_{22}x_2 + \cdots + e_{2m}x_m \\ \vdots \\ y_m = e_{n1}x_1 + e_{n2}x_2 + \cdots + e_{mn}x_m \end{cases} \tag{6-96}$$

这 m 个新变量 $y_1, y_2, \cdots, y_m$ 中可以找到 l 个新变量（$l<m$）能够解释原始数据大部分方差所包含的信息，这个 m 个新变量称为原始变量的主成分，每个新变量均为原始变量的线性组合，e_{ij} 反映了第 j 个变量对第 i 主成分的重要程度。接下来就是要确定如何求解主成分，这是通过求解原始数据样本的协方差矩阵或相关系数的特征值实现的。为了避免数据量纲不同导致分析差异，如果以样本协方差作为主成分分析的基础，应该对原始数据进行标准化。如果有 m 个变量，则相应的样本数据相关系数矩阵就有 m 个特征值，对应的特征向量也有 m 个。将 m 个特征值 λ 从大到小进行排序，其大小顺序为 $\lambda_1 > \lambda_2 > \cdots > \lambda_m$。根据方差的定义，第 i 个主成分的方差是总方差在各主成分上重新分配后，在第 i 个成分上分配的结果，在数值上等于第 i 个特征值。究竟要提取多少个主成分比较合适？需要有一个判断方法和标准。判断方法是通过主成分的累计方差贡献率进行衡量，具体计算公式为：

$$\frac{\sum_{i=1}^{k}\lambda_i}{\sum_{j=1}^{m}\lambda_j} \tag{6-97}$$

如果第一主成分不足以反映原始 m 个变量的信息，再考虑选择第二主成分，依次类推。这些主成分互不相关，而且方差依次减少。通常取累积方差贡献率大于或等于 85% 对应的前 k 个主成分作为提取的主成分。各主成分表达式中的标准化原始变量的系数向量就是各主成分的特征向量，这里的标准化指的是 Z 分数标准化。在 SPSS 软件输出的成分矩阵（component matrix）的系数不是各特征值对应的单位特征向量。假设 SPSS 软件输出的成分矩阵的系数为 a_{ij} 即第 i 主成分的第 j 个变量的系数，也称荷载，则 a_{ij} 为：

$$a_{ij} = \sqrt{\lambda_i}e_{ij} \tag{6-98}$$

（二）主成分分析综合评价法的基本步骤

主成分分析用于评价领域的最大优势在于降维。而评价问题往往涉及众多评价指标，这些评价指标从不同侧面共同反映评价对象的总体特征。如果单纯地对这些评价指标一个一个地进行分析，根本无法了解评价对象的总体特征。因此需要从这些众多评价指标中挖掘潜在信息，进一步观察评价对象的总体特征。主成分分析可以通过降维的思想设法将原始的评价指标重新组合成一组互不相关的新评价指标，从而达到降低数据分析维度，而又尽量不损失原有评价指标信息的目的。对于有 n 个评价对象 m 个评价指标的评价问题来说，可得到每一个评价对象的样本值为$(x_{s1},x_{s2},\cdots,x_{sm})$，$s=1,2,\cdots,n$，数据样式同表6-76。

第一步：对原始评价指标数据进行标准化处理。

标准化处理主要为了消除评价指标量纲的差异带来的不利影响，通常采用 Z 分数标准化方法，可以将每一个评价指标变为均值为 0，方差为 1。具体 Z 分数标准化方法如下：

$$z_{sj}=\frac{x_{sj}-\overline{x}_j}{s_j}\quad(s=1,2,\cdots,n;j=1,2,\cdots,m)\tag{6-99}$$

式(6-99)中，$\overline{x}_j$ 和 s_j 分别是第 j 个评价指标的均值和标准差。

第二步：计算评价指标数据的相关系数矩阵。

对评价指标数据进行标准化后，计算其相关系数矩阵 $\boldsymbol{\rho}=(\rho_{ij})_{m\times m}$，具体公式为：

$$\rho_{ij}=\frac{\sum_{s=1}^{n}(x_{si}-\overline{x}_i)(x_{sj}-\overline{x}_j)}{\sqrt{\sum_{s=1}^{n}(x_{si}-\overline{x}_i)^2\sum_{s=1}^{n}(x_{sj}-\overline{x}_j)^2}}\quad(i,j=1,2,\cdots,m)\tag{6-100}$$

第三步：计算特征值以及对应的单位特征向量。

求相关系数矩阵 $\boldsymbol{\rho}=(\rho_{ij})_{m\times m}$ 的特征值 λ_1 以及对应的单位特征向量 e_i，并将特征值按照大小排序，即 $\lambda_1>\lambda_2>\cdots>\lambda_m$。

第四步：计算主成分的方差贡献率和累积方差贡献率。

在 m 个主成分中确定 k 个主成分作为最终综合评价指标。第 i 个方差贡献率大小为 $\lambda_i\Big/\sum_{j=1}^{m}\lambda_j$，它解释了主成分 y_i 能够提取原始评价指标的信息量大小，k 个主成分的累积方差贡献率为 $\sum_{i=1}^{k}\lambda_j\Big/\sum_{j=1}^{m}\lambda_j$，一般选取累积方差贡献率大于或等于 85%，大于 90%更好，对应的 k 值为最终确定的主成分个数。

第五步：计算评价对象的综合得分，并进行排序。

将评价对象在前 k 个主成分上的得分作为评价对象的综合得分 $F_s(s=1,2,\cdots,n)$，具体计算公式为：

$$F_s=\frac{\lambda_i}{\sum_{i=1}^{k}\lambda_i}y_1+\frac{\lambda_2}{\sum_{i=1}^{k}\lambda_i}y_2+\cdots+\frac{\lambda_k}{\sum_{i=1}^{k}\lambda_i}y_k\tag{6-101}$$

（三）主成分分析综合评价法的应用

【例 6-14】 主成分分析在经济实力水平综合评价的应用

现对某省 13 个地区经济实力水平进行综合评价，选用的评价指标如下：x_1 地区生产总值(亿元);x_2 人均生产总值(元);x_3 固定资产投资(亿元);x_4 财政总收入(亿元);x_5 金融机构存款余额(亿元);x_6 社会消费品零售总额(亿元);x_7 进出口总额(亿美元);x_8 居民人均消费水平(元/人)和 x_9 人均可支配收入(元),具体的数据见表 6-77。

表 6-77　地区经济发展水平综合评价数据

地区	x_1	x_2	x_3	x_4	x_5	x_6	x_7	x_8	x_9
地区 1	14030.20	165682	2501.26	2818.13	34671.20	7136.32	699.60	35933	64372
地区 2	11852.30	180044	1358.29	1761.89	17165.30	3024.34	924.30	37433	61915
地区 3	7400.86	156390	893.36	2038.61	10892.20	2401.68	338.35	32263	58345
地区 4	19235.80	179174	2686.47	3779.17	31652.10	7813.40	3190.90	39648	68629
地区 5	4127.32	128981	403.37	489.82	5546.64	1158.49	112.03	28925	52713
地区 6	9383.39	128294	914.39	999.25	13530.80	3261.68	365.71	29964	50217
地区 7	5850.08	128856	696.18	514.33	6700.46	1423.20	113.05	25696	45550
地区 8	5133.36	110731	347.24	594.08	6879.13	1350.54	144.66	27298	47216
地区 9	7151.35	81138	852.94	897.14	8036.56	3533.19	135.19	20805	36215
地区 10	3139.29	69523	317.41	547.15	3585.97	1162.82	93.22	21762	35390
地区 11	3871.21	78543	286.50	522.42	4097.05	1745.41	47.05	20327	38952
地区 12	5702.26	79149	426.15	598.81	6995.52	2241.00	96.12	20942	38816
地区 13	3099.23	62840	325.81	395.17	3084.45	1320.45	34.25	18412	30614

第一步:对原始评价指标数据采用 Z 分数进行标准化处理,消除量纲影响,具体如表 6-78所示,标准化后的评价指标变量用 $z_i(i=1,2,\cdots,9)$ 表示。

表 6-78　地区经济发展水平综合评价数据标准化结果

地区	z_1	z_2	z_3	z_4	z_5	z_6	z_7	z_8	z_9
地区 1	1.3195	1.0977	1.9536	1.4916	2.2195	1.9351	0.2514	1.1661	1.3085
地区 2	0.8662	1.4367	0.5381	0.5012	0.5239	0.0611	0.5136	1.3772	1.1074
地区 3	−0.0603	0.8783	−0.0377	0.7607	−0.0837	−0.2226	−0.1702	0.6496	0.8153
地区 4	2.4030	1.4162	2.1829	2.3928	1.9270	2.2437	3.1586	1.6889	1.6568
地区 5	−0.7416	0.2314	−0.6445	−0.6916	−0.6015	−0.7892	−0.4343	0.1799	0.3545
地区 6	0.3524	0.2151	−0.0117	−0.2139	0.1718	0.1693	−0.1383	0.3261	0.1503
地区 7	−0.3831	0.2284	−0.2819	−0.6686	−0.4897	−0.6686	−0.4331	−0.2745	−0.2316
地区 8	−0.5322	−0.1995	−0.7140	−0.5938	−0.4724	−0.7017	−0.3962	−0.0491	−0.0953
地区 9	−0.1122	−0.8980	−0.0878	−0.3097	−0.3603	0.2930	−0.4073	−0.9628	−0.9954
地区 10	−0.9473	−1.1722	−0.7510	−0.6379	−0.7914	−0.7872	−0.4562	−0.8281	−1.0629
地区 11	−0.7949	−0.9593	−0.7892	−0.6610	−0.7419	−0.5217	−0.5101	−1.0301	−0.7714
地区 12	−0.4138	−0.9450	−0.6163	−0.5894	−0.4612	−0.2959	−0.4529	−0.9435	−0.7826

续表

地区	z_1	z_2	z_3	z_4	z_5	z_6	z_7	z_8	z_9
地区 13	−0.9556	−1.3299	−0.7406	−0.7804	−0.8400	−0.7154	−0.5251	−1.2996	−1.4537

第二步:计算评价指标数据的相关系数矩阵。

评价指标数据进行标准化后,新数据的协方差矩阵或相关系数矩阵也就是原始数据的相关系数矩阵。由于这里的相关系数矩阵也是原始评价指标数据的相关系数矩阵,因此,评价指标仍采用 $x_i(i=1,2,\cdots,9)$,变量间的相关系数如表 6-79 所示。从表 6-79 明显可以看出,各个评价指标间的相关性非常高,都是正相关的,而且都通过了显著性检验,这说明原始评价指标数据信息存在较大的重复性,需要进行降维处理。

表 6-79 变量间的相关系数

指标	x_1	x_2	x_3	x_4	x_5	x_6	x_7	x_8	x_9
x_1	1.0000	0.8001**	0.9637**	0.9392**	0.9448**	0.9350**	0.8833**	0.8506**	0.8327**
x_2	0.8001**	1.0000	0.7655**	0.7857**	0.7700**	0.6188*	0.6419*	0.9769**	0.9769**
x_3	0.9637**	0.7655**	1.0000	0.9507**	0.9838**	0.9671**	0.8170**	0.8114**	0.8078**
x_4	0.9392**	0.7857**	0.9507**	1.0000	0.9285**	0.9149**	0.8622**	0.8384**	0.8431**
x_5	0.9448**	0.7700**	0.9838**	0.9285**	1.0000	0.9561**	0.7584**	0.8257**	0.8278**
x_6	0.9350**	0.6188*	0.9671**	0.9149**	0.9561**	1.0000	0.7954**	0.6861**	0.6935**
x_7	0.8833**	0.6419*	0.8170**	0.8622**	0.7584**	0.7954**	1.0000	0.7204**	0.6964**
x_8	0.8506**	0.9769**	0.8114**	0.8384**	0.8257**	0.6861**	0.7204**	1.0000	0.9850**
x_9	0.8327**	0.9769**	0.8078**	0.8431**	0.8278**	0.6935**	0.6964**	0.9850**	1.0000

注:** 表示在 0.01 级别(双尾)相关性显著;* 表示在 0.05 级别(双尾)相关性显著。

第三步:计算特征值以及对应的单位特征向量。

根据表 6-79 的相关系数矩阵,求其特征值以及对应的单位特征向量,具体如表 6-80 所示。

表 6-80 特征值及对应的特征向量

指标	λ								
	7.7596	0.7957	0.3016	0.0685	0.0316	0.0211	0.0164	0.0050	0.0005
x_1	0.3505	−0.1506	0.0723	0.4892	−0.3863	0.4193	−0.3152	−0.2827	−0.3206
x_2	0.3147	0.5254	−0.0262	0.1307	−0.4975	−0.1450	0.3317	−0.1101	0.4584
x_3	0.3474	−0.2177	−0.2275	0.0632	−0.1959	−0.6019	0.2023	0.3102	−0.4813
x_4	0.3469	−0.1356	0.0581	−0.8253	−0.2992	0.0781	−0.2614	−0.1140	0.0166
x_5	0.3444	−0.1638	−0.3989	0.0989	0.4325	−0.2900	−0.1837	−0.5535	0.2709
x_6	0.3262	−0.4280	−0.2669	0.0499	0.0908	0.4533	0.2991	0.4484	0.3598
x_7	0.3080	−0.2454	0.8396	0.0871	0.2183	−0.1885	0.1695	−0.0449	0.1333

续表

指标	λ								
	7.7596	0.7957	0.3016	0.0685	0.0316	0.0211	0.0164	0.0050	0.0005
x_8	0.3302	0.4240	0.0518	0.0953	0.2524	−0.0497	−0.5974	0.5218	0.0757
x_9	0.3289	0.4306	−0.0290	−0.1732	0.4094	0.3257	0.4171	−0.1478	−0.4474

第四步：计算主成分的方差贡献率和累积方差贡献率。

从表 6-81 主成分的累积方差贡献率来看，选取第一主成分已经达到了 85%接受水平，但为了尽量少损失原有评价指标数据信息，这里选取前两个主成分。尽管第二主成分的特征值没有超过 1，但与 1 比较接近，而且选取两个主成分能够涵盖原始评价指标数据 95.06%的信息。

表 6-81　主成分的方差贡献率及累积方差贡献率

成分	初始特征值			提取载荷平方和		
	总计	方差百分比/(%)	累积/(%)	总计	方差百分比/(%)	累积/(%)
1	7.7596	86.2183	86.2183	7.7596	86.2183	86.2183
2	0.7957	8.8411	95.0594	0.7957	8.8411	95.0594
3	0.3016	3.3507	98.4101			
4	0.0685	0.7614	99.1714			
5	0.0316	0.3507	99.5221			
6	0.0211	0.2342	99.7563			
7	0.0164	0.1825	99.9388			
8	0.0050	0.0558	99.9946			
9	0.0005	0.0054	100.0000			

第五步：计算评价对象的综合得分，并进行排序。

根据选取的两个主成分特征值以及对应的特征向量，可以构建如下的综合评价函数：

$$F_s = \frac{\lambda_1}{\sum_{i=1}^{2}\lambda_i}y_1 + \frac{\lambda_2}{\sum_{i=1}^{2}\lambda_i}y_2 = \frac{7.7596}{7.7596+0.7957}y_1 + \frac{0.7957}{7.7596+0.7957}y_2$$
$$= 0.907y_1 + 0.093y_2$$

其中：

$$y_1 = 0.3505z_1 + 0.3147z_2 + 0.3474z_3 + 0.3469z_4 + 0.3444_5 + 0.3262z_6 + 0.3080z_7 + 0.3302z_8 + 0.3289z_9$$

$$y_2 = -0.1506z_1 + 0.5254z_2 - 0.2177z_3 - 0.1356z_4 - 0.1638_5 - 0.4280z_6 - 0.2454z_7 + 0.4240z_8 + 0.4306z_9$$

将标准化后数据代入到上述各式中，可以得到该省 13 个地区的经济发展水平综合得分，具体见表 6-82。

表 6-82　地区经济发展水平综合评价结果

地区	y_1	y_2	F	排名
地区 1	4.2925	−0.4451	3.8519	2
地区 2	2.2941	1.2621	2.1981	3
地区 3	0.8348	1.1528	0.8644	4
地区 4	6.3473	−1.0391	5.6604	1
地区 5	−1.0733	1.2392	−0.8582	6
地区 6	0.3419	0.2278	0.3313	5
地区 7	−1.0792	0.5863	−0.9243	7
地区 8	−1.2645	0.6244	−1.0888	8
地区 9	−1.2591	−1.1971	−1.2533	9
地区 10	−2.4760	−0.4535	−2.2879	12
地区 11	−2.2606	−0.4218	−2.0896	11
地区 12	−1.8248	−0.6438	−1.7150	10
地区 13	−2.8731	−0.8921	−2.6889	13

以上计算结果可以采用多种计算机软件实现，需要说明的是，在 SPSS 软件中，没有专门的主成分分析菜单，将数据导入到 SPSS 软件中并进行标准化后，依次选择菜单“分析→降维→因子分析”进行相关参数设置并可输出一系列结果，由于 SPSS 软件的主成分分析是借助因子分析模块实现，因此，输出结果并不齐全。SPSS 软件输出的成分矩阵并非特征值对应的单位特征向量，需要根据式(6-98)进行逆转换即 $e_{ij}=a_{ij}/\sqrt{\lambda_i}$，此公式中的 a_{ij} 是 SPSS 软件输出的成分矩阵的要素值。

二、因子分析综合评价法

(一)因子分析的基本原理

因子分析与主成分分析类似，也是采用降维的思想，将原始存在一定相关关系的变量通过几个潜在的公共因子进行线性表示。因子分析是一种通过具体指标测评抽象因子的统计分析方法。设有 m 个变量 $x_1,x_2,\cdots,x_m$，现将这 m 个变量用 $p(p<m)$ 个因子 $f_1,f_2,\cdots,f_p$ 的线性组合来表示，则有

$$\begin{cases} x_1=l_{11}f_1+l_{12}f_2+\cdots+l_{1p}f_p+\varepsilon_1 \\ x_2=l_{21}f_1+l_{22}f_2+\cdots+l_{2p}f_p+\varepsilon_2 \\ \quad\vdots \\ x_m=l_{m1}f_1+l_{m2}f_2+\cdots+l_{mp}f_p+\varepsilon_m \end{cases} \tag{6-102}$$

式(6-102)中，$l_{ij}(i=1,2,\cdots,m;j=1,2,\cdots,p)$为变量 x_i 在公共因子 f_i 的荷载，对于标准化后的 x_i，l_{ij} 就是变量 x_i 与公共因子 f_j 的相关系数，反映了变量 x_i 与公共因子的 f_j 的相关程度。因子荷载越大，说明第 i 个变量与公共因子 f_j 的关系越紧密；反之，关系则越疏

远。另外，因子荷载也反映了公共因子 f_j 对变量 x_i 的重要作用和程度；ε_i 是各变量的特殊因子部分。在式(6-102)中，第 i 行因子荷载的平方和定义为共同度即变量方差 h_i^2：

$$h_i^2 = \sum_{j=1}^{p} l_{ij}^2 \quad (i = 1,2,\cdots,m) \tag{6-103}$$

对于标准化后的 x_i，其方差等于 h_i^2 与特殊因子 ε_i 的方差之和，如果变量的共同度越接近于1，说明全体公共因子解释了变量 x_i 的大部分方差，此时如果用全体公共因子表示变量 x_i，则丢失的信息较少；特殊因子的方差表示残差对变量方差的贡献，特殊因子的方差越小则说明变量 x_i 丢失的信息越少。在式(6-102)中，第 j 列因子荷载的平方和为：

$$g_j^2 = \sum_{i=1}^{m} l_{ij}^2 \quad (j = 1,2,\cdots,p) \tag{6-104}$$

公共因子荷载的平方和反映了第 j 个公共因子 f_j 对各变量所提供的方差贡献之和，说明公共因子 f_j 对原始变量总方差的解释能力。因子方差的贡献率越大，说明相应因子的重要性就越高。

由于因子分析的主要目的是对原始变量进行压缩，即将原始变量信息重叠部分提取成几个综合公共因子，达到减少变量个数的目的。因此，因子分析的前提是原始变量之间存在较强的相关性。否则，如果原始变量都是独立的，意味着每个变量的作用都是不可替代的，则无法进行因子分析。因此，在进行因子分析之前需要进行相关性分析，检验是否适合进行因子分析。通常可以采用相关性分析、KMO检验、Bartlett球度检验以及反映像相关矩阵检验。若变量相关矩阵中的大部分相关系数小于0.3，则不适合作因子分析。KMO检验主要是比较观测变量间的相关系数平方与偏相关系数平方和的指标，KMO统计量的取值范围为0到1，当所有变量的相关系数平方和远远大于偏相关系数平方和时，KMO值接近于1，这就意味着原始变量适合做因子分析；否则，当所有变量的相关系数平方和接近于0，KMO值也接近于0，就不适合做因子分析。通常而言，KMO值大于0.9非常适合做因子分析；KMO值大于0.8而小于0.9时适合做因子分析；KMO值大于0.7而小于0.8时勉强可以做因子分析；KMO值大于0.6而小于0.7时不太适合做因子分析；KMO值小于0.5时极其不适合做因子分析。Bartlett球度检验假设变量相关系数矩阵是一单位阵，然后检验实际相关系数矩阵与假设单位阵之间的差异性。如果差异性通过显著性检验，说明原始变量间相关性显著，适合做因子分析，否则不适合做因子分析。反映像相关矩阵是以检验变量之间的偏相关性为基础，将变量偏相关矩阵取反得到反映像相关矩阵。如果反映像相关矩阵有些数值的绝对值较大，说明存在公共因子的可能性就较小，不适合做因子分析。

因子分析法的核心是将原始变量综合成少数几个公共因子，关键步骤是要用样本数据求解公共因子荷载矩阵也即公共因子提取方法。公共因子提取方法主要包括：主成分分析法、未加权最小平方法、加权最小平方法、最大似然法以及主轴因子法等。主成分分析法通过主成分分析的思想提取公共因子，它假设变量是公共因子的线性组合。未加权最小平方法使得除对角线元素以外，实际的相关矩阵和再生的相关矩阵之差的平方和达到最小。加权最小平方法用变量值进行加权，该方法也是使实际的相关矩阵和再生的相关矩阵之差的平方和达到最小。最大似然法使用迭代算法以变量单值的倒数作为权重对相关性进行加权。主轴因子法从原始变量的相关性出发提取公共因子，并将多元相关系数的平方置于对角线上作为公共因子方差的初始估计值，然后使用初始因子荷载估计新的变量共同度代替对角线上的初始估计；如此重复计算，直到使得变量间的相关程度达到被公因子解释为止。以上各种公共因子提取方法中，主成分分析法是最常用的方法，也是 SPSS 软件默认的方法。

因子分析的一个难点在于，确定每个公共因子究竟涵盖了原始变量的哪些数据信息？如何对公共因子进行命名才能具有实际意义？如果因子载荷 l_{ij} 的绝对值在第 i 行的多个列上都有较大的取值（通常大于 0.5），表明原始变量与多个公共因子都有较大的相关关系，意味着原始变量 x_i 需要由多个公共因子来共同解释。如果因子载荷 l_{ij} 的绝对值在第 j 列的多个行上都有较大的取值，则说明公共因子 f_j 能共同解释许多变量的信息，而对每个原始变量只能解释其中的少部分信息，表明因子不能有效代表任何一个原始变量，公共因子的含义模糊不清，难以对公共因子给出一个合理的解释。为了更加清晰探明因子结构信息，可以采用对初始公共因子进行旋转，使得公共因子的荷载系数出现两极分化，向更大或更小的方向变化，从而方便对公共因子进行专业性的解释。公共因子旋转的方法主要有最大方差正交旋转法、四次方最大正交旋转法、平方最大正交旋转法、斜交旋转法以及 Promax 法等。最大方差正交旋转法使各个公共因子保持正交状态，同时尽量使得每个公共因子有较高负荷的变量数目达到最小，从而方便对公共因子的解释。四次方最大正交旋转法倾向于减少和每个变量有关的因子数，从而简化对原始变量的解释。平方最大正交旋转法是方差最大正交旋转法和四次方最大正交旋转法的结合，能使得各公共因子上较高负荷的变量数量以及解释变量所需的公共因子数最少。Promax 法是一种非正交旋转方法，是在方差最大正交旋转法的基础上进行斜交旋转。

因子分析的最终目的是减少变量个数，以方便用少数几个公共因子代替原始变量进行建模分析。这就需要计算各样本在各个公共因子上得分，为进一步的分析提供基础。要计算公共因子得分就必须写出公共因子的表达式，但是公共因子是潜在变量，无法直接测量，这可以通过观测变量的线性表达式来表示公共因子，常用的方法包括回归法、Barlett 法和 Anderson-Rubin 法。回归法的公共因子得分均值为 0，方差等于估计公共因子得分与实际因子得分之间的多元相关的平方；Barlett 法的公共因子得分均值为 0，超出变量范围的特殊因子平方和被最小化；Anderson-Rubin 法的公共因子得分均值为 0，标准差为 1，且彼此不相关。

（二）因子分析综合评价法的基本步骤

由于因子分析在提取公共因子时大多采用主成分分析法，可以认为因子分析是主成分分析的拓展和延续。如果采用主成分分析法提取公共因子，那么，因子分析综合评价法的有些步骤和主成分分析综合评价法是类似的，其基本步骤如下。

第一步：对原始评价指标数据进行标准化处理。

同主成分分析一样，因子分析需要对原始评价指标进行标准化处理，标准化处理方法同样采用 Z 分数方法。

第二步：判定评价指标数据是否适合进行因子分析。

之所以需要进行因子分析，是因为原始评价指标间存在着较强的相关性，才可以根据这些评价指标之间相关性进行分组，从而确定呈现评价系统的基本结构。如果评价指标之间不存在相关性，或者相关性较小不足以进行因子分析，则强制进行因子分析，这就没有分析意义。因此，在评价指标进行因子分析之前，需要判定评价指标数据是否适合进行因子分析。

第三步：确定公共因子个数。

根据变量相关系数矩阵，求其特征值及其对应的单位特征向量。公共因子个数的确定与方差分析类似，按照方差贡献率和累积方差贡献率大小进行选择。一般来说，累积方差贡献率大于85%以上的前几个公共因子可以作为最后的公共因子。当然，如果从特征值来看，一般还要求特征值要大于1，因为特征值小于1说明该公共因子的解释力度太弱，还不如使用原始变量的解释力度大。当然，最终选择几个公共因子，往往还要结合研究者经验以及实际意义进行综合选择。

第四步：旋转因子荷载。

有时候确定了公共因子数量之后，但难以看清评价指标的基本结构，可以将因子荷载进行旋转，旋转之后因子荷载向更大或更小的方向变化，此时更容易探明评价指标的基本结构。

第五步：计算因子总得分。

确定了公共因子以及每一个公共因子所包含的评价指标以后，可以对各公共因子进行命名，并采用诸如回归法、Barlett 法和 Anderson-Rubin 法计算各因子得分，然后按照如下公式计算因子总得分。

$$F=\frac{\lambda_1}{\sum_{i=1}^{k}\lambda_i}f_1+\frac{\lambda_2}{\sum_{i=1}^{k}\lambda_i}f_2+\cdots+\frac{\lambda_k}{\sum_{i=1}^{k}\lambda_i}f_k \tag{6-105}$$

式(6-105)中，各个公共因子得分由以下函数确定：

$$\begin{cases} f_1=b_{11}x_1+b_{12}x_2+\cdots+b_{1m}x_m \\ f_2=b_{21}x_1+b_{22}x_2+\cdots+b_{2m}x_m \\ \quad\vdots \\ f_m=b_{m1}x_1+b_{m2}x_2+\cdots+b_{mm}x_m \end{cases} \tag{6-106}$$

式(6-106)中的 b_{ij} 系数可以采用回归法得到。

(三)因子分析综合评价法的应用

【例 6-15】 因子分析在经济实力综合评价的应用

现采用因子分析对某省13个地区经济发展水平进行综合评价，选用的数据同表6-77。由于在SPSS软件中主成分分析被看作因子分子的一个中间步骤。因此，例【6.14】中的主成分分析的一些计算结果实际上也是因子分析的部分输出结果，同样的计算步骤和输出结果这里不再显示，仅展示SPSS软件的因子分析部分输出结果。

表6-83是KMO检验和Bartlett球度检验，主要用来判定评价指标数据是否适合进行因子分析。从表6-83可以看出，尽管KMO值0.616，不是太高，但也超过了0.5；Bartlett球度检验的统计量为215.656，检验的 P 值接近于0，这说明变量之间具有较强的相关性。

表 6-83　KMO 和 Bartlett 球度检验

KMO 取样适切性量数		0.616
Bartlett 球度检验	近似卡方	215.656
	自由度	36
	显著性	0.000

表 6-84 是特征值及方差贡献表，该表的结果与主成分分析的方差贡献率及累积方差贡献率基本相同，只是后面多了 3 列。"旋转载荷平方和"与"提取载荷平方和"中的方差贡献区别在于："提取载荷平方和"反映了提取两个公共因子对原始变量方差的解释情况，两个公共因子共解释了原始变量方差的 95.059%，说明因子分析效果很好；"旋转载荷平方和"反映了公共因子旋转后对原始变量的解释情况。累积方差贡献率没有变化，只是两个公共因子所能解释的原始变量的方差发生了改变。

表 6-84　特征值及方差贡献表

成分	初始特征值			提取载荷平方和			旋转载荷平方和		
	总计	方差百分比/(%)	累积/(%)	总计	方差百分比/(%)	累积/(%)	总计	方差百分比/(%)	累积/(%)
1	7.7596	86.2183	86.2183	7.7596	86.2183	86.2183	4.8850	54.2783	54.2783
2	0.7957	8.8411	95.0594	0.7957	8.8411	95.0594	3.6703	40.7811	95.0594
3	0.3016	3.3507	98.4101						
4	0.0685	0.7614	99.1714						
5	0.0316	0.3507	99.5221						
6	0.0211	0.2342	99.7563						
7	0.0164	0.1825	99.9388						
8	0.0050	0.0558	99.9946						
9	0.0005	0.0054	100.0000						

注：提取方法为主成分分析法。

表 6-85 为公共因子旋转前后的荷载矩阵。从旋转后的公共因子荷载看，第一公共因子与 x_1 地区生产总值(亿元)，x_3 固定资产投资(亿元)，x_4 财政总收入(亿元)，x_5 金融机构存款余额(亿元)，x_6 社会消费品零售总额(亿元)以及 x_7 进出口总额(亿美元)这几个变量的荷载系数较大，主要解释这几个评价指标；第二公共因子在 x_2 人均地区生产总值(元)，x_8 居民人均消费水平(元/人)和 x_9 人均可支配收入(元)这几个变量的荷载系数较大，主要解释这几个评价指标。第一公共因子反映的几个评价指标主要是反映地区总的经济发展水平，可以将其命名为经济总体水平；而第二个公共因子反映的几个评价指标主要是反映经济发展的质量，可以命名为经济发展质量水平。当然，这两个公共因子的命名是否合理，有待商榷。

表 6-85 公共因子旋转前后的荷载矩阵

指标	旋转前荷载		旋转后荷载	
	1	2	1	2
x_1	0.9765	−0.1343	0.8346	0.5244
x_2	0.8768	0.4687	0.3707	0.9225
x_3	0.9676	−0.1942	0.8662	0.4729
x_4	0.9662	−0.1210	0.8181	0.5281
x_5	0.9593	−0.1462	0.8290	0.5043
x_6	0.9085	−0.3818	0.9415	0.2912
x_7	0.8580	−0.2189	0.7981	0.3835
x_8	0.9199	0.3782	0.4619	0.8808
x_9	0.9163	0.3841	0.4553	0.8830

注：提取方法为主成分分析法，旋转方法为最大方差正交旋转法。

表 6-86 为采用回归法估计的公共因子得分系数矩阵，再根据原始数据的标准化结果数据，将每一个样本数据依次代入式(6-106)可以得到每一个地区的两个公共因子得分，这样逐个计算比较麻烦，可以采用矩阵相乘形式进行计算。具体做法是将标准化后的样本数据看成是一个 13 行 9 列的矩阵，将公共因子得分系数看成一个 9 行 2 列的矩阵，则将这两个矩阵相乘便可以得到该省 13 个地区两个公共因子得分，具体结果如表 6-87 所示。当然，SPSS 软件只要在因子分析过程中选择了“得分”选项，就会自动输出两个新变量“FAC1_1”和“FAC2_1”，这两个新变量就是该省 13 个地区两个公共因子 f_1 和 f_2 得分。有了因子得分就可以对该省 13 个地区经济实力进行综合排名，计算公式为：

$$F=\frac{\lambda_1}{\sum_{i=1}^{2}\lambda_i}f_1+\frac{\lambda_2}{\sum_{i=1}^{2}\lambda_i}f_2=\frac{7.7596}{7.7596+0.7957}f_1+\frac{0.7957}{7.7596+0.7957}f_2$$

$$=0.907f_1+0.093f_2$$

表 6-86 公共因子得分系数矩阵

指标	成分	
	1	2
x_1	0.2049	−0.0485
x_2	−0.2919	0.5240
x_3	0.2523	−0.1069
x_4	0.1931	−0.0365
x_5	0.2127	−0.0613
x_6	0.3980	−0.2925
x_7	0.2615	−0.1398
x_8	−0.2145	0.4404
x_9	−0.2197	0.4458

表 6-87 该省各地区公共因子得分及排名

地区	f_1	f_2	F	排名
地区 1	1.5014	0.6076	1.4183	2
地区 2	−0.2779	1.6134	−0.1020	5
地区 3	−0.6008	1.1830	−0.4349	10
地区 4	2.4945	0.5713	2.3156	1
地区 5	−1.1877	0.8170	−1.0013	13
地区 6	−0.0700	0.2746	−0.0380	4
地区 7	−0.7191	0.2547	−0.6286	11
地区 8	−0.7976	0.2448	−0.7006	12
地区 9	0.5159	−1.3189	0.3452	3
地区 10	−0.3545	−0.9607	−0.4108	9
地区 11	−0.3181	−0.8838	−0.3707	8
地区 12	−0.0383	−0.9740	−0.1253	6
地区 13	−0.1478	−1.4291	−0.2669	7

这两种评价方法对该省经济实力综合评价排名并不完全一致，到底哪一种结果更加合理，这就需要和其他综合评价方法进行对比，并进一步进行检验才能确定哪种方法的计算结果更有效。

第七节 数据包络分析法

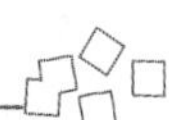

一、C^2R 模型

一个经济系统或一个生产过程可以看成一个单元在一定可能范围内，通过投入一定数量的生产要素并产出一定数量的产品的活动。虽然这些活动的具体内容各不相同，但其目的都是尽可能地使这一活动取得最大的效益。这样的单元被称为决策单元(decision making units，DMU)。DMU 的概念是广义的，可以是一个大学，也可以是一个企业，也可以是一个国家。所谓同类型的 DMU，是指具有以下特征的 DMU 集合：具有相同的目标和任务；具有相同的外部环境；具有相同的输入和输出指标。评价的依据是决策单元的“输入”数据和“输出”数据。根据输入和输出数据来评价决策单元的优劣，即评价决策单元间的相对有效性。数据包络分析(data envelopment analysis，DEA)是著名运筹学家查恩斯(Charnes)和库柏(Cooper)等学者以“相对效率”概念为基础，根据多指标投入和多指标产出对相同类型的决策单元进行相对有效性或效益评价的一种系统分析方法。目前，数据包络分析法已经形成多种模型，其中，C^2R 模型是最早被提出，也是最经典的数据包络分析模型，下面主要介绍该种模型。

1978 年，查恩斯、库柏以及罗兹(Rhodes)提出了 C^2R 模型，该模型假设有 n 个决策单元 $DMU_j(j=1,2,3,\cdots,n)$，每个决策单元 DMU_j 都有 m 种投入和 p 种产出，第 j 个决策单元 DMU_j 的投入和产出分别表示为 $x_{ij}(i=1,2,3,\cdots,m;j=1,2,3,\cdots,n)$ 和 $r_{rj}(r=1,2,3\cdots,p;j=1,2,3,\cdots,n)$，于是可将投入和产出表示成如下矩阵形式：

$$\boldsymbol{X}=\begin{pmatrix} x_{11} & x_{12} & \cdots & x_{1n} \\ x_{21} & x_{22} & \cdots & x_{2n} \\ \vdots & \vdots & \vdots & \vdots \\ x_{m1} & x_{m2} & \cdots & x_{mn} \end{pmatrix} \tag{6-107}$$

$$\boldsymbol{Y}=\begin{pmatrix} y_{11} & y_{12} & \cdots & y_{1n} \\ y_{21} & y_{22} & \cdots & y_{2n} \\ \vdots & \vdots & \vdots & \vdots \\ y_{p1} & x_{p2} & \cdots & x_{pn} \end{pmatrix} \tag{6-108}$$

根据所有评价单元 DMU 的样本数据 x_{ij} 和 y_{rj}，在权重向量 $\boldsymbol{v}=(v_1,v_2,v_3,\cdots,v_m)^{\mathrm{T}}$ 和 $\boldsymbol{u}=(u_1,u_2,u_3,\cdots,u_p)^{\mathrm{T}}$ 的作用之下，可以将每一个评价单元 DMU_j 的多投入、多产出指标数据综合成单一投入与单一产出，从而可以构造每一个决策单元 DMU_j 的技术有效性评价模型。对第 j_0 个决策单元，可以构造如下最优化模型：

$$\max h_{j_0}=\frac{\sum\limits_{r=1}^{p}u_r y_{rj_0}}{\sum\limits_{i=1}^{m}v_i x_{ij_0}}$$

$$s.t.\begin{cases} \dfrac{\sum\limits_{r=1}^{p}u_r y_{rj}}{\sum\limits_{i=1}^{m}v_i x_{ij}}\leqslant 1 \quad (j=1,2,3,\cdots,j_0,\cdots,n) \\ u_r\geqslant 0 \quad (r=1,2,3,\cdots,p);v_i\geqslant 0 \quad (i=1,2,3,\cdots,m) \end{cases} \tag{6-109}$$

式(6-109)的最优化模型可以写成如下矩阵形式：

$$\max h_{j_0}=\frac{\boldsymbol{u}^{\mathrm{T}}y_{j_0}}{\boldsymbol{v}^{\mathrm{T}}x_{j_0}}$$

$$s.t.\begin{cases} \dfrac{\boldsymbol{u}^{\mathrm{T}}y_j}{\boldsymbol{v}^{\mathrm{T}}x_j}\leqslant 1 \quad (j=1,2,3,\cdots,j_0,\cdots n) \\ u\geqslant 0,v\geqslant 0 \end{cases} \tag{6-110}$$

式(6-110)的最优化模型表示在每一个决策单元 DMU_j 技术效率都小于或等于 1 的约束条件下，寻求一组非负的权重向量 $\boldsymbol{v}$ 和 $\boldsymbol{u}$，使得待评决策单元的技术效率 h_{j_0} 取得最大值，其中权重向量 $\boldsymbol{v}$ 和 $\boldsymbol{u}$ 不是人为指定的，完全由最优化模型确定，可以避免人为主观的影响，能够保证评价结果比较客观。

上述规划模型属于分式规划模型，为了方便起见，令 $t=1/\boldsymbol{v}^{\mathrm{T}}x_{j_0}$，$\boldsymbol{\omega}=t\boldsymbol{v}$，$\boldsymbol{\mu}=t\boldsymbol{u}$，则式(6-110)的目标函数变为：

$$\max h_{j_0}=\frac{\boldsymbol{u}^{\mathrm{T}}y_{j_0}}{\boldsymbol{v}^{\mathrm{T}}y_{j_0}}=t\,\boldsymbol{u}^{\mathrm{T}}y_{j_0}=\boldsymbol{\mu}^{\mathrm{T}}y_{j_0} \tag{6-111}$$

式(6-110)的约束条件第一个约束两边同乘以 $tv^{T}x_j$，然后再把不等式变成大于等于形式，则第一个约束条件变为：

$$t\,\boldsymbol{v}^{\mathrm{T}}x_j-t\,\boldsymbol{u}^{\mathrm{T}}y_j\geqslant 0\Rightarrow(t\,\boldsymbol{v})^{\mathrm{T}}x_j-(t\,\boldsymbol{u})^{\mathrm{T}}y_j\geqslant 0\Rightarrow\boldsymbol{\omega}^{\mathrm{T}}x_j-\boldsymbol{\mu}^{\mathrm{T}}y_j\geqslant 0 \tag{6-112}$$

再将规划模型(6-110)的两个自变量约束条件 $u\geqslant 0, v\geqslant 0$ 两边同乘以 t，即：

$$tu\geqslant 0, tv\geqslant 0\Rightarrow\omega\geqslant 0, \mu\geqslant 0 \tag{6-113}$$

从而规划模型(6-110)可以变成如下的线性规划模型：

$$\max h_{j_0}=\boldsymbol{\mu}^{\mathrm{T}}y_{j_0}$$

$$s.t.\begin{cases}\boldsymbol{\omega}^{\mathrm{T}}x_j-\boldsymbol{\mu}^{\mathrm{T}}y_j\geqslant 0 \quad (j=1,2,3,\cdots,j_0,\cdots,n)\\ \boldsymbol{\omega}^{\mathrm{T}}x_{j_0}=1\\ \omega\geqslant 0,\mu\geqslant 0\end{cases} \tag{6-114}$$

为了便于写出规划模型(6-114)的对偶规划模型形式，将规划模型(6-114)变成如下形式：

$$\max h_{j_0}=(\boldsymbol{\omega}^{\mathrm{T}},\boldsymbol{\mu}^{\mathrm{T}})\begin{pmatrix}0\\ y_{j_0}\end{pmatrix}$$

$$s.t.\begin{cases}\boldsymbol{\omega}^{\mathrm{T}}x_1-\boldsymbol{\mu}^{\mathrm{T}}y_1\geqslant 0\\ \boldsymbol{\omega}^{\mathrm{T}}x_2-\boldsymbol{\mu}^{\mathrm{T}}y_2\geqslant 0\\ \quad\vdots\\ \boldsymbol{\omega}^{\mathrm{T}}x_n-\boldsymbol{\mu}^{\mathrm{T}}y_n\geqslant 0\\ \boldsymbol{\omega}^{\mathrm{T}}x_{j_0}=1\\ \omega\geqslant 0,\mu\geqslant 0\end{cases} \tag{6-115}$$

根据线性规划模型的对偶理论，可以将规划模型式(6-115)写成对应的对偶规划模型，同时引入松弛变量 s^- 和剩余变量 s^+，从而得

$$\min\theta$$

$$\mathrm{s.t.}\begin{cases}\sum\limits_{j=1}^{n}x_j\lambda_j+s^-=\theta x_{j_0}\\ \sum\limits_{j=1}^{n}y_j\lambda_j-s^+=y_{j_0}\\ \lambda_j\geqslant 0 \quad (j=1,2,3,\cdots,n)\\ s^-\geqslant 0,s^+\geqslant 0\end{cases} \tag{6-116}$$

由此，我们把规划模型(6-110)称为 C^2R 模型的原规划模型，而把规划模型(6-116)称为 C^2R 模型的对偶规划模型，而且以上两个模型都是基于输入导向的，即保持产出水平不减少的情况下，将投入水平按照某一比例缩小，从而确定决策单元的技术效率值。类似地也可以从产出角度建立 C^2R 模型，即保持投入水平不增加的情况下，将产出水平按照某一比例增加，从而确定决策单元的技术效率值。当规模收益不变时，基于投入导向和产出导向的计算结果是一致的，但当规模收益可变时，基于投入导向和产出导向的计算结果会有差别。在实际应用中，到底采用投入导向 C^2R 模型，还是采用产出导向的 C^2R 模型，取决

于研究者的目的以及实际的可控情况。如果产出不能够调节，而输入是人为可控的，则采用投入导向的 C^2R 模型；如果投入不可控，产出可以调节，则采用输出导向的 C^2R 模型。

为了判断决策单元 DMU_{j_0} 有效性，查恩斯和库柏引入了非阿基米德无穷小量 ε 的概念，将模型式(6-114)和式(6-116)分别转换成如下两个线性规划模型：

$$\max h_{j_0} = \boldsymbol{\mu}^{T} y_{j_0}$$
$$s.t.\begin{cases} \boldsymbol{\omega}^{T} x_j - \boldsymbol{\mu}^{T} y_j \geqslant 0 \quad (j=1,2,3,\cdots,j_0,\cdots,n) \\ \boldsymbol{\omega}^{T} x_{j_0} = 1 \\ \boldsymbol{\omega}^{T} \geqslant \varepsilon \boldsymbol{\delta}^{T}, \mu \geqslant \boldsymbol{e}^{T} \end{cases} \tag{6-117}$$

式(6-117)中，$\boldsymbol{\delta}^{T}=(1,\cdots,1)\in E^{m}$，$\boldsymbol{e}^{T}=(1,\cdots,1)\in E^{s}$。

$$\min[\theta - \varepsilon(\boldsymbol{\delta}^{T} s^{-} + \boldsymbol{e}^{T} s^{+})]$$
$$s.t.\begin{cases} \sum_{j=1}^{n} x_j \lambda_j + s^{-} = \theta x_{j_0} \\ \sum_{j=1}^{n} y_j \lambda_j - s^{+} = y_{j_0} \\ \lambda_j \geqslant 0 \quad (j=1,2,3,\cdots,n) \\ s^{-} \geqslant 0, s^{+} \geqslant 0 \end{cases} \tag{6-118}$$

在实际应用中，往往通过带有非阿基米德无穷小量 ε 的对偶规划模型(6-118)判定决策单元 DMU_{j_0} 的有效性，即只要 θ 等于1，则决策单元 DMU_{j_0} 为弱有效；若 θ 等于1，且最优解 $s^{-}=0, s^{+}=0$，则决策单元 DMU_{j_0} 为有效的，只需计算一次就可以完成对决策 DMU_{j_0} 的有效性判定。

C^2R 模型假设生产技术的规模收益不变，或者尽管生产技术规模收益可变，但假设所有评价单元处于最优生产规模上，即处于规模收益不变阶段。但这与实际情况有时不相符，有时生产单元并未处在最优生产规模上。于是，班克、查恩斯和库柏三位学者在 C^2R 模型基础上又提出了规模收益可变模型，这就是著名的 BC^2 模型。BC^2 模型排除了生产规模的影响，得到的效率称为纯技术效率，而 C^2R 模型计算出来的技术效率是由规模效率和纯技术效率的综合，这三种效率存在以下关系：技术效率或综合技术效率＝纯技术效率×规模效率。如果考虑规模收益可变，决策单元有效性的判定规则为：综合技术效率、纯技术效率和规模效率值均为1时，则决策单元为技术有效；当综合技术效率、纯技术效率和规模效率值均小于1时，则决策单元为技术无效；当综合技术效率小于1，规模效率或者纯技术效率只有一项为1时，则决策单元为技术弱有效。

通常而言，决策单元的规模收益状况包括规模收益递增、规模收益递减和规模收益不变3种状态。如果规模效率等于1，则说明决策单元处于规模收益不变状态；如果规模效率小于1，并且在任意一个最优解中 $\sum \lambda^{*} < 1$，则说明决策单元处于规模收益递增状态；如果规模效率大于1，并且在任意一个最优解中 $\sum \lambda^{*} > 1$，则说明决策单元处于规模收益递减状态。

在进行技术效率评价时，经常会出现很多决策单元的技术效率均为1，这就无法对决策单元的技术效率进行排序。为了解决这一问题，学者安德森和皮待森提出了超效率

DEA 模型，有效地解决了技术效率同时为 1 时无法排序的问题。当然，超效率模型中，技术效率有时会大于 1。

DEA 模型的决策单元组合而成的生产前沿面也可以看成是投影面，将那些非有效的决策单元投影到生产前沿面上，从而可以进一步找出非有效决策单元的改进方向。要进行投影分析，首先必须确定投影面，可以证明，对于如下方程：

$$\omega^{j_0 \mathrm{T}} x_{j_0} - \mu^{j_0 \mathrm{T}} y_{j_0} = 0 \tag{6-119}$$

如果满足 $\omega^{j_0} > 0$，$\mu^{j_0} > 0$，且 $\omega^{j_0 \mathrm{T}} x_{j_0} - \mu^{j_0 \mathrm{T}} y_{j_0} \geqslant 0$，则称式(6-119)为生产前沿面方程或投影面方程。DEA 模型的投影分析就是要将非技术有效决策单元投影到式(6-119)投影面上，对非技术有效决策单元进行改善。令 λ^{j_0}，$s^{j_0 -}$，$s^{j_0 +}$ 和 θ^{j_0} 是式(6-118)的 C^2R 模型形式的最优解(或期望值)，则

$$\hat{x}_{j_0} = \sum_{j=1}^{n} x_j \lambda_j = \theta x_{j_0} - s^{j_0 -} \tag{6-120}$$

$$\hat{y}_{j_0} = \sum_{j=1}^{n} y_j \lambda_j = y_{j_0} + s^{j_0 +} \tag{6-121}$$

将 $\hat{x}_{j_0}$ 和 $\hat{y}_{j_0}$ 称为决策单元 DMU_{j_0} 在 DEA 模型投影面的投影，从而可得

$$\Delta x_{j_0} = x_{j_0} - \hat{x}_{j_0} = (1-\theta) x_{j_0} + s^{j_0 -} \geqslant 0 \tag{6-122}$$

$$\Delta y_{j_0} = \hat{y}_{j_0} - y_{j_0} = s^{j_0 +} \geqslant 0 \tag{6-123}$$

式(6-122)为相对生产前沿面而言的多余投入量，式(6-123)为相对生产前沿面而言的产出亏空量，也就是要将评价决策单元 DMU_{j_0} 转变为 DEA 有效时的投入和产出变量，还可以计算决策单元 DMU_{j_0} 转为 DEA 有效时的投入、产出改变量的变化幅度，即：

$$\text{投入量变化幅度} = \frac{\Delta x_{j_0}}{x_{j_0}} \times 100\% \tag{6-124}$$

$$\text{产出量变化幅度} = \frac{\Delta y_{j_0}}{y_{j_0}} \times 100\% \tag{6-125}$$

由于不同的数据包络分析软件对于投影分析的多余量计算公式存在细微差别，因此，投影分析结果也会存在不同。

【例 6-16】 设有 4 个决策单元，两个投入指标和一个产出指标的评价问题，具体数据见表 6-88 所示。请用 C^2R 模型对 4 个决策单元的相对技术效率进行评价。

表 6-88　评价单元数据

指标	决策单元			
	1	2	3	4
x_1	2	0.6	1.5	0.3
x_2	3.5	2.2	1.4	0.8
y_1	5	3.5	2.5	1.6

利用对偶规划模型(6-118)分别对 4 个决策单元建立线性规划模型($\varepsilon = 0.000001$)，决策单元 DMU_1 的所对应的对偶规划模型为：

$$\min[\theta - 0.000001(s_1^- + s_2^- + s^+)]$$

$$s.t.\begin{cases}2\lambda_1+0.6\lambda_2+1.5\lambda_3+0.3\lambda_4+s_1^-=2\theta\\3.5\lambda_1+2.2\lambda_2+1.4\lambda_3+0.8\lambda_4+s_2^-=3.5\theta\\5\lambda_1+3.5\lambda_2+2.5\lambda_3+1.6\lambda_4-s^+=5\\\lambda_1,\lambda_2,\lambda_3,\lambda_4\geqslant 0;s_1^-,s_2^-\geqslant 0,s^+\geqslant 0\end{cases}$$

利用单纯形法进行求解，可得：$\lambda=(0,0,0,3.125)^T$；$s_1^-=0.4911$，$s_2^-=s^+=0$；$\theta=0.7143$。因此，决策单元 DMU_1 不是有效单元，其相对效率值为 0.7143。同理，可以对评价单元 DMU_2、DMU_3 和 DMU_4 分别建立对偶规划模型，对应的解分别为：

DMU_2 的解：$\lambda=(0,1,0,0)^T$；$s_1^-=s_2^-=s^+=0$；$\theta=1$。

DMU_3 的解：$\lambda=(0,0,0,1.5625)^T$；$s_1^-=0.8705$，$s_2^-=s^+=0$；$\theta=0.8929$。

DMU_4 的解：$\lambda=(0,0,0,1)^T$；$s_1^-=s_2^-=s^+=0$；$\theta=1$。

由此可见，决策单元 DMU_2 和 DMU_4 的 θ 值等于 1，并且 $s_1^-=s_2^-=s^+=0$，因此，决策单元 DMU_2 和 DMU_4 是有效的；而决策单元 DMU_1 和 DMU_3 的 θ 值不等于 1，这两个决策单元不是弱有效，更不可能是有效的。

二、数据包络分析法的基本步骤

自从美国三位学者查恩斯、库柏以及罗兹在 1978 提出第一个数据包络分析 C^2R 模型以来，数据包络分析方法在各行各业得到了非常广泛的运用。数据包络分析主要是通过对决策单元的线性组合，构造最佳生产前沿面，然后比较各决策单元与最佳前沿面之间的差距，如果某个决策单元恰好处于该生产前沿面上，表示该决策单元是技术有效的，如果某个决策单元不在生产前沿面上，则该决策单元是技术无效的，距离生产前沿面越远，技术无效的程度就越大。从以上数据包络分析方法的基本模型可以看出，数据包络分析主要是用于评价系统的投入、产出效率。因此，采用数据包络分析方法进行综合评价，主要是对评价系统的投入、产出效率进行评价，具体的评价程序如下。

第一步：选择评价对象。

数据包络分析要求评价对象是同类型的，所谓同类型的就是每一个评价对象具有同样的技术环境、相同的投入和产出以及相同的生产任务。但由于地理位置、经济水平、技术水平以及管理制度的差异，不同评价对象可能面临不同的技术集合，出现这种情况时应该考虑技术环境条件对技术效率的影响。也就是说，如果评价对象存在一定的技术环境差异，需要采用一定的方法对评价结果进行修正，否则将不同技术环境下的所有决策单元单纯参照同一生产前沿面进行技术效率计算，计算结果会有一定的偏差。总而言之，在选择评价对象时，最好保证评价对象是同类型的，否则要对评价结果进行必要的修正。

第二步：选择评价指标。

数据包络分析的评价指标必须由投入和产出两种评价指标构成，而且评价指标不能太多，因为评价指标太多会导致所有评价对象的评价结果都是有效的。一般来说，评价指标的个数要少于评价对象数目的一半才是比较理想的。通常，在数据包络分析中，对评价指标的筛选非常有必要。

第三步：选择数据包络分析的具体模型。

自从查恩斯、库柏及罗兹在 1978 年提出第一个 C^2R 模型以来，引起了学者们的广泛关注，在之后的40多年里，各种拓展模型逐渐被提出，如BC^2模型、随机DEA模型、FG模型、C^2W模型、C^2WH模型、ST模型、灰色DEA模型、超效率DEA模型、复合DEA模型、DEA－Malmquist模型、GDEA模型、SBM模型、Windows视窗DEA模型、网络DEA模型以及广义DEA模型等。针对评价系统所呈现的特点，选择适宜的DEA模型进行评价非常关键。

第四步：模型计算与评价结果分析。

选择了适宜的评价模型之后，就要代入数据进行模型求解。当评价对象和评价指标都比较多时，手工计算是非常困难的。数据包络分析的各种拓展模型推广与应用离不开专业数据包络分析软件的支撑。目前，常用的数据包络分析专业软件包括：DEA Solver Pro、Frontier Analyst、OnFront、Warwick DEA、DEA Excel Solver、DEAP、EMS、Pioneer以及MaxDEA等。基本的数据包络分析模型各种软件都能计算，对于一些拓展模型，每一种软件的侧重点会有所不同，这要结合自身研究需要的模型选择合适的软件。通过以上各种软件，大部分数据包络分析模型都可以得出相应的评价结果。根据计算结果，除了可以对评价对象进行排序以外，还可以对评价系统的投入和产出进行冗余分析，进而给出改进建议。

三、数据包络分析法的应用

【例6-17】　基于数据包络分析的卫生资源技术效率评价

本例主要通过DEA模型对2018年广西14个地区的卫生资源技术效率进行评价，旨在发现医疗卫生资源配置可能存在的不足之处，探索优化卫生资源配置的措施和途径，以期为促进广西卫生事业高效健康发展提出合理化建议，并为制定区域卫生规划提供参考。在科学性、可比性、代表性与独立性原则的基础上，按照DEA模型对评价指标数量的基本要求，最终确定投入指标为x_1卫生机构床位数（单位：张）和x_2卫生人员数（单位：人），产出指标为y_1诊疗人次数（单位：万人·次）和y_2入院人数（单位：万人）。具体数据如表6-89所示。

表6-89　2018年广西不同地区卫生资源投入和产出指标

序号	地区	x_1	x_2	y_1	y_2
1	南宁市	50676	84648	2222.53	115.52
2	柳州市	24492	40559	1150.76	66.26
3	桂林市	22828	45469	1222.96	63.73
4	梧州市	15361	26433	551.05	35.77
5	北海市	8905	18995	384.82	16.74
6	防城港市	4033	7991	196.60	10.04
7	钦州市	16996	26554	529.28	33.68
8	贵港市	17338	29456	671.75	46.56
9	玉林市	28225	36952	959.12	56.24
10	百色市	18848	30743	601.63	47.04

续表

序号	地区	x_1	x_2	y_1	y_2
11	贺州市	8990	14984	349.94	21.63
12	河池市	18549	28209	631.38	46.26
13	来宾市	12101	15945	345.23	23.16
14	崇左市	8598	16216	365.92	21.00

根据表 6-89 的数据，分别采用 C^2R 模型、BC^2 模型和超效率模型三种产出导向模型对广西不同地区卫生资源的技术效率进行评价，采用的软件为 DEA Solver Pro，具体的计算结果经整理见表 6-90 所示。表 6-90 的第 2 至第 6 列是 C^2R 和 BC^2 模型的计算结果，而第 7 列和第 8 列是超效率的计算结果，从该表中可以清楚看到广西 14 个地区相关技术效率情况。

表 6-90　2018 年广西 14 个地区卫生资源技术效率计算结果

DMU	综合技术效率	纯技术效率	规模效率	规模效应	相对有效性	超效率	排名
南宁市	0.9279	1.0000	0.9279	递减	弱有效	0.9279	7
柳州市	1.0000	1.0000	1.0000	不变	有效	1.1024	2
桂林市	1.0000	1.0000	1.0000	不变	有效	1.1056	1
梧州市	0.8555	0.8665	0.9873	递增	无效	0.8555	12
北海市	0.8066	0.8318	0.9697	递增	无效	0.8066	13
防城港市	0.9134	1.0000	0.9134	递增	无效	0.9134	8
钦州市	0.7751	0.7893	0.9820	递增	无效	0.7751	14
贵港市	0.9886	0.9975	0.9911	递增	无效	0.9886	4
玉林市	0.9313	0.9344	0.9967	递增	无效	0.9313	6
百色市	0.936	0.9466	0.9888	递增	无效	0.9360	5
贺州市	0.8884	0.9642	0.9214	递增	无效	0.8884	9
河池市	1.0000	1.0000	1.0000	不变	有效	1.0038	3
来宾市	0.8869	0.9535	0.9302	递增	无效	0.8869	10
崇左市	0.8835	0.9193	0.9611	递增	无效	0.8835	11

如果要想进一步了解各地区的资源投入和产出指标的期望改进情况，可以进一步进行投影分析，在 BC^2 模型下的投影分析具体结果见表 6-91。从该表可以清楚发现每个地区各项投入和产出需要改进情况，如梧州市，诊疗人次数期望值为 733.024，原始值为551.05，可以提升的数值为 181.974，用提升的数值除以原始值 551.05 再乘以 100%，可以得到该指标的提升比例为 33.023%(见表 6-91)。

表 6-91　2018 年广西 14 个地区卫生资源投入产出投影分析

地区	x_1			x_2			y_1			y_2		
	原始值	期望值	改进比例	原始值	期望值	改进比例	原始值	期望值	改进比例	原始值	期望值	改进比例
南宁市	50676	50676	0	84648	84648	0	2222.53	2222.532	0	115.52	115.520	0
柳州市	24492	24492	0	40559	40559	0	1150.76	1150.760	0	66.26	66.260	0
桂林市	22828	22828	0	45469	45469	0	1222.96	1222.960	0	63.73	63.730	0
梧州市	15361	15361	0	26433	26433	0	551.05	733.024	33.023	35.77	41.279	15.402
北海市	8905	8905	0	18995	17705.968	−6.786	384.82	462.651	20.225	16.74	23.957	43.115
防城港市	4033	4033	0	7991	7991	0	196.6	196.600	0	10.04	10.040	0
钦州市	16996	16499.501	−2.921	26554	26554	0	529.28	670.547	26.69	33.68	42.669	26.69
贵港市	17338	17338	0	29456	29456	0	671.75	822.767	22.481	46.56	46.678	0.254
玉林市	28225	22440.548	−20.49	36952	36952	0	959.12	1026.472	7.022	56.24	60.189	7.022
百色市	18848	18848	0	30743	30743	0	601.63	817.838	35.937	47.04	49.695	5.644
贺州市	8990	8869.842	−1.337	14984	14984	0	349.94	362.950	3.718	21.63	22.434	3.718
河池市	18549	18549	0	28209	28209	0	631.38	631.380	0	46.26	46.260	0
来宾市	12101	9743.783	−19.48	15945	15945	0	345.23	367.647	6.493	23.16	24.289	4.877
崇左市	8598	8598	0	16216	16216	0	365.92	428.490	17.099	21	22.843	8.777

根据上述计算结果，一方面可以了解广西 14 个地区医院资源投入产出的相关技术效率情况，另一方面可以针对投入产出的投影分析，寻找效率非有效的原因，有针对性地进行改进，以进一步提升医院的资源利用效率。

（案例来源：凡滇琳，邓蒙覃，娴静等. 基于数据包络分析的广西卫生资源配置效率评价[J]. 广西医学，2021，43(02)：216-220. 本书进行了改编）

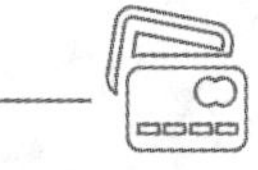

思考题

第六章思考题

参考文献

References

[1] 贾俊秀,刘爱军,李华.系统工程学[M].西安:西安电子科技大学出版社,2014.
[2] 孙东川,林福永,孙凯等.系统工程引论[M].3版.北京:清华大学出版社,2014.
[3] 谭跃进,陈英武,罗鹏程等.系统工程原理[M].2版.北京:科学出版社,2017.
[4] 严广乐,张宁,刘媛华.系统工程[M].北京:机械工业出版社,2008.
[5] 王众托.系统工程引论[M].4版.北京:电子工业出版社,2012.
[6] 吴祈宗.系统工程[M].北京:北京理工大学出版社,2006.
[7] 白思俊.系统工程[M].3版.北京:电子工业出版社,2013.
[8] 杨林泉.系统工程方法与应用[M].北京:冶金工业出版社,2018.
[9] 周德群,贺峥光.系统工程概论[M].3版.北京:科学出版社,2017.
[10] 汪应洛.系统工程[M].4版.北京:机械工业出版社,2008.
[11] 薛惠锋,张骏.现代系统工程导论[M].北京:国防工业出版社,2006.
[12] 杨家本.系统工程概论[M].武汉:武汉理工大学出版社,2007.
[13] 张晓东,李英姿.管理系统工程[M].北京:清华大学出版社,2017.
[14] 梁迪,单麟婷.系统工程基础与应用[M].北京:清华大学出版社,2018.
[15] 陈宏民.系统工程导论[M].北京:高等教育出版社,2006.
[16] 李慧彬,张晨霞.系统工程学及应用[M].北京:机械工业出版社,2013.
[17] 梁军,赵勇.系统工程导论[M].北京:化学工业出版社,2005.
[18] 郝勇.系统工程方法与应用[M].上海:上海科学普及出版社,2016.
[19] 张晓东.系统工程[M].北京:科学出版社,2010.
[20] 吴广谋.系统原理与方法[M].南京:东南大学出版社,2005.
[21] 周德群.系统工程方法与应用[M].北京:电子工业出版社,2015.
[22] 高志亮,李忠良.系统工程方法论[M].西安:西北工业大学出版社,2004.
[23] 王新平.管理系统工程方法论与建模[M].北京:机械工业出版社,2011.
[24] 董肇君.系统工程与运筹学[M].3版.北京:国防工业出版社,2016.
[25] 喻湘存,熊曙初.系统工程教程[M].北京:清华大学出版社,2006.
[26] 郁斌.系统工程理论[M].合肥:中国科学技术大学出版社,2009.
[27] 汪应洛.系统工程简明教程[M].4版.北京:高等教育出版社,2017.
[28] 周德群.系统工程概论[M].2版.北京:科学出版社,2010.

[29] 薛惠锋.系统工程思想史[M].北京:科学出版社,2014.
[30] 薛惠锋,苏锦旗.系统工程技术[M].北京:国防工业出版社,2007.
[31] 谭璐,姜璐.系统科学导论[M].北京:北京师范大学出版社,2009.
[32] 高继华,狄增如.系统理论及应用[M].北京:科学出版社,2018.
[33] 吴今培,李学伟.系统科学发展概论[M].北京:清华大学出版社,2010.
[34] 顾基发,唐锡晋.物理-事理-人理方法论:理论与应用[M].上海:上海科技教育出版社,2005.
[35] 李翊神.非线性科学选讲[M].合肥:中国科学技术大学出版社,1994.
[36] 张济忠.分形[M].北京:清华大学出版社,1995.
[37] 贺建勋.系统建模与数学模型[M].福州:福建科学技术出版社,1995.
[38] 王兴元.分形几何学及应用[M].北京:科学出版社,2015.
[39] 杜正俊.系统工程简明教程[M].北京:科学技术文献出版社,1992.
[40] 杨印生.经济系统定量分析方法[M].长春:吉林科技出版社,2001.
[41] 刘军.社会网络分析导论[M].北京:社会科学文献出版社,2004.
[42] 刘军.整体网分析 UCINET 软件使用指南[M].3 版.上海:上海人民出版社,2019.
[43] 林聚任.社会网络分析:理论、方法与应用[M].北京:北京师范大学出版社,2009.
[44] 吴明隆.结构方程模型-AMOS 的操作与应用[M].重庆:重庆大学出版社,2009.
[45] 林嵩.结构方程模型原理及 AMOS 应用[M].武汉:华中师范大学出版,2008.
[46] 侯杰泰,温忠麟,成子娟.结构方程模型及其应用[M].北京:教育科学出版社,2004.
[47] 王济川,王小倩,姜宝法.结构方程模型:方法与应用[M].北京:高等教育出版社,2011.
[48] 谢识予.经济博弈论[M].上海:复旦大学出版社,2011.
[49] 张耀峰.社会系统演化博弈建模与仿真[M].北京:科学出版社,2016.
[50] 姜启源,谢金星,叶俊.数学模型[M].北京:高等教育出版社,2003.
[51] 刘锋,周德群,胡江胜.数学建模[M].南京:南京大学出版社,2016.
[52] 张桂喜,马立平.预测与决策概述[M].3 版.北京:首都经济贸易大学出版社,2013.
[53] 李华,胡奇英.预测与决策教程[M].2 版.北京:机械工业出版社,2019.
[54] 苗敬毅,董媛香,张玲等.预测方法与技术[M].北京:清华大学出版社,2019.
[55] 杜栋,庞庆华,吴炎.现代综合评价方法与案例精选[M].北京:清华大学出版社,2008.
[56] 邱东.多指标综合评价方法的系统分析[M].北京:中国统计出版社,1991.
[57] 叶义成,柯丽华,黄德育.系统综合评价技术及其应用[M].北京:冶金工业出版社,2006.
[58] 胡永宏,贺思辉.综合评价方法[M].北京:科学出版社,2000.
[59] 郭亚军.综合评价理论、方法与应用[M].北京:科学出版社,2007.
[60] 张发明.综合评价基础方法及应用[M].北京:科学出版社,2018.
[61] 王莲芬,许树柏.层次分析法引论[M].北京:中国人民大学出版社,1990.
[62] 孙宏才,田平,王莲芬.网络层次分析法与决策科学[M].北京:国防工业出版

社,2011.

[63] Thomas L Saaty.网络层次分析法原理及其应用[M].鞠彦兵,刘建昌,译.北京:北京理工大学出版社,2015.

[64] 秦寿康.综合评价原理与应用[M].北京:电子工业出版社,2003.

[65] 刘锋.数学建模[M].2版.南京:南京大学出版社,2016.

[66] 王婷.系统工程[M].重庆:重庆大学出版社,2020.

[67] 谢科范,王红军,刘星星.系统工程概论[M].武汉:武汉理工大学出版社,2020.

[68] 徐国祥.统计预测和决策[M].5版.上海:上海财经大学出版社,2016.

[69] 刘思峰.灰色系统理论及其应用[M].8版.北京:科学出版社,2017.

[70] 刘思峰.预测方法与技术[M].2版.北京:高等教育出版社,2015.

与本书配套的二维码资源使用说明

本书配套的数字资源均可利用手机扫描二维码链接的形式呈现，具体操作流程图如下。

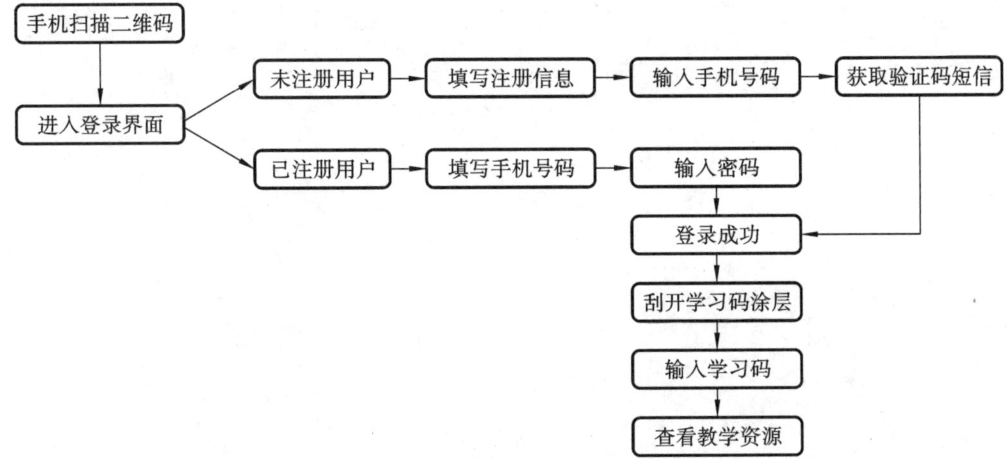